Thomas Scheper

Bioanalytik

Thomas Scheper

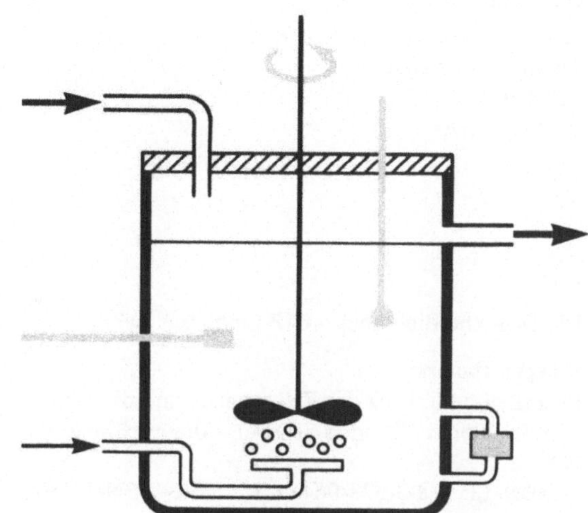

BIOANALYTIK

Messung des Zellzustands und
der Zellumgebung in Bioreaktoren

Dr. Thomas Scheper
Institut für Technische Chemie
der Universität Hannover
Callinstr. 3
3000 Hannover 1

Die Deutsche Bibliothek – CIP-Einheitsaufnahme

Scheper, Thomas:
Bioanalytik: Messung des Zellzustands und der Zellumgebung
in Bioreaktoren / Thomas Scheper. – Braunschweig: Vieweg,
1991
    ISBN-13: 978-3-528-06437-2   e-ISBN-13: 978-3-322-83738-7
    DOI: 10.1007/978-3-322-83738-7

Das vorliegende Werk wurde sorgfältig erarbeitet. Dennoch übernehmen Autoren, Herausgeber und Verlag für die Richtigkeit von Angaben, Hinweisen und Ratschlägen sowie für eventuelle Druckfehler keine Haftung. Die Wiedergabe von Gebrauchsnamen, Handelsnamen, Warenbezeichnungen usw. in diesem Buch berechtigt auch ohne besondere Kennzeichnung nicht zu der Annahme, daß solche Namen im Sinne der Warenzeichen- und Warenschutzgesetzgebung als frei zu betrachten wären und daher von jedermann benutzt werden dürfen.

Der Verlag Vieweg ist ein Unternehmen der Verlagsgruppe Bertelsmann International.

Gedruckt auf säurefreiem Papier

ISBN-13: 978-3-528-06437-2

Vorwort

Die Biotechnologie befindet sich augenblicklich in einem ständigen Wandel. Dinge, die heute neu erscheinen, sind schon in Kürze veraltet. Grundsätze, Regeln und Begriffe ändern sich ständig oder werden von Arbeitskreis zu Arbeitskreis anders definiert. Da die Zahl der Lehrbücher in der Biotechnologie noch immer recht klein ist, fehlt ein "solides biotechnologisches" Basiswissen. Zusammenfassende Studien über Teilgebiete der Biotechnologie sind nötig, um einen schnellen, intensiven Austausch neuer Forschungsbereiche und -ideen zu gewährleisten. Sie sollten eine Zusammenfassung der bisherigen relevanten Forschungsarbeiten beinhalten und so ein gewisses "Basiswissen" schaffen.

Da ich mich im Rahmen meiner Habilitationsarbeit mit einem Teilgebiet der Biotechnologie - der Beobachtung des Zellzustands und der Zellumgebung bei Bioprozessen - beschäftigte und viele Ergebnisse aus der Literatur und der eigenen Forschung beschrieben habe, erschien es mir einleuchtend, diese Erfahrungen im Rahmen dieser Studie einem breiteren Interessentenkreis zur Diskussion bereitzustellen. Die Studie kann nicht den Anspruch der Vollkommenheit erheben, gibt aber sicher einen guten Überblick zu dem Thema.

Die Studie entstand auf der Basis meiner Habilitationsarbeit, die ich im Zeitraum von 1985 und Juli 1989 angefertigt habe. Ein Großteil der in ihr beschriebenen Forschung wurde am Institut für Technische Chemie der Universität Hannover, ein Teil am Department of Chemical Engineering am California Institute of Technology (Pasadena, USA) betrieben.

Herrn Professor Dr. K. Schügerl möchte ich an erster Stelle dafür danken, daß er meine Arbeit in jeder Weise unterstützte und mich an seinem Erfahrungsschatz teilhaben ließ. Professor Dr. J. E. Bailey vom Department of Chemical Engineering, Caltech, danke ich für die anregende Zeit in seinen Laboratorien und in Kalifornien, Herrn Professor Dr. D. Hesse und Herrn B. Gondesen vom Vieweg-Verlag für das Korrekturlesen und die vielen Anregungen beim Aufbau und der Formulierung dieser Arbeit.

Ohne die Hilfe vieler anderer wäre diese Arbeit kaum zustande gekommen. Ihnen sei hier insgesamt gedankt. Hervorzuheben ist die Hilfe der Mitarbeiter/innen, deren Arbeiten im folgenden zitiert werden: Fritjof Linz (Durchflußcytometrie); Wolfgang Müller (immobilisierte Zellen, Fluorosensor); Christoph Bittner, Michael Busch, Gerd Wehnert, Klaus-Dieter Anders, Frank Plötz (Fluorosensor); Hans-Georg Hundeck, Waltraud Fischer, Antje Sauerbrei (Enzymthermistor); Ruth Freitag

(Immunosensor); Carsten Schelp (Enzymoptrode); Birgit Reinhardt, Frank Rüther, Ralf, Quack, Uli Brand (BioFETs); Claudia Abel (Hefefermentation); Uwe Hübner (Hefe- und *B. licheniformis*-Fermentation); Thomas Bayer, Weichang Zhou (Cephalosporin C); Gerlinde Kretzmer, Ute Jämmrich, Detlev Wentz, Holger Graf (tierische Zellen); Heiner Kracke-Helm (*E. coli*). Ein besonderes Dankeschön auch den Institutswerkstätten.

An "Nicht-TCIlern" danke ich folgenden Personen für ihre maßgebliche Mitarbeit: Chris Guske (PHB-Färbung) vom Caltech; Professor Antranikian, Andreas Spreinat (Pullulanseproduktion) und Professor Giffhorn, Karl Heinz Schneider: (Mannitdehydrogenase für die Enzymoptrode) aus dem Institut für Mikrobiologie der Universität Göttingen; Fritz Andreas Bückmann (Enzymoptrode) und Professor Schmid (Glucoseoxidase für die Enzymoptrode) von der GBF-Braunschweig; Klaus-Dieter Vorlop (Immobilisierung von Zellen) aus dem Institut für Technische Chemie der Universität Braunschweig.

Allen Geldgebern sei gedankt für die großzügige Unterstützung: dem BMFT, der DFG, dem DAAD, der Ingold Meßtechnik AG (Urdorf, Schweiz) und dem FCI. Herrn Dr. Howind (Eppendorf) und Herrn Dr. Kuhlmann (B. Braun Diessel) sei dank für ihre Hilfe und die großzügige Bereitstellung von Geräten.

Besonders hervorheben möchte ich noch die Beiträge folgender Personen zu dieser Arbeit: Martina Weiß für ihre hervorragenden technischen Arbeiten; Ken Reardon von der Colorado State University, Bernd Hitzmann und Karli Friehs für ihre gute Zusammenarbeit, Unterstützung und andere wichtige Dinge.

Auch meinen Eltern vielen Dank. Ohne sie wäre schließlich alles nicht möglich gewesen. Bei meiner Tochter Anna entschuldige ich mich, daß ich in den letzten Wochen meiner Habilitationsarbeit so wenig Zeit für sie hatte. Ohne sie wäre die Arbeit eher fertig geworden, doch mit ihr hat es tausendmal mehr Spaß gemacht. Wenn auch am Ende, so doch eigentlich allen vorangestellt möchte ich Assi, meiner Frau, danken. Sie hat am meisten unter der Arbeit zu leiden gehabt, hat das Manuskript tapfer gelesen und verzweifelt versucht, mich in die Geheimnisse der Stillehre einzuführen. Aber nicht nur dafür liebe ich sie.

Hannover, im März 1991   *Thomas Scheper*

Inhaltsverzeichnis

1. Zielsetzung

Der Erfolg biotechnologischer Prozesse, an denen Mikroorganismen beteiligt sind, hängt davon ab, ob das biologische Potential der Organismen unter sicheren und umweltschonenden Bedingungen optimal genutzt werden kann. Vitalität, Aktivität und Produktivität der Zellen werden dabei direkt von deren Umgebung beeinflußt. Das komplexe System: Mikroorganismen, chemische und physikalische Umgebung - stellt den Bioreaktor dar, der bei seiner Entwicklung und Optimierung als Gesamtheit gesehen werden muß. Dazu ist es nötig, die physikalische und chemische Umgebung der Zellen kontinuierlich zu analysieren, zu kontrollieren und ihren direkten Einfluß auf die Mikroorganismen zu beobachten.

Grundvoraussetzungen für die erfolgreiche Entwicklung eines optimalen Bioprozesses sind:

- **Verfügbarkeit geeigneter Meßsysteme**
- **Verarbeitung der anfallenden Meßdaten**
- **Prozeßmodellierung und -regelung**

Abbildung 1 zeigt schematisch, wie diese Schritte bei der Bioprozeßentwicklung und -führung ineinandergreifen. Die genaue Analyse des Bioprozesses bildet dabei die erste Stufe. Die hier gewonnen Daten werden im nächsten Schritt erfaßt und ausgewertet. Dabei ist es nötig, die einzelnen Meßgrößen nicht nur eigenständig zu verwenden, sondern auch untereinander zu vergleichen, um ihre Aussagekraft und Genauigkeit zu erhöhen. Es ist das Ziel der Datenerfassung und- auswertung, sichere und zuverlässige Daten für die Modellierung und Regelung zur Verfügung zu stellen. Anhand der Modellierung kann der Bioprozeß optimiert oder unter den günstigsten Bedingungen betrieben werden. Dazu ist eine geeignete Regelung nötig. Über sie erfolgen Veränderungen einzelner Prozeßparameter (Die Begriffe Parameter und Variable werden hier synonym für die Einflußgrößen auf einen Bioprozeß benutzt). Das Verhalten des Bioprozesses auf diese Änderungen muß erneut von der Analytik erfaßt werden. Der Meßtechnik fällt damit eine Schlüsselstellung zu.

Die Analyse biotechnologischer Prozesse soll schnell, zuverläßlich und spezifisch die Beobachtung nicht nur der chemischen und physikalischen Umgebung sondern auch des Zellzustandes - also des biologischen Systems - gewähren. On line und in situ arbeitende Analysensysteme ermöglichen die

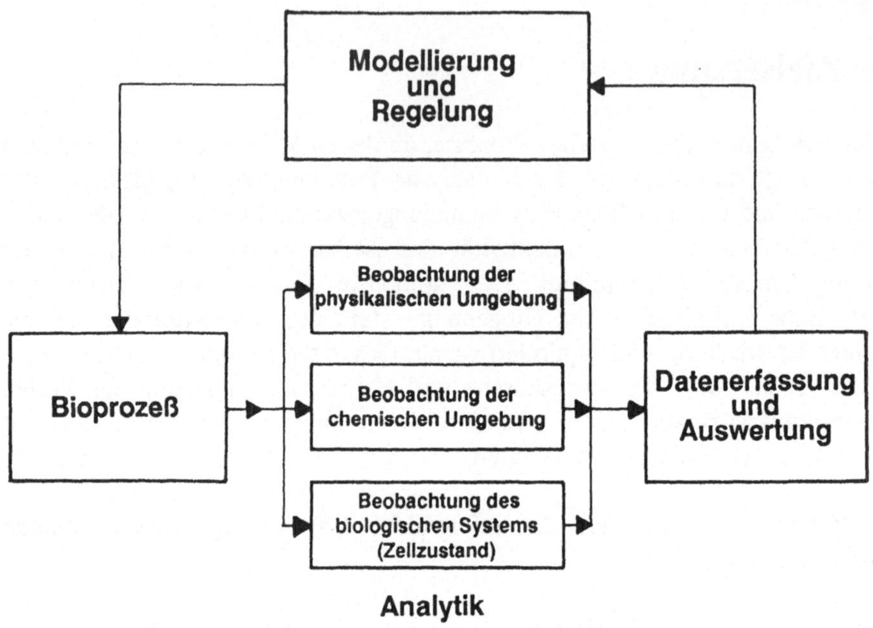

Abb. 1   Prinzipielle Vorgehensweise zur Kontrolle und Optimierung von Bioprozessen

direkteste und schnellste Prozeßbeobachtung. Daneben sind automatisierbare Systeme, die einen kontinuierlich entnommenen, repräsentativen Probenstrom analysieren, zu bevorzugen. Off-line-Analysen liefern meist erst nach langer Analysenzeit und mit hohem Personalaufwand Ergebnisse und können so erst mit einer Zeitverzögerung den Reaktorzustand widerspiegeln. Sie sind aber als rückwirkende Kontrolle der on line arbeitenden Meßsysteme wichtig.

Bei der Einteilung der chemischen und physikalischen Größen kann man unterscheiden zwischen der Bestimmung lokaler Größen (z.B. der Temperatur an einem bestimmten Punkt) oder globaler (z.B. der Wärmeentwicklung im Gesamtreaktor). Die Bestimmung des Zellzustandes läßt sich dazu noch weiter unterteilen. So kann über alle von dem Sensor erfaßten Zellen integral oder über jede einzelne Zelle segregiert gemessen werden. Die Erfassung einzelner Zellen ist speziell für die detaillierte Beschreibung von Zellpopulationen interessant.

Die Mediumzusammensetzung und der Zellzustand hängen stark voneinander ab. Stoffwechselprodukte der Zellen reichern sich im Medium an, Substrate werden verbraucht. Indirekt lassen sich aus den Daten der Mediumzusammensetzung also Aussagen über den Zellzustand machen. Manche Zellprodukte werden aber intrazellulär angereichert und entziehen sich so der Analyse des Mediums. Auch sind Verfahren, die den Zellzustand direkt beschreiben, den indirekten und somit zeitverzögerten vorzuziehen.

Oft ist bei der Prozeßanalytik auch nur die sichere und schnelle Erfassung eines Zielprodukts im Medium von Interesse. Dieses muß selektiv in einem hochkomplexen Gemisch erkannt werden. Hierfür sind spezifische Sensorsysteme nötig.

Viele Meßmethoden stehen prinzipiell zur Verfügung, um die drei Teilbereiche eines Bioreaktors zu beschreiben. Beispielhaft sind sie in Abb. 2 dargestellt. Die Fülle von Methoden darf nicht darüber hinwegtäuschen, daß viele der Analysentechniken sich bisher noch in der Entwicklungsphase befinden, nur an Modellsystemen erprobt sind, oder nur wenige Erfahrungen beim Einsatz an biotechnologisch relevanten Prozessen vorliegen.

So besteht in der biotechnologischen Analytik ein großer Mangel an Meßverfahren, die eine direkte Analyse biologischer Größen ermöglichen. Ansätze sind im Einsatz der NMR-Spektroskopie und optischer Verfahren (z.B. Kulturfluoreszenzmessung) zu sehen, jedoch sind bei diesen Verfahren oft Instrumentierung, Handhabung und Interpretation der Meßergebnisse schwierig und personalaufwendig. Auch gibt es nur wenige Applikationsbeispiele.

Ähnlich steht es mit dem Einsatz von Biosensoren zur Prozeßkontrolle. Die meisten Biosensoren sind für die medizinische Anwendung konzipiert. In der Biotechnologie gibt es einige beispielhafte Untersuchungen an Modellsystemen, aber nur wenige Anwendungsbeispiele an realen Fermentationsprozessen.

Diese Arbeit ist im Bereich der Beobachtung der chemischen Umgebung und des biologischen Zustandes der Mikroorganismen angesiedelt. Ihr Schwerpunkt liegt in der Darstellung von Konzeption, Verwirklichung, Adaption und Anwendung verschiedener neuer Analysensysteme zur Beobachtung der chemischen Umgebung und des biologischen Zustandes der Mikroorganismen während verschiedener Bioprozesse. Vorangestellt ist eine Beschreibung des Standes der Technik auf dem jeweiligen Sektor der Analytik, wobei die Bereiche herausgearbeitet werden, die noch einer

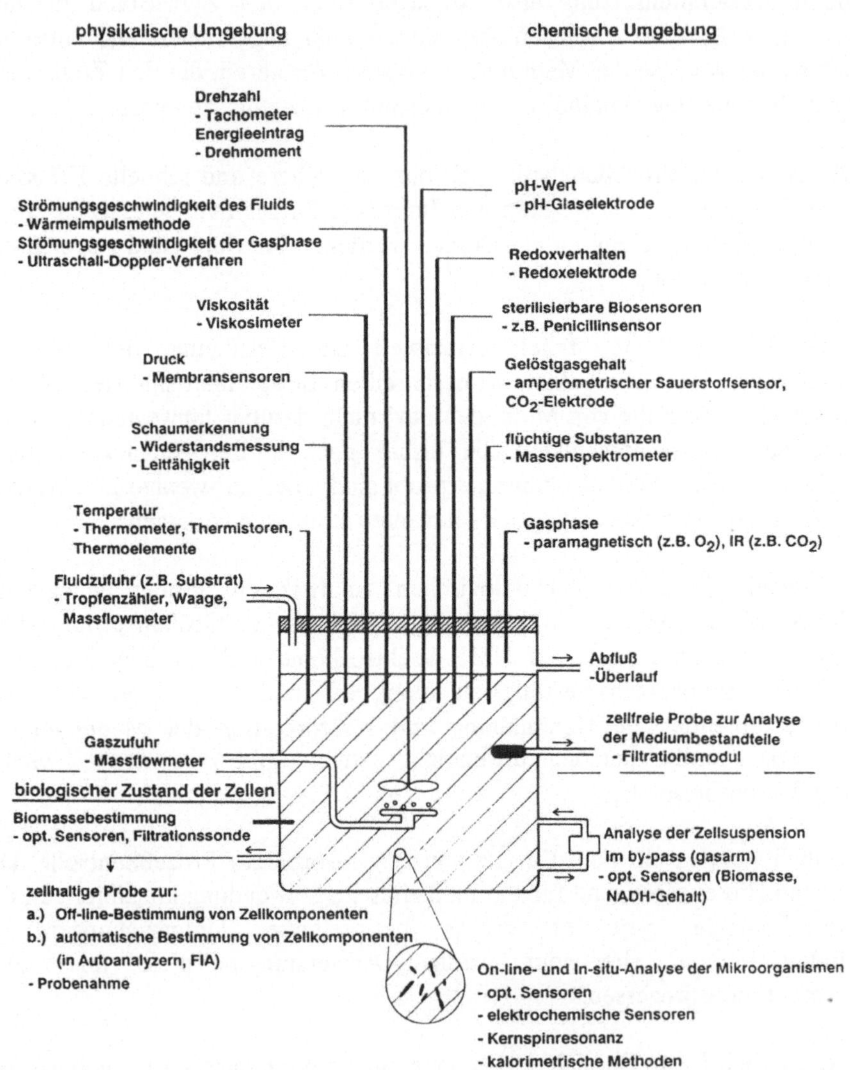

Abb. 2 Verschiedene Analysentechniken zur Beobachtung von Bioprozessen

intensiveren Entwicklung bedürfen. Anhand der vorgestellten praktischen Arbeiten werden neue Lösungswege aufgezeigt und ihr Potential mit Anwendungsbeispielen belegt. Dabei ist nicht nur an die Neuentwicklung von Analysenverfahren (besonders bei der Beobachtung des Zellzustandes) gedacht, sondern auch an die Weiterentwicklung bekannter Verfahren und deren Adaption an reale Prozesse. Im Vordergrund stehen nicht nur Biosensorsysteme zur Beschreibung der chemischen Umgebung der Zellen im Bioreaktor, sondern auch Meßmethoden zur Erfassung des biologischen Zustandes der Zellen mittels integraler Größen (Kulturfluoreszenz, intrazellulärer Enzymgehalt) und segregierter Größen (Durchflußcytometrie).

2. Biomassebestimmung und -charakterisierung

2.1. Biomassebestimmung - Stand der Technik

In der Biotechnologie ist die Biomassekonzentration eine der interessantesten und wichtigsten Meßgrößen (Eigentlich müßte der Begriff Biomassedichte verwendet werden. Im weiteren wird jedoch von Biomassekonzentration - oftmals synonym mit Biomasse - gesprochen). Das gilt nicht nur, wenn die Biomasse selbst das Zielprodukt des Bioprozesses ist, sondern auch wenn andere hochwertige Produkte hergestellt werden sollen. Man kann dabei zwischen der Gesamtbiomasse und der aktiven, vitalen Biomasse unterscheiden. Für Produktionsprozesse ist im Grunde nur die aktive - also produzierende - Biomasse von Interesse. Wenn Mischkulturen verwendet werden, kommt zur Biomassebestimmung noch die Biomasseunterteilung in die einzelnen Populationen.

Die Biomassebestimmung ist aber nicht nur in der Biotechnologie von Interesse. Insgesamt sind bisher verschiedene Übersichtsartikel zur Biomassekonzentrations-bestimmung in der Mikrobiologie, der Bioprozeß-technik, in Wasser-, Boden- oder Nahrungsmittelproben, in Proben aus der Medizin und der Abwasseraufbereitung erschienen (Hedén und Illéni, 1975; Cady, 1975; Coonrod *et al.*, 1983; Jenkinson und Ladd, 1981; Karl, 1986; Fleischaker *et al.*, 1981; Cooney, 1981; Wang und Stephanopoulos, 1984; Harris und Kell, 1985; Clarke *et al.*, 1986; Merten *et al.*, 1986). Ganz allgemein kann man dabei zwei Grenzbereiche unter-scheiden. Bei Proben aus der Medizin und bei Nahrungsmittel-, Wasser- oder Bodenproben geht es hauptsächlich um die Bestimmung geringer Konzentrationen (Keimzahlbestimmung und Biomassekonzentrationen bis zu ca. 10^4 Zellen pro ml), bei Proben aus der Abwasserreinigung, Mikrobiologie und Bioprozeßtechnik sind meist höhere Biomassekonzentrationen zu detektieren.

Biomassesensoren sind der Traum eines jeden Biotechnologen, und so ist klar, daß immer wieder Versuche gemacht werden, einen solchen Sensor zu entwickeln. Die meisten solcher Biomassesensoren bestimmen den Gesamtfeststoffgehalt, bei dem neben der Gesamtbiomasse auch Feststoffpartikel erfaßt werden. Das ist aber besonders in technischen Medien problematisch, da diese einen hohen, nicht konstanten Feststoffgehalt aufweisen. Somit konnte sich bisher kein Entwicklungs-typ durchsetzen.

Bei biotechnologischen Prozessen werden Off-line-Biomassebestimmungen meist gravimetrisch oder nephelometrisch durchgeführt. Auf die Bestimmung des Feststoffgehalts in einer off line gezogenen definierten, repräsentativen Mediumprobe durch Trocknung bis zur Gewichtskonstanz oder durch Trübungsmessung soll hier nicht näher eingegangen werden. Diese Methoden sind zeitraubend aber weitverbreitet und einfach nachzuvollziehen und werden immer zum Vergleich mit neuen Biomassesensoren herangezogen.

Zusätzlich haben beide Methoden einen gravierenden Nachteil. Nicht-mikrobielle Feststoffpartikel stören extrem. Deshalb sind verschiedene chemische Methoden nötig, um den wirklichen Zellanteil in diesen Proben zu bestimmen. Dies kann die Bestimmung der Zellproteine, des DNA-, RNA-, ATP-Gehalts oder anderer zelltypischer Biomoleküle sein (z.B. Phospholipide, Muraminsäure) (Huang *et al.*, 1971; Forsberg und Lam, 1977; Chapman und Atkinson, 1977; Moreira *et al.*, 1978; Hendy und Gray, 1979; Hysert *et al.*, 1979; Solomon *et al.*, 1983; Kang *et al.*, 1983; Koliander *et al.*, 1984, Taya *et al.*, 1986). Alle diese Methoden sind noch zeitaufwendiger und wegen vieler einzelner Analysenschritte (Aufschließen, Zentrifugieren, Färben, Waschen, etc.) kaum automatisierbar. Photometrische Messungen werden von der Partikelgröße (Streulichtverhalten) und von Fremdpartikeln beeinflußt, doch lassen sie sich unter engen, definierten Analysenbedingungen für die On-line-Prozeßbeobachtung einsetzen (Hong *et al.*, 1987; Finguerut, 1978).

Um die Zellzahl oder die Populationen in einer Mischkultur bestimmen zu können, werden Coulter-Counter oder Durchflußcytometer verwendet (Kubitschek, 1958 und 1969; Drake und Tsuchiya, 1973; Hatch *et al.*, 1979). Dazu müssen definierte Volumina vermessen werden. Beide Verfahren sind als reine Off-line-Verfahren nur mit hohem Aufwand und beträchtlichen Kosten zu automatisieren. Gerade die Durchflußcytometrie bietet aber neben der Zellzahl- und Zellgrößenbestimmung noch die Möglichkeit, die Vitalität der Mikroorganismen und die Konzentration verschiedener Zellkomponenten zu erfassen (Battye *et al.*, 1985; Shapiro, 1988; Hatch *et al.*, 1979).

Einige neuere Verfahren (NMR und Massenspektroskopie) zur Biomassebestimmung und -charakterisierung werden zur Zeit erprobt. Das Potential dieser Meßmethoden ist jedoch noch nicht genauer zu erfassen, da zu wenige Ergebnisse für diesen Zweck vorliegen. Zusätzlich sind die Meßapparaturen zu teuer, um als Routineanalytik in Betracht zu kommen.

Heinzle (1986) berichtet über die Biomassebestimmung bei Fermentationen von *A latus* anhand der intrazellulär gebildeten Polyhydroxybuttersäure. Dazu wurden Proben der Fermentationsbrühe in ein Pyrolyse-Massenspektrometer gebracht und mit Hilfe der "finger-print"-Methode vermessen und ausgewertet. Der Einsatz dieser Technik zur Biomasseidentifizerung in hochkomplexen Proben wäre damit folglich möglich.

Bei der anderen Methode handelt es sich um die Kernresonanzspektroskopie. Mit ihr läßt sich neben der Bestimmung einer Vielzahl intrazellulärer Größen auch der Biomassegehalt bei Fermenationen abschätzen (Gonzales-Mendez *et al.*, 1982; Fernandez und Clark, 1987; Gillies *et al.*, 1989). Als Meßgröße wird hier die Summe der Einzelspektren bis zum Erhalt eines konstanten NMR-Spektrums der Probe benutzt (Gonzales-Mendez *et al.*, 1982). Diese Größe ist jedoch schwer zu beschreiben und nachzuvollziehen, damit ist die Aussagekraft der NMR-Messungen allein zur Biomassebestimmung derzeit noch sehr fraglich.

Im folgenden werden verschiedene On-line-Methoden vorgestellt, die zur Biomassebestimmung in der Biotechnologie beschrieben sind. Anwendungsbeispiele, Probleme und Grenzen der einzelnen Methoden werden dabei aufgeführt.

2.1.1. Biomassemodellierung

Eine Möglichkeit, die Biomassekonzentration ohne geeignete Biomassesensoren zu ermitteln, ist die Modellierung auf der Basis makroskopischer Material- und Energiebilanzen ("macroscopic material and energy balances") (Cooney, 1977; Roels, 1980). Die Modellierung wichtiger, schwer meßbarer Prozeßgrößen (z.B. Biomasse, Wachstumsrate und Ausbeute) auf der Basis solcher makroskopischer Bilanzen ist besonders dann gut möglich, wenn die Stöchiometrie des Fermentationsprozesses genau bekannt ist (Wang und Stephanopoulus, 1984). Gerade in den letzten Jahren ist die Zahl der Veröffentlichungen auf dem Gebiet der Fermentationsmodellierung deutlich angestiegen, so sollen in dieser Arbeit nur die Grundprinzipien erwähnt werden. Zwei Grundkonzepte werden verwendet: eines basiert auf der Massenerhaltung und der Stöchiometrie biochemischer Reaktionen, das andere auf der Materialbilanz einer ausgewählten Schlüsselkomponenten.

Zabriskie *et al.* (1977) präsentierten ein Modell zur On-line-Biomasseabschätzung bei aeroben Fermentationen von *Thermoactinomyces sp.*, *Streptomyces sp.* und *S. cerevisiae*. Eine Materialbilanz für Sauerstoff wurde in dem Modell benutzt, wobei die Atmungsaktivität der Zellen in einen Wachstums- und einen

Erhaltungsstoffwechselanteil gegliedert wurde. Damit war eine On-line-Biomassebestimmung über den Sauerstoffverbrauch möglich. Um das kompliziertere diauxische Wachstum der Hefezellen beschreiben zu können, mußten die Sauerstoffausbeute und die Erhaltungsstoffwechselkoeffizienten den Änderungen des Zellstoffwechsels bei diesem Wachstum angepaßt werden. Im einfachsten Fall konnte dies durch die Berücksichtigung der Ethanolbildung oder des Verbrauchs erreicht werden. Die modellgestützte Biomasseberechnung erfolgte mit einer Verzögerung von drei Minuten.

Nicht immer ist die Sauerstoffmessung so einfach wie bei den gerade beschriebenen Kultivierungen. So ergeben sich bei der Pflanzenzellkultivierung oft Probleme, die Änderungen im Sauerstoffgehalt der Gasphase zu bestimmen. Um die Zellkonzentration bei solchen Kultivierungen dennoch auf der Basis von Sauerstoffbilanzen messen zu können, benutzte Wilson (1987) die Konzentrationsänderungen im Gelöstsauerstoffgehalt des Mediums beim Begasungsstop.

Auch der Kohlendioxidgehalt in der Gasphase kann für die Biomassemodellierung verwendet werden. So sind Applikationsbeispiele bei Kultivierungen von *S. cinnamonensis* und *Corynebacterium sp.* beschrieben (Alford, 1978; Park *et al.*, 1983). Beispielsweise verläuft bei den *Corynebacterium sp.* Kultivierungen die Biomassekonzentration linear mit der Kohlendioxidbildung. Harima gelang 1980 die Biomassebestimmung auf der Basis von Kohlendioxidabgasmessungen beim Wachstums von *Trichoderma sp.* auf feststoffhaltigen Medien (Stärke).

Die rechnergestützte Biomassebestimmung beim Wachstum von *P. chrysogenum* ist von mehreren Autoren beschrieben worden (Heijnen *et al.*, 1979, Mou und Cooney, 1983, Reuß, 1987b). Dieser industriell äußerst wichtige Fermentationstyp kann als Beispiel für Antibiotikafermentationen angesehen werden. Sekundärmetabolite sind hier das gewünschte Produkt der Fermentation. Bei den Antibiotikafermentationen gibt es häufig Probleme mit der genauen Kenntnis der Physiologie, der Kinetik und der Morphologie der Prozesse (Mou und Cooney, 1983). Die gut untersuchten Penicillinfermentationen bieten sich deshalb als Modellsysteme an. Mou und Cooney konnten die Kohlendioxidproduktion und die Kohlenstoffbilanz für die Biomassemodellierung bei diesem Fermentationstyp nutzen. Während der ersten schnellen Wachtumsphase erzielte ihr Modell, basierend auf der Kohlendioxidbildung, gute Resultate. Große Abweichungen traten hingegen während der Übergangs- und der Produktionsphase auf. Hier waren die experimentell gefundenen Werte für die Kohlendioxidausbeute nicht länger konstant. Sie mußten für eine bessere Biomasseberechnung dieser Fermentationsabschnitte als variabel angesehen werden.

Doch nicht nur Sauerstoff und Kohlendioxid können als Leitgrößen für die rechnergestützte Modellierung mit Hilfe von makroskopischen Bilanzen verwendet werden. Gasförmige Alkene (Ethen und Propen) waren beispielsweise Grundlage für Biomassemodellierungen bei Kultivierungen von *Xanthobacter sp.* und *Mycobacterium sp.* (van Ginkel *et al.* (1987). Beide Mikroorganismen wandeln beim Wachtum Alkene in die entsprechenden 1,2-Epoxyalkane um. Die Kohlenstoffbilanz wurde auf der Basis des Alkenverbrauchs und der Kohlendioxidproduktion gemacht.

Bei allen Modellen, die auf makroskopischen Bilanzen basieren, hängt die Genauigkeit der Biomasseberechnung extrem von der Genauigkeit der Messung der Schlüsselkomponenten ab. So ist für eine zuverlässige modellgestützte Biomassebestimmung neben der genauen Kenntnis des Prozesses, speziell der biochemischen Stöchiometrie, auch die Meßgenauigkeit der Analysensysteme maßgebend.

2.1.2. Filtrationsmethoden

Es ist bekannt, daß Biomasse und Fermentationsmedium durch Filtration getrennt werden können. Der Biomassegehalt läßt sich beim Filtrationsvorgang aus dem Filterkuchenvolumen, der Filtrationsrate, dem Filtratvolumen und dem Druckverlust über den Filterkuchen bestimmen (Silvennoinen und Koivo, 1982). Nestaas *et al.* (1981a) zeigten, daß die Biomassekonzentration nach folgender Gleichung bestimmt werden kann:

$$X = \frac{1}{\nu} \cdot \frac{V_c}{V_f + V_c}$$

Hierbei ist X [g/l] die Biomassekonzentration, ν [l/g] das spezifische Filterkuchenvolumen, V_c das Kuchenvolumen und V_f das Filtratvolumen. Eine von Nestaas *et al.* (1981a) entwickelte, automatisch arbeitende Filtrationseinheit konnte bei Kultivierungen von *P. chrysogenum* zur quasi kontinuierlichen Biomassebestimmung benutzt werden (Nestaas *et al.*, 1981a und 1981b). Dazu wurden automatisch Proben (50-70 ml Volumen) gezogen, in eine Filtrationseinheit gefüllt und unter konstantem Druck filtriert. Das Filtratvolumen ließ sich gravimetrisch, das Kuchenvolumen optisch (mit Lichtschranken in der Probenkammer) oder über den Druckabfall bestimmen (Nestaas *et al.*, 1983). Mit dieser Apparatur wurde das Filterkuchenvolumen als Funktion der Filtrationszeit bestimmt. Ist das spezifische Filterkuchenvolumen während der Kultivierung annähernd konstant, kann die Biomassekonzentration sehr genau berechnet werden. Die Zeit für eine Messung betrug 105 Sekunden. Nach der Filtration wurde der Filterkuchen wieder in den Fermenter zurücktransportiert, die Filtrationseinheit gespült und sterilisiert. Damit erhöhte sich die Gesamtzeit für einen Meßzyklus auf etwa 30 Minuten. Auch Thomas *et al.* (1985) benutzten eine ähnliche Apparatur zur Biomassebestimmung bei Kultivierungen von *P. chrysogenum*. Die Autoren konnten eine gute Korrelation zwischen Biomassedaten im Bereich von 2-40 g/l Biotrockenmasse feststellen. Probleme ergaben sich bei niedrigen Biomassewerten.

Insgesamt erwies sich die Reinigung des Filters als problematisch, da Kontaminationen bei der sterilen Rückführung des Filterkuchens auftraten. Um diese Schwierigkeiten zu umgehen, entwickelten Lenz *et al.* (1985) eine neue computergesteuerte Filtrationseinheit mit einem Bandfilter zur absatzweisen Kuchenfiltration mit jeweils frischer Filterfläche. Der Filterkuchen wurde nach der Messung verworfen, während das Filtrat zur Analyse des Fermentationsmediums zur Verfügung stand. In Abbildung 3 ist der schematische Ablauf eines Analysenzykluses zu sehen (Reuß *et al.*, 1987a). Die Filtrationseinheit wird gefüllt und der Meßzyklus mit dem Anlegen des Filtrationsdrucks gestartet. Das Anwachsen des Filterkuchens wird mit fünf Reflektionslichtschranken gemessen. Anschließend wird der Filterkuchen verworfen, die Kammer gespült, die Filterfläche erneuert und die gesamte Meßkammer sterilisiert. Mit diesen Verbesserungen wurden höhere Standzeiten (keine Porenverstopfung der Filterfläche) erreicht und die Gefahr von Kontaminationen verringert. In Abbildung 4 ist der Biomasseverlauf einer *P. chrysogenum* Kultivierung zu sehen. Die Filtrationsdaten stimmen sehr gut mit Off-line-Daten überein. Es muß aber erwähnt werden, daß nur eine Koppelung an hinreichend große Fermenter sinnvoll ist. Für jeden Filtrationszyklus wird dem Fermenter eine Probe von ca. 100 ml entnommen. Lenz (1985) und Reuß (1987a und 1987b) beschreiben die Kopplung der Filtrationseinheit an einen 300 l Reaktor zur Kultivierung von *P. chrysogenum*. Stündlich wurde eine Probe gezogen, so daß sich das Gesamtprobevolumen für die Filtrationseinheit auf 9 l belief. Der Einfluß von Feststoffanteilen im Medium auf die Ergebnisse wird nicht diskutiert. Gerade wenn dieser - wie bei vielen technischen Prozessen üblich - während der Kultivierung schwankt, ergeben

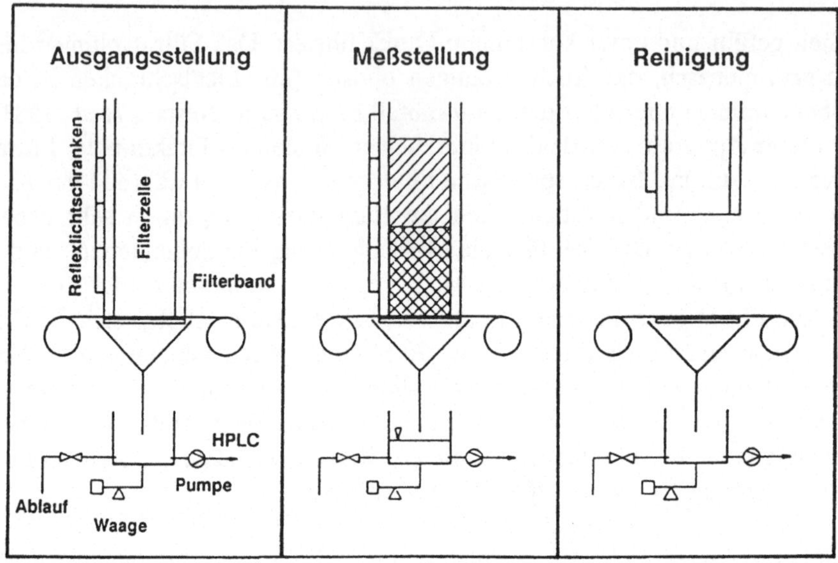

Abb. 3 Analysenzyklus bei der Filtrationssonde nach Reuß (Reuß *et al.*, 1987a)

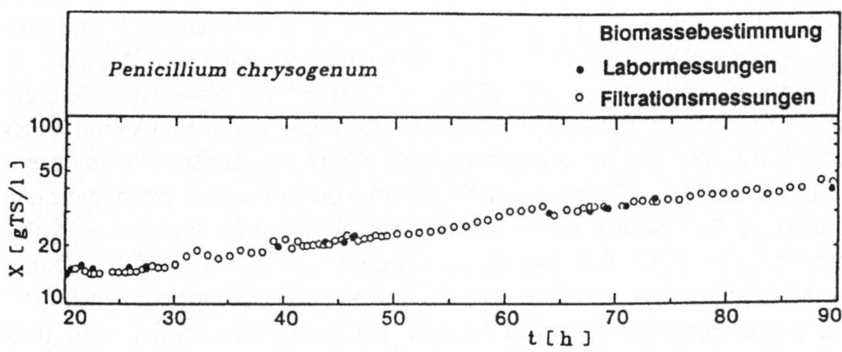

Abb. 4 Vergleich der On-line Filtrationsdaten mit Off-line-Daten bei einer Kultirvierung von *P. chrysogenum* (Reuß *et al.*, 1987a)

sich auch große Probleme bei dieser Biomassebestimmung. Die gesamte Apparatur läßt nur eine absatzweise Biomassebestimmung zu und ist im Aufbau recht kompliziert, kann aber zellfreies Medium für andere Analysensysteme zur Verfügung stellen. Bisher liegen für Filtrationssonden nur Applikationsbeispiele für *P. chrysogenum* Kultivierungen (Nestaas *et al.*, 1981a, 1981b, 1983; Lenz *et al.*, 1985; Thomas *et al.*, 1985; Reuß *et al.* 1987a und 1987b) und den Pekilo-Prozeß (Silvennoinen und Koivo, 1982) vor.

2.1.3. Viskositätssensoren

Wird die Viskosität der Fermentationsbrühe nur von der Biomasse und nicht durch andere Faktoren, wie extrazelluläre Mediumbestandteile, Änderungen in der Zellmorphologie oder Temperaturschwankungen beeinflußt, kann der Gehalt an Biomasse mit Viskositätssensoren erfaßt werden (Shimmons *et al.*, 1976). Perley *et al.* (1979) benutzten für diesen Zweck ein Kapillarviskosimeter, das in einen Probenstrom vom Fermenter geschaltet wurde. Der Zusammenhang zwischen der Viskosität und der Biomasse bei Fermentationen von *Hansenula polymorpha* war gering und eine Biomasseabschätzung nur mit großen Fehlern möglich. Bessere Resultate konnten von Shimmons (1987) mit einem Rotationsviskosimeter erhalten werden, das in einen Fermenter eingebaut war. Gute Ergebnisse wurden zwar mit Hefesupensionen erzielt, doch liegen keine realen Fermentationsdaten vor.

2.1.4. Kalorimetrische Methoden

Bei der Kultivierung von Mikroorganismen entsteht Wärme. Diese Wärmeproduktion ist abhängig von der biosynthetischen Aktivität der Zellen, dem Stoffwechseldurchsatz und der Biomassekonzentration. (Luong und Volesky, 1983). Verschiedene Kalorimetersysteme (externes Durchflußkalorimeter, Doppelkalorimeter und Wärmeflußkalorimeter) und unterschiedliche Techniken (dynamische oder kontinuierliche Kalorimetrie) sind bisher benutzt worden, um die Wärmeproduktion bei Kultivierungen erfassen zu können.

Die größten Probleme entstehen dabei, daß im allgemeinen nur die Gesamtwärmeproduktion erfaßt wird, die sich aus der Summe der einzelnen wärmeproduzierenden und -verbrauchenden Prozesse (z.B. Energieeintrag durch Rühren, Begasung, Zugabe von Basen oder Laugen) zusammensetzt. Die Wärmeproduktion der Mikroorganismen ist dabei nur ein Teil, der über eine Gesamtbilanz bestimmt werden muß (Luong und Volesky, 1983).

Bei den ersten Untersuchungen wurden kleine aber genau definierte Doppelkalorimeter benutzt (Dermoun und Belaich, 1979; Ishikawa *et al.*, 1981; Ishikawa und Soda, 1983). Diese Kalorimeter bestanden aus zwei identischen Reaktionsgefäßen. In einem befanden sich die Mikroorganismen unter Reaktionsbedingungen, während das andere als Referenz ohne Mikroorganismen unter gleichen Bedingungen betrieben wurde. So konnte die Wärmeentwicklung durch die Mikroorganismen getrennt von allen Störgrößen erfaßt werden. Doch war ein Probeziehen bei Satzversuchen wegen des meist geringen Reaktionsvolumens (5-50ml) kaum möglich. Oft wurde deshalb noch ein großer Reaktor parallel als Referenz für den zu beobachtenden Prozeß betrieben. Auf Grund der auftretenden Unterschiede zwischen den Miniaturreaktoren und dem großen Kontrollreaktor, sind die Ergebnisse schwer zu vergleichen und von großer Ungenauigkeiten bestimmt.

Kalorimetrische Techniken können an reale Fermentationsprozesse angekoppelt werden. Dazu muß ständig Fermentationsmedium durch ein externes Durchflußkalorimeter geleitet werden. Hier wird die Wärmeentwicklung repräsentativ für den Bioreaktor gemessen (Djavan und James, 1980; Nicols und James, 1981; Oriol *et al.*, 1987; Samson *et al.*, 1987; Roy und Samson, 1988). Probleme ergeben sich beim Vergleich des Zustands der Zellen im Bioreaktor und im Durchflußkalorimeter. Werden beispielsweise auf dem Weg durch die Schlaufe zum Kalorimeter Substrate (z.B. Sauerstoff, Glucose) verbraucht, befinden sich die Zellen bei der Messung in einer anderen chemischen Umgebung und dadurch in einem anderen physiologischen Zustand. Zusätzlich können Wärmeverluste auf dem Weg zur Meßzelle und ein Bewuchs des Durchflußkalorimeters die Meßwerte verfälschen.

Die dynamische Kalorimetrie ist eine andere Technik, um in Laborfermentern die Wärmeentwicklung durch die Mikroorganismen erfassen zu können (Mou und Cooney, 1976; Wang *et al.*, 1978). Hier wird die Temperaturänderung im Fermenter sehr akkurat bestimmt, wenn die Thermostatisierung kurzfristig ausgeschaltet wird. Aus dieser Temperaturerhöhung kann unter Berücksichtigung aller anderen Wärmequellen und -senken (z.B. Rührer, Begasung) die Wärmeentwicklung durch die Mikroorganismen bestimmt werden. Zwar ist dann immer noch keine Echtzeit- und On-line-Bestimmung möglich, und die Fermentationsbedingungen können strenggenommen nicht mehr als isotherm bezeichnet werden, dennoch gelang es, diese Methode zur Beobachtung der Kultivierung verschiedener Mikroorganismen einzusetzten (Mou und Cooney, 1976; Wang *et al.*, 1978).

Luong und Volesky (1980 und 1982) haben die kontinuierliche Kalorimetrie als Methode zur Messung der Wärmeproduktion von Mikroorganismen in realen Fermentersystemen (bis zu 14 l) beschrieben. Dazu wurde der Fermenterinhalt bei definierter Durchflußrate der Kühlflüssigkeit im Thermostatisiermantel leicht unterkühlt. Die Wärmeentwicklung durch die Mikroorganismen und durch eine regelbare Heizpatrone halten das Fermentationsmedium auf der gewünschten Kultivierungstemperatur. Die Wärmeentwicklung der Organismen wird über eine Gesamtwärmebilanz ermittelt (Luong und Volesky, 1980, 1982; Luong *et al.*, 1983).

Die Abbildung 5 zeigt ein Wärmeflußkalorimeter (Marison und von Stockar, 1986). Ein 1,8 l Fermenter wird über einen Silikonölkreislauf, der aus zwei Untereinheiten aufgebaut ist, thermostatisiert. Beide Kreisläufe sind über ein rechnergesteuertes Magnetventil gekoppelt. Der eine Kreislauf wird auf einer Temperatur gehalten, die höher liegt als die Kultivierungstemperatur, der andere auf einer niedrigeren. Die Reaktortemperatur wird vom Rechner erfaßt, der dann über das Magnetventil beide Kreisläufe so mischt, daß die Reaktortemperatur auf einem konstanten Wert gehalten wird. Andere Wärmequellen und -senken (z.B. Rührer, Begasung) werden vom Rechner miterfaßt. Steigt die Reaktortemperatur an, so muß die Temperatur der Kühlflüssigkeit herabgesenkt werden. Die Temperaturdifferenz zwischen Medium und Kühlfüssigkeit wird als Meßsignal benutzt, aus dem die Wärmeentwicklung der Mikroorganismen berechnet werden kann. Wärmeverluste des Gesamtsystems stören nicht. Deshalb kann auf eine Isolierung verzichtet werden.

Die echte On-line-Messung der Wärmeproduktion von Mikroorganismen mit dieser Technik ist in Abbildung 6 gezeigt (Marison und von Stockar, 1986 und 1987; Birou *et al.*, 1987; Birou und von Stockar, 1989). Die produzierte Wärme korreliert gut mit der Biomasse. Dies gilt aber nur, wenn die Wärmeproduktion pro Zelle über den gesamten Fermentationsverlauf konstant bleibt. Änderungen im Zellstoffwechsel, die beispielsweise auf Diauxien oder Substratlimitierungen zurückzuführen sind, führen zu starken Abweichungen. In der Abbildung 7 ist dies in dem Thermogramm einer Kultivierung von *E. coli* in einem Minimalmedium deutlich zu erkennen (Marison und von Stockar, 1987).

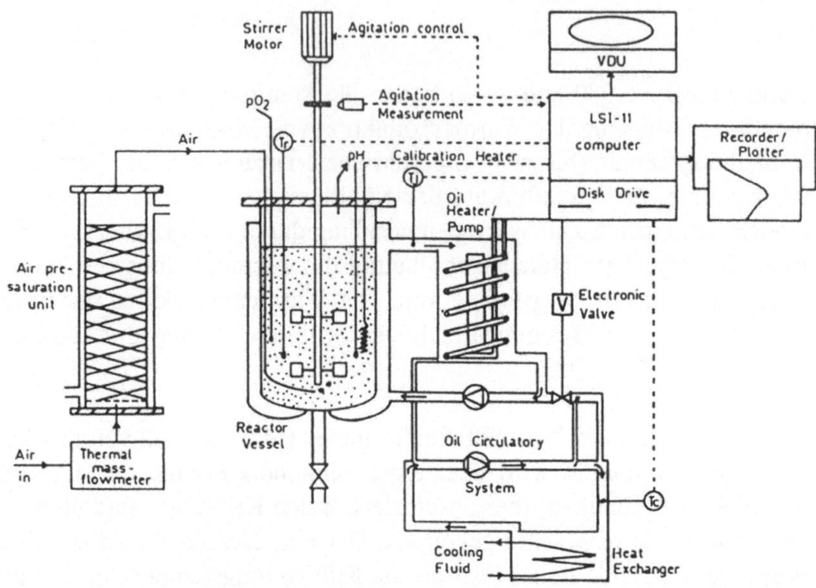

Abb. 5 Wärmeflußkalorimeteraufbau nach v. Stockar (Marison und von Stockar, 1986)

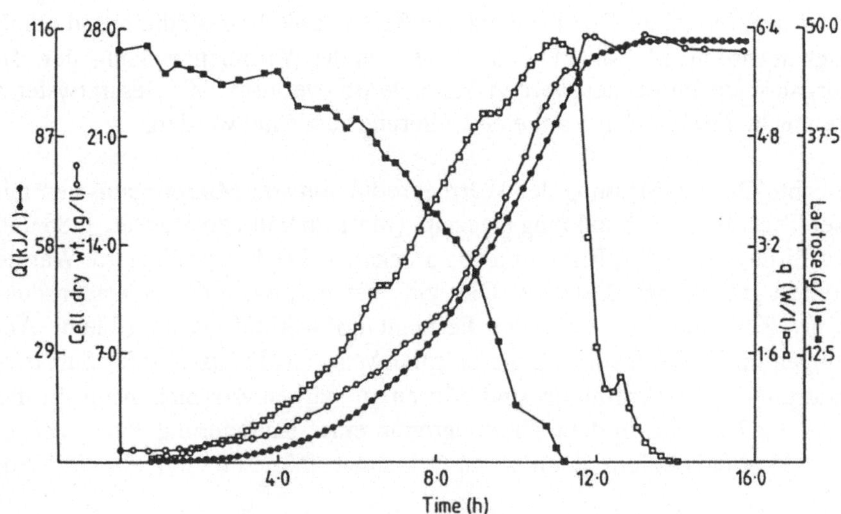

Abb. 6 Fermentationsverlauf (Thermogramm) einer Kultivierung von *K. fragilis* im Wärmeflußkalorimeter (Marison und von Stockar, 1986)

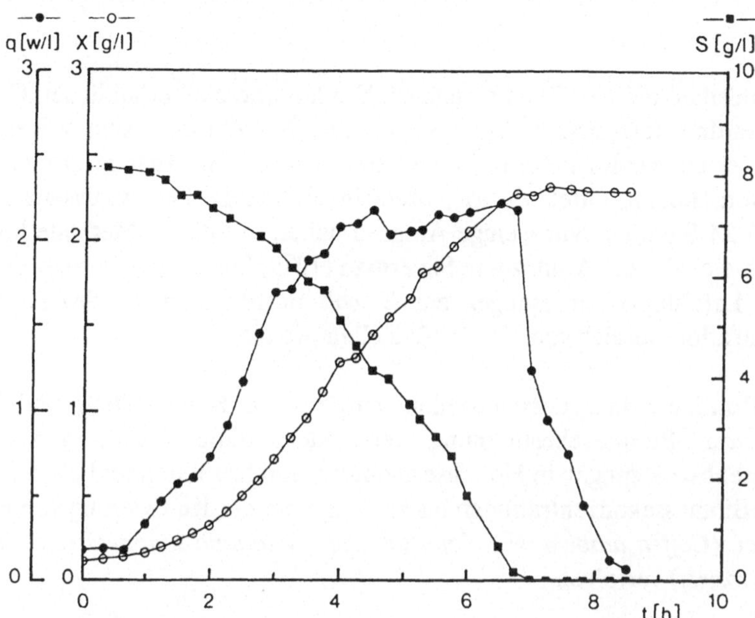

Abb. 7 Fermentationsverlauf (Thermogramm) einer Kultivierung von *E. coli* auf einem Minimalmedium im Wärmeflußkalorimeter (Marison und von Stockar, 1987)

2.1.5. Elektrochemische Methoden

Verschiedene elektrochemische Methoden sind in der Literatur für die Biomassebestimmung beschrieben (Ramsay *et al.*, 1985). Vier von ihnen sollen hier kurz vorgestellt werden.

2.1.5.1. Impedanzmessung

Wenn eine Zellprobe einem sinusförmigen elektrischen Wechselfeld ausgesetzt wird, kann die Impedanz (Wechselstromwiderstand) der Probe bestimmt werden. Zur Beschreibung können in Abhängigkeit der Frequenz zwei Größen verwendet werden: die makroskopische Dielektrizitätskonstante ε (Kapazität) und die spezifische Leitfähigkeit σ (Wirkleitwert). Beide Meßgrößen werden von der Biomasse beeinflußt (Harris *et al.*, (1987).

Die Leitfähigkeit kann in einem sorgfältig thermostatisierten Gefäß bei definierten Bedingungen (z.B. Mediumzusammensetzung) für die Biomassebestimmung (z.B. Keimzahlbestimmung) benutzt werden. Ein Teil der Proben wird zu einer Testlösung gegeben, in der sich durch das Wachstum von Mikroorganismen die Leitfähigkeit ändert. Die kommerziell erhältlichen Geräte (z.B. Malthus Instruments Ltd., Bactomatic, Bactobridge) sind wegen der komplizierten Analysenführung teuer und deshalb zur Analyse großer Probenzahlen (Lebensmittelindustrie, Medizin) ausgelegt. Die Analysenzeit beträgt oft 24 Stunden. Nur wenige Autoren haben mit dieser Methode höhere Zelldichte analysiert. Munoz und Silverman (1979) berichten über den Einsatz solcher Leitfähigkeitsmessungen zur *E. coli* Bestimmung in Abwässern im Konzentrationsbereich von 10^6 bis 10^7 Zellen pro ml.

Auch Routineleitfähigkeitsmeßzellen wurden von Blute (1988) und Taya (1989) zur Biomassebestimmung verwendet. Blute (1988) gelang es, Biomasseabschätzungen in Hohlfasermodulen durchzuführen und Taya (1989) konnte Biomassekonzentrationen bis zu 10 g/l bei der Kultivierung von Pflanzenzellen (*Coffea arabica, Nicotiana tabacum, Withania sonnifera* und *Catharanthus roseus*) verfolgen.

Aus der Literatur geht hervor, daß die Messung der frequenzabhängigen makroskopischen Dielektrizitätskonstanten für die Biomassebestimmung in der Biotechnologie besser geeignet ist. Dies konnte nicht nur in Off-line-Messungen nachgewiesen werden (Gencer und Mutharasan, 1979). Harris *et al.* 1987 zeigten, daß in einer Zellsuspension die Dielektrizitätskonstante (und damit die Kapazität) bei Frequenzen unter 1 GHz linear mit der Biomasse zunimmt. Sie konstruierten einen Sensor, der über Standardstutzen an Bioreaktoren gekoppelt werden kann, um simultan die Leitfähigkeit und Kapazität in Fermentationsbrühen zu messen. Kell (1987) und Harris *et al.* (1987) fanden eine gute Übereinstimmung zwischen Kapazität und Biomasse bis zu 100 g/l (Wechselstromfrequenz: 300 kHz) bei Fermentationen von *Saccharomyces cerevisiae*. Ein Version des Sensors ist inzwischen kommerziell erhältlich (Aber Instruments Ltd.). Mit ihm können bei variabler Frequenz (10 kHz-10 MHz) die Leitfähigkeit und die Kapazität in Fermentationsbrühen gemessen werden. Trotz guter Literaturergebnisse sind die hohen Leitfähigkeiten von Fermentationsmedien - speziell von technischen Medien - als problematisch anzusehen.

2.1.5.2. Potentiometrische Sensoren

Mit dieser Methode wird das Potential an einer Elektrode in einer zellhaltigen Probe gegenüber einer Referenzelektrode bestimmt. Das Wachstum von Mikroorganismen und die damit verbundene Produktion elektrochemisch aktiver Substanzen verursachen Potentialänderungen. Wilkins *et al.* (1974) entwickelten einen solchen Sensor, um den Wasserstoff, der von bestimmten Mikroorganismen (z.B. *Escherichia coli, Citrobacter freundii,* und *Klebsiella pneumoniae,* (Wilkins, 1978)) beim Wachstum gebildet wird, elektrochemisch zu messen. Der Sensor zur Wasserstoffbestimmung war aus einer Platin- und Referenzelektrode aufgebaut und eine Vielzahl von Mikroorganismen konnte damit bestimmt werden (Wilkins, 1978 und Wilkins *et al.*, 1978). Die Empfindlichkeit war erstaunlich hoch. Eine Zelle pro ml ließ sich mit einer Detektionszeit von 9 Stunden erfassen (Wilkins, 1978). Der Sensoreinsatz ist jedoch auf Proben mit geringen Biomassekonzentrationen begrenzt und steht wegen der langen Analysenzeiten (ca. 2 Stunden für die Bestimmung einer Zellkonzentration von 10^6 Zellen/ml (Wilkins, 1978)) nicht für einen On-line-Einsatz zur Verfügung. Daneben treten Störungen durch alle elektrochemisch aktiven Substanzen auf, die das Potential der Meßelektrode verändern. Dies führte dazu, daß diese Messungen von anderen Autoren als reine Redoxpotentialmessungen angesehen wurden (Harris und Kell, 1985).

2.1.5.3. Biomassesensoren nach dem Prinzip von Brennstoffzellen

Das Prinzip solcher Biomassesensoren ist in Abbildung 8 gezeigt (Matsunga *et al.*, 1979; Bennetto *et al.*, 1987). Zwei Brennstoffzellen tauchen in eine zellhaltige Probe, wobei jeweils die Anoden mit der Probe in Kontakt kommen. Durch die Oxidation von Mikroorganismen (Redoxsysteme sind in der Zellmembran vorhanden) und elektrooaktiven Substanzen wird Strom in Zelle I produziert. In Zelle II kann die Stromproduktion nur durch die Oxidation elektroaktiver Substanzen im Medium erfolgen, da die Mikroorganismen durch eine Dialysemembran von der Anode ferngehalten werden (Matsunga *et al.*, 1979). Die Differenz beider Ströme ist somit der Biomassekonzentration proportional.

Matsunga *et al.* (1979) führt Antwortzeiten von 15 bis 20 Minuten an. Diese waren hauptsächlich von den Transportvorgängen durch die Dialysemembran bestimmt. Bei Kultivierungen von *S. cerevisiae* und *Lactobacillus fermentum* konnte der Sensor erfolgreich eingesetzt werden. Der lineare Bereich lag zwischen 10^7 bis $4 \cdot 10^8$ Zellen/ml für *S. cerevisiae* und 10^8 bis $4 \cdot 10^9$ Zellen/ml für *L. fermentum.*

Da die direkte Oxidation speziell der Mikroorganismen schwierig ist, werden häufig Mediatoren eingesetzt. Sie erleichtern den Elektronentransport zwischen den Elektronendonatoren in der Zellmembran und der Platinanode (siehe Abbildung 9). Beispielsweise können 2,6-Dichlorphenol-indophenol

(Nishikawa *et al.*, 1982) oder Phenazinethosulfat (PES) als Mediatoren fungieren (Turner *et al.*, 1982, Ramsay *et al.*, 1985). Im Allgemeinen hängt die Empfindlichkeit der Sensoren stark von den zu detektierenden Mikroorganismen ab.

2.1.5.4. Amperometrische Sensoren

Auch eine amperometrische Biomassebestimmung ist möglich. Bei den verwendeten Zwei- und Drei-Elektrodensysteme wurde über einen Potentiostaten ein bestimmte Spannung an die Arbeitselektrode angelegt (Matsunga *et al.*, 1980). Damit entstand ein Stromfluß durch die Reaktion von Mikroorganismen und elektroaktiven Substanzen an dieser Elektrode. Es müssen jeweils zwei Elektrodensysteme benutzt werden, um wie bei den Brennstoffzellen die Reaktion durch die Mikroorganismen von der durch die elektroaktiven Substanzen im Medium trennen zu können. Durch die Verwendung von Dialysemembranen liegen die Analysenzeiten im Bereich von 5 bis 15 Minuten. Auch hier führen Mediatoren zu höheren Empfindlichkeiten.

Allgemein sind Drei-Elektrodensysteme (mit Arbeits-, Gegen- und Referenzelektrode) einfacher und genauer zu handhaben als Zwei-Elektrodensysteme, da das an der Arbeitselektrode anzulegende Potential über die Referenzelektrode geregelt wird (Matsunga *et al.*, 1980). Dennoch konnten auch Zwei-Elektrodensysteme zur *E. coli* Konzentrationsbestimmung im Bereich von $5 \cdot 10^6$ bis $9 \cdot 10^7$ Zellen/ml eingesetzt werden (Ramsay *et al.*, 1985, Ramsay und Turner, 1988).

Matsunga *et al.* (1980) benutzten Drei-Elektrodensysteme zur Biomassekonzentrationsbestimmung bei Kultivierungen von *Bacillus subtilis*. Eine ähnliche Anordnung konnte von Sakato *et al.* (1981) erfolgreich zur Bestimmung der Biomasse bei Kultivierungen von *Micromonospora olivosterospora* eingesetzt werden.

2.1.6. Akustische Methoden

Andere zerstörungsfreie Techniken zur Bestimmung der Biomassekonzentration sind akustische Methoden (Clarke *et al.*, 1987). Für die Beobachtung der Zellkonzentration bei Kultivierungen von *S. cerevisiae, B. subtilis, und Klebsiella sp.* erwies sich ein piezoelektrischer Sensor als zuverläßlich (siehe Abbildung 10). Dieser Sensor wurde mit einer Ultraschallfrequenz von 40 kHz betrieben und die Ausgangsspannung war der Biomasse proportional.

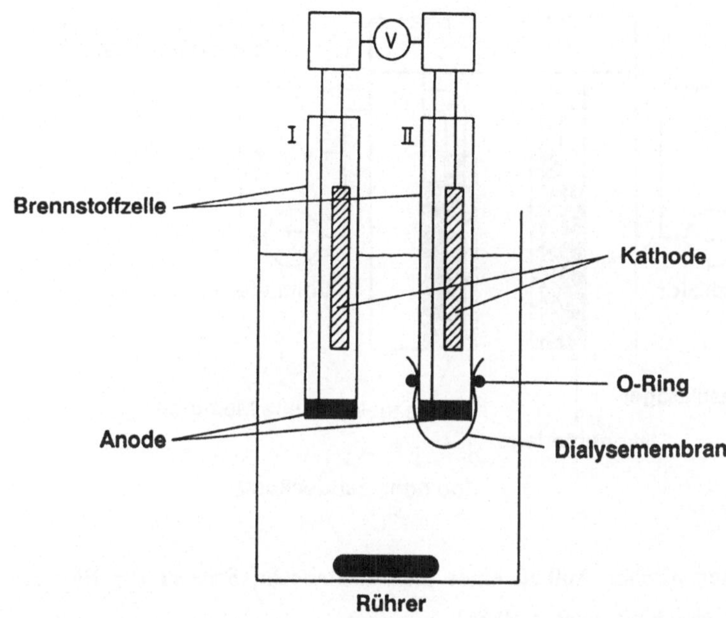

Abb. 8 Schematischer Aufbau eines Biomassesensors auf der Basis von Brennstoffzellen (nach Matsunga *et al.*, 1979)

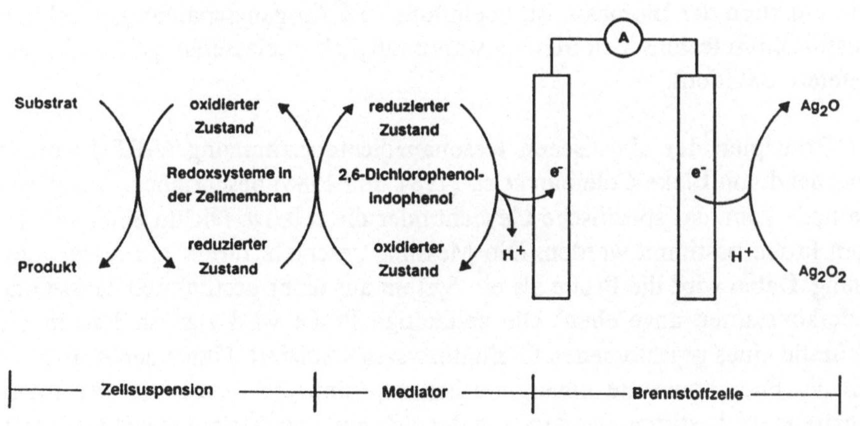

Abb. 9 Einsatz von Mediatoren zum erleichterten Übergang von Elektronen auf die Elektroden (nach Nishikawa *et al.*, 1982)

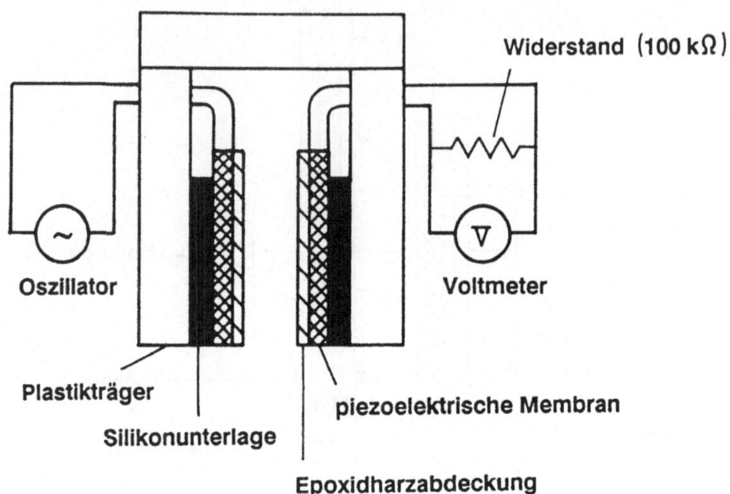

Abb. 10 Schematischer Aufbau eines piezoelektriscehn Sensors zur Biomassebestimmung (nach Ishimorie *et al.*, 1981)

Der Einfluß anderer Effekte, wie z.B. Pufferkonzentration, pH-Wert und Mediumzusammensetzung war gering. Nur die Kompressibilität der Probe, die eine Funktion der Biomasse ist, beeinflußte die Ausgangsspannung erheblich. Messungen in technischen Medien waren möglich (melassehaltige Medien zur Hefefermentation).

Die Prinzipien der akustischen Resonanzdichtebestimmung (ARD) wurden eingehend von Blake-Coleman *et al.* (1984 und 1986) beschrieben. Mit dieser Methode kann das spezifische Gewicht oder die relative Dichte einer zellhaltigen Probe bestimmt werden. Die Messung geschieht direkt mit hoher Auflösung. Dabei wird die Probe als ein System aus einer bestimmten Masse und Federkonstanten angesehen. Die zellhaltige Probe wird zur Analyse in die Meßzelle eines geschlossenen Oszillatorsystems injiziert. Unter der Annahme, daß die Federkonstante unveränderlich ist, kann die Masse aus der Resonanzfrequenz bestimmt werden, aus der sich das spezifische Gewicht der zellhaltigen Probe ableiten läßt.

Mit dieser Meßtechnik konnten Blake-Coleman *et al.* (1984 und 1986) die Biomasse bei Fermentationsprozessen von *Erwinia chrysanthemi* und *E. coli* bestimmen. Sie fanden ein lineares Verhalten zwischen Sensorsignal und

Biomasse bis zu optischen Dichten von 540 (gemessen als Extinktionseinheiten bei 600 nm). Da Gasblasen und Schaum die Messung stark stören, mußten die Messungen in einer externen Durchflußzelle zum Bioreaktor erfolgen. Von Kilburn *et al.* (1989) ließ sich die ARD-Messung auch für die On-line-Messung animaler Zellkulturen einsetzen. Störungen traten immer dann auf, wenn sich der mittlere Zelldurchmesser stark änderte.

2.1.7. Optische Sensoren

Besonders vielversprechend für die Biomassebestimmung sind optische Sensoren. Nephelometrische und spektralfluorometrische Methoden bieten in der Biotechnologie eine Vielzahl von Möglichkeiten für Sensortypen und ihre Anwendungen an. Diese Sensoren arbeiten zerstörungsfrei und haben eine besonders schnelle Ansprechzeit. Durch die Möglichkeiten, die die Glasfasertechnik bietet, können sie klein, billig und robust produziert werden. Deshalb ist eine große Anzahl optischer Biomassesensoren kommerziell erhältlich. Die Anwendungsgebiete lagen bisher hauptsächlich in der Trinkwasser- und Abwassertechnik. In der Biotechnologie setzen sich diese Sensortypen erst in den letzten Jahren mehr und mehr durch.

2.1.7.1. Nephelometrische Methoden

Beim Durchtritt von Licht durch ein optisch trübes Medium wird das Licht je nach Größe und Anzahl der vorhandenen Partikel gestreut. Mit Hilfe nephelometrischer Methoden können aus dem Streulicht Rückschlüsse auf Teilchenzahl und -größe gezogen werden. In biologischen Proben wird die Lichtstreuung von suspendierten Zellen, Feststoffpartikeln und Gasblasen hervorgerufen. Das macht deutlich, daß mit diesen Methoden keine Unterscheidung in lebende und tote Biomasse möglich ist.

Die theoretische Beschreibung des Streulichtverhaltens fester Partikel speziell von Zellen in wäßrigen Phasen ist komplex und soll hier nicht eingehender behandelt werden. Nach den Arbeiten von Mie kann das Streulichtverhalten mit Hilfe der Partikelgröße, der Wellenlänge des Lichts und der Brechnungsindizes des Mediums und der streuenden Teilchen beschrieben werden. In Abbildung 11 sind einige Extremfälle dargestellt (Vanous, 1978). In biologischen Proben werden die Zellen als Streuzentren aufgefaßt. Diese haben allgemein einen Durchmesser, der oberhalb von 1 μm liegt und somit erheblich größer als die Wellenlänge des Lichts ist. Damit wird deutlich, daß das Streulichtverhalten von Zellen dem des in Abbildung 11 unten dargestellten Partikels ähnlich ist. Zwar ähnelt der Brechungsindex von biologischem Material sehr dem von Wasser, doch spielt dies für große Partikel nur eine untergeordnete Rolle. Festzustellen ist, daß in biologischen Proben das einfallende Licht stark in Vorwärtsrichtung gestreut wird.

Abbildung 12 zeigt verschiedene nephelometrische Methoden, die bei der Trübungsbestimmung Anwendung finden. Die Turbidimetrie ist als einfachste Methode anzusehen. Hier wird die Abschwächung des eingestrahlten Lichts durch Streuung in der Probe bestimmt.

Bei der Messung des Streulichts in verschiedenen Winkeln (Tyndallometrie) wird häufig das 90°-treulicht gemessen. Zwar ist dies für biologische Proben nicht die sensitivste Methode (der Hauptteil des einfallenden Lichts wird in Vorwärtsrichtung gestreut), doch ist sie von der apparativen Seite her einfach auszuführen. Zur Messung der Größenverteilung der Teilchen in einer Probe eignet sich besonders die Messung des Streulichts in Vorwärtsrichtung. Um die Aussagekraft der Messungen zu erhöhen, werden oft zwei Meßgrößen aufeinander bezogen, z.B. das 90° Streulicht auf das transmittierte Licht. Aus Abbildung 13 geht hervor, wie sich die Meßsignale mit der Zellkonzentration verhalten. Alle Methoden - bis auf die Reflektionsmessung - versagen bei höheren Zellkonzentrationen, da das Licht durch einen "inneren-Filtereffekt" in der Probe stark oder völlig ausgelöscht wird. Die Anwendbarkeit der einzelnen nephelometrischen Meßmethoden muß für jedes biologische System neu ausgetestet werden. Während einer Kultivierung kann sich der Durchmesser der streuenden Teilchen stark ändern (z.B. Pelletbildung, Sporenbildung). Die Effektivität der nephelometrischen Meßverfahren in der Biotechnologie hängt also stark von der korrekten Betrachtung des Streulichtverhaltens der Proben ab, wobei die Grenzen der einzelnen Verfahren beachtet werden müssen.

Prinzipiell kann die Messung genauso wie eine reine Absorptionsmessung vollzogen und mit dem Lambert-Beerschen-Gesetz:

$$\log I_0/I = k \cdot l \cdot c$$

beschrieben werden. Dabei ist I die Intensität des durchfallenden Lichts, I_0 die des Ausgangslichts, k ist der Extinktionskoeffizient und l die Dicke des Lichtwegs (Schichtdicke) durch die Probe. In der Biotechnologie wird das Intensitätsverhältnis $\log I_0/I$ als optische Dichte (OD) bezeichnet.

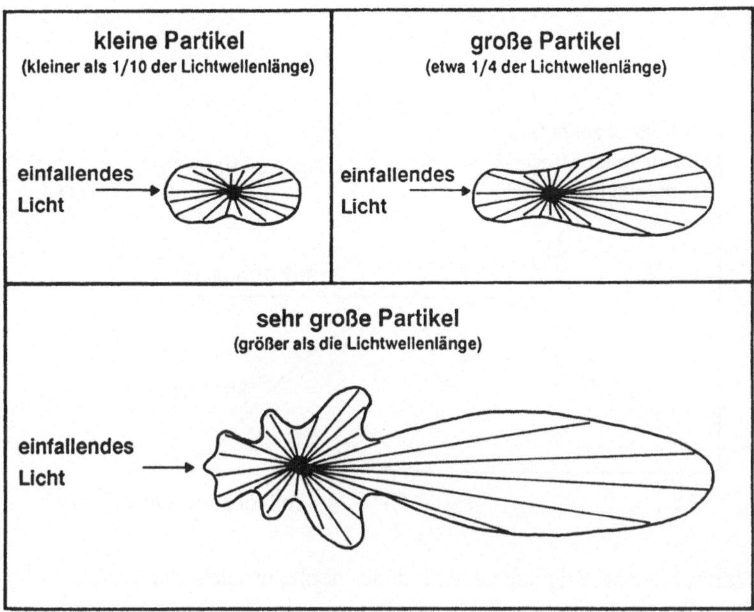

Abb. 11 Streulichtverhalten einzelner Partikel unterschiedlicher Größe (nach Vanous, 1978)

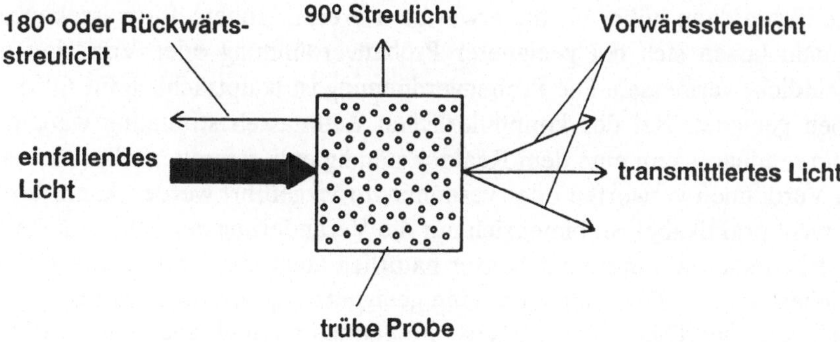

Abb. 12 Nephelometrische Methoden, die zur Biomassebestimmung herangezogen werden

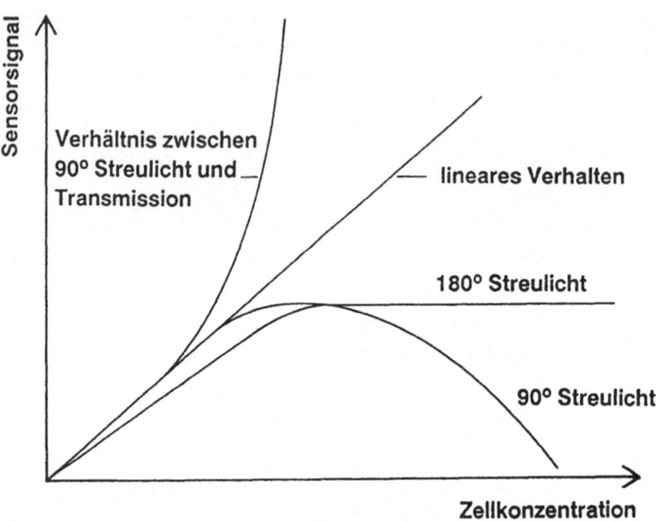

Abb. 13 Verlauf der Meßsignale verschiedener nephelometrischer verfahren bei steigendem Biomassegehalt

Der lineare Verlauf ist aber nur in Biomassebereichen unter 1 g/l (Schichtdicke 1cm) oder optischen Dichten unter 0,5 gewährleistet (Hancher *et al.*, 1974; Koch, 1970). Die Abweichungen vom Lambert-Beerschen-Gesetz sind damit zu begründen, daß das meiste Licht in Vorwärtsrichtung gestreut wird. Durch erneute Streuung dieses Lichts an anderen Partikeln wird bei höheren Partikelzahlen immer mehr Licht auf den Detektor gelenkt. Die Meßwerte liegen dann höher als die erwarteten Werte. Höhere Biomassekonzentrationen lassen sich bei geeigneter Probenverdünnung oder Variation der Schichtdicke vermessen. Die Probenverdünnung ist hauptsächlich für Off-line-Proben geeignet. Bei der kontinuierlichen Zellmassebestimmung wäre dies nur anwendbar, wenn eine dem Reaktor ständig entnommene Zellprobe nach dem Verdünnen verworfen oder verdünnt zurückgeführt werden kann. Wenn dies nicht praktikabel ist, bietet sich nur die Veränderung der Schichtdicke an. Zusätzlich kann ein optischer Sensor natürlich auch im nichtlinearer Bereich betrieben werden. Dies setzt aber eine geeignete Kalibrierung voraus und bei hohen optischen Dichten eine präzise Meßaufnahme und -auswertung. Kleine Ungenauigkeiten machen sich wegen des logarithmischen Verhaltens der optischen Dichte hier besonders bemerkbar. Bei den in der Biotechnologie eingesetzten Transmissionssensoren wird oft eine Linearität bis zu hohen optischen Dichten durch elektronische Linearisierung vorgetäuscht, wobei nicht beachtet wird, daß beispielsweise schon bei einer optischen Dichte von 5 nur noch ein hunderttausenstel des eingestrahlten Lichts vom Detektor empfangen wird und so kleine Meßungenauigkeiten große Auswirkungen auf die Auswertung haben.

Lee und Lim (Lee und Lim, 1980) stellten 1980 eine Durchflußzelle vor, die bei konstantem äußeren Durchmesser eine variable Schichtdicke zuließ. Diese Meßzelle ist in Abbildung 14a zu sehen. Sie kann in einem Spektralphotometer benutzt werden. Die Fermentationsbrühe wird kontinuierlich durch sie hindurchgepumpt. In dem geschlossenen System treten keine Sterilitätsprobleme auf und das Kulturmedium kann unverdünnt wieder in den Reaktor gepumpt werden. Wie der Abbildung 14a zu entnehmen ist, kann die Schichtdicke durch einen variablen Durchmesser des Innenrohrs verändert werden. Dieses wird für die Untersuchungen mit destilliertem Wasser gefüllt. Die Meßwerte mit einer solchen Durchflußzelle (äußerer Durchmesser 12 mm, innerer Durchmesser 8 mm) waren bis zu Biomassekonzentrationen von 2 g/l linear. Mit kleineren Schichtdicken kann der lineare Bereich auch bis zu höheren Biomassekonzentrationen ausgedehnt werden, jedoch wird die Messung kleiner Zellkonzentrationen zu Beginn einer Kulitivierung sehr unempfindlich. Dies geht aus der Abbildung 14b hervor. Eine Anpasssung der Schichtdicke an die aktuelle Zellkonzentration wäre nötig, um jeweils optimale Meßbedingungen vorliegen zu haben.

Drei verschiedene Sensoren zur In-situ-Messung der Trübung mittels turbidometrischer Messungen sollen noch erwähnt werden. Lee (1981) und Lima Filho und Ledingham (1987) benutzten Meßeinrichtungen, in denen eine Hochleistungsphotodiode (LED) in geringem Abstand zu einer Photodiode direkt im Fermenter untergebracht war. Zur Lichtführung wird von Lee eine Glasfaseroptik verwendet. Das zu analysierende Medium wurde durch Konvektion im Bioreaktor durch die Meßstrecke geführt. Der Meßspalt lag variabel unter 0,5 mm, so daß die Sensoren bis zu Zellkonzentrationen von 6 g/l linear arbeiteten. Durch eine Modulation der Lichtquelle konnten Störungen durch Fremdlicht stark verringert werden. Andere Probleme wie z.B. Störungen durch Gasblasen, ließen sich durch die Installation des Sensors in gasarmen Bereichen des Fermenters vermindern. Der Bewuchs der optischen Komponenten stellte ein Hauptproblem dar. Hier konnte die Abdeckung empfindlicher Komponenten (LED, Photodiode) mit dünnen Teflonschichten die Langzeitstabilität verbessern.

Der dritte Turbidometriesensor ist eine von Ohashi *et al.* (1979) entwickelte

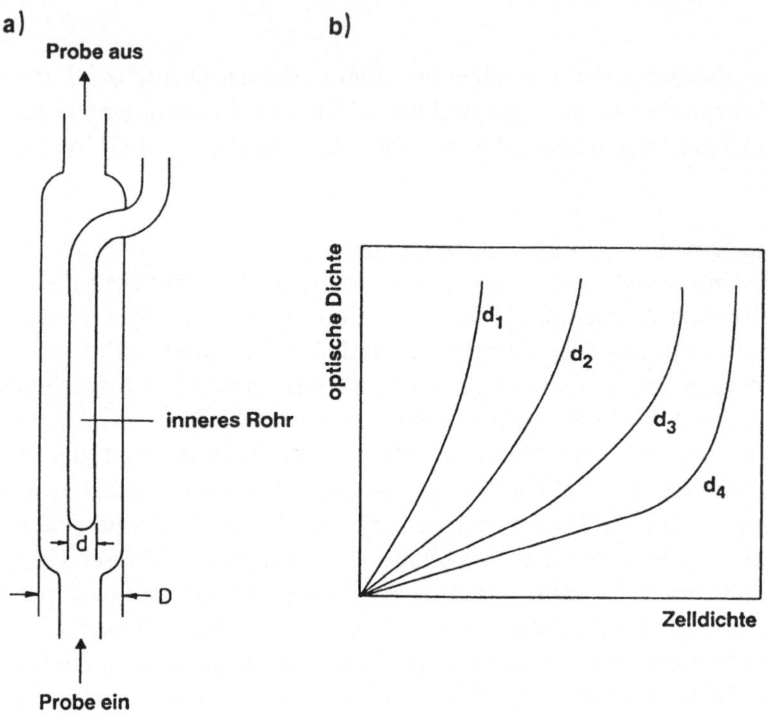

Abb. 14 a: Durchflußzelle für Transmissionsmessungen in einer By-pass-Schlaufe (nach Lee und Lim, 1980), b: Signalverlauf bei unterschiedlichen Schichtdicken

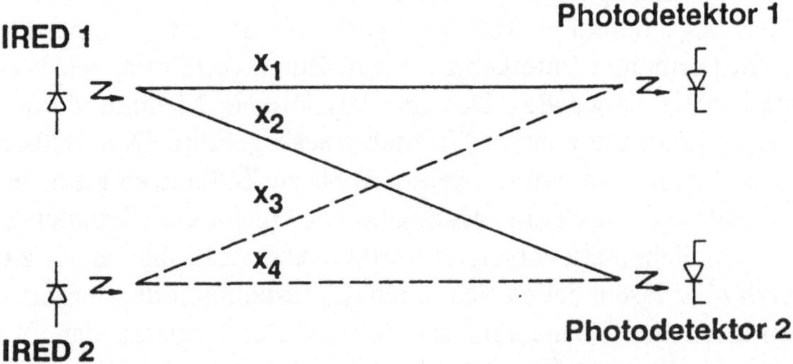

Abb. 15 Schematische Anordnung der LEDs und Photodioden in einem BTG-Trübungsmeßgerät

Sonde. Als Lichtquelle diente eine Wolframlampe, in deren unmittelbarer Nähe eine Photodiode untergebracht war. Dieser Biomassesensor unterschei det sich von den beiden oben erwähnten dadurch, daß die optischen Teile sich in einem Sensorstutzen befinden und so vom Außenlicht abgeschirmt sind. Durch Rührerbewegung im Reaktor wurde das Medium durch diesen Stutzen gezogen und verarmte auf seinem Weg zur Meßstrecke an Gas (ca. 1-3 Verweilzeit). Damit konnten Störungen durch Gasblasen ausgeschlossen werden. Der komplizierte Sensoraufbau machte eine Veränderung der Schichtdicke unmöglich. Der lineare Arbeitsbereich des Sensors lag damit bei niedrigen Biomassekonzentrationen (unter $5 \cdot 10^7$ Zellen pro ml).

Einige turbidometrisch arbeitende Biomassesensoren sind kommerziell erhältlich (z.B. Bonnier Technology Group, Monitek, Guided Wavelength, Hach). Fast alle dieser Sensoren waren für den Einsatz im Abwasserbereich konzipiert. Um diese Sensoren für den Einsatz in der Biotechnologie sterilisieren zu können, mußte ihr Aufbau meist verändert werden. Zusätzlich besteht in der Biotechnologie die Anforderung, solche Sensoren über Standardstutzen an den Fermenter ankoppeln zu können.

In der Abbildung 15 ist das Prinzip eines Vierstrahl-Wechsellichtsensors der Firma Bonnier Technology Group (BTG) zu sehen. Zwei Infrarotdioden werden abwechselnd an und ausgeschaltet. Die Lichtsignale werden ständig von zwei Photodioden empfangen. Das Licht einer LED wird also über zwei verschiedene Wegstrecken vermessen. Durch Quotientenbildung der jeweiligen Meßsignale der alternierend ein-und ausgeschalteten LEDs, können Alterungsprozesse und Bewuchs der optischen Komponenten ausgeglichen werden. Die Meßwerte werden intern linearisiert. Metz (1981) berichtete über den Einsatz eines solchen Sensors zur Biomassebestimmung bei Kultivierungen von *S. cerevisiae* und *Tritirachium album*. Beide Organismen zeigten ein unterschiedliches Absorptions-/Streulichtverhalten bei gleicher Biomassekonzentration. Dies zeigt, daß eine Kalibrierung der optischen Biomassesensoren für jedes biologische System nötig ist.

Die Kombination von Streulicht- und Transmissionsmessung wird in einem Sensor von Monitek (Abbildung 16) verwirklicht. Dieser Durchflußsensor muß in einem by-pass zum Fermenter betrieben werden. Durch die Quotientenbildung soll eine bessere Linearität gewährleistet werden (Vanous, 1968).

Eine andere Trübungsmeßsonde erfaßt das reflektierte Licht in der Kulturbrühe. Ein von Hancher *et al.* (1974) entwickelter Reflektionssensor in einer Durchflußzelle zum Fermenter konnte Feuchtbiomassekonzentrationen von *E. coli* im Bereich von 1-60 g/l erfassen. Das Prinzip eines solchen kommerziell erhältlichen Sensors der Firma Aquasant ist in Abbildung 17 gezeigt. Er kann durch einen Standardstutzen an den Fermenter angeschlossen werden und ermöglicht eine On-line- und In-situ-Messung der Trübung.

Abschließend sei noch einmal zusammengefaßt, daß all diese Sensoren die Trübung im Fermenter erfassen. Sie wird von den suspendierten Zellen, Feststoffpartikeln und Gasblasen verursacht. Eine Bestimmung der biologisch aktiven Biomasse ist so nicht möglich. Jedes biologische System zeigt ein anderes Streulichtverhalten, so daß die Sensoren jeweils auf dieses System kalibriert werden müssen. Schwierigkeiten, die durch den Bewuchs mit Mikroorganismen entstehen können, sind technisch durchaus zu bewältigen. Probleme ergeben sich bei Transmissionsmessungen, wenn die Medien, speziell technische Medien, im Wellenlängenbereich der Lichtquellen stark absorbieren.

2.1.7.2. Fluoreszenzsensoren

Eine andere große Gruppe von optischen Sensoren ist die der Fluoreszenzsensoren. Sie haben in den letzten Jahren nicht nur zur Biomassebestimmung, sondern auch zur Reaktorcharakterisierung (Einsele *et al.*, 1978, Beyeler *et al.*, 1983, Gschwend *et al.*, 1983, Scheper und Schügerl, 1986a), Prozeßkontolle (Meyer und Beyeler, 1984) und besonders zur Prozeßbeobachtung, die in Kapitel 2.2.3. noch eingehender besprochen wird, an Bedeutung gewonnen.

Das Meßprinzip beruht darauf, die Fluoreszenz des reduzierten Nicotinamid-Adenin-Dinucleotids (NADH) und des reduzierten Nicotinamid-Adenin-Dinucleotidphosphats (NADPH) zu bestimmen. Beide befinden sich in allen lebenden Zellen. Diese Coenzyme sind an zahlreichen Stoffwechselvorgängen beteiligt und spiegeln so auch den metabolischen Zustand der Zellen wieder (Abbildung 18). Erstmals konnten Duysens und Amesz 1957 zeigen, daß der relative NAD(P)H-Gehalt in lebenden Zellen spektralfluorometrisch erfaßt werden kann. Zur Messung im Bioreaktor wird UV-Licht der Wellenlänge von 340-360 nm eingestrahlt. Dieses regt das NAD(P)H in den Zellen zur Fluoreszenz an. Der Anteil des ungerichteten Fluoreszenzlichts, der wieder auf den Sensor trifft, wird von diesem erfaßt und detektiert.

Zur Biomassebestimmung mittels der Kulturfluoreszenzmessung geht man

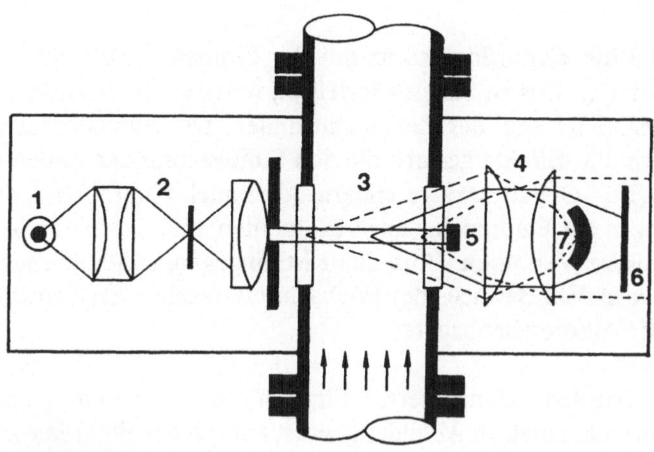

1 Lichtquelle
2 optisches System
3 Medium
4 optisches System
5 Transmissionslichtdetektor
6 Streulichtdetektor
7 Lichtfalle

Abb. 16 Schematischer Aufbau der Monitek Durchflußtrübungsmeßsonde

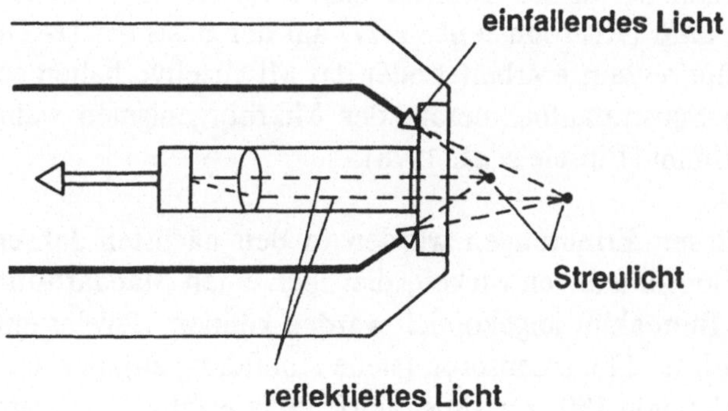

Abb. 17 Schematischer Aufbau des Aquasant Reflektionsmeßkopfes zur Trübungsmessung

davon aus, daß die Kulturfluoreszenz mit der Biomasse während einer Fermentation zunimmt. Das ist nur gewährleistet, wenn keine drastischen Änderungen im NAD(P)H-Pool der Zellen stattfinden. Die Biomassebestimmung wird also durch alle Effekte gestört, die den Stoffwechsel der Zellen und damit den NAD(P)H-Gehalt stark verändern. Aber auch Fluorophore, die unter den Bedingungen zur Fluoreszenz angeregt werden, und Gasblasen beeinflussen dieses optische Verfahren. Vorteilhaft ist hingegen, daß nur lebende Biomasse erfaßt wird. Ein Bewuchs des Beobachtungsfensters des Sensors wurde von keinem der Autoren beobachtet.

Ursprünglich wurden komplizierte Fluorometer für den Einsatz an Glasbioreaktoren benutzt. In Abbildung 19 ist ein solcher Fluorometeraufbau von Harrison und Chance (1970) zu sehen. Über ein Quarzbeobachtungsfenster wird Licht eingestrahlt, und über ein anderes Fenster wird im Winkel von 60° das Fluoreszenzlicht erfaßt. Durch diese Meßanordnung ist eine Eindringtiefe des Anregungslichts von einigen Zentimetern nötig. Damit sind Messungen auf relativ geringe Biomassekonzentrationen beschränkt.

Harrison und Chance (1970) konnten mit dieser Meßanordnung aerob/anaerob Übergänge bei der Kultivierung von *K. aerogenes* studieren, während Zabriskie und Humphrey (1978) mit ihr Biomassebestimmungen bei verschiedenen Kultivierungen (siehe unten) durchführten. Andere Arbeitsgruppen konnten mit dem gleichen Aufbau weitere Applikationsbeispiele für die Kulturfluoreszenzmessung bringen und so das Potential dieser Meßtechnik eingehend darstellen. So wurden Zufütterungsstrategien für "Fed-batch"-Kultivierungen von *C. utilis* (Ristroph *et al.*, 1977) auf der Basis der NAD(P)H-abhängigen Kulturfluoreszenz erarbeitet oder das Mischzeitverhalten von Bioreaktoren und die Substrataufnahmerate der Mikroorganismen während der Kultivierung bestimmt (Einsele *et al.*, 1978).

Basierend auf diesen Erfahrungen wurden in den nächsten Jahren kleine, miniaturisierte Fluorometer entwickelt, die über einen Standardstutzen (19-25mm) an einen Bioreaktor angekoppelt werden können. Beyeler entwickelte 1981 den ersten dieser Fluorosensoren (siehe Abbildung 20), der das Fluoreszenzlicht im Winkel von 180° zur Einstrahlrichtung erfaßt. Mit dieser Anordnung kann auch die Kulturfluoreszenz bei geringen Eindringtiefen erfaßt werden.

Ein flexibles Zweikanal-Fluorometer ist in Abbildung 21 dargestellt (Scheper und Schügerl, 1986a). Das Licht einer Quecksilberniederdrucklampe wird

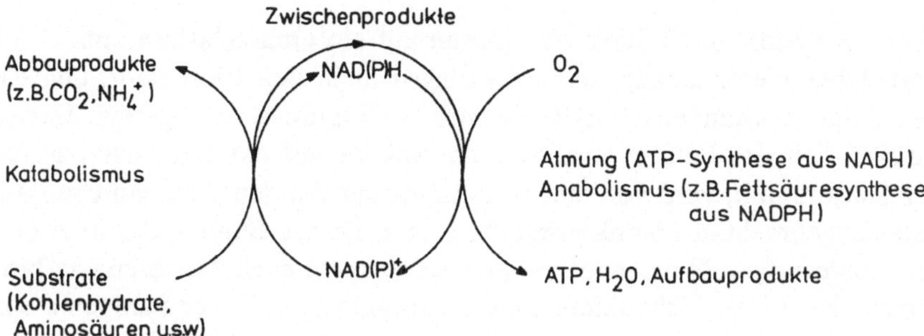

Abb. 18 Schlüsselstellung der Nicotinamid-adenin-dinucleotide im Zellstoffwechsel

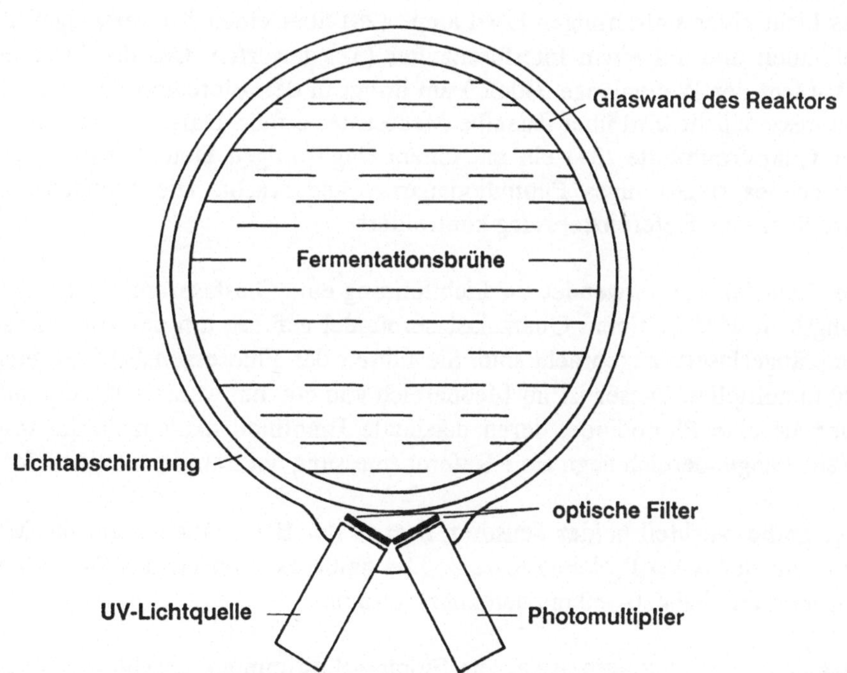

Abb. 19 Fluorometeraufbau am Bioreaktor (nach Harrison und Chance, 1970)

über ein System aus Filtern und Linsen auf ein Quarzglasfaserbündel fokussiert. Über dieses gelangt das Anregungslicht in den Bioreaktor, und das in den Zellen vorhandene NAD(P)H wird zur Fluoreszenz angeregt. Der rückwertige Teil des Fluoreszenzlichts, das wieder auf das Beobachtungsfenster des Sensors fällt, wird von einem konzentrisch um den Quarzanregungslichtleiter angebrachten Lichtfaserbündel erfaßt. Dieses Bündel, das in zwei Einzelstränge aufgeteilt ist, leitet das Fluoreszenzlicht nach Passieren von Interferenzfiltern auf zwei Photodetektoren. Schwankungen in der Lampenintensität werden durch eine Referenzmessung des Anregungslichts erfaßt. Mit diesem Sensor können zwei Wellenlängen gleichzeitig bestimmt werden. Die Wahl der Anregungs- und Emissionswellenlängen erfolgt mittels Interferenzfiltern.

Kommerziell sind zwei Sensoren, die auf dem "open-end" Prinzip (Messung des rückwärtigen Fluoreszenzlichts) basieren, erhältlich. Zum einen das FluoroMeasure System von MacBride *et al.*, (1986) (Abbildung 22), das von der Firma BioChemTechnology (Malvern, PA, USA) vertrieben wird und der Ingold (Urdorf, Schweiz) Fluorosensor. Bei dem FluoroMeasure Sensor wird das Licht einer stabförmigen UV-Lampe (28) über einen Konvexspiegel (30) gebündelt und auf einen Interferenzfilter (32) geworfen. Das durchtretende UV-Licht der Wellenlänge 340-360 nm dringt in den Bioreaktor ein, und das Fluoreszenzlicht wird über dasselbe Meßfenster erfaßt. Dazu ist direkt hinter der Quarzfrontplatte (34) ein mit einem ringförmigen Detektionsfilter (36) versehenes ringförmiges Photodiodenarray angebracht. Die Lampenstärke wird über eine Referenzmessung kontrolliert.

Der Ingoldsensor verwendet zur Lichtführung eine Glasfaseroptik. Das Anregungslicht wird in einem Quarzglasfaserbündel geführt, um das konzentrisch Empfängerfasern angebracht sind. Sie führen das Fluoreszenzlicht auf einen Photomultiplier. Dieser ist im Meßbereich von 460 nm wesentlich empfindlicher als eine Photodiode, deren maximale Empfindlichkeit mehr im roten Wellenlängenbereich liegt. Eine Referenzmessung der Lampenintensität fehlt.

Der große Nachteil beider Sensoren liegt in der Beschränkung auf die Messung auf der NAD(P)H Fluoreszenz. Das heißt, es kann nur bei 340-360 nm angeregt und bei 450-460 nm detektiert werden.

Das erste Anwendungsbeispiel zur Biomassebestimmung brachten 1978 Zabriskie und Humphrey. Sie benutzten die Kulturfluoreszenzmessung zur Online-Bestimmung bei Kultivierungen von *S. cerevisiae*, einer *Streptomyces* und einer *Thermoactinomyces* Spezies. Dazu linearisierten sie die korrespondie-

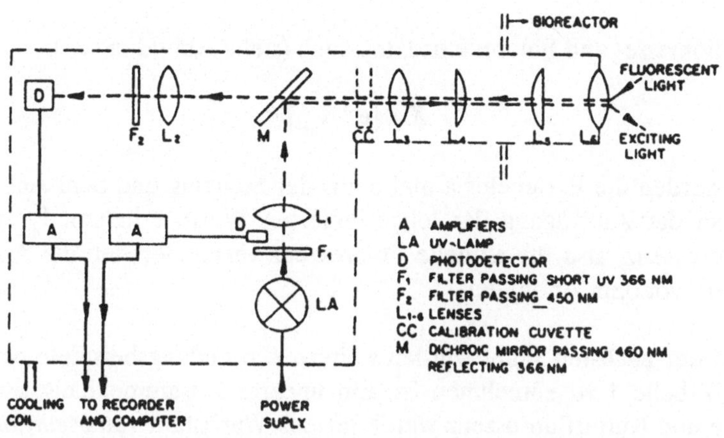

Abb. 20 Miniaturisierter Fluorosensor (Beyeler *et al.*, 1981)

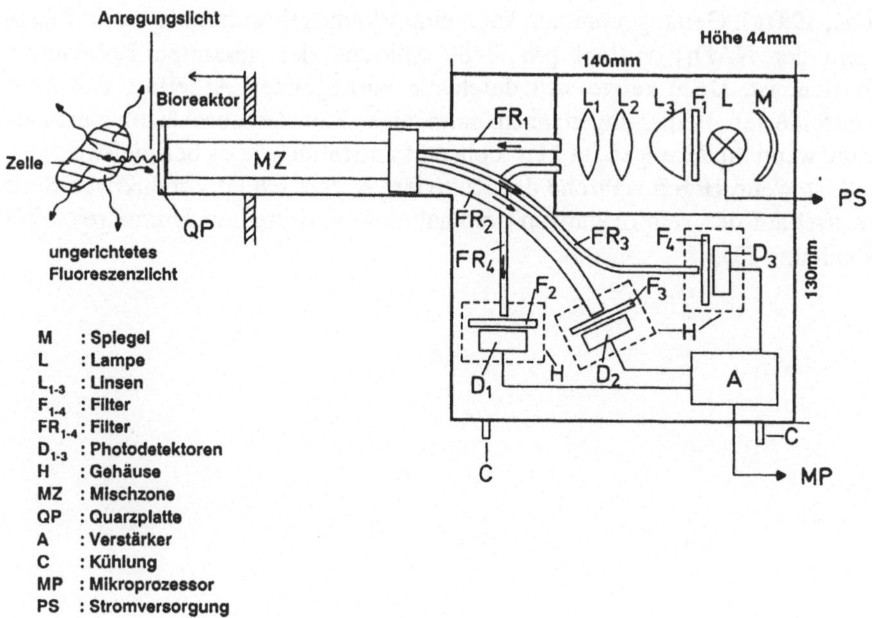

Abb. 21 Zweikanalfluorometer mit Glasfaseroptik

renden Biomasse- und Fluoreszenzdaten nach (siehe Abbildung 23):

$$X = [e^{-b} \cdot I_{net}]^{1/a}$$

Hierbei werden die Parameter a und b aus der Steigung und dem Achsenabschnitt bei der Auftragung der logarithmierten Werte erhalten. I_{net} ist die Nettofluoreszenz, also die aktuelle Fluoreszenz vermindert um die Anfangsfluoreszenz vor dem Animpfen.

Während der nächsten Jahre wurden weitere Anwendungsbeispiele bekannt, wie der Tabelle 1 zu entnehmen ist. Ein linearer Zusammenhang zwischen Biomasse und Kulturfluoreszenz wurde für das Wachstum von *Methylomonas mucosa* (Luong und Carrier, 1986), von *Zymomonas mobilis* auf synthetischen Medien (Scheper *et al.*, 1987b) und von *Pseudomonas putida* (Boyer und Humphrey, 1988) gefunden. Bei allen Anwendungsbeispielen handelt es sich um Submerskulturen. Die On-line-Biomasseabschätzung auf der Basis der Kulturfluoreszenzmessungen ist auch in technischen Medien möglich (Scheper *et al.*, 1987a). Genaugenommen kann eine Biomassebestimmung nur erfolgen, wenn der NAD(P)H-Pool pro Zelle während der gesamten Kultivierung konstant ist. Doch zeigte sich durch die vorliegenden Arbeiten, daß unter kontrollierten Bedingungen auch dann eine Biomasseabschätzung erfolgen kann, wenn Änderungen im Metabolismus auftreten, wie es beispielsweise der Fall ist, wenn Hefen während der Kultivierung vom oxidativ-reduktiven Stoffwechsel auf den rein oxidativen umschalten (Zabriskie and Humphrey, 1978; Abbildung 23).

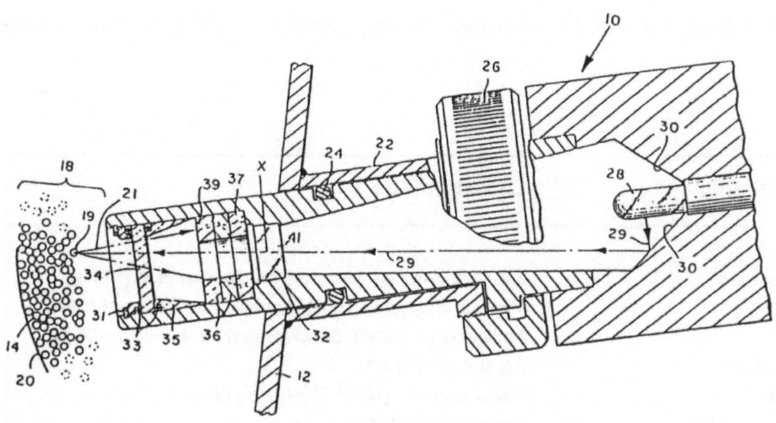

Abb. 22 FluoroMeasureSystem (Mac Bride *et al.*, 1986)

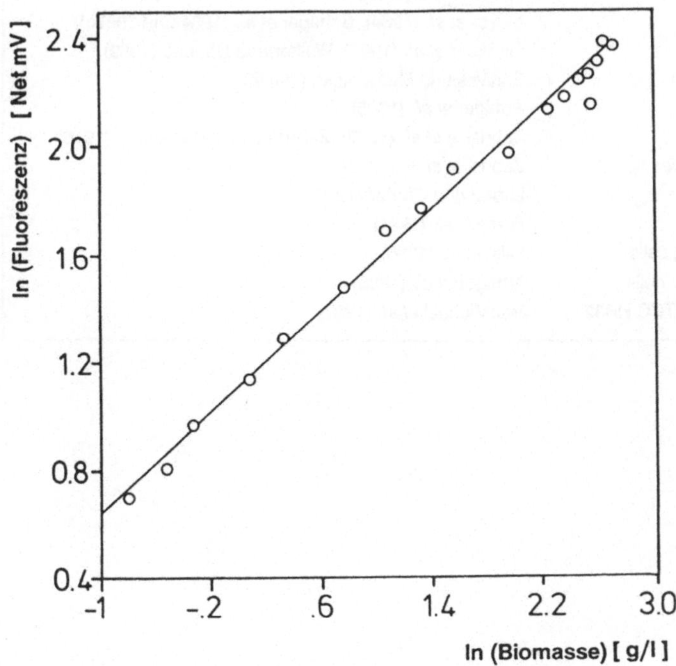

Abb. 23 Linearisierter Verlauf der Biomasse-/Fluoreszenzdaten einer Hefekultivierung (Zabriskie und Humphrey, 1978)

Tabelle 1 Beispiele zur Biomassebestimmung mit Hilfe der Kulturfluoreszenzmessung

Organismus	Literaturstelle
S. cerevisiae	Zabriskie und Humphrey (1978), Beyeler *et al.*(1981), Meyer and Beyeler (1984), Scheper und Schügerl (1986b), Armiger *et al.* (1985), Sriniavas und Mutharasan (1987b)
C. tropicalis	Beyeler *et al.* (1981)
C. utilis	Watteeuw *et al.* (1979), Zabriskie (1979)
P. chrysogenum	Scheper *et al.* (1986)
P. putida	Samson, *et al.* (1987), Boyer und Humphrey (1988)
Z. mobilis	Scheper *et al.* (1986b)
S. thermophile	Meyer *et al.* (1984)
B. subtilis	Meyer *et al.* (1984), Heinzle *et al.* (1986)
A. eutrophus	Groom *et al.* (1988)
E.coli	Meyer *et al.* (1984), Scheper *et al.* (1984 und 1987c), Gebauer *et al.* (1987), Walker und Dhurjati (1989)
C. acetobutylicum	Srinivas und Mutharasan (1987a)
Pediococcus sp.	Armiger *et al.* (1985)
Streptomyces sp.	Zabriskie *et al.* (1975), Zabriskie und Humphrey (1978)
Thermoactinomyces sp.	Zabriskie *et al.* (1975)
M. mucosa	Luong und Carrier (1986)
plant cells	Forro *et al.* (1984)
human melanoma cells	Leist *et al.* (1986)
mouse hybridoma cells	Armiger *et al.* (1985)
hybridoma cells ATCC HB32	MacMichael *et al.* (1987)

2.2. Stand der Technik - Biomassecharakterisierung

In der Biotechnologie werden hauptsächlich physikalische Eigenschaften (z.B. Temperatur, pH-Wert) oder chemische (z.B. Gelöstsauerstoff, Substratkonzentration) zur Prozeßbeobachtung gemessen. Diese Größen werden zwar durch die Zellaktivität beeinflußt, lassen aber keine direkte Charakterisierung der Biomasse zu, die für eine effiziente Bioprozeßbeobachtung und -regelung unbedingt nötig ist. Es stehen zwar viele Off-line-Methoden zur Verfügung, doch ermöglichen sie keine direkte Prozeßbeschreibung, da die Analysendaten erst zeitverzögert zur Verfügung stehen oder bei der Probenahme drastische Änderungen im Zellzustand auftreten können.

Die Zahl der echten On-line-Meßmethoden ist klein, besonders wenn man kommerziell erhältliche Geräte sucht. In dieser Übersicht werden deshalb auch quasi On-line-Systeme erwähnt. Darunter sind Analysensysteme zu verstehen, die an einen Bioreaktor gekoppelt werden können aber keine kontinuierlichen Daten liefern. Auch die Durchflußzytometrie wird mit aufgenommen, da sie in der Lage ist, diskrete Daten über eine gesamte Zellpopulation zu liefern. Die verschiedenen Techniken werden vorgestellt und anhand von Anwendungsbeispielen ihre Einsatzmöglichkeiten gezeigt.

2.2.1. Durchflußcytometrie

Hier handelt es sich um eine Methode, einzelne Zellproben off line zu vermessen. Die Messung kann kurz nach der Probenahme erfolgen, und es fallen viele wichtige Meßgrößen an. Besonders interessant für die biotechnologische Meßtechnik ist diese Methode, da einzelne Zellen vermessen werden. Verschiedene Zellparameter lassen sich bei Analysenraten von etwa 10.000 Zellen pro Sekunde in kürzester Zeit bestimmen. In Tabelle 2 sind einige in der Literatur beschriebene Meßgrößen aufgelistet.

Aus den durchflußcytometrischen Messungen erhält man die Verteilung der Meßgröße über die Zellpopulation in der Probe. So kann der Einfluß der einzelnen Populationen auf das gesamte Reaktorverhalten beschrieben werden, was besonders für Modellbildungen von großem Interesse ist. Außerdem können mit einem geeigneten Sortersystem aus der Zellprobe direkt nach der Messung einzelne Zellen nach bestimmten Kriterien aus der Zellpopulation aussortiert werden.

Der Aufbau eines Durchflußcytometers ist in Abbildung 24 zu sehen. In der

Tabelle 2 Zellkomponenten und Zellcharakteristika, die mittels der Durchflußcytometrie bestimmt werden können (nach Shapiro, 1988)

ZELLKOMPONENTEN	ZELLCHARAKTERISTIKA
DNA-Gehalt	Zellgröße
DNA-Basenverhältnis	Zellform
RNA-Gehalt	Granularität des Cytoplasmas
Gesamtprotein	Membranzustand
basisches Protein	Membranpotential
Pigmentgehalt	Oberflächenladung
Antigene	intrazellulärer pH-Wert
Oberflächenzucker	intrazellulärer Redoxstatus
Oberflächenrezeptoren	
intrazelluläre Rezeptoren	
Enzyme (Aktivität)	
Lipidgehalt	

Medizin und der Biologie sind Durchflußcytometer weit verbreitet (Laerum,
1981). In der Biotechnologie ist ihre Anwendung noch sehr begrenzt. Die einzelnen Geräte, Meß- und Datenverarbeitungsmethoden sind eingehend in der
Literatur beschrieben (Horan und Wheelis, 1977; Kruth, 1982; Steinkamp,
1984; Shapiro, 1988).

Die Meßmethode soll hier nur kurz vorgestellt werden. Für die Messung werden die Zellen einer Zellsuspension über hydrodynamische Fokussierung in
Unter- oder Überdrucksystemen vereinzelt und in einem laminaren Flüssig-
keitsstrom geführt. Sie fließen nacheinander mit ihrer längsten Achse in Fluß-
richtung und passieren einen rechtwinklig zur Strömungsrichtung angeordne-
ten fokussierten Lichtstrahl. Um kleine Fokusse mit hoher Lichtintensität zu
erhalten, werden oft Laser eingesetzt. Quecksilberhochdrucklampen sind
sinnvoll, wenn variable Anregungswellenlängen benötigt werden.

Passieren die Zellen den Lichtstrahl, so wird dieser abgeschwächt. Aus der
Transmission kann dann auf die Größe der Zelle geschlossen werden. Nach
den in Kapitel 2.1.7.1 aufgeführten Gesetzmäßigkeiten lassen sich aus den
Streulichtsignalen in Vorwärts- und in 90°-Richtung Aussagen über die Zellgröße und die Oberflächenbeschaffenheit machen. Wenn einzelne Zellkomponenten eine intrinsische Fluoreszenz (z.B. NADH) aufweisen oder spezi-

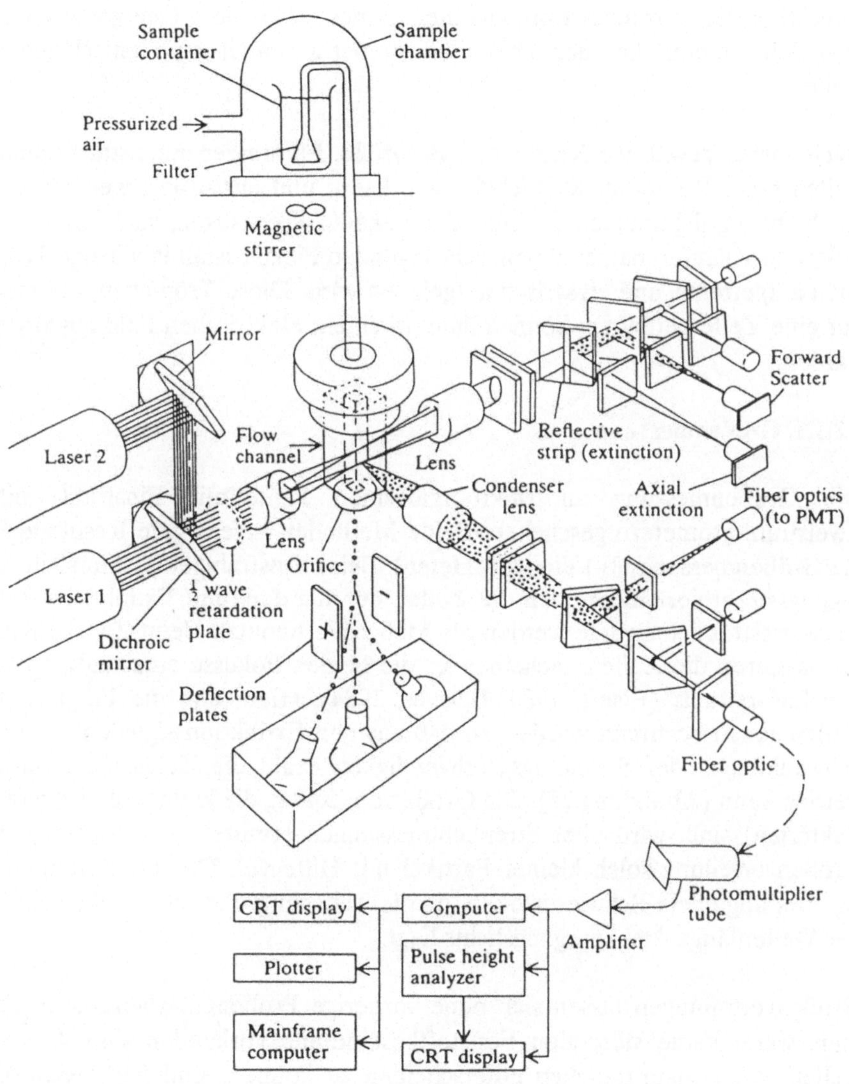

Abb. 24 Aufbau eines Laser-Durchflußcytometers mit Sortereinheit (Bailey und Ollis, 1986)

fisch mit Fluorophoren angefärbt wurden (z.B. DNA, RNA), kann pro Zelle die Fluoreszenz beim Passieren des Lichtstrahls und somit die relative Konzentration der einzelnen Komponenten gemessen werden. Geeignete Färbetechniken spielen bei der Durchflußcytometrie damit eine entscheidende Rolle.

Nach vorher gewählten Kriterien (z.B. Größe, Fluoreszenzintensität) können Zellen beim Passieren des Lichtfokus erkannt und aussortiert werden. Dies geschieht im allgemeinen dadurch, daß der Flüssigkeitstrom, nachdem er den Fokus durchlaufen hat, an einem schwingenden Piezokristall in winzige Tröpfchen aufgetrennt und elektrisch aufgeladen wird. Diese Tröpfchen, die meist nur eine Zelle enthalten, können dann in einem elektrischen Feld aussortiert werden.

2.2.1.1. Größenmessung

Die Größenmessung an Mikroorganismen kann mit Einstrahl- oder Zweistrahlcytometern geschehen. Beide Methoden liefern gute Resultate für die Größenmessung ab 1 μm (z.B. Hefen). Beim Einstrahlgerät ist nur ein Anregungsstrahl vorhanden, den die Zellen durchlaufen, und Extinktions- oder Vorwärtsstreulichtsignale werden als Meßgröße benutzt. Beim Zweistrahlgerät passieren die Zellen nacheinander die beiden Fokusse eines aufgespaltenen Laserstrahls (Eisert, 1980; Beisker, 1984). Hier kann die Flugzeit der Zellen genau bestimmt werden, so daß aus den Extinktionssignalen auch bei Schwankungen der Strömungsgeschwindigkeit exakt die Zellgröße ermittelt werden kann (Abbildung 25). Die Größe von Zellen, die kleiner als 1 μm (z.B. Bakterien) sind, wird über Streulichtmessungen ermittelt. Die Messung der Größenverteilung solch kleiner Partikel mit Hilfe von Durchflußcytometern bereitet allgemein Schwierigkeiten, da die Teilchengröße schon sehr nahe an der Wellenlänge des Anregungslichts liegt.

Größenverteilungen lassen sich ohne vorherige Probenaufarbeitung aufnehmen, wenn keine störenden Feststoffbestandteile vorhanden sind. Um die Zellen von Feststoffteilchen unterscheiden zu können, sind Färbetechniken nötig. Mit ihnen werden die Zellen spezifisch (z.B. auf Proteine) angefärbt, und bei der Größenverteilungsmessung werden allein die Teilchen erfaßt, die diese spezifische Färbung aufweisen. Dafür ist eine Zweiparametermessung (Zellfärbung, Größenparameter) mit entsprechender Datenverarbeitung nötig (Scheper, 1985).

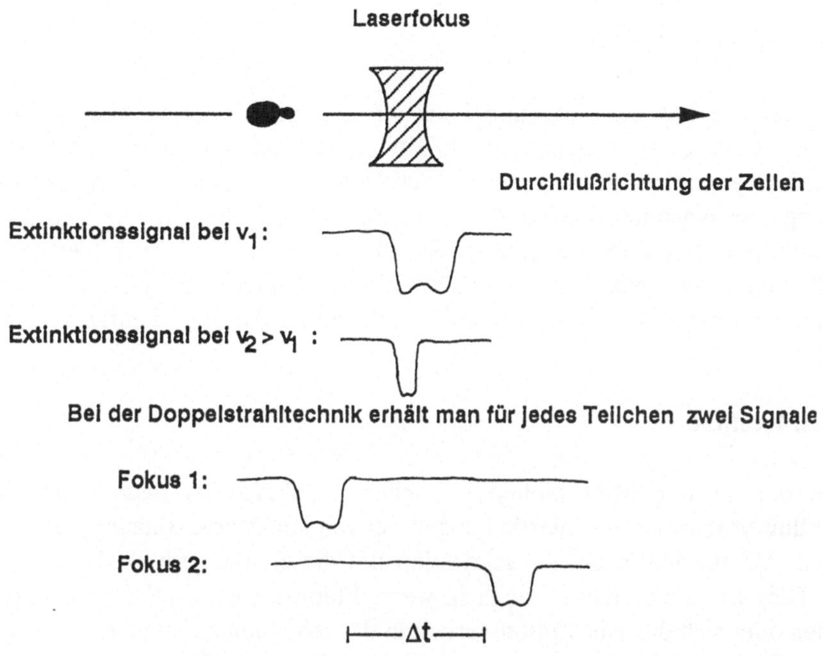

Abb. 25 Doppelstrahltechnik zur Bestimmung der Durchflußgeschwindigkeit der Zellen

Messungen zur Größenverteilung von *S. cerevisiae* wurden zur Beobachtung kontinuierlicher Kultivierungen durchgeführt, um den Einfluß der Verdünnungsrate auf den Zellzyklus, die Zellgröße und den Gehalt verschiedener Zellinhaltsstoffe zu erfassen (Ranzi *et al.*, 1986; Scheper *et al.*, 1987e). Auch Änderungen in der Größenverteilung oszillierender Hefen und bei Zellrückführung durch verschiedene Filtrationsmodule ließen sich so näher beschreiben (Scheper *et al.*, 1987e; Strässle *et al.*, 1989).

Größenmessungen lassen sich auch zur Bestimmung des Plasmidgehalts genetisch modifzierter Zellen heranziehen. Untersuchungen dazu wurden am Beispiel rekombinanter *E. coli* Stämme, die Plasmide mit einer Antibiotikaresistenz trugen, gemacht. Solange die Wirtszellen diese Plasmide tragen, kann das entsprechende Antibiotikum, das dem Medium zugefügt ist, das Zellwachstum nicht hemmen. Nur plasmidfreie Zellen werden in der Zellwandbildung gestört. Die Zellen können sich nicht mehr teilen und vergrößern sich stark. Die unterschiedlichen Größenverteilungen lassen Aussagen über den Anteil plasmidfreier zu plasmidhaltigen Zellen zu (Dennis *et al.*, 1983 und

1985, Scheper *et al.*, 1984 und 1987d).

Auch der Einfluß der "inclusion body" (Einschlußkörper) Bildung auf die Zellmorphologie bei genetisch modifizierten Bakterien kann mit Hilfe der Durchflußcytometrie studiert werden. Wittrup *et al.* (1988) zeigten, daß die Bildung der plasmidcodierten Proteine und speziell die Bildung von Einschlußkörpern das Vorwärts- und 90°-Streulicht stark ändern. Auch hier konnten Populationsverteilungen der rekombinanten Zellen in Hinblick auf diese nicht nur für die Aufarbeitungstechnik interessanten Parameter aufgenommen werden.

2.2.1.2. Vitalität

Viele der in der Mikrobiologie üblichen Vitalitätstests lassen sich für durchflußcytometrische Untersuchungen verwenden. Voraussetzung dafür ist jedoch, daß die Unterscheidungskriterien mit dieser Meßtechnik zu erfassen sind. Dies ist immer dann möglich, wenn Fluoreszenztechniken verwendet werden oder sich das Absorptionsverhalten der lebenden zu toten Zellen stark ändert. Beispiele für Messungen mit Farbstoffen wie Tryptanblau, Propidiumiodid, Fluoresceindiacetat liegen vor (Shapiro, 1988).

Fluoresceindiacetat (FDA) ist eine nicht-fluoreszierende Verbindung, die in Zellen eindringen kann. Dort wird FDA von intrazellulären Esterasen gespalten, so daß fluoreszierendes Fluorescein entsteht, das von intakten Zellen zurückgehalten wird. Hamori *et al.* (1980) bestimmten so den Anteil vitaler erythroleukemischer Zellen und Malin-Berdel und Valet (1980) den vitaler Leukozyten in Zellpopulationen. Andere Autoren zeigten, daß auch Farbstoffe wie das durch alkalische Phosphatasen spaltbare 4-Methylumbelliferon (Malin-Berdel und Valet, 1980), Vitablaudibutyrat (Lee *et al.*, 1989) und Calcofluor White M2R (Berglund *et al.*, 1987) als Vitalitätsmarker verwendet werden können.

2.2.1.3. Intrazellulärer pH-Wert

Viele Fluoreszenzfarbstoffe ändern ihr Fluoreszenzverhalten als Funktion des pH-Werts. Dieser Effekt kann ausgenutzt werden, um den intrazellulären pH (pH_i) mit durchflußcytometrischen Methoden bestimmen zu können (Musgrove *et al.*, 1986; Shapiro, 1988). Oft werden auch hier zwei Parameter simultan gemessen (z.B. Absorption und Fluoreszenz), um die Bestimmung zuverläßlicher zu machen. Die Größe des Quotienten aus beiden Werten ändert sich mit dem pH_i und ist unabhängig von der Konzentration an Fluorophor in den Zellen. Zu pH_i-Bestimmung mittels Durchflußcytometrie wurden Fluorescein (Visser *et al.*, 1979), 2',7'-Bis(carboxyethyl)-5,6-carboxyfluorescein (BCECF) für menschliche, leukämische T-Zellen (Musgrove *et al.*, 1986) und 2,3-Dicyanohydrochinon (DCH) für Tumormastzellen von Mäusen (Valet *et al.*, 1981) verwendet. Bei DCH und BCECF sind die Emissionsspektren vom pH-Wert abhängig, beim Fluorescein ist es das Anregungsspektrum. Im allgemeinen sind veränderliche Emissionsspektren leichter aufzunehmen (z.B. bei verschiedenen Wellenlängen).

2.2.1.4. DNA- und RNA-Messungen

Eines der Hauptanwendungsgebiete der Durchflußcytometrie liegt in der Bestimmung des zellulären DNA- und RNA-Gehalts. Damit sind Zellzyklusuntersuch-ungen und somit ein genauer Einblick in den Zellzustand während der Kultivierung möglich. Für die Messungen sind wieder Färbetechniken, hauptsächlich solche mit Fluorochromen, nötig. In der Tabelle 3 sind einige solcher Färbemethoden aufgelistet.

Ethidiumbromid und Propidiumiodid färben als intercalierende Farbstoffe doppelsträngige DNA und RNA. Soll nur eine dieser Größen gemessen werden, muß die andere Komponente durch eine vorgeschaltete Reaktion mit RNAse oder DNAse abgebaut werden, falls sie nicht sowieso nur in geringen Konzentrationen vorliegt. Andere Färbetechniken mit einer Fluorophorkombination aus Hoechst 33342 und Pyronin Y (Shapiro, 1981) machen eine simultane Färbung und Messung bei zwei verschiedenen Wellenlängen möglich. Die gilt auch für die aufwendige Acridin-orangemethode mit der DNA und Gesamt-RNA (die doppelsträngige RNA wird dabei erst in einzelsträngige RNA überführt) (Shapiro, 1988). Spezifisch und sehr empfindlich kann die DNA einer Zelle mit DAPI (Stöhr *et al.*, 1977) angefärbt werden.

Da tierische Zellen einen hohen DNA- und RNA-Gehalt aufweisen und relativ groß sind (über 2 μm), lassen sich an ihnen cytometrische Messungen einfach ausführen. Hefen sind auch wegen ihrer Größe noch gute Meßobjekte, so daß mehrere prozeßbegleitende Untersuchungen an ihnen ausgeführt wurden. Agar und Bailey (1981 und 1982) untersuchten kontinuierliche Kultivierungen von *Schizosaccharomyces pombe*. Dabei wurden die DNA- und RNA-Verteilungen beim synchronen Wachstum und bei Änderung der Verdünnungsrate beschrieben. Scheper *et al.* (1987e) machten ähnliche Versuche bei kontinuierlichen und absatzweisen Kulturen von *S. cerevisiae*. Dabei wurden oszillie-

Tabelle 3 Verschiedene Färbetechniken und deren Anwendung in der Durchflußcytometrie (nach Shapiro, 1988)

FARBSTOFF	SUBSTRAT	BEMERKUNGEN
Ethidiumbromid (EtBr)	DS DNA; DS RNA	Die Bestimmung der RNA oder DNA alleine erfordert die vorherige Behandlung mit DNAse oder RNAse
Propidiumiodid (PI)	DS DNA; DS RNA	wie für EtBr, mit diesem schärfere Peaks und kürzere Färbezeiten
Mithramycin Chromomycin A_3 Olivomycin	DS DNA	einfache Anwendung kurze Färbezeiten
Mithramycin/EtBr	DS DNA	weniger Störungen von RNA höhere Fluoreszenzintensität
Hoechst 33342, 33258	DS DNA	keine Permeabilisierungsschritte nötig
4'-6'-Diamindino-2-Phenylindol (DAPI)	DS DNA	sehr scharfe Peaks
Acridinorange (AO)	DS DNA; SS RNA	RNA und DNA Komplexe fluoreszieren unterschiedlich; aufwendige Methode
Hoechst 33342/ Pyronin Y	DS DNA; DS RNA	RNA und DNA Komplexe fluoreszieren bei verschiedenen Wellenlängen; keine Permeabilisierung nötig

rende Kulturen untersucht. Die Färbung der RNA und DNA (nach vorherigem Abbau der RNA durch RNAse) erfolgte mit Propidiumiodid. Solche durchflußcytometrische Messungen können als Grundlage für Modellierungen dienen (Strässle *et al.*, 1989). Aufwendig sind Untersuchungen an Bakterienkulturen, was auf die geringe Größe und den geringen Gehalt an Nucleinsäuren zurückzuführen ist. Aus der Arbeitsgruppe um Bailey erschienen einige Arbeiten zu *Bacillus-subtilis*-Kultivierungen (Bailey *et al.*, 1978; Fazel-Madjlessi und Bailey, 1979 und 1980). Der Gesamtgehalt an Nucleinsäuren wurden mit der PI-Methode erfaßt. Experimentell einfach ist die DNA-Färbung mit Mithramicin. Steen *et al.* (1982) benutzten diese Methode, um den Einfluß verschiedener Antibiotika auf das Wachstum von *E. coli* zu testen. Die Cytometerresultate (Mitramycinfärbung) kombiniert mit einem mathematischen Modell dienten Seo und Bailey (1987) zur Untersuchung des Zellzyklus rekombinanter *E. coli.*

2.2.1.5. Proteinfärbung

Eine Vielzahl von Färbetechniken zur durchflußcytometrischen Erfassung des Gesamtproteingehalts stehen zur Verfügung. Weit verbreitet sind Färbemethoden mit Fluoresceinisothiocyanat (FITC), Sulfaflavin, verschiedene Rhodaminfarbstoffe (Rhodamin 640), Sulforhodamin SR101, Tetramethylrhodaminisothiocyanat (TRITC), substituiertes Rhodaminisothiocyanat (XTRIC) und Texas Rot. FITC nimmt dabei eine Vormachtstellung ein. Es bindet spezifisch an Proteine und kann gut mit DNA-Farbstoffen zur Zweiparametermessungen eingesetzt werden. Rhodamin 640 benötigt hingegen keinen Permeabilisierungsschritt der Zellmembran (Crissman und Steinkamp, 1982). Wegen der unterschiedlichen spektralen Eigenschaften bieten sich XTRIC und Texas Rot in Kombination mit FITC zu Simultanfärbungen zur Doppelmessung des Proteingehalts an (Titus *et al.*, 1982).

Die spezifische Detektion einzelner Proteine in Zellen ist aufwendig, gibt aber einen detaillierten Einblick in die Verteilung eines Proteins in einer Zellpopulation. Meist wird zur Messung ein Substrat eingesetzt, das spezifisch mit dem zu detektierenden Protein reagiert, wobei ein fluoreszierendes Produkt freigesetzt wird. Die Zelle, die dieses Protein enthält, wird also je nach dessen Konzentration angefärbt. Als Substrate dienen häufig Derivate des Fluoresceins, des 4-Methylumbelliferons, des Resorufins und des 7-Brom-3-hydroxy-2-naphtoesäure-o-anisidids (Naphtol AS-BI) (Kruth, 1982). Das Hauptproblem dieser Messungen ist, daß das Substrat in die Zellen eindringen muß, während die Reaktionsprodukte in der Zelle bleiben sollen. Dazu sind häufig

Abfangreaktionen nötig, die das Reaktionsprodukt in der Zelle unlöslich machen.

Die Verteilungen des Gesamtproteinsgehalts (Färbung mit FITC) bei verschiedenen Kultivierungen von *B. subtilis* (Fazel-Madjlessi und Bailey, 1979 und 1980; Fazel-Madjlessi *et al.*, 1980) und beim synchronen Wachstum von *S. pombe* (Agar und Bailey, 1982) wurden in der Arbeitsgruppe von Bailey bestimmt. Mit derselben Färbemethode wurden Messungen an Satzkulturen von *S. cerevisiae* gemacht (Gilbert *et al.*, 1978). Die Änderungen der Proteinverteilung als Funktion der Verdünnungrate oder in Abhängigkeit von pulsweiser Substratzufütterung bei kontinuierlichen Kultivierungen dieser beiden Hefen dienten einigen Autoren als Grundlage zur Modellierung der Fermentationsprozesse (Agar und Bailey, 1981; Alberghina *et al.*, 1983; Ranzi *et al.*, 1986).

Die spezifische Messung einzelner Proteine ist besonders bei Untersuchungen an Kultivierungen rekombinanter Mikroorganismen von Interesse. Oftmals wird β-Galactosidase als Markerenzym für rekombinante Proteine benutzt. Dieses Enzym kann mit Resorufin-β-D-galactopyranosid in rekombinanten Hefen nachgewiesen werden (Wittrup und Bailey, 1988). Ein anderes Assay wurde für Penicillin-G-Amidase (PGA) entwickelt (Scheper *et al.*, 1987d). Als Substrat diente hier 7-Phenylessigsäure-4-(trifluoromethyl)coumarinylamid oder die entsprechende Methylcoumarinverbindung (Scheper *et al.*, 1986c). Untersuchungen an kontinuierlichen Kultivierungen mit rekombinanten *E. coli* Stämmen zur intrazellulären Produktion des technisch interessanten Enzyms PGA konnten durchgeführt werden. Beide Beispiele zeigen, daß diese Meßmethode einen direkten Einblick in die Verteilung des codierten Proteins bei der Kultivierungen rekombinanter Mikroorganismen gibt. Sie kann somit eine wichtige Grundlage für Modellierungen sein.

2.2.2. NMR (Nuclear Magnetic Resonance)-Spektroskopie

Durch die Einwirkung eines statischen äußeren Magnetfeldes auf Atomkerne, die ein magnetisches Moment besitzen (z.B. ^1H, ^{13}C, ^{15}N, ^{31}P), wird eine Orientierung der Kernmomente - die sogenannte Richtungsquantelung - bewirkt. Ein eingestrahltes elektromagnetisches Wechselfeld kann bei genügend hoher Frequenz die Umorientierung der Kernmomente bewirken. Die dabei auftretende Kernresonanz führt zu einer Energieaufnahme aus dem Hochfrequenzfeld, die in Form eines NMR-Spektrums sichtbar gemacht werden kann. Die Resonanzfrequenz ist nicht vom magnetischen Moment der Atomkerne abhängig, sondern auch von dem lokalen, statischen Magnetfeld, dem dieser ausgesetzt wird. Das heißt beispielsweise, daß Phosphoratome, die in unterschiedlichen Molekülen gebunden sind (z.B. ATP, ADP, AMP, NADH), unterschiedliche Resonanzfrequenzen besitzen. Damit ergibt sich die Möglichkeit, zerstörungsfrei in Zellen eine Vielzahl von Komponenten in vivo messen zu können. Auf der Basis solcher Messungen sind physiologische und metabolische Studien an aktiven Zellen möglich.

2.2.2.1. Allgemeine Anwendung

Bisher sind einige Übersichtsartikel über NMR-Untersuchungen in der Biotechnologie erschienen (Roberts und Jardetzky, 1981; Gadian, 1982; Kanamori und Roberts, 1984; Gupta *et al.*, 1984). Für biotechnologische Zwecke wurden die in Tabelle 4 aufgelisteten Atomkerne untersucht.

Die ^{31}P-Messungen sind am weitesten verbreitet, da die Meßtechnik hierfür relativ einfach ist, ^{31}P natürlich vorkommt, also nicht extra angereichert werden muß, und eine Fülle von Metaboliten des Stoffwechsels phosphorhaltig sind. Abbildung 26 zeigt ein ^{31}P-Spektrum, das während der Kultivierung von *Catharanthus roseus* (Brodelius und Vogel, 1985) aufgenommen wurde.

Für NMR-Messungen werden hohe Zelldichten benötigt (ca. 10^8-10^{11} Zellen pro ml), um in kurzer Zeit ein aussagekräftiges NMR-Spektrum zu erhalten. Für ein solches Spektrum werden je nach Zelldichte (bei einer Pulsdauer von etwa 1 sec) zwischen 1000 Einzelpulsen (Ugurbil *et al.*, 1979) bis zu 60.000 Pulsen (Brodelius und Vogel, 1985) benötigt. Es bietet sich an, die Zellen für die Untersuchungen in der Meßkammer zu immobilisieren (Fernandez und Clark, 1987). Die Abbildung 27 zeigt einen Aufbau für Messungen an Hamsterzellkulturen, die in Hohlfasermodulen fixiert sind (Gonzales-Mendez *et al.*, 1982). Die Substratlösung wird durch das System gepumpt. In den Substratstrom können Substanzen injiziert werden, deren Einfluß auf die Zellen getestet werden soll. Auch andere Immobilisierungstechniken (z.B. Alginat-/Agaroseimmobilisierung, Mikrocarrier) wurden benutzt (Karczmar *et al.*, 1983; Foxall und Cohen, 1983; Galazzo und Bailey, 1989; Fernandez *et al.*, 1988; Ugurbil *et al.*, 1979; Brodelius und Vogel, 1985; Knop *et al.*, 1984).

Problematisch für diese Messungen können Substratlimitierungen sein, die durch die hohen Zelldichten entstehen. Besonders gilt das für den Sauerstoffgehalt. Eine direkte Begasung in der Meßzelle während der Messungen ist apparativ aufwendig. Santos und Turner (1986) beschrieben eine "Air-lift"-

Tabelle 4 NMR-Untersuchungen an verschiedenen Atomkernen in der Biotechnologie (nach Harris, 1986)

KERN	NATÜRLICHES VORKOMMEN	ANWENDUNG
^{1}H	99.985%	Stoffwechselintermediate
^{13}C	1.108%	Stoffwechselintermediate
^{14}N	99.63%	NH_3; Aminosäuren; Harnstoff
^{15}N	0.37%	Protein Umsatzraten; Stickstofffixierung; intrazellulärer pH
^{19}F	100%	intrazellulärer Ca^{2+}-, Zn^{2+}-, und pH-Wert
^{23}Na	100%	intrazellulärer Na^+-Wert
^{31}P	100%	ATP; ADP; NAD(P)(H); intrazellulärer pH- und Mg^{2+}-Wert; phosphorylierte Intermediate
^{35}Cl	75.53%	intrazellulärer Cl^--Wert
^{39}K	93.1%	intrazellulärer K^+-Wert

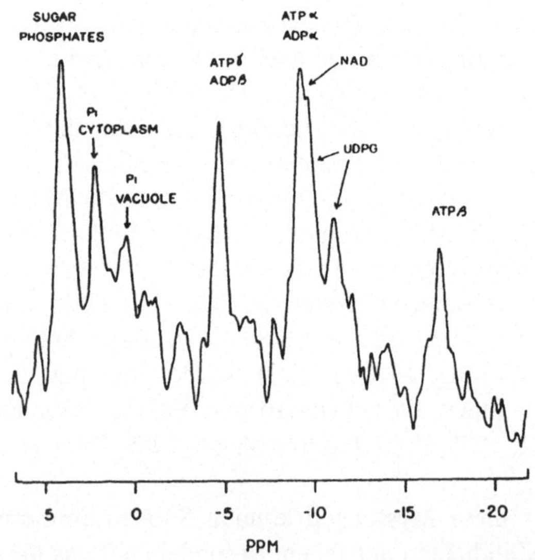

Abb. 26 ^{31}P-Spektrum einer Suspension von *Catharanthus roseus* Zellen (Brodelius und Vogel, 1985)

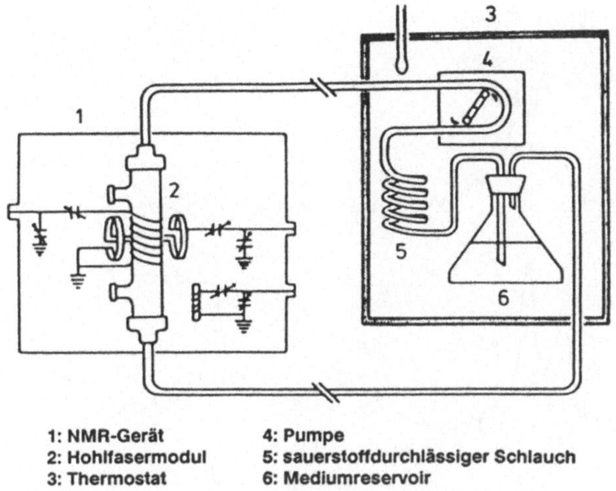

Abb. 27 Schematischer Aufbau eines NMR-Permeationsbioreaktor-Systems für Langzeitmessungen (Gonzalez-Mendez *et al.*, 1982)

Anordung zur Begasung und Durchmischung in der Meßzelle. Meist wird jedoch sauerstoffhaltiges Medium durch den Reaktor (siehe 2 in Abbildung 27) gepumpt, wobei die Zellen zurückgehalten werden müssen (Perfusionszellen, Zellimmobilisierung). Zusätzlich ist die Messung anderer Größen (z.B. Gelöstsauerstoff, Substratkonzentration) am Meßort schwierig, da beispielsweise keine magnetisierbaren Metallteile verwendet werden dürfen. Auch die hohen Investitions-, Wartungs- und Personalkosten werden den NMR-Einsatz in naher Zukunft nicht für Routinezwecke möglich machen. Doch konnten viele Forschungsarbeiten nach der Entwicklung spezieller Perfusionsreaktoren und verschiedener Reaktortypen für immobilisierte Zellsysteme die ungeheure Einsatzbreite dieser Methode aufzeigen (Harris, 1986, Drury *et al.*, 1988, Fernandez *et al.*, 1988; Ugurbil *et al.*, 1979; Brodelius und Vogel, 1985; Karczmar *et al.*, 1983; Foxall und Cohen, 1983; Knop *et al.*, 1984).

2.2.2.2. Intrazellulärer pH-Wert

Zur Bestimmung des intrazellulären pH-Werts werden hauptsächlich ^{31}P-Messungen durchgeführt (Gadian, 1982). Prinzipiell können aber auch [1]H-, [13]C- (Robertsund Jardetzky, 1981), [15]N- (Kanamori und Roberts, 1983) und [19]F- (Okerlund und Gillies, 1988) Messungen zur Bestimmung des intrazellulären pH-Werts herangezogen werden. Untersuchungen an ^{31}P-Atomen haben den Vorteil, daß dieses Isotop unter natürlichen Bedingungen

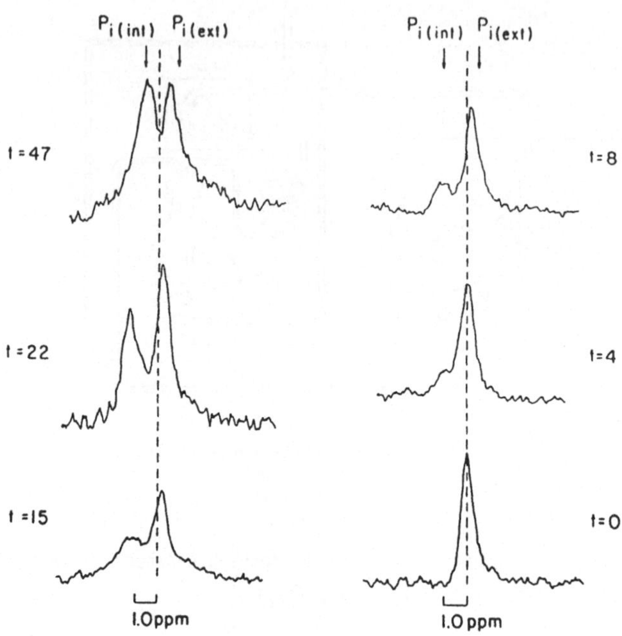

Abb. 28 Aufbau eines transmembranen pH-Gradienten nach Substratzugabe (Gadian, 1982)

mit einer Häufigkeit von 100 % vorliegt (^{1}H-Spektren sind bei biologischen Materialien schwierig zu interpretieren), also keine teuren Verbindungen mit angereicherten Isotopen eingesetzt werden müssen. Als Meßeffekt wird die pH-Abhängigkeit der chemischen Verschiebung der ^{31}P-Signale ausgenutzt (Gadian, 1982). Abbildung 28 zeigt Ausschnitte aus ^{31}P-Spektren von *Clostridium thermocellum* zu unterschiedlichen Zeiten nach Substratzugabe. Die Änderung des intrazellulären pH-Werts wird aus der chemischen Verschiebung deutlich.

Diese In-vivo-pH-Messung wurde für viele metabolische Untersuchungen herangezogen. So wurden Messungen des intrazellulären pH-Werts bei Studien zum Glycin-Protonen Transport in *S. cerevisiae* (Ballarin-Denti *et al.*, 1984), zum Einfluß von Sauerstoff auf die Glykolyse in Hefen (den Hollander *et al.*, 1981) und zum Verhalten plasmidhaltiger und -freier *E. coli* Zellen auf Glucosepulse (Axe und Bailey, 1987) beschrieben. Messungen des pH-Werts im Cytoplasma und in den Vakuloen beschrieben Brodelius und Vogel (1985) für *Catharanthus roseus* und *Daucus carota* Pflanzenzellen. Die Messungen sind auch an immobilisierten Zellen möglich. Galazzo *et al.* (1987) fanden für *S. cerevisiae* Zellen, die in Calciumalginatperlen immobilisiert waren, einen niedrigeren pH-Wert als in freien suspendierten Zellen. Das entsprach auch einer höheren Glucoseaufnahme- und Ethanolproduktionsrate. Einen solchen pH-Wertunterschied konnten Vogel und Brodelius (1984) nicht für *C. roseus* Zellen finden, die in Agarose oder Alginat immobilisiert waren.

2.2.2.3. Metabolische Intermediate

Die Möglichkeit, viele Zwischenprodukte des Zellstoffwechsels on-line zu erfassen, ist für Untersuchungen zum Energiestoffwechsel und Zellmetabolismus bei verschiedenen Reaktionsführungen von großem Interesse. Tabelle 5 zeigt einige solcher Untersuchungen, die in den letzten Jahren gemacht wurden. Es wird deutlich, daß auch hier hauptsächlich ^{31}P-Spektren aufgenommen wurden. Dies ist zum einen auf die schon erwähnten Gründe zurückzuführen (^{31}P ist ein zu 100% vorkommendes natürliches Isotop, einfache Messung) sondern auch auf die Tatsache, daß viele Intermediate phosphoryliert vorliegen (z.B. phosphorylierte Zucker), für den Energiestoffwechsel interessante Stoffe (ATP, ADP, AMP, NAD(P)(H)) phosphathaltig sind, und daß anorganisches Phosphat und der intrazelluläre pH-Wert gleichzeitig erfaßt werden können. Manche phosphorylierten Verbindungen, die für die Glykolyse interessant sind, liegen zwar im Spektrum unter einem breiten Peak, doch zeigten neuere Arbeiten, daß dieser entfaltet werden kann und so die Messung einzelner Komponenten zuläßt (Shanks und Bailey, 1988). Abbildung 29 zeigt ein typisches ^{31}P-Spektrum (Shanks und Bailey, 1988).

Abschließend sei noch einmal darauf hingewiesen, daß diese Messungen zwar on line laufen, daß jedoch lange gemessen werden muß, ehe ein auswertbares Spektrum erhalten wird. Schnelle Vorgänge, die im Rahmen von Sekunden oder einigen Minuten liegen, können nicht erfaßt werden, oder nur bei extrem hohen Biomassen und Bedingungen, die nicht für den normalen Bioprozeß relevant sind. Der meßtechnische Aufwand und die Datenverarbeitung sind erheblich.

2.2.3. Fluoreszenzsensoren zur NAD(P)(H)-Messung

Auf die Bedeutung der Nicotinamiddinucleotide: NAD$^+$, NADP$^+$, NADH und NADPH wurde schon in Kapitel 2.1.7.2 zur Biomassebestimmung näher eingegangen. Diese Coenzyme nehmen als wichtigste Elektronencarrier eine Schlüsselstellung im Zellmetabolismus ein. Die On-line-Messung erlaubt Aus-

Tabelle 5 NMR-Studien von intrazellulären Stoffwechselvorgängen (Reardon und Scheper, 1991 Druck)

ORGANISMUS	KERN	MESSGRÖSSE	UNTERSUCHUNG	LITERATUR
Chinese hamster	^{31}P	phos. Zucker, ATP	Metabolische Antwort auf Substratmangel und niedrige Temperaturen	Gonzalez-Mendez *et al.* (1982)
C. roseus, D. carota	^{31}P	phos. Zucker, ATP+ADP,	Satzwachstum	Brodelius und Vogel, (1985)
C. thermocellum	^{31}P	ATP	Einfluß von Ethanol auf die Glykolyse	Herrero *et al.* (1985)
E. coli	^{31}P	phos. Zucker, ATP, UDPG	Glykolyse in plasmid-haltigen Zellen	Axe und Bailey (1987)
S. cerevisiae	^{31}P	G6P, F6P, FDP, 3PG, UDPG, ATP, Phosphomannan	Glykolyse	Shanks und Bailey (1988)
S. cerevisiae	^{31}P	G6P, F6P, FDP, 3PG, Gal1P, ATP	Glykolyse in Wildtyp und *reg1* Mutanten	Shanks und Bailey (1989)
S. cerevisiae	^{31}P ^{13}C	G6P, F6P, FDP, 3PG, ATP+ADP, UDPG Glucose, Trehalose, Glycogen	Einfluß der Immobilisierung	Galazzo und Bailey (1989)
S. cerevisiae	^{31}P ^{13}C	ATP, FDP, G6P, αGP Glucose, Ethanol, Glycerin, Aspartat, Glutamat, DHAP, αGP	Pasteureffekt	den Hollander *et al.* (1986)
Hybridomzellen	^{31}P ^{13}C ^{15}N	ATP Glucose, Lactate, Alanin Glutamin, Alanin	Metabolische Antwort auf Änderungen im Gelöst-sauerstoff- und Glucosegehalt	Fernandez *et al.* (1988)
B. lactofermentum	^{15}N	Glutamat, Glutamin, Alanin, Acetylglutamin, Asparagin, Aspartat, und andere	Stickstoffassimilation und Glutamatproduktion	Haran *et al.* (1983)
P. putida	^{19}F	2,5- und 3,5-Difluorbenzoat	Difluorbenzoat Metabolismus	Cass *et al.* (1987)

(Abkürzungen: G6P=Glucose-6-phosphat, F6P=Fructose-6-phosphat, FDP=Fructose-1,6-diphosphat, 3PG=3-Phosphoglycerat, UDPG=Uridindi-phosphatglucose, Gal1P=Galactose-1-phosphat, DHAP=Dihydroxyacctonphosphat, αGP=α-Glyccrinphosphat)

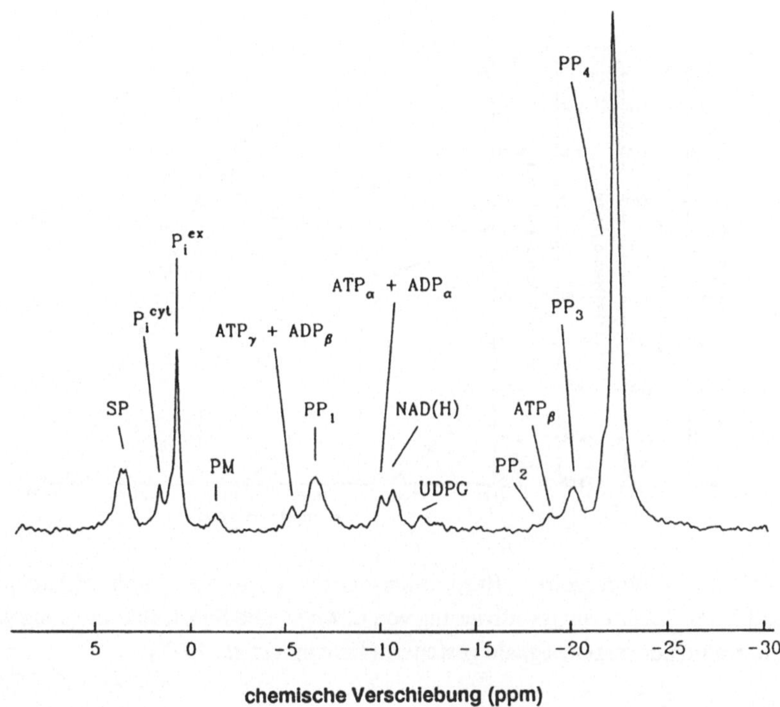

Abb. 29 ^{31}P-Spektrum nach Entfaltung (Shanks und Bailey, 1988)

sagen über den Redoxstatus der Zellen, der eng mit Veränderungen in der Zellumgebung verbunden ist. Die Messung der Kulturfluoreszenz kann nicht nur zur Biomasseabschätzung herangezogen werden, sondern bietet besonders bei der On-line- und In-situ-Beobachtung des Zellzustands große Einsatzmöglichkeiten. Über die Fluoreszenz lassen sich die reduzierten Adenindinucleotide NADH und NADPH erfassen. Meist ist NADPH in sehr viel geringeren Konzentrationen in den Zellen vorhanden (Takehe und Kitahara, 1963; London und Knight, 1966), so daß im weiteren stets von der NADH-abhängigen Kulturfluoreszenz gesprochen wird. In der Tabelle 6 sind einige metabolische Untersuchungen an verschiedenen Organismen aufgeführt, die mit Hilfe der Kulturfluoreszenzmessung gemacht wurden. Dabei ist zu erkennen, daß sowohl metabolische Phänomene wie das synchrone Wachstum von Hefen aber auch der Einfluß von Umgebungsparametern wie beispielsweise die Änderungen in der Verdünnungsrate anhand des Redoxstatus der Zellen näher erfaßt werden können.

Da die Messung direkt und ohne Zeitverzögerung erfolgt, kann eine Prozeßsteuerung mit Hilfe der Kulturfluoreszenzsignale geschehen. Wie aus

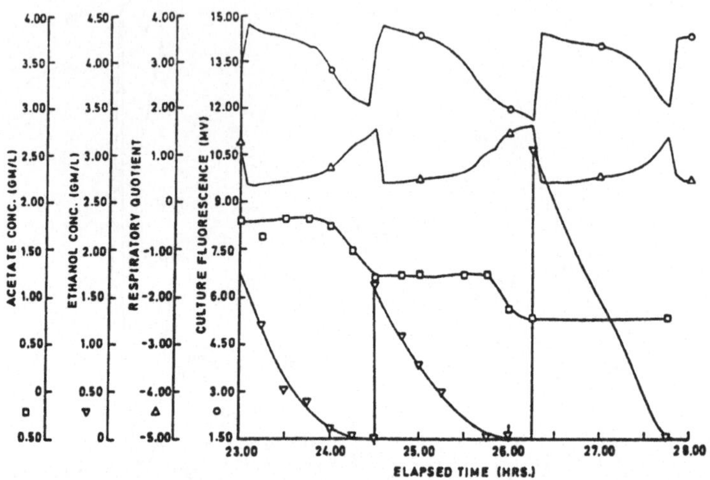

Abb. 30 Kulturfluoreszenz-, Respirationsquotient-, Acetat- und Ethanoldaten während einer Zufütterungskultivierung von *C. utilis*. Die Substratzufütterung wurde über die Kulturfluoreszenzsignale gesteuert (Ristroph *et al.*, 1977)

der Abbildung 30 zu ersehen ist, wurde der Zufütterungssatzbetrieb bei Zellmasseproduktion von *Candida utilis* über das Fluoreszenzsignal geregelt. Immer wenn das Signal einen kritischen Wert unterschritt, wurde erneut Ethanol als Substrat zugespeist (Ristroph *et al.*, 1977). Moreria *et al.* (1981) benutzten diesen Effekt bei der Regelung der Cellobiosezufütterung bei der Kultivierung einer *Thermosmonospora* Spezies. In beiden Fällen war die direkte On-line-Messung der Ethanol- bzw. Cellubiosekonzentration nicht möglich. Meyer und Beyeler (1984) benutzten die Kulturfluoreszenzmessung, um die maximale Verdünnungsrate zur optimalen Biomasseproduktion in kontinuierlichen Hefekultivierungen zu erreichen. Dabei wurde zum Erreichen dieses Arbeitspunkts die Verdünnungsrate schrittweise erhöht. Wenn keine Glucoserepression und eine damit verbundene geringere Biomasseproduktion auftrat, wurde die Verdünnungsrate weiter erhöht. Das Auftreten einer Glucoserepression kann durch ein Ansteigen des Fluoreszenzsignals so schnell erfaßt werden, daß der Anstieg der Verdünnungsrate wieder zurückgenommen werden kann, ohne das System nachhaltig gestört zu haben.

Interessant sind auch Kombinationen dieser Meßtechnik mit anderen Techniken zur Charakterisierung des Zellzustandes. So können Oszillationsphänomene synchroner Hefen mittels der Kulturfluoreszenzmessung erfaßt werden, während durchflußcytometrische Messungen zusätzlich einen Einblick in das Sprossungsverhalten und den DNA-, RNA- und Proteingehalt geben (Scheper *et al.*, 1987e; Strässle *et al.*, 1989). Aus Abbildung 31 ist zu erkennen, wie der Sprossungzyklus einer oszillierenden Hefekultur mit dem intrazellulären NADH-Gehalt korreliert ist (Scheper *et al.*, 1987e).

Tabelle 6 Metabolische Untersuchungen an Bioprozessen mit Hilfe der Kulturfluoreszenzmessung (Reardon und Scheper, 1991)

UNTERSUCHTES PHÄNOMEN	ORGANISMUS	LITERATUR
Aerob-anaerob Übergänge	*K. aerogenes*	Harrison and Chance (1970)
	S. cerevisiae	Zabriskie and Humphrey (1978), Arminger *et al.* (1986), Scheper *et al.* (1987a), Müller *et al.* (1988)
	C. tropicalis	Beyeler *et al.* (1981)
	E. coli	Meyer *et al.* (1984), Gebauer *et al.* (1987)
	C. guilliermondii	Maneshin and Arevshatyan (1972)
Begasungsrate	*P. chrysogenum*	Scheper *et al.* (1986)
Zugabe von Substraten zu hungernden Zellen	*S. cerevisiae*	Zabriskie and Humphrey (1978), Beyeler *et al.* (1981), Arminger *et al.* (1986), Scheper and Schügerl (1986b), Müller *et al.* (1988)
	C. tropicalis	Einsele *et al.* (1979)
	E. coli	Meyer *et al.* (1984)
Diauxisches Wachstum	*S. cerevisiae*	Müller *et al.* (1988)
Änderungen der Verdünnungsrate	*S. cerevisiae*	Scheper and Schügerl (1986b)
	E. coli	Scheper *et al.* (1987c)
	P. putida	Li und Humphrey (1989)
synchrones Wachstum	*S. cerevisiae*	Scheper *et al.* (1987a und 1987d)
Glykolytische Schwankungen	*S. cerevisiae*	Betz und Chance (1965), Chance *et al.* (1964), Kuchenbecker *et al.* (1981), Doran und Bailey (1987)
Metabolische Shiftversuche	*Thermoactinomyces* sp.	Zabriskie und Humphrey (1978)
	C. acetobutylicum	Reardon *et al.* (1986 und 1987), Srinivas und Mutharasan (1987a), Rao und Mutharasan (1989)
Zugabe von Entkopplern des Stoffwechsels	*S. cerevisiae*	Betz und Chance (1965), Müller *et al.* (1988)

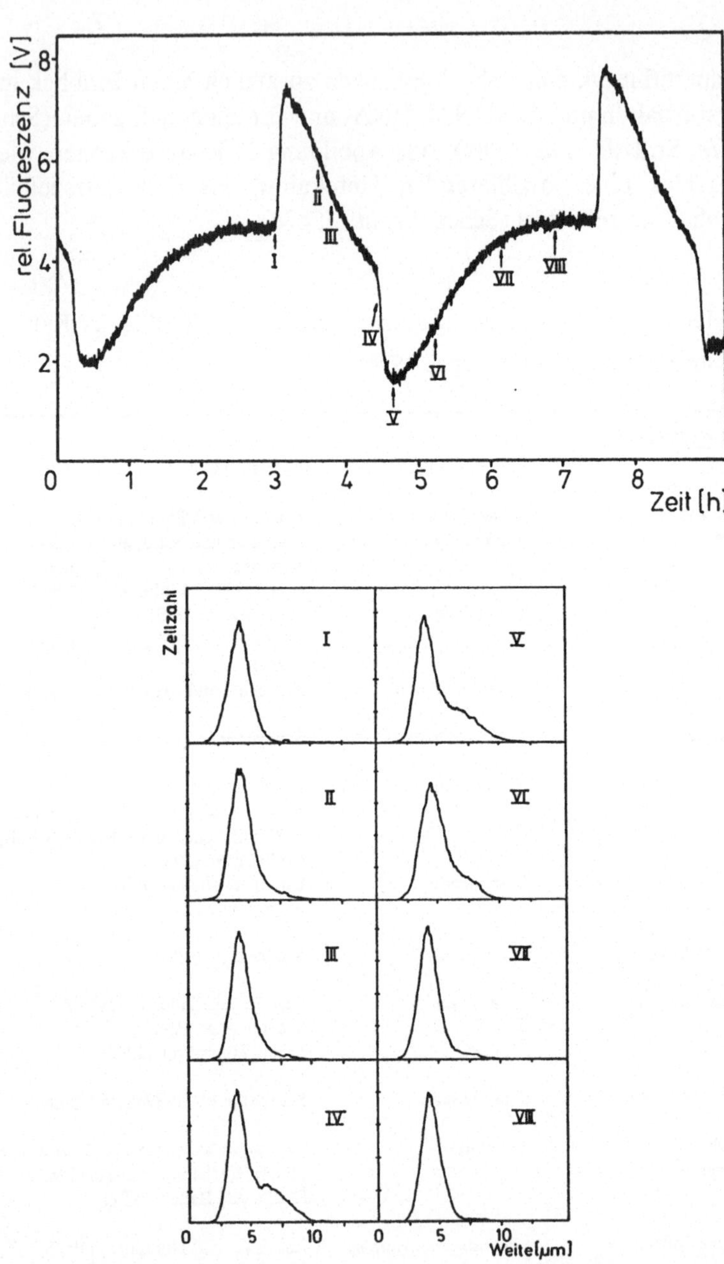

Abb. 31 Beobachtung des synchronen Wachstums einer oszillierenden Kultur von *S. cerevisiae* mittels der Kulturfluoreszenzmessung und der Durchflußcytometrie (Größenverteilung) (Scheper, 1987e)

2.3. Biomassebestimmung und -charakterisierung - Experimenteller Teil

In diesem Abschnitt werden die Arbeiten der eigenen Forschungsgruppe, die die Entwicklung und Anwendung verschiedener Analysensysteme zur Biomasse-bestimmung und -charkterisierung betreffen, vorgestellt. Die Entwicklung wurde durch den Einsatz dieser Meßsysteme an biotechnologischen Prozessen begleitet, und die unter realen Bedingungen gemachten Erkenntnisse konnten dann wiederum mit in die Entwicklung einfließen.

2.3.1. Fluoreszenzsensoren

Verschiedene Fluoreszenzsensortypen standen für die Untersuchungen zur Verfügung: mehrere Ingold-Fluorosensoren und ein Eigenbau-Zweikanalsensor (siehe Kapitel 2.1.7.2.). Im Laufe der Arbeiten zeigte sich, daß Streulichtmessungen zusätzlich wichtige Informationen über den Trübungszustand im Bioreaktor liefern. Deshalb wurde ein kombinierter Streulicht-/Fluoreszenzsensor entwickelt, um die Gesamttrübung und die Kulturfluoreszenz simultan erfasssen zu können (Wehnert, 1989). Damit wurde die Differenzierung in Gesamttrockenmasse und aktive Biomasse ermöglicht.

Das Hauptgewicht der Arbeiten lag jedoch in der Anwendung der Fluorosensoren bei verschiedenen biotechnologischen Problemstellungen. So sollte nicht nur die On-line-Biomasseabschätzung näher untersucht werden, sondern auch Möglichkeiten zur Beurteilung des Prozeßzustands an Hand einer intrazellulären Größe (hier NAD(P)H). Eines der Ziele war, erstmalig immobilisierte Zellen mit diesem zerstörungfreien Meßverfahren zu beobachten.

2.3.1.1. Der kombinierte Streulicht-/Fluoreszenzsensor

Der schematische Aufbau des neuentwickelten Streulicht-/Fluoreszenzsensors ist in Abbildung 32 gezeigt (Wehnert, 1989). In einem thermostatisierbaren Aluminiumgehäuse, das dem des Zweikanalsensors (Abbildung 21) ähnelt, sind Lichtquellen, alle optischen Komponenten und die Detektoren mit Vorverstärkereinheiten untergebracht. Als UV-Lichtquelle wird eine Quecksilberhochdrucklampe (Heraeus, Typ Q25A) verwendet, für die Streulichtmessung eine Hochleistungsdiode (LED) (λ_{max} = 880 nm, Opto Diode Corporation, OD-880L).

Die Wellenlängenselektion aus dem Spektrum der Hochdrucklampe erfolgt über verschiedene optische Filter, die sich je nach Meßproblem austauschen lassen. Für die Messung der NADH-abhängigen Kulturfluoreszenz wird ein Bandpaßfilter (Schott, SFK 19), dem ein Wärmeschutzfilter vorgelagert ist, benutzt, um die Anregungswellenlänge von 365 nm zu selektieren. Ein computerberechnetes Doppelkondensorsystem (Wehnert, 1989) fokussiert den Lichtbogen der Lampe auf die Frontfläche eines Flüssiglichtleiters (Lumatec, München), der das Anregungslicht in den Biorektor führt. Das Licht der LED wird über einen halbdurchlässigen Spiegel (hohe Transmission für Wellenlängen unter 500 nm, hohe Reflektion für Wellenlängen über 500 nm bei einem Einstrahlwinkel von 45°) in den Anregungslichtleiter eingekoppelt. Am Kopf des Lichtleiters befindet sich ein Kantenfilter, das für Wellenlängen oberhalb von 400 nm eine geringe Transmission aufweist, bei 880 nm aber genügend Licht der LED durchläßt, um Streulichtmessungen durchzuführen. UV-Anregunglicht und das Licht der LED werden kegelförmig vom Lichtleiter abgestrahlt (Öffnungswinkel: α = 30°). Während alle Partikel (Zellen und Feststoffteilchen) in diesem Lichtkegel als Streuzentren für das IR-Licht wirken, wird in allen Zellen in diesem Volumenelement das NADH durch das UV-Licht zur Fluoreszenz angeregt. Der Anteil des ungerichteten Fluoreszenzlichts und des gestreuten Lichts, der wieder auf den Sensorkopf fällt, kann von den Empfängerlichtleitern in einem Öffungswinkel von 69° aufgenommen werden. Dieses Empfängerlichtleiterbündel (Schölly, IC 70 μm-Fasern, Öffnungswinkel: α = 69°) ist konzentrisch um den Anregungslichtleiter angeordnet und wird auf dem Weg in das Innere des Sensors in zwei Lichtfaserbündel aufgeteilt, die das empfangene Licht nach Passieren von optischen Filtern auf zwei Photodetektoren (EG&G, HUV 2000) führen. Am Kopf des Empfängerbündels ist ein Kantenfilter, das eine hohe Transmission für Wellenlängen über 400 nm aufweist, angebracht. Es dient dazu, gestreutes UV-Licht abzublocken. Der Aufbau der Frontoptik ist in Abbildung 33 dargestellt. Zur Selektion des NADH-Fluoreszenzlichts eignet sich ein bei 460 nm durchlässiges Interferenz-Bandpaß- (Schott, AL-Typ), für das Streulicht ein IR-Langpaßfilter (Schott, RG 850).

Über den Detektor D_3 und D_4 werden die Lichtintensitäten der Strahlungsquellen kontrolliert, um Schwankungen bei der Signalauswertung zu berücksichtigen. Die Signale der Detektoren D_{1-3} werden verstärkt, das des Detektors D_4 unverstärkt an die Elektronikeinheit weitergegeben. Obwohl die HUV-Silicium-Photodioden speziell für den UV-Bereich ausgelegt sind, ist ihre Empfindlichkeit im Bereich von 450 nm um ca. 70% geringer als bei 850 nm (höchste Empfindlichkeit).

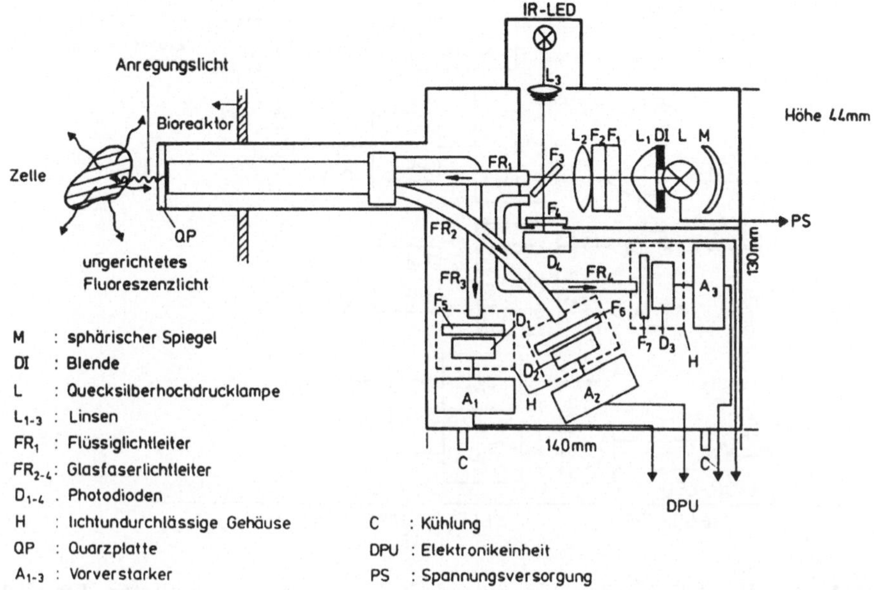

Abb. 32 Aufbau der kombinierten Streulicht-/FLuoreszenzsonde (Wehnert, 1989)

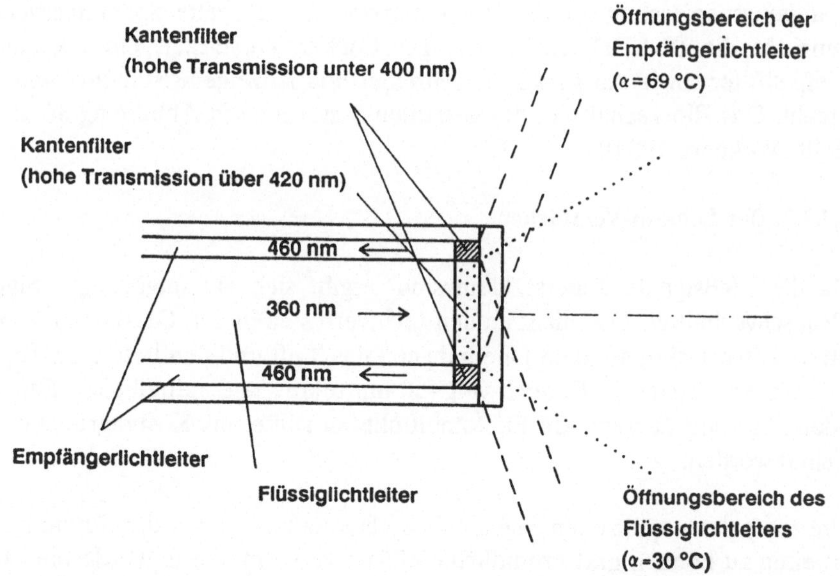

Abb. 33 Schematische Darstellung der Frontoptik zur Unterdrückung von unerwünschten Fluoreszenzerscheinungen

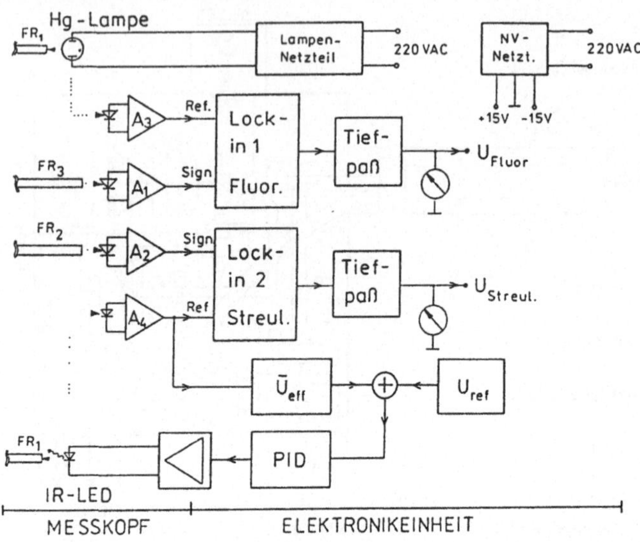

Abb. 34 Darstellung der Signalverarbeitung in der kombinierten Streulicht-
/Fluoreszenzsonde im Blockschaltbild (Wehnert, 1989)

In der externen Elektronikeinheit sind ein stabilisiertes Netzteil, die
Spannungsversorgung für die Vorverstärker, die geregelte Spannungsversorgung für die IR-LED, ein 2-kanaliger Lock-in-Verstärker, ein 2-kanaliger
Tiefpaßfilter sowie Ausgänge für Schreiber und Anzeigeinstrumente untergebracht. Das Blockschaltbild des gesamten Systems ist in Abbildung 34 dargestellt (Wehnert, 1989).

2.3.1.2. Der Lock-in-Verstärker

Da die Meßsignale äußerst klein sind, ergibt sich ein ungünstiges Signal-
/Rauschverhältnis. Dies liegt an den Lichtverlusten in den Glasfasern, an den
Streulichtverlusten an allen Übergängen Glas/Luft und den besonders für die
Fluoreszenzsignale im Bereich von 450 nm relativ unempfindlichen Photodioden. Auf den Einsatz von Photomultipliern sollte aus Kostengründen verzichtet werden.

Um trotz des ungünstigen Signal-/Rauschverhältnisses mit den Photodioden
arbeiten zu können und Fremdlichteinflüsse zu vermindern, wurde die Lock-
in-Technik verwendet. Der von Wehnert (1989) entwickelte Lock-in-Verstärker für den Streulicht-/Fluoreszenzsensor ermöglicht es, das eigentliche Meßsignal vom Rauschen zu identifizieren und zu trennen. Dazu ist eine Si-

gnalmodulation (hier das Ein- und Ausschalten der Lichtquellen) und die Erzeugung eines Referenzsignals (z.B. in Form einer Rechteckspannung mit abwechselnd positiven und negativen Werten) mit gleicher Frequenz nötig.

Das modulierte Meßsignal wird phasengleich mit dem Referenzsignal einem Multiplikator zugeführt. Meß- und Referenzsignal werden somit vorzeichengleich multipliziert und ergeben einen positiven Ausgangswert. Das regellose Rauschen, das dem Meßsignal überlagert ist, trifft dabei mit gleicher Wahrscheinlichkeit auf positive oder negative Halbwellen des Referenzsignals. Die Summe der Produkte ist null. Noch störende harmonische Oberschwingungen der Modulationsfrequenz werden durch ein dem Multiplikator nachfolgendes Tiefpaßfilter eliminiert. Nur Signale mit hoher Korrelation zum Referenzsignal werden vom Lock-in-Verstärker als eigentliches Meßsignal ausgegeben. Eine Filterung in sehr engen Frequenzbandbreiten (unter 10^{-7} Hz) bei geringer Driftinstabilität (unter 10^{-4}%) ist mit dieser Technik möglich, und ein Signal kann noch in einem um den Faktor 10^7 größeren Rauschen erfaßt werden. Auch Fremdlichteinflüsse lassen sich stark verringern.

Bei dem kombinierten Streulicht-/Fluoreszenzsensor ist die UV-Lichtquelle bei der Netzfrequenz von 50 Hz schon mit einer Frequenz von 100 Hz moduliert. Die IR-LED wird mit einer Frequenz von 370 Hz betrieben, um bei der Detektion keine störende Überlagerung durch die UV-Lichtquelle zu erhalten. Abbildung 35 zeigt Fluoreszenzsignale bei der Zugabe eines fluoreszierenden Tracers mit und ohne Lock-in-Verstärker. Ohne den Lock-in-Verstärker erhält man ein driftendes, verrauschtes Signal, mit dem Lock-in-Verstärker wird das Signal rauscharm und driftfrei. Die Streulichtmessung wird durch Temperaturschwankungen stark beeinflußt. Deshalb wird über eine Regelschleife die Intensität der IR-LED (Messung mit D_4) konstant gehalten. Ein Beispiel für die Trübungsmessung mit dem Streulichtkanal ist in Abbildung 36 gezeigt.

Auf den praktischen Einsatz des Sensors wird in Kapitel 2.3.2.3.1. am Beispiel einer *Bacillus licheniformis* Kultivierung eingegangen. Die während der Entwicklung des kombinierten Sensors durchgeführten Untersuchungen zur Kulturfluoreszenzmessung an biotechnologischen Prozessen wurden mit Ingold Fluorosensoren und einer Zweikanaleigenbausonde (siehe Kapitel 2.1.7.) gemacht.

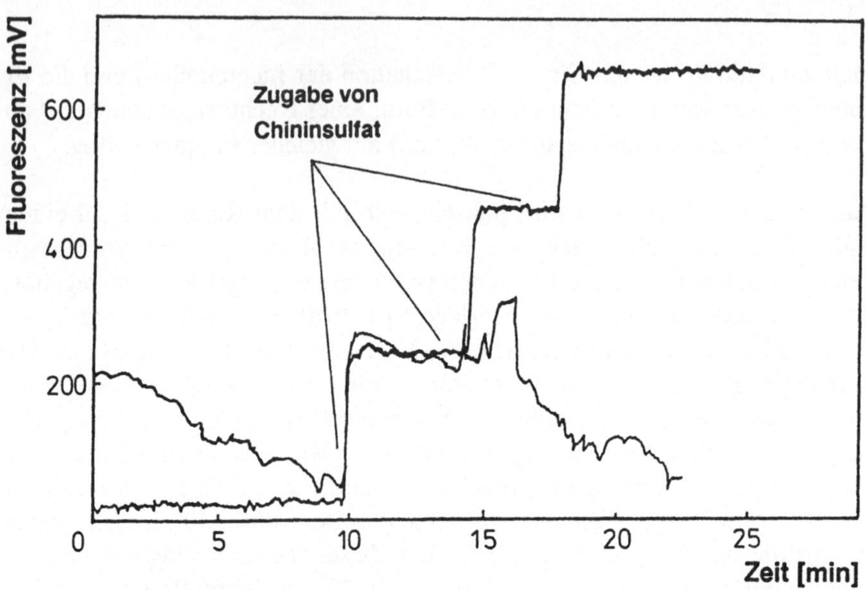

Abb. 35 Einfluß des Lock-in-Verstärkers auf die Signalkonstanz (Wehnert, 1989)

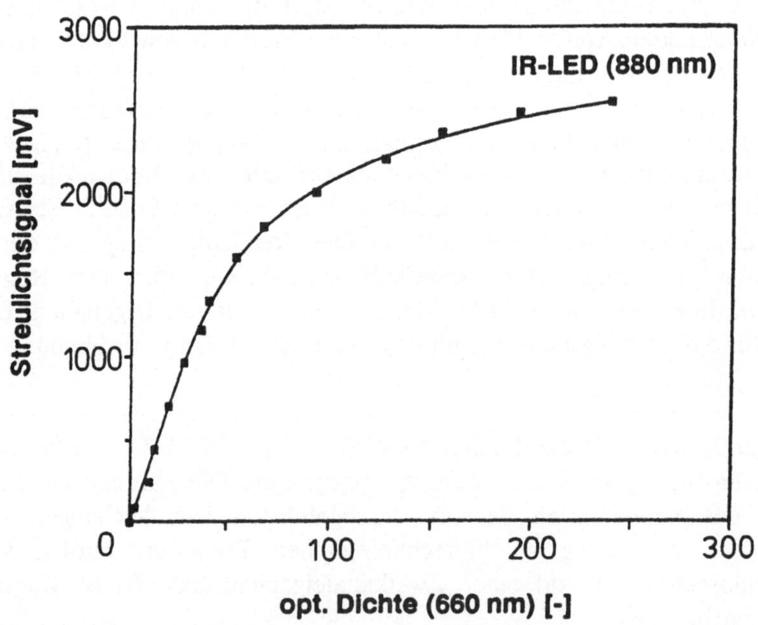

Abb. 36 Verhalten des Streulichtkanals (Trübungsmessung) (Wehnert, 1989)

2.3.2. Kulturfluoreszenzmessungen an Submerskulturen

2.3.2.1. Messungen an *Saccharomyces cerevisiae*

Hefen gehören zu den Mikroorganismen, an denen bisher die meisten Kulturfluoreszenzmessungen gemacht wurden (siehe Tabelle 1 und 6). Neben *E. coli* gelten sie als die am besten untersuchten Mikroorganismen. Für die Untersuchungen wurden der *S. cerevisiae* Stamm H1022 von der ETH Zürich (Karrer, 1972, Schatzmann, 1975) verwendet. Dieser Stamm wurde in den Arbeiten über Hefen der Arbeitsgruppe Fiechter eingehend studiert (Fiechter, 1981; Fiechter *et al.*, 1981). Die Hefe kann Glucose aerob und anaerob und Ethanol oxidativ verstoffwechseln, weist also ein diauxische Wachstumsverhalten auf. Bei höheren Glucosekonzentrationen kommt es auch unter aeroben Bedingungen zu einer Ethanolproduktion, da die Zellen infolge des Crabtree-Effekts auf einen oxido-reduktiven Stoffwechsel umschalten.

2.3.2.1.1. Enzymatische Bestimmung von NADH

Um die Aussagekraft der Kulturfluoreszenzmessungen zu untermauern, wurden auf der Basis bekannter Arbeiten (Rieger, 1983; Scheper, 1985) enzymatische Analysen zur Bestimmung des intrazellulären NADH-Gehalts in Hefen gemacht. Die dazu nötigen Fermentationen von *S. cerevisiae* wurden auf synthetischem Medium (3 % Glucose) (Schatzmann, 1975; Rieger, 1983; Abel, 1989) durchgeführt. Bei der Analyse ist es wichtig, das NADH aus Zellen zu extrahieren, die genau denen des aktuellen Reaktorzustands entsprechen. Deshalb wurden Fermenterproben direkt in eiskalte 2 N KOH gegeben, um den Zellstoffwechsel direkt zu stoppen und das NADH zu extrahieren (Wehnert, 1989). Dies ist besonders wichtig, wenn man bedenkt, daß beispielsweise durch lokale Anaerobiose innerhalb kürzester Zeit (unter 50 ms) ein großer Teil des in den Mitochondrien enthaltenen NAD^+ in NADH übergehen kann (Klingenberg, 1974). Die enzymatische Bestimmung erfolgte mit der bei Scheper (1985) beschriebenen Lactatdehydrogenasemethode.

Die von Wehnert und Abel (1989) erhaltenen Daten sind in Abbildung 37 gezeigt. Durch das direkte Abstoppen der Zellen wurde eine bessere Korrelation zwischen Kulturfluoreszenz und enzymatisch bestimmtem NADH-Gehalt gefunden als bisher in der Literatur zitiert (Rieger, 1983; Scheper, 1985). Werden die NADH-Werte gegen die entsprechenden Fluoreszenzwerte aufge-

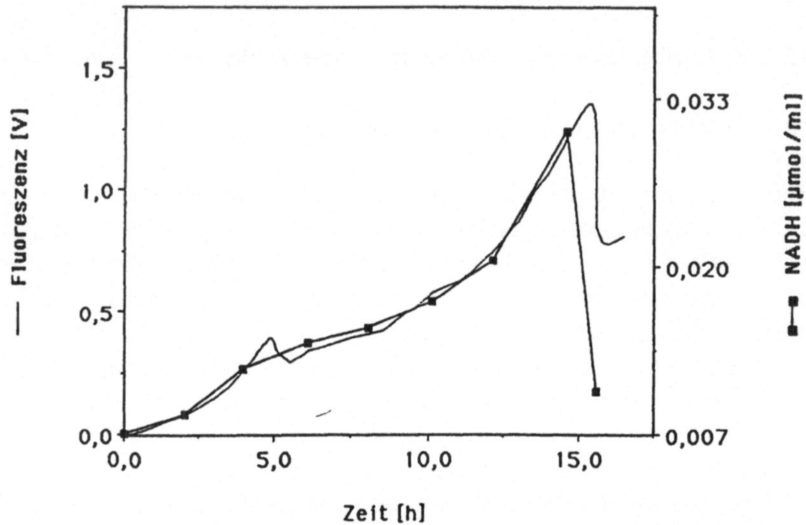

Abb. 37 Verlauf der Kulturfluoreszenz und des enzymatische bestimmten intrazellulären NADH-Gehalts während einer Hefekultivierung (Wehnert, 1989)

tragen (Abbildung 38), zeigt sich ein linearer Zusammenhang zwischen den
Werten. Aus Abbildung 39 geht hervor, daß für die Kulturfluoreszenz- (und
damit auch für die NADH-) Werte und die Biomassedaten während des
oxido-reduktiven und während des rein oxidativen Stoffwechsels ein lineares
Verhalten besteht. Nur die Steigungen unterscheiden sich bei beiden Fermen-
tationsabschnitten. Während der diauxischen lag-Phase, in der die Zellen von
der Glucose- zur Ethanolverwertung umstellen, bleibt dieses lineare Verhalten nicht bestehen, was auf größere Änderungen im Stoffwechsel hindeutet.

**2.3.2.1.2. Fluoreszenzmessungen an *S. cerevisiae* in einem Reaktor mit äußerer
By-pass-Schlaufe**

In großen Reaktoren (z.B. Blasensäulen), in denen keine homogene
Konzentrationsverteilung vorliegt, durchlaufen die Mikroorganismen ver-
schiedene Konzentrationsgradienten. Von Interesse ist beispielsweise das
Verhalten von Hefen, wenn sie periodisch Bereiche mit hohem
Sauerstoffgehalt (Ort des Gaseintrags, z.B. am Begaserboden einer
Blasensäule) und mit niedrigem Sauerstoffgehalt (Kopf oder Schlaufe einer
Säule) durchlaufen. Zur Optimierung von Hefeproduktionsprozessen muß die

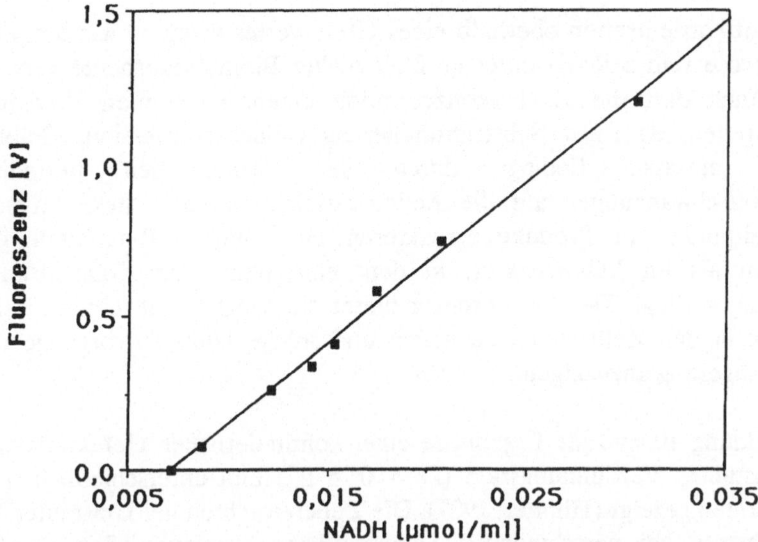

Abb. 38 inearer Zusammenhang zwischen der Kulturfluoreszenz und dem enzymatisch bestimmten intrazellulären NADH-Gehalts (Wehnert, 1989)

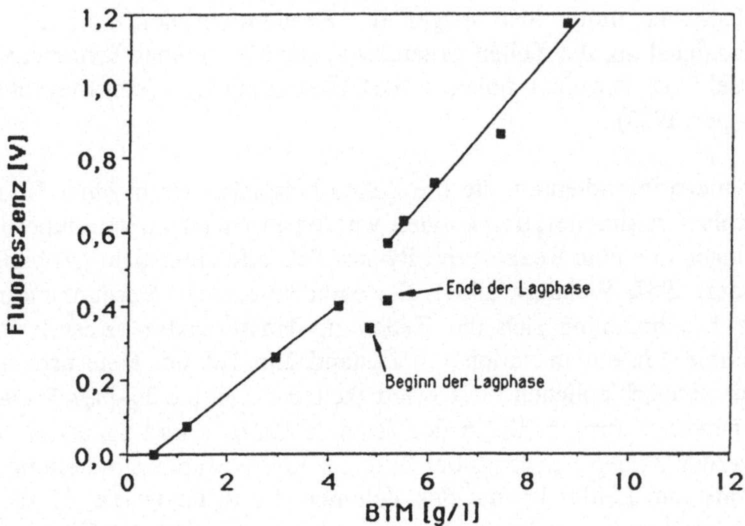

Abb. 39 Zusammenhang zwischen der Biotrockenmasse und der Kulturfluoreszenz (Wehnert, 1989)

Sauerstoffkonzentration oberhalb eines Grenzwertes gehalten werden, damit die Glucose rein oxidativ unter größtmöglicher Biomasseausbeute verwertet wird. Auch darf die Zuckerkonzentration einen bestimmten Wert nicht überschreiten, da sonst Substratinhibierung (Glucoserepression, Crabtree-Effekt) einsetzt. Bedingt durch den Streß, den periodische Sauerstoffschwankungen auf die Zellen ausüben, können diese kritischen Umschaltpunkte in Produktionsreaktoren bei anderen Prozeßstellgrößen auftreten als im Laborreaktor, in dem eine homogene Konzentrations-verteilung vorliegt. Der Fluorosensor bietet die Möglichkeit, einen direkten Einblick in den Zellzustand zu geben und solche Umschaltvorgänge ohne Zeitverzögerung anzuzeigen.

In Abbildung 40 sind die Ergebnisse einer kontinuierlichen Hefekultivierung bei konstanter Verdünnungsrate (D = 0,18 h^{-1}) und unterschiedlichen Begasungsraten gezeigt (Hübner, 1987). Die Zellen wachsen bei konstanter Verdünnungsrate bei verschiedenen Sauerstoffkonzentrationen. Die verschiedenen stationären Sauerstoffkonzentrationen entsprechen denen, die sie in dem oben beschriebenen Reaktor periodisch durchlaufen. Bei Begasungsraten über 0,6 vvm liegt der Respirationskoeffizient bei 1 (Biomasse wird gebildet) und das Fluoreszenzsignal, das den NADH-Pool in den Zellen widerspiegelt, befindet sich auf einem niedrigen Level. Bei geringeren Begasungsraten und Sauerstoffgehalten unter 50% steigen der Respirationskoeffizient und das Fluoreszenzsignal an, die Zellen gehen also verstärkt in einen fermentativen Stoffwechsel über, der einen höheren NADH-Pool aufweist (von Meyenburg, 1969; Scheper, 1985).

Um die Sauerstoffgradienten, die die Zellen beispielsweise in einer Blasen-säule durchlaufen, simulieren zu können, wurden anschließend kontinuierliche Kultivierungen in einem Reaktor mit By-pass-Schlaufe untersucht (Abbildung 41) (Hübner, 1987, Wehnert, 1989). Bei einer konstanten Verdünnungsrate (D= 0,18 h^{-1}) befanden sich die Zellen im Hauptreaktor (Kessel: 2,5 l Arbeitsvolumen) in einem stationären Zustand. Ein Teil der Hefesuspension konnte mit unterschiedlichen Geschwindigkeiten durch die By-pass-Schlaufe (375 ml) gepumpt werden. Da in der Schlaufe Glucose und Sauerstoff ver-braucht werden, bauen sich längs der Schlaufe Konzentrationsgradienten die-ser Substrate auf. Leider konnte das Volumen der Schlaufe (ca. 15 % des Hauptreaktorvolumens) nicht so klein gewählt werden, daß der Zustand im Hauptreaktor nicht gestört wurde. Zwei Fluorosensoren - einer im Haupt-

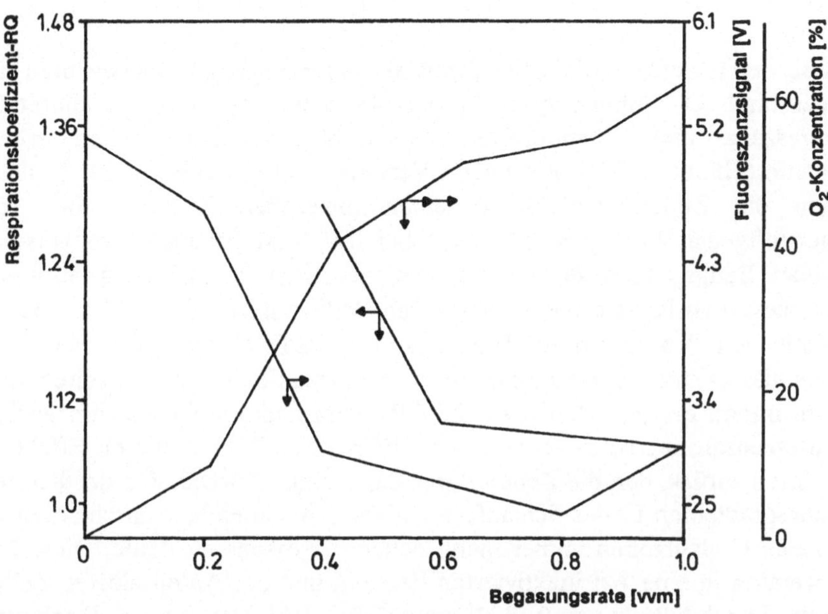

Abb. 40 Einfluß unterschiedlicher Begasungsraten auf eine kontinuierliche Hefekultur (Hübner, 1987)

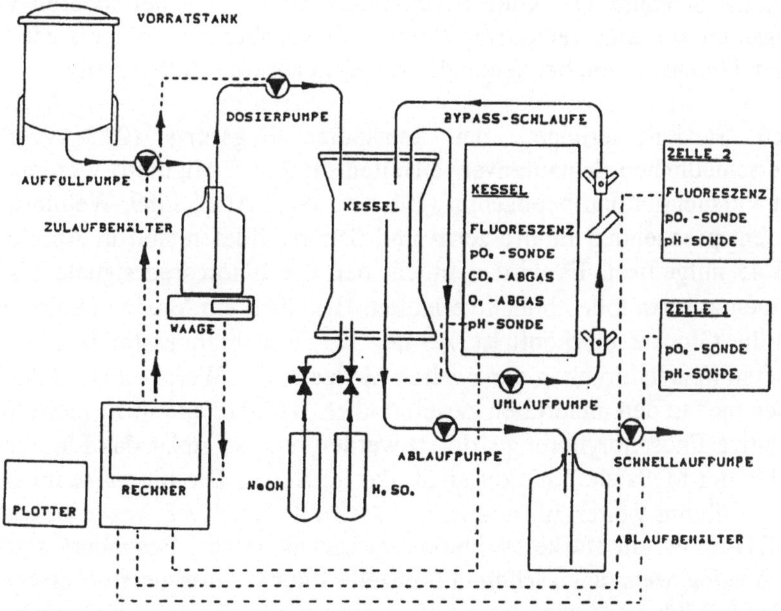

Abb. 41 Reaktorsystem mit By-pass-Schlaufe zur Messung von Konzentrationsgradienten in der Schlaufe (Hübner, 1987)

kessel, der andere in Meßzelle 2 am Schlaufenausgang - überwachten den Zellzustand. Die Abbildungen 42 und 43 zeigen die korrespondierenden Fluoreszenz- und Ethanolwerte für verschiedene Umlaufzeiten in der Schlaufe (Hübner, 1987). Bei hohen Verweilzeiten (3,4 min) in der Schlaufe gehen die Zellen deutlich in einen anaeroben Zustand über (der Sauerstoffgehalt in Meßzelle 2 liegt bei 0%) und Ethanol wird verstärkt gebildet. Bedingt durch das hohe Schlaufenvolumen ist auch Ethanol in dem Hauptkessel vorhanden. Da es unter den Bedingungen (D = 0,18 h^{-1}, aerob) oxidativ von den Hefen im Hauptkessel verstoffwechselt wird, liegen die Ethanolkonzentrationen niedriger als in der Schlaufe. Bei Umlaufzeiten unter 2 min nimmt erstaunlicherweise die Ethanolproduktion zu und ein leichter Fluoreszenzanstieg ist zu verzeichnen. Hübner (1987) führt diesen Effekt auf den Streß zurück, den die Zellen durch das häufige Durchlaufen der Konzentrationsgradienten in der Schlaufe erleiden. Pro Zeiteinheit durchlaufen bei kürzeren Umlaufzeiten immer mehr Zellen die By-pass-Schlaufe. Diese Zellen geraten in eine Art inaktivierten Zustand und der Anteil aktiver Zellen, der der Durchflußrate von 0,18 h^{-1} entspräche, sinkt. Der gesamte Reaktorzustand gleicht so dem bei einer höheren Verdünnungsrate, bei dem Ethanol produziert wird. Die Ethanolkonzentrationen im Kessel liegen nun auch höher als in der Schlaufe. Die Kulturfluoreszenz nimmt zu, wie bei höheren Verdünnungsraten im oxido-reduktiven Bereich üblich, aber nicht so stark wie bei den hohen Umlaufzeiten, bei denen der Anteil anaerober Zellen steigt.

Auch Satzkultivierungen bei konstanter Begasung (0,83 vvm) und unterschiedlichen Schlaufenverweilzeiten (1; 2,5; 5 Minuten) wurden in diesem Versuchsaufbau beobachtet (Hübner, 1987; Abel, 1989, Wehnert, 1989). Die entsprechenden Fluoreszenz- und Sauerstoffdaten sind in Abbildung 44 und 45 aufgeführt. Es wird deutlich, daß die Fluoreszenzsignale bis zur 6. Fermentationsstunde ähnlich verlaufen. Hier liegt ein Maximum, das anzeigt, daß die Glucose erschöpft ist. Ab der 10. Fermentationsstunde erreicht der Sauerstoffpartialdruck in der zweiten Meßzelle den Wert Null, und die Zellen gehen hier in den anaeroben Zustand über. NADH kann nicht mehr über die oxidative Phosphorylierung oxidiert werden, und so steigt das Fluoreszenzsignal in der Meßzelle 2 stärker an als das im Kessel. Die Biomasse im Gesamtprozeß nimmt weiter zu, und in der Meßzelle 2 ruft sie wegen des höheren NADH-Pools ein stärkeres Fluoreszenzsignal hervor. Besonders stark wird der Anstieg, wenn auch schon in Meßzelle 1 der Gelöstsauerstoff erschöpft ist. In der Abbildung 44 wird dieser Wert zwar mit 10 % angegeben, doch ist dies

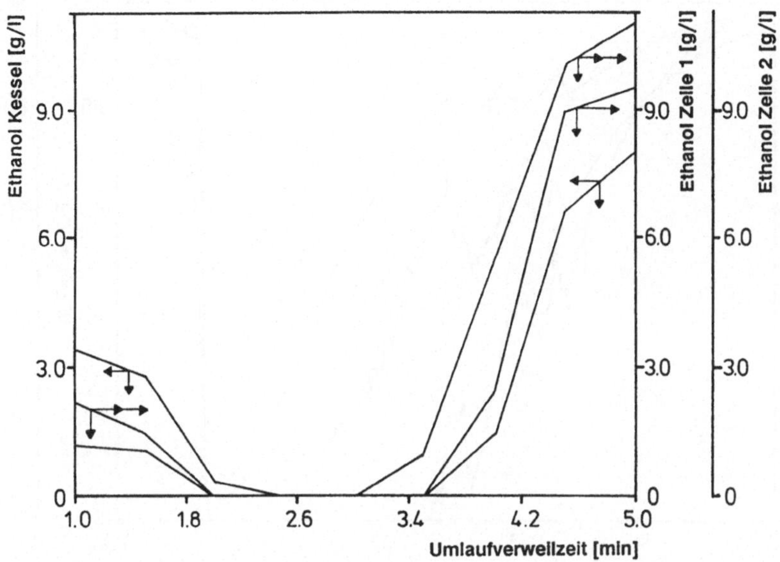

Abb. 42 Ethanolkonzentrationen im Kessel und in der Schlaufe bei unterschiedlichen Umlaufverweilzeiten (Hübner, 1987)

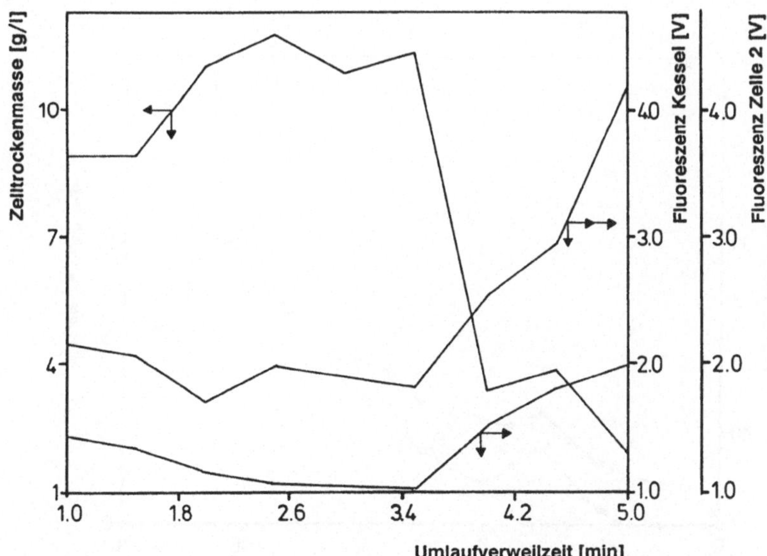

Abb. 43 Fluoreszenz- und Biotrockenmassedaten im Kessel und in der Schlaufe bei unterschiedlichen Umlaufverweilzeiten (Hübner, 1987)

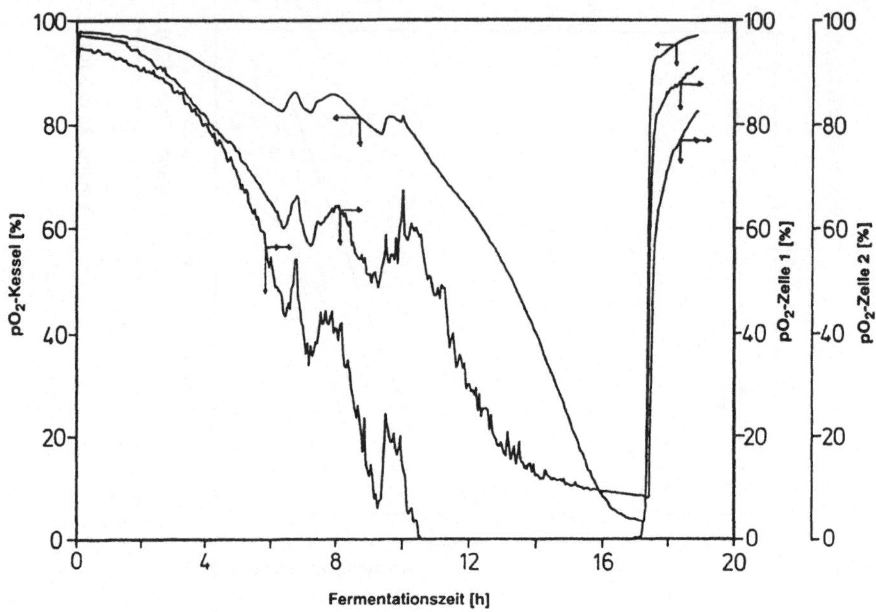

Abb. 44 Sauerstoffkonzentrationsverläufe im Kessel und in der Schlaufe während einer Hefesatzkultivierung (Abel, 1989)

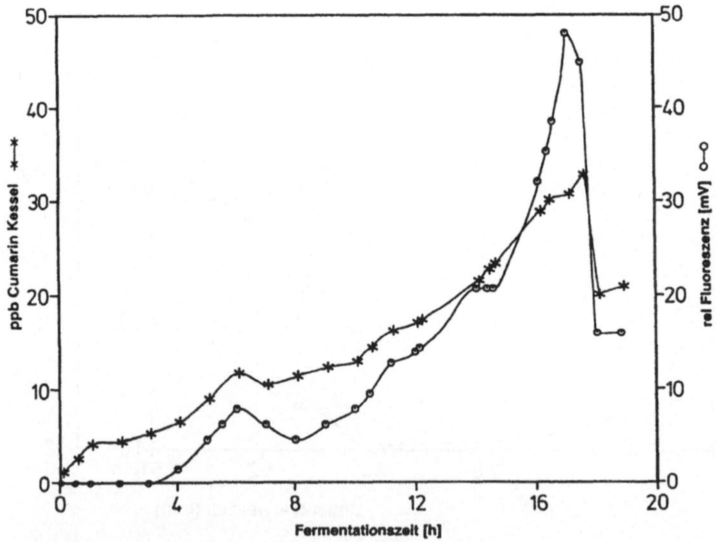

Abb. 45 Kulturfluoreszenzverlauf im Kessel und in der Meßzelle 2 während einer Hefesatzkultivierung (Abel, 1989)

auf einen verschobenen Nullpunkt der Sauerstoffelektrode zurückzuführen. Ab der 14. Fermentationsstunde kann man davon ausgehen, daß alle Zellen, die die zweite Meßzelle erreichen, schon im anaeroben Zustand vorliegen, also nicht erst in dieser Meßzelle in den Stoffwechselzustand mit dem höheren NADH-Pool übergehen.

2.3.2.1.3. Fluoreszenzmessungen an *S. cerevisiae* in einem Satzreaktor mit periodisch schwankenden Gelöstsauerstoffgehalten

Um noch eingehender das periodische Durchlaufen von Konzentrationsgradienten studieren zu können, wurden auch Untersuchungen an Hefekultivierungen in einem Satzreaktor durchgeführt, in dem der Gelöstsauerstoffgehalt periodisch schwankte (Abel, 1989; Wehnert, 1989). Dazu wurde die Begasung über eine Rechnersteuerung periodisch von Preßluft- auf Stickstoffbegasung umgestellt. Die Abbildung 46 zeigt die Daten für einen solchen Versuch, bei dem der Sauerstoffgehalt mit einer Frequenz von 0,27 min^{-1} zwischen 0 % und 80 % schwankt. Durch die Trägheit der Sauerstoffelektrode konnte der

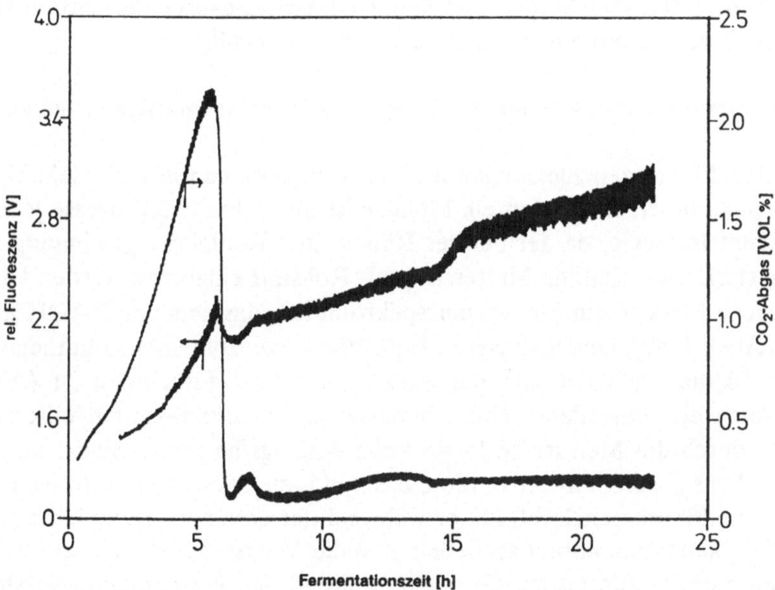

Abb. 46 Verlauf der Meßwerte bei periodisch schwankender Sauerstoffbegasung während einer Hefesatzkultivierung (Abel, 1989)

aktuelle Sauerstoffgehalt im Medium nicht genau bestimmt werden. Interessant sind aber die deutlichen Oszillationen im Fluoreszenzsignal, die durch die aerob-anaerob-aerob-Übergänge hervorgerufen werden (Abbildung 47). Der Fluoreszenzsensor arbeitet als optischer Sensor ohne Zeitverzögerung, gibt also den Zellzustand ohne Zeitverzögerung wieder. Die Bandbreite der Schwankungen nimmt mit steigender Biomasse zu. Der mittlere Verlauf ist typisch für den Fluoreszenzverlauf einer Hefesubmerskultur (Zabriskie, 1979; Scheper, 1985). Der Anstieg in der zweiten Wachstumsphase ist jedoch geringer als in einer normalen aeroben Hefekultivierung. Durch den ständigen Wechsel zwischen aeroben und anaeroben Reaktorzuständen werden schlechte Zellausbeutekoeffizienten erreicht. Bei der hier gezeigten Fermentation auf einem synthetischen Medium mit 3 % Glucose lag der Zellausbeutekoeffizient nur bei 0,2 und die Biomasseendkonzentration betrug 5,8 g/l.

Der Fluorosensor erwies sich bei der Bestimmung der aerob-anaerob-Übergänge als zuverläßliches Meßinstrument. Bei den schnellen Schwankungen in der Begasung, machte sich die Trägheit der Sauerstoffelektrode bemerkbar, die in ihrem Signal stets dem aktuellen Sauerstoffwert hinterherhinkte. Eine sichere aerobe Reaktorführung und damit höhere Zellausbeutefaktoren sind über eine Regelung mit einem Fluorosensor also sinnvoll.

2.3.2.1.4. Fluoreszenzmessungen an *S. cerevisiae* in melassehaltigen Medien

Bisher sind Fluoreszenzmessungen an Hefekultivierungen in melassehaltigen Medien nicht beschrieben worden. Melasse ist für technische Prozesse jedoch von großem Interesse, da der bei der Rüben- und Rohrzuckergewinnung anfallende stark zuckerhaltige Muttersirup als Rohstoff eingesetzt werden kann. Leider weist Melasse ein Fluoreszenzspektrum auf, das dem von NADH ähnlich ist (Abel, 1989). Dennoch waren Kulturfluoreszenzmessungen in melassehaltigen Medien möglich, wie der Abbildung 48 zu entnehmen ist (Abel, 1989). Auch hier korrelieren Kulturfluoreszenz und Biomasse gut miteinander. Das durch die Melasse bedingte hohe Anfangsfluoreszenzsignal konnte über den Sensor kompensiert werden, das heißt, die Messungen erfolgten auf einem Grundfluoreszenzlevel. Da er während der gesamten Kultivierung konstant blieb, kann man darauf schließen, daß die Melassefluoreszenz auf Komponenten zurückzuführen ist, die nicht während der Fermentation verstoffwechselt werden. Das hätte bei einem Zufütterungssatzbetrieb zur Folge, daß

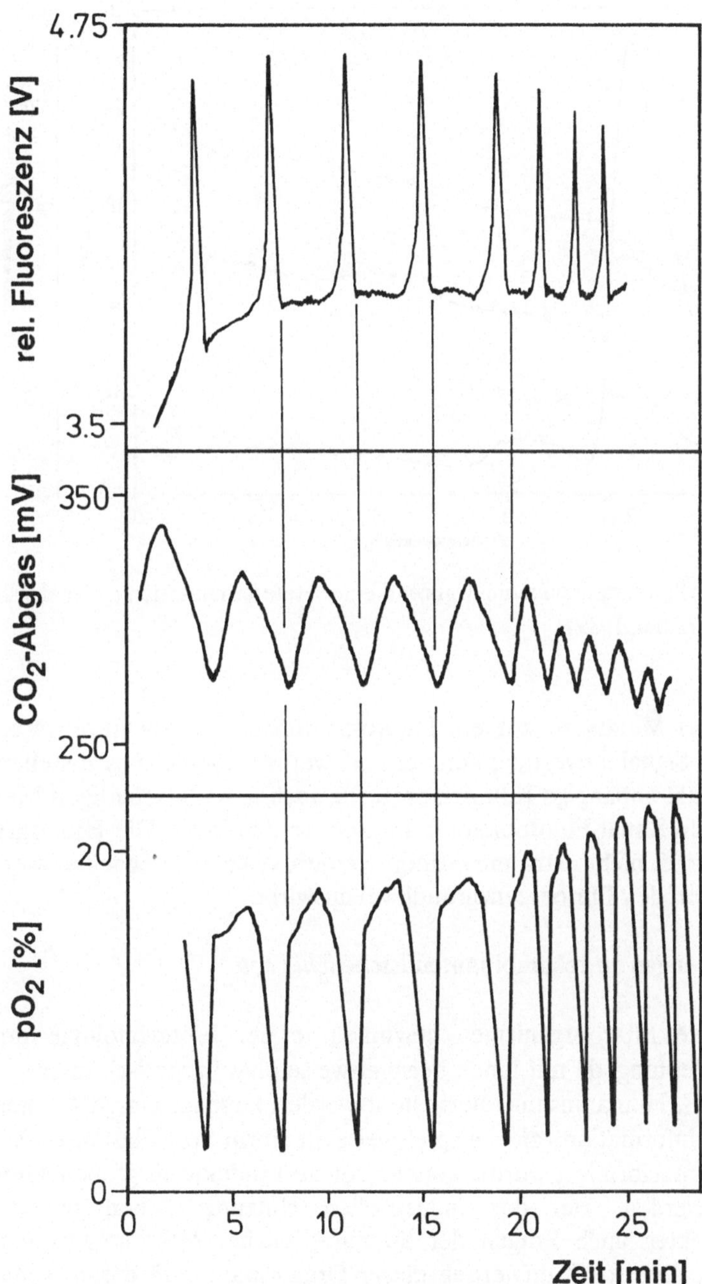

Abb. 47 Verlauf der Meßwerte bei periodisch schwankender Sauerstoffbegasung höhere zeitliche Auflösung) (Abel, 1989)

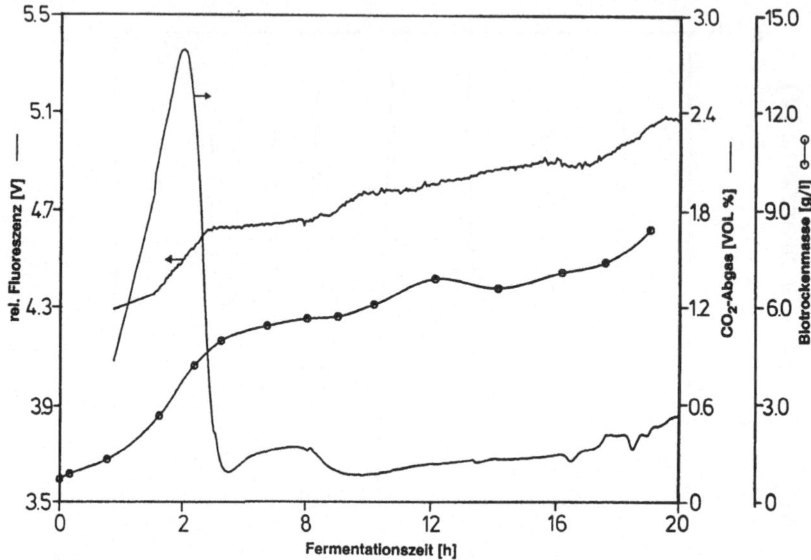

Abb. 48 Kulturfluoreszenzmessung während einer Hefefermentation auf melasshaltigem Medium (Abel, 1989)

zwar bei jeder Melassezugabe ein Fluoreszenzanstieg zu erwarten wäre, der aber bei der Signalauswertung kompensiert werden könnte. Festzustellen ist, daß die NADH-abhängige Kulturfluoreszenz auch in melassehaltigen Medien mit einem Ein-Kanal-Fluorometer gemessen werden kann. Die Hintergrundfluoreszenz muß nicht extra mitverfolgt werden, doch muß beachtet werden, daß sie sich auf den Fluroeszenzgrundlevel auswirkt.

2.3.2.2. Messungen an rekombinanten *Escherichia coli*

Rekombinante Mikroorganismen gewinnen in der Biotechnologie immer mehr an Bedeutung, da mit ihnen beispielsweise pharmazeutisch interessante Produkte (z.B. Humaninsulin) hergestellt werden können. Durch die genetische Zusatz-information, die beispielsweise in Form von Plasmiden in die Wirtszellen transformiert wurde, können solche Produkte in großen Mengen gewonnen werden. Bei der industriellen Nutzung stehen neben Sicherheitsaspekten auch Fragen der Stabilität solcher Mikroorganismen im Vordergrund. Bei der Kultivierung dieser Organismen muß darauf geachtet werden, daß die genetische Zusatzinformation nicht verloren geht und die Population von plasmidfreien Organismen, die meist bessere Wachtumsraten aufweisen, überwachsen wird. Diese Probleme bedeuten für die technische

Nutzung, daß neue Prozeßleitgrößen gefunden und neue Meßtechniken gerade bei der Kultivierung solcher Organismen angewandt werden müssen, um eine möglichst detaillierte Information über den Prozeß zu gewinnen. Nur dann können Sicherheitsaspekte und optimale Prozeßführung erfüllt werden.

Der Einsatz der Fluorosensoren bietet sich deshalb bei solchen Kultivierungen an, um einen zerstörungsfreien Einblick in die Zellen zu gewinnen und frühzeitig Änderungen im Zellzustand, der auch von dem Verlust von Plasmiden herrühren kann, zu gewinnen. Erste Arbeiten auf diesem Gebiet zeigten, daß die Messung der NADH-abhängigen Kulturfluoreszenz an rekombinanten Organismen Unterschiede im Zellzustand der Wirtsstämme und der modifizierten Stämme deutlich macht. Die im Arbeitskreis gemachten Untersuchungen wurden an rekombinanten *E. coli* Stämmen durchgeführt (Scheper, 1987d). Vorgestellt werden hier die neueren Arbeiten bei der Kultivierung von *E. coli* K-12ΔH1Δtrp (Kracke-Helm, 1989; Wehnert, 1989).

2.3.2.2.1. Messungen an *E. coli* K-12ΔH1Δtrp

Dieser Stamm trägt ein pCL47 Plasmid, auf dem ein Fusionsprotein mit β-Galaktosidaseaktivität codiert ist. Zusätzlich ist in die chromosomale DNA ein defekter λ-Prophage integriert. Er ermöglicht die Produktion eines temperatursensitiven λ-Repressors. Das Fusionsprotein auf dem Plasmid steht unter der Kontrolle eines $\lambda\text{-}P_R$-Promotors. Das heißt, bei niedrigen Temperaturen (30°C) bindet der Repressor am Promotor und die Expression des codierten Proteins ist praktisch null. Wird durch einen Temperaturshift die Kultivierungstemperatur auf 42°C angehoben, wird der Repressor inaktiviert, der Promotor frei, und das Fusionsprotein kann gebildet werden. Für den technischen Einsatz sind solche Systeme von großem Interesse, da Wachstum (bei 30°C) und Produktbildung (bei 42°C) voneinander getrennt werden.

Die Kultivierung des Stammes erfolgte in einer 60 l Blasensäule (Abbildung 49) (Kracke-Helm, 1989), und als optische Sensoren wurden eine Fluoreszenz- und eine BTG-Streulichtsonde (siehe Kapitel 2.1.7.1.) eingesetzt (Wehnert, 1989). Beide Messungen wurden stark durch Gasblasen gestört (Abbildung 50). Eine Messung in einer gasarmen By-pass-Schlaufe ermöglichte aussagekräftige, rauscharme Signale, die gut mit der Biomasse übereinstimmen und

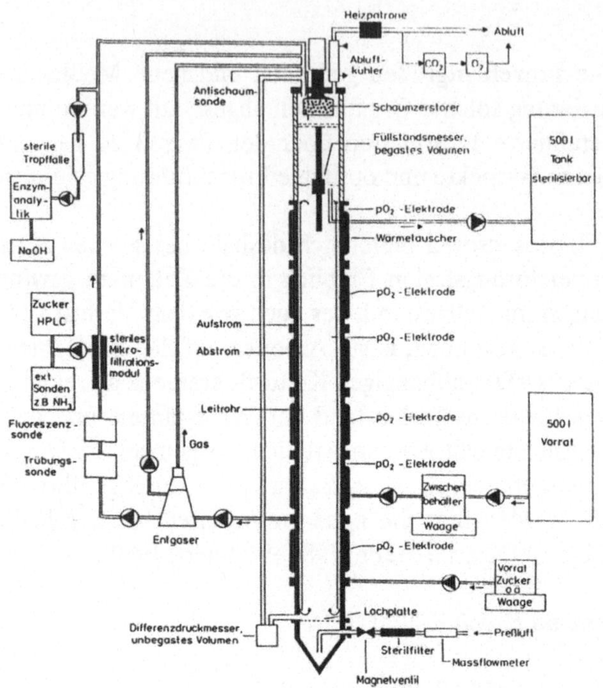

Abb. 49 Schematischer Aufbau einer Fermentationsanlage mit einer 60 l Blasensäule (Kracke-Helm, 1989)

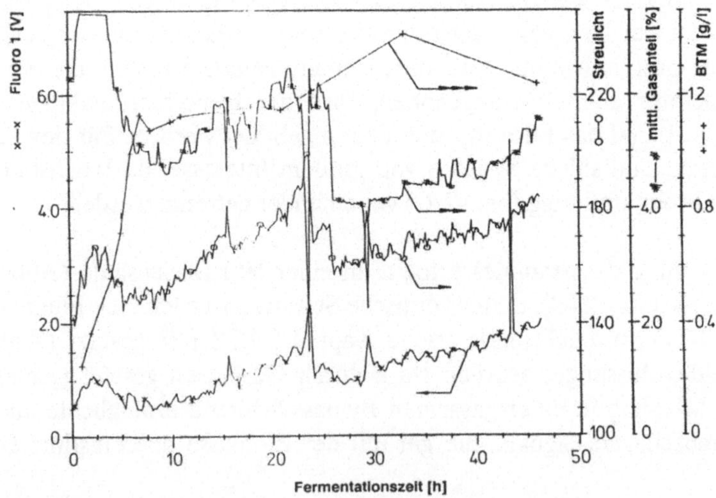

Abb. 50 Beeinflussung der Meßsignale durch Blasen (Wehnert, 1989, Kracke-Helm, 1989)

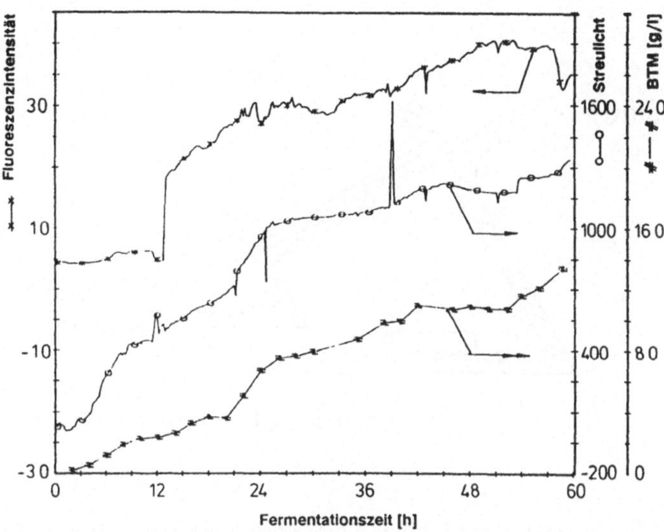

Abb. 51 Verlauf der Meßsignale nach Entgasung des Mediums in einer Durchflußzelle (Wehnert, 1989; Kracke-Helm, 1989)

so für die Biomasseberechnung herangezogen werden können (Abbildung 51).
Zur Entgasung wurde eine gerührte Erlenmeyer-förmige Zelle benutzt, die in
Abbildung 49 zu sehen ist. Das entgaste Medium strömte durch die
Durchflußzellen für die optischen Sensoren, die Abluft wurde zur Reak-
torabluft geführt. Für die Fluoreszenzmessung im by pass wurde eine in
Abbildung 52 gezeigte gerührte Durchflußzelle (20 ml Volumen) entwickelt.
Sie ist sterilisierbar, und der Fluorosensor kann abgenommen werden, ohne
daß Sterilitätsprobleme auftreten, da eine Quarzplatte den Mediumstrom
nach außen abtrennt.

Beim Einleiten der Produktionsphase durch einen Temperaturshift traten
drastische Änderungen im Fluoreszenzsignal auf, die jedoch nicht eindeutig
auf Änderungen in der Stoffwechselaktivität zurückzuführen sind (Abbildung
53). Der Fluoreszenzverlauf ist dem der Temperatur gegenläufig. Mit steigender Temperatur werden strahlungslose Desaktivierungen in den Fluorophoren
immer wahrscheinlicher. Eine Kulturfluoreszenzänderungen, die durch Stoff-
wechseländerungen ensteht, geht dann in der Fluoreszenzdesaktivierung
durch die Temperaturzunahme unter. Allein auf Temperatureffekte ist der
Verlauf der Kulturfluoreszenz jedoch nicht zurückzuführen. Dies wird deutlich an den markierten Punkten in der Temperaturkurve ab der 18. Fermenta-

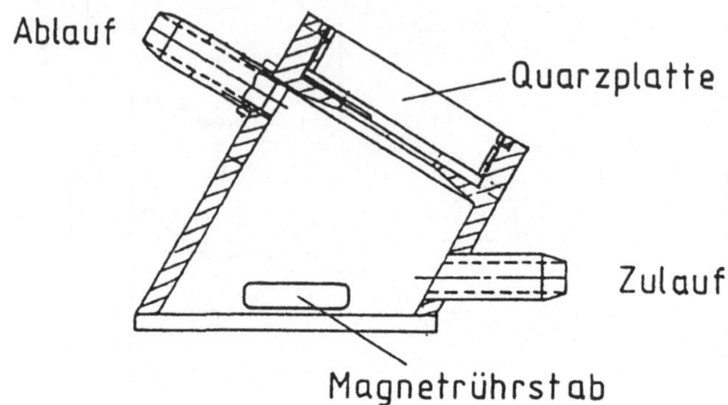

Abb. 52 Durchflußmeßzelle zur On-line-Fluoreszenzmessung in By-pass-Schlaufen

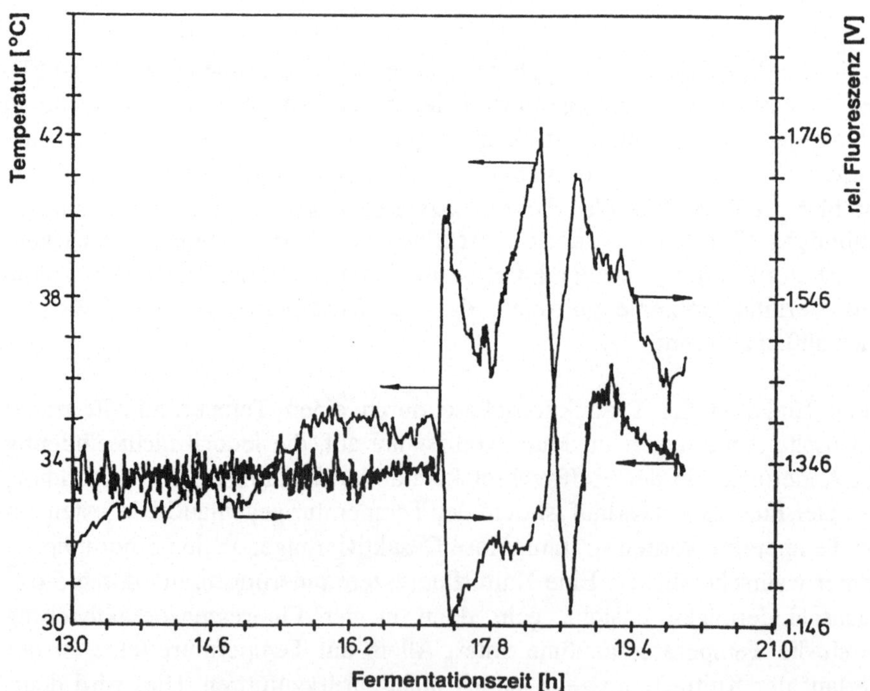

Abb. 53 Temperatureinfluß auf das Fluoreszenzsignal bei einem Temperaturshift (Kracke-Helm, 1989)

tionsstunde. Während hier die Temperatur wieder bei 34°C (der Temperatur für die Wachstumsphase) oder darüber liegt, ist das Fluoreszenzsignal nun deutlich höher als beim Ende der Wachstumsphase. Hier scheinen Änderungen im Zellzustand, die durch die Genexpression hervor-gerufen wurden, eine entscheidende Rolle zu spielen. Um Temperatureffekte für die Kulturfluoreszenzmessung klein zu halten, müßte die Temperatur des durch die Meßzelle fließenden Mediums über den gesamten Beobachtungszeitraum konstant gehalten werden. Das ist technisch möglich und würde keine Störungen des Gesamtprozesses bewirken, da das durch diese Zelle fließende Volumen klein gegen das Reaktorvolumen ist und nur kurzfristig von einer eventuell anderen Reaktortemperatur abweicht.

2.3.2.3. Messungen an *Bacillus licheniformis*

Bacillus licheniformis ist ein industriell wichtiger Mikroorganismus, durch den die alkalische Serinprotease Subtilisin Carlsberg gewonnen wird. Die Protease ist ein Massenprodukt für die Waschmittelherstellung und kann ihre proteinabbauende Wirkung auch bei hohen Temperaturen (über 70°C) entfalten (Kula, 1982; Jakobi und Löhr, 1987).

Die Kultivierung dieses Bakteriums wurde in einem 20 l Fermenter (B20, B. Braun Melsungen) auf einem technischen Medium durchgeführt (Hübner, 1989). Hauptbestandteile des hochkomplexen Mediums sind hydrolysierte Maisstärke, Caseinat und Sojamehl. In Abbildung 54 ist zu sehen, wie einige der Mediumkomponenten zur Fluoreszenz beitragen. Zum besseren Vergleich ist in dem Diagramm ein typischer Verlauf der Kulturfluoreszenz während einer Fermentation neben den Kalibrierkurven für einzelne Mediumkomponenten aufgetragen. Deren Fluoreszenzverhalten wurde unter denselben Bedingungen vermessen wie die Kulturfluoreszenz - so konnten die Meßwerte direkt verglichen werden. Die Konzentrationen der einzelnen Komponenten lag unter 30 g/l bzw. 5 g/l für das Antischaummittel. Deutlich wird, daß die Medienkomponenten - besonders beim Beginn der Kultivierung - einen großen Anteil an der Kulturfluoreszenz haben. Die Kulturfluoreszenz, die von einem Fluorosensor erfaßt wird, setzt sich also zusammen aus der NAD(P)H-Fluoreszenz und den Beiträgen, die durch fluoreszierende Partikel oder gelöste Fluorophore hervorgerufen werden. Diese "Hintergrundfluoreszenzen" müssen für jedes Anwendungbeispiel neu charakterisiert werden.

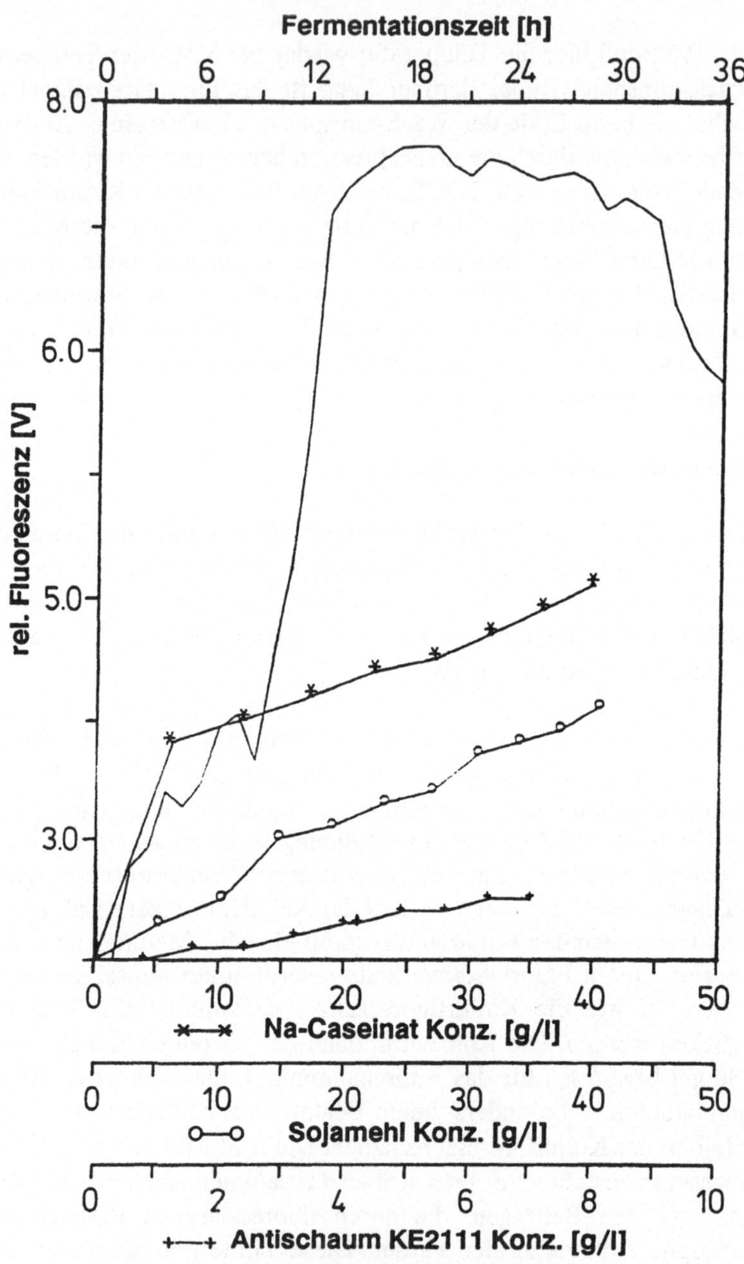

Abb. 54 Beitrag einzelner Mediumskomponenten zur Gesamtfluoreszenz im Vergleich zum Kulturfluoreszenzverlauf (Hübner, 1989)

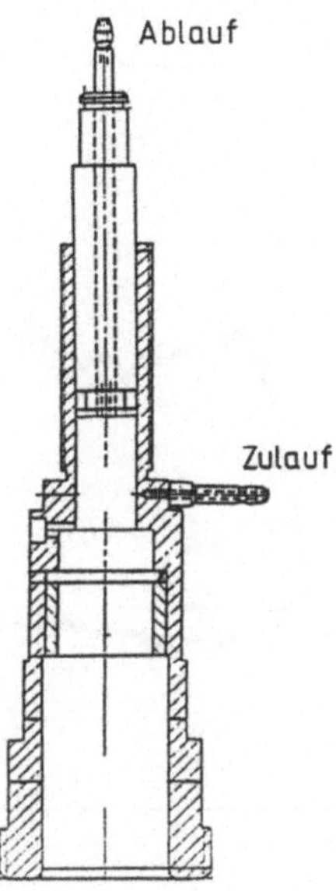

Abb. 55 Meßzelle zur Bestimmung der Hintergrundfluoreszenz (Wehnert, 1989)

Um die Hintergrundfluoreszenz zu erfassen, wurde simultan eine zweite Fluoreszenzsonde eingesetzt. Dazu wurde während einer Fermentation ständig ein zellfreier Probenstrom durch ein Microfilter (Porenweite: 0,2 μm) abgezogen und durch die Meßzelle (Abbildung 55) geführt. Dort ließ sich die Hintergrundfluoreszenz des partikelfreien Mediumstroms messen. Grobdisperse und aggregierte Teile wie Sojamehl und Natriumcaseinat konnten nicht mitbestimmt werden, da sie die Microfiltrationsmemban nicht passieren können. Der Anteil der Hintergrundfluoreszenz des partikelfreien Mediums ist in Abbildung 56 gezeigt. Nach anfänglichem leichten Anstieg nimmt sie nicht mehr weiter zu und trägt so nur mit einem konstanten Wert zur Kulturfluoreszenz bei.

Interessant sind die Ergebnisse beim Vergleich der Daten der Fluoreszenzsonde und der Trübungsmessung (BTG, siehe Kapitel 2.1.7.1.), die in Abbildung 57 gezeigt werden. Bis zur 16. Fermentationsstunde - also während der lag-Phase und der exponentiellen Wachstumsphase (auf Zuckern) - verlaufen die Werte ähnlich. Erst mit Beginn der stationären Produktionsphase (auf Proteinen) zeigen sich Unterschiede. Das Trübungssignal steigt und täuscht ein weiteres Ansteigen der Biomasse vor, während das Fluoreszenzsignal

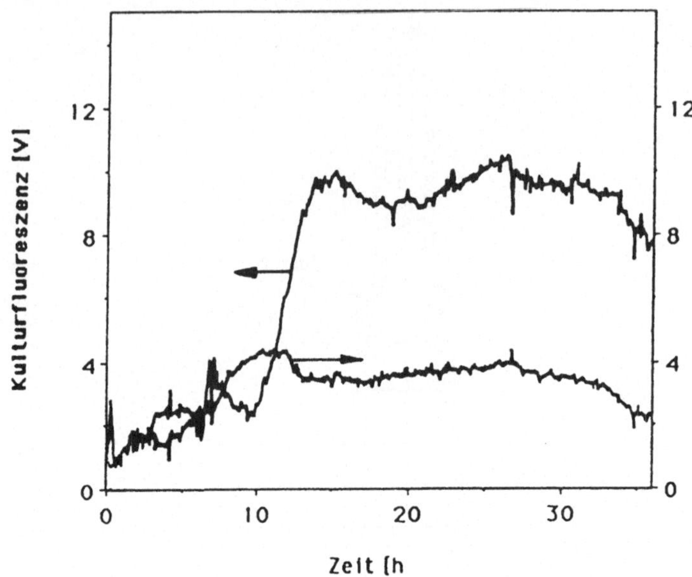

Abb. 56 Verlauf der Kultur- und der Hintergrundfluoreszenz bei einer Satzkultivierung von *B. licheniformis* (Wehnert, 1989; Hübner, 1989)

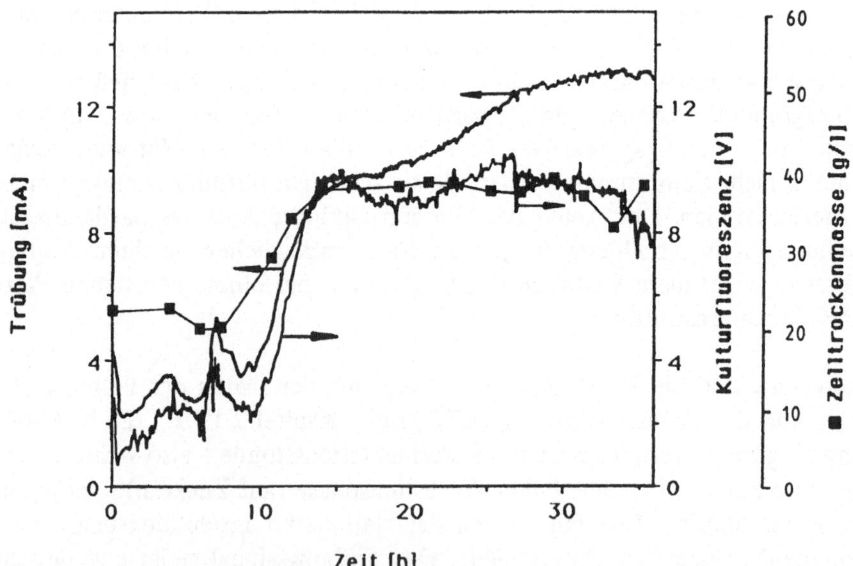

Abb. 57 Einsatz einer BTG-Trübungssonde und einer Fluorosensors bei einer *B. licheniformis* Kultivierung (Hübner, 1989)

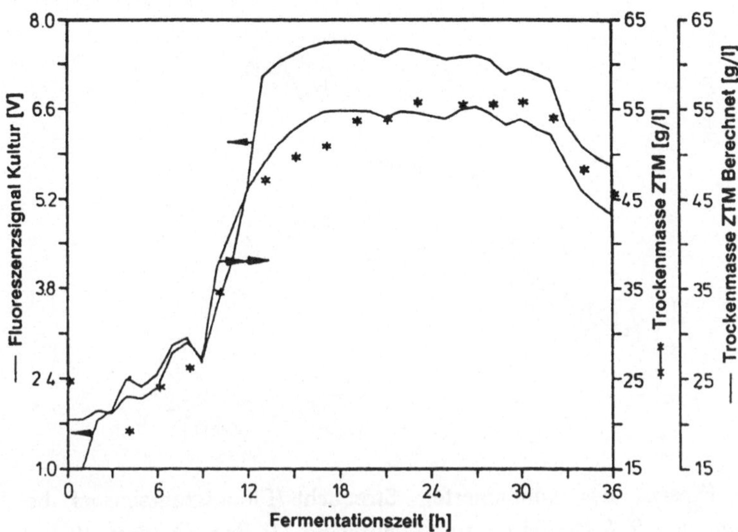

Abb. 58 Biomassebestimmung mit Hilfe des Kulturfluoreszenzsignals

einen konstanten Level erreicht und gut mit dem tatsächlichen Biomassegehalt übereinstimmt. Der Anstieg des Trübungssignals ist hauptsächlich auf den steigenden Anteil an Zelltrümmern zurückzuführen. Aber auch morphologische Änderungen der intakten Zellen tragen einen Teil dazu bei, da hierdurch beispielsweise Zellgröße und Brechungsindizes beeinflußt werden. Mit der Absterbephase in der 30. Fermentationsstunde nimmt das Fluoreszenzsignal ab und deutet so auf das Ende der Fermentation hin.

Die Kulturfluoreszenzmessung kann auch direkt zur Biomassebestimmung herangezogen werden, wie aus der Abbildung 58 hervorgeht. Aus den Daten vorheriger Fermentationen wurde eine Beziehung zwischen Fluoreszenz und Trockenmasse hergestellt. Dabei wurde als Trockenmasse die gravimetrisch bestimmte Menge an Feststoffteilen herangezogen, die zu Beginn der Fermentation durch den Anteil an festen Mediumbestandteilen bestimmt ist. Der Anteil der Biomasse allein ist gravimetrisch nicht zu erfassen, nimmt aber im Laufe der Fermentation als Anteil an der Gesamttrockenmasse stark zu. In der Abbildung 58 sieht man, daß die aus den Fluoreszenzdaten berechneten Trockenmassewerte gut mit den gravimetrisch bestimmten Werten übereinstimmen (Hübner, 1989; Wehnert, 1989).

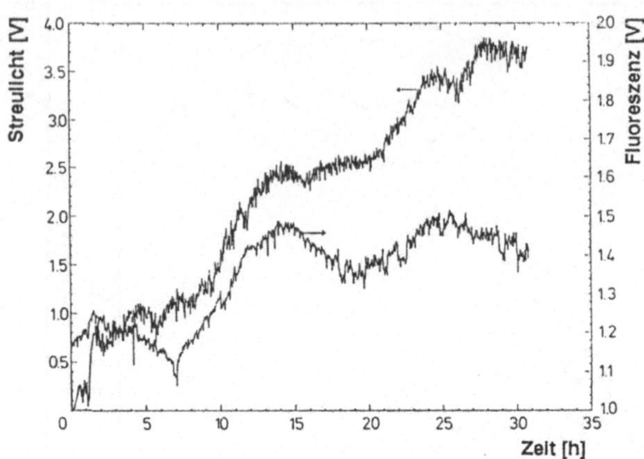

Abb. 59 Einsatz des kombinierten Streulicht-/Fluoreszenzsensors bei einer Kultivierung von *B. licheniformis* auf technischem Medium (Anders, 1989; Hübner, 1989)

2.3.2.3.1. Einsatz des kombinierten Streulicht-/Fluoreszenzsensors

An Fermentationen von *B. licheniformis* konnte auch erstmalig der kombinierte Streulicht-/Fluoreszenzsensor eingesetzt werden (Hübner, 1989; Anders, 1989). Die Ergebnisse sind der Abbildung 59 zu entnehmen. Die Streulichtmessung kann nicht direkt mit den Messungen des BTG-Sensors verglichen werden, da die 180°-Streulichtsignale einen anderen Verlauf aufweisen als die Transmissionssignale. Die hier aufgetragenen ungeglätteten Daten haben einen ähnlichen Verlauf wie die der Einzelsensoren. Das Streulichtsignal steigt stark nach der 15. Fermentationsstunde an, obwohl die Biomasse konstant blieb. Das Fluoreszenzsignal zeigt zwischen der 15. und 23. Fermentationsstunde einen kurzes Signalschwanken, das nicht so ausgeprägt auch in der Abbildung 57 zu sehen ist. Mit dem Beginn der Absterbephase (ab der 16. Fermentationsstunde) nimmt auch das Fluoreszenzsignal wieder ab.

2.3.2.4. Messungen an *Zymomonas mobilis*

Bei *Z. mobilis* handelt es sich um ein Bakterium, das bei der Ethanolproduktion gegenüber Hefen mehrere Vorteile aufweist. Unter anderem zeigt es höhere spezifische Zuckeraufnahme- und Ethanolbildungsraten, bei geringerer Biomasseproduktion eine höhere Ethanolausbeute, und es kann unter einfacheren Wachstumsbedingungen kultiviert werden (kein kontrollierter Sauerstoffeintrag wie bei Hefen ist nötig.) (Schmidt, 1985).

Für das Wachstum von *Z. mobilis* unter nicht limitierten Bedingungen auf einem synthetischen Medium wurde ein lineares Verhalten zwischen Kulturfluoreszenz und Biomasse gefunden (Schmidt, 1985; Scheper *et al.*, 1987a und 1988). Damit konnte der Beweis geführt werden, daß die Meßmethode auch bei Organismen anwendbar ist, die Glucose nicht über die Glykolyse abbauen, sondern über den Enter-Doudoroff-Weg (Gottschalk, 1979). Weitere Versuche zur Kultivierung in einem 20 l Bioreaktor (B20, B. Braun Melsungen) bei unterschiedlichen Glucosekonzentrationen zeigten, daß dieses lineare Verhalten über einen größeren Konzentrationsbereich strikt erfüllt ist. Ab einer Glucosekonzentration von 15 g/l jedoch weicht die Kurve völlig von den anderen Werten ab, wie aus der Abbildung 60 deutlich wird. Bei diesen Glucosekonzentrationen muß sich der Zellstoffwechsel also drastisch von dem bei geringeren Glucosekonzentrationen unterscheiden. Dies gilt während des

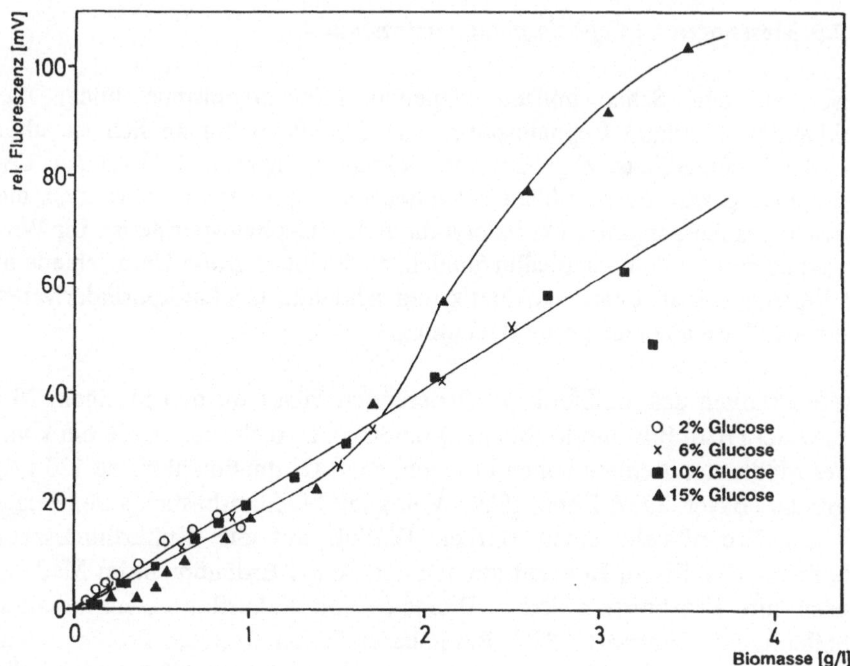

Abb. 60 Zusammenhang zwischen Fluoreszenz und Biomasse bei verschiedenen Glucoseausgangskonzentrationen bei Kultiveriungen von *Z. mobilis*

gesamten Fermentationsverlaufs. Werden während der Kultivierung Glucose-konzentrationen erreicht, bei denen ein linearer Verlauf in Abbildung 60 zu sehen ist, sind immer noch die starke Abweichungen vorhanden. Wichtig sind allein die Glucoseausgangskonzentrationen. Da die Biomasse-/Fluoreszenzwerte einmal über und einmal unter dem linearen Verlauf liegen, scheint der Zellstoffwechsel umzuschalten. Im ersten Bereich bei hohen Glucosekonzentrationen liegt der NADH-Pool der Zellen leicht darunter, später steigt er stark an und zeigt, daß die NADH-abbauenden Schritte langsamer verlaufen als die NADH-aufbauenden. An diesem Beispiel wird deutlich, daß die Kulturfluoreszenz zur On-line-Biomasseabschätzung verwendet werden kann. Da diese aber auf einer intrazellulären Größe - dem NAD(P)H-Pool - basiert, werden sich alle ungewöhnlichen Änderungen im Zellstoffwechsel auch auf die Biomassebestimmung auswirken. Damit wird der andere wichtige Anwendungsbereich der Meßmethode, nämlich die On-line-Beobachtung des Zellzustands, deutlich.

2.3.2.5. Messungen an *Cephalosporium acremonium*

Dieser zu den Schlauchpilzen zählende Mikroorganismus bildet das Breitbandantibiotikum Cephalosporin, das dem Penicillin ähnlich ist, aber nicht durch Penicillinase abgebaut werden kann (Pschyrembel, 1986). Aus Cephalosporin C wird durch Abbau 7-Aminocephalosporansäure gewonnen, die ein wichtiges Ausgangsprodukt halbsynthetischer Cephalosporine ist. Ihr Wirkungsspektrum ist dem Ampicillin ähnlich, doch gibt es große Unterschiede in der Verträglichkeit, Pharmakokinetik und Aktivität. Cephalosporinderivaten haben als Pharmaka eine große Bedeutung.

Fermentationen des antibiotikaproduzierenden Pilzes wurden in einem 20 l Rührkessel (B20, B.Braun Melsungen) untersucht. Auch hier wurde ein komplexes Medium mit einem hohen Feststoffgehalt (Erdnußmehl bis zu 120 g/l) eingesetzt (Bayer, 1987; Zhou, 1989). Von allen Mediumsbestandteilen zeigte nur das Erdnußmehl einen starken Einfluß auf die Kulturfluoreszenz (Abbildung 61). Bis zu Konzentrationen von 30 g/l Erdnußmehl im Medium wurden gute Ergebnisse zwischen Biomasse und Kulturfluoreszenz erhalten (Abbildung 62) (Wehnert, 1989). Bei höheren Gehalten traten Probleme auf. Die vom Erdnußmehl hervorgerufene Fluoreszenz überdeckte die Zellfluoreszenz stark. Zu Beginn der Fermentation nahm das Fluoreszenz-

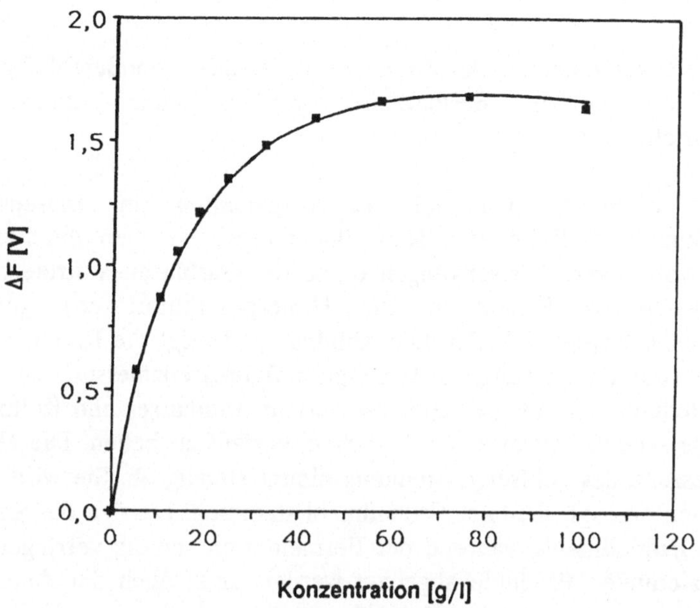

Abb. 61 Fluoreszenzanteil des Erdnußmehls bei verschiedenen Konzentrationen (Wehnert, 1989)

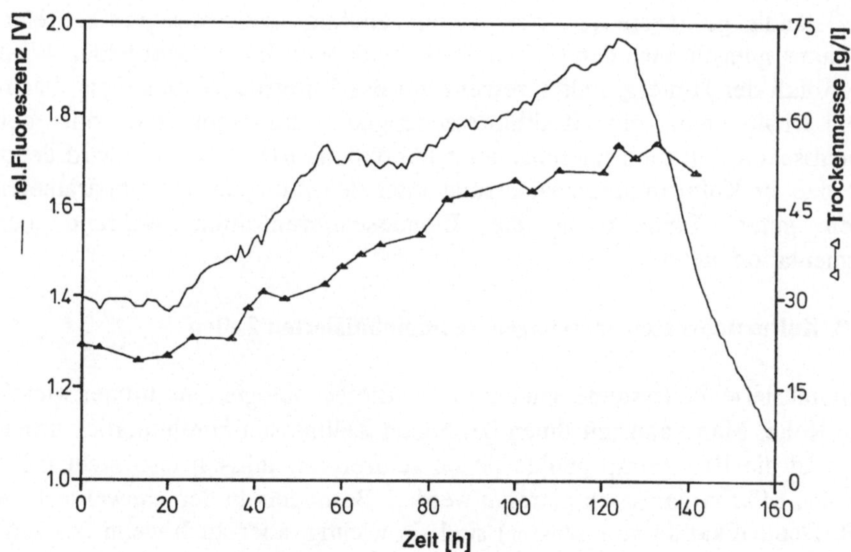

Abb. 62 Verlauf der Biotrockenmasse und der Kulturfluoreszenz bei einer Kultivierung von *C. acremonium* im Rührkessel (Erdnußmehlkonzentration unter 30 g/l) (Wehnert, 1989; Zhou, 1989)

signal trotz starker Zunahme der Zellmasse ab, da das Erdnußmehl abgebaut wurde. Fluoreszierende Bestandteile wurden dabei offensichtlich verstoffwechselt.

Auch bei Fermentationen von *C. acremonium* in Blasensäulen (Arbeitsvolumen: 60 l) konnten Kulturfluoreszenzmessungen durchgeführt werden, obwohl starke Schwankungen durch die Gasblasen auftraten. Hier wurden gleichzeitig Messungen zur Hintergrundfluoreszenz gemacht (Meßzelle siehe Kapitel 2.3.2.3.). Die Abbildung 63 zeigt die Ergebnisse für die Kulturfluoreszenzmessung, die Hintergrundfluoreszenzmessung des partikelfreien Mediums und für den Biomasseverlauf. Biomasse- und Kulturfluoreszenzwerte scheinen nicht einen ähnlichen Verlauf zu haben. Die Hintergrundfluoreszenz des zellfreien Mediums nimmt ständig ab. Sie wird durch Komponenten erzeugt, die vom Erdnußmehl stammen. Da sich die Konzentration des Erdnußmehls während der Fermentation ständig verringert und die fluoreszierenden Produkte abgebaut werden, sinkt auch der Anteil der Hintergrundfluoreszenz an der Kulturfluoreszenz ständig. Die Kulturfluoreszenz setzt sich ja aus der Hintergrundfluoreszenz und der Zellfluoreszenz zusammen. Damit die Kulturfluoreszenz bei abnehmender Hintergrundfluoreszenz konstant bleiben kann, muß bei dieser Fermentation die Zellfluoreszenz ständig gestiegen sein. Die Hintergrundfluoreszenz des partikelfreien Mediums spiegelt auch den Gehalt des Erdnußmehls im Reaktor wider. Wird der Abfall der Hintergrundfluoreszenz auf das Kulturfluoreszenzsignal bezogen, erhält man ein Zellfluoreszenzsignal, das sehr gut mit der Biomassekonzentration übereinstimmt (Abbildung 64). Auch hier wird deutlich, daß die Kulturfluoreszenzmessung unter Beachtung der Prozeßparameter einen guten Einblick in die Biomassekonzentration während der Fermentation bietet.

2.3.3. Kulturfluoreszenzmessungen an immobilisierten Zellen

Immobilisierte Zellsysteme spielen in der Biotechnologie eine immer wichtigere Rolle. Man kann mit ihnen bei hohen Zellmassen kontinuierlich arbeiten, und die Reaktionsprodukte liegen zellfrei vor, müssen also nicht mehr von den Mikroorganismen getrennt werden. Besonders in der Umwelttechnik (z.B. Denitrifikation von Wasser) sind sie wichtig, aber auch wenn das zeitaufwendige und kostenintensive Anzüchten von Biomasse vermieden werden soll und man nur die Stoffwechselaktivität zur Produktbildung ausnutzen möchte. Eine Entkopplung zwischen Zellwachstum und Produktion ist möglich. Metabolite, die während der Wachstumsphase gebildet werden aber un-

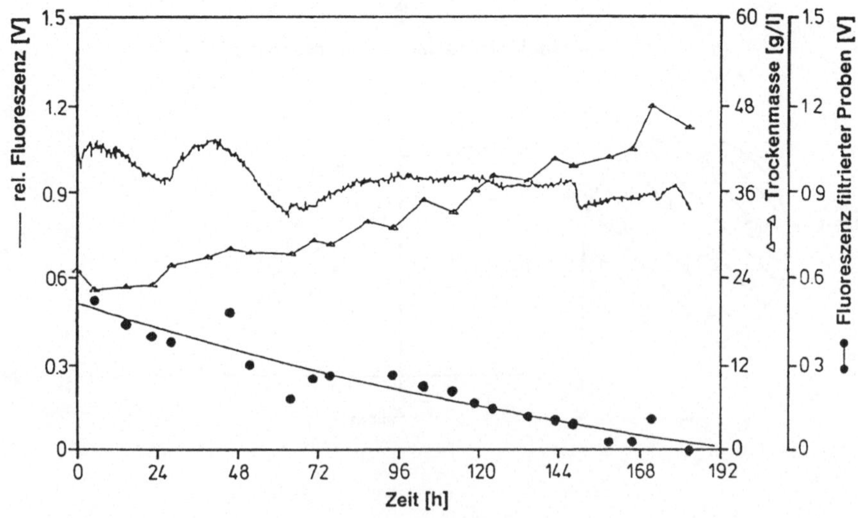

Abb. 63 Verlauf der Biomasse, der Kultur- und der Hintergrundfluoreszenz bei einer Kultivierung von *C. acremonium* in einer Blasensäule (Wehnert, 1989; Bayer, 1987)

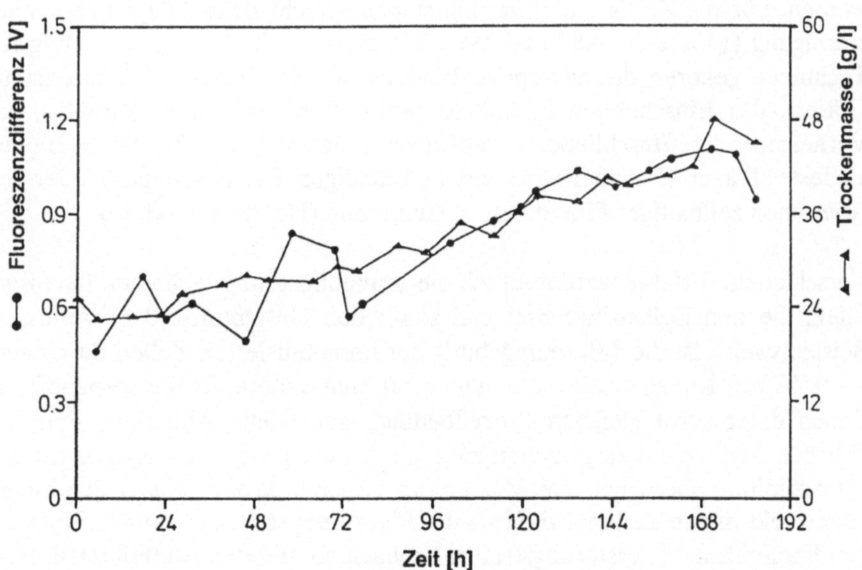

Abb. 64 Verlauf von Biomasse und Fluoreszenz unter Berücksichtigung der Hintergrundfluoreszenz (Wehnert, 1989)

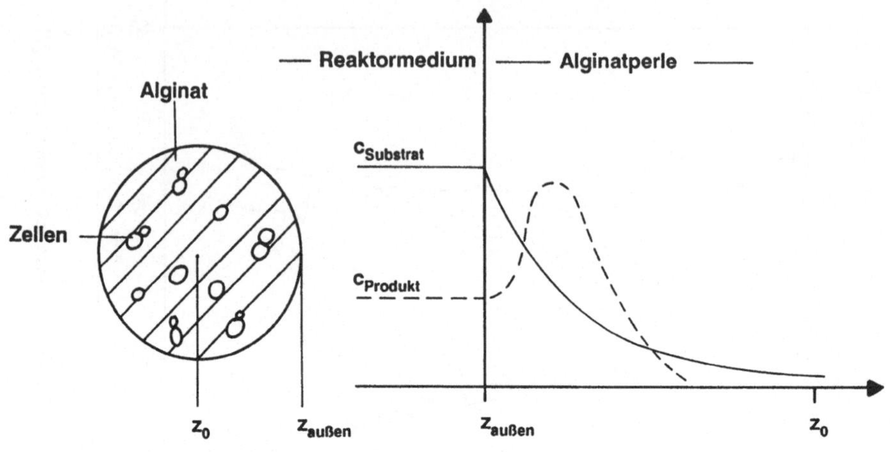

Abb. 65 Mögliche Konzentrationsverläufe in zellbeladenen Alginatperlen

erwünscht sind, können so in der reinen Produktionsphase ausgeschlossen werden. Für die Zellimmobilisierung stehen verschiedene Möglichkeiten zur Verfügung (Mosbach, 1987 und 1988; Hartmeyer, 1986). Zu den wichtigsten Techniken gehören die adsorptive Bindung an feste Träger (Vulkangestein, Gläser), das Einschließen in Mikrokapseln (Polymermembrankapseln), das Vernetzen oder Einschließen in Polymere (Alginate), das kovalente Binden an feste Träger (Polymerharze mit endständigen Epoxidgruppen) oder das Abtrennen zellhaltiger Phasen durch Membrane (Hohlfasermodule).

Verschiedene Effekte werden durch die Immobilisierungstechniken hervorgerufen, die den Zellstoffwechsel und somit den Gesamtprozeß beeinflussen. Beispielsweise ist die Mikroumgebung der immobilisierten Zellen durch eine Vielzahl von Konzentrationsgradienten oft eine andere als die suspendierter Zellen unter sonst gleichen Prozeßbedingungen (siehe Abbildung 65). Die üblichen Meßtechniken erlauben zwar die Messung vieler Parameter im Reaktormedium, aber nicht die Messung in dieser Mikroumgebung der Zellen oder direkt in den Zellen. Mit Hilfe der Fluorometrie ist es möglich, Zellen in den Immobilisaten zerstörungsfrei zu beobachten und den Einfluß der Immobilisierung auf die Mikroorganismen zu beobachten. Außer mit NMR-Messungen (siehe Kapitel 2.2.2.) ist das mit keiner anderen Meßmethode on line und in situ möglich.

Für die Untersuchungen wurden in Calciumalginat immobilisierte Zellen von *Clostridium acetobutylicum* und *S. cerevisiae* sowie in Hohlfasermodulen immobilisierte Hefen verwendet. Bei den Untersuchungen mit alginatimmobilisierten Zellen wurden jeweils in den Versuchsaufbauten erst Submerskulturen für einen besseren Vergleich durchgeführt.

2.3.3.1. Messungen an *Clostridium acetobutylicum*

Clostridium acetobutylicum ist ein Bakterium, das nur unter anaeroben Bedingungen wächst und thermoresistente Sporen bilden kann (Schlegel, 1981). Dieser Mikroorganismus ist technisch interessant, da er eine Vielzahl von Hexosen und Pentosen in einem Gärungsstoffwechsel zu Aceton, Butanol, Ethanol, Essigsäure, Buttersäure, Acetoin, CO_2 und H_2 umsetzt. Der Stoffwechselweg von Glucose in *C. acetobutylicum* ist in Abbildung 66 gezeigt (Reardon, 1987). Je nach Zellzustand und Zustand der Zellumwelt werden einzelne Produkte gebildet. Grob kann man in eine säurebildende Phase und eine lösungsmittelbildende Phase unterscheiden. Da an vielen Stoffwechselwegen NAD(P)H beteiligt ist, sollte der Fluorosensor einen Einblick in die Stoffwechselvorgänge beim Wachstum und bei den Produktionsphasen des Mikroorganismus geben. Untersucht wurden drei verschiedene Phasen des Gesamtprozesses: Wachtums-, Biokonversions- und Regenerierungsphase.

2.3.3.1.1. Immobilisierung in Calciumalginat

Die Immobilisierung in Calciumalginat (Protanal LF 20/60) erfolgte nach prinzipiell bekannten Verfahren (Klein, 1980 und 1981). Dazu wurden Zellen in einer 3 %-igen (w/v) Natriumalginatlösung suspendiert und durch eine Pasteurpipette in 500 ml 5%-ige (w/v) Calciumchloridlösung getropft (siehe Abbildung 67) (Reardon *et al.*, 1986; Müller, 1987). Die Zellen zum Animpfen wurden aus einer Schüttelkolbenkultur gewonnen und vor der Suspendierung abzentrifugiert und gewaschen. Die Anfangsbio-massekonzentration der Perlen für die Kultivierungsversuche betrug 0,5 g Trockenmasse pro Liter Alginat. Mit dieser Methode ließen sich 100 ml/h Alginatperlen ohne Probleme herstellen. Sie wurden vor den Versuchen 12 Stunden in der Calciumchloridlösung ausgehärtet. Der mittlere Perlendurchmesser betrug 2,5 mm (Reardon *et al.*, 1986).

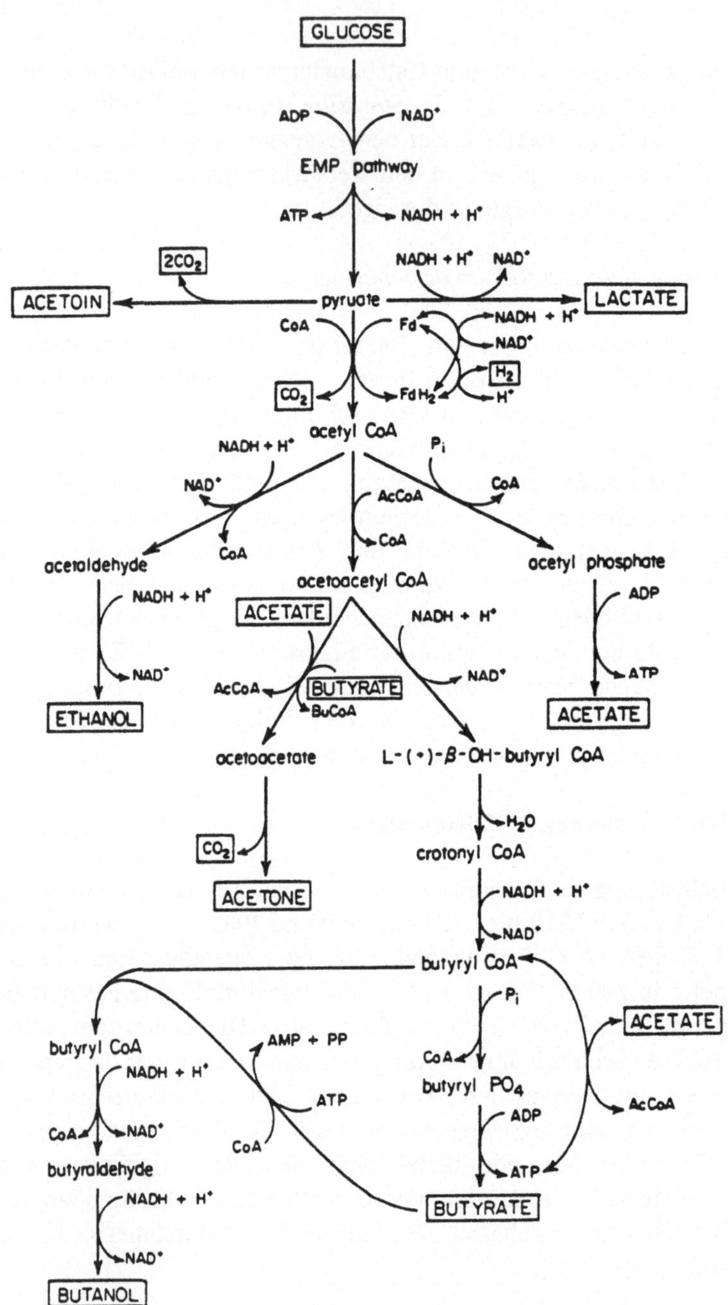

Abb. 66 Stoffwechselwege in *C. acetobutylicum* (Reardon et al., 1987)

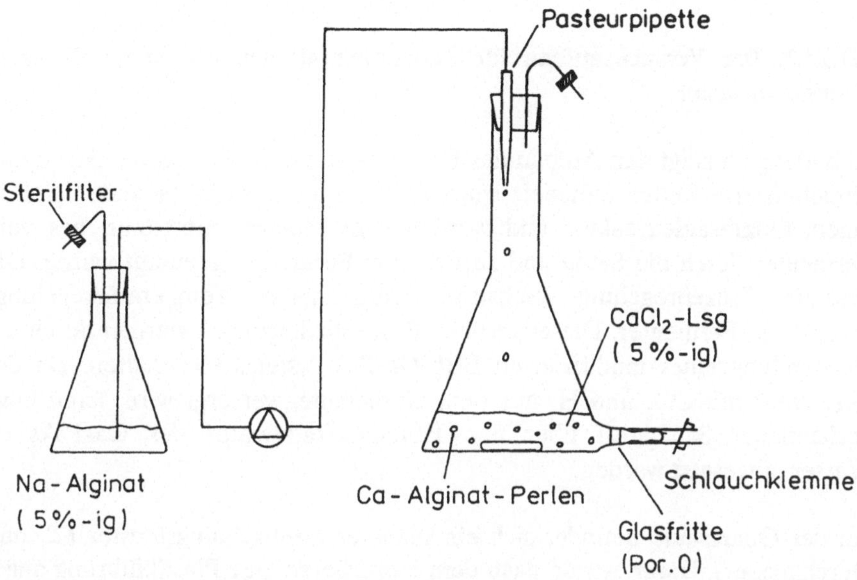

Abb. 67 Versuchsaufbau zur anaeroben Kultivierung von *C. acetobutylicum* (Reardon et al., 1986)

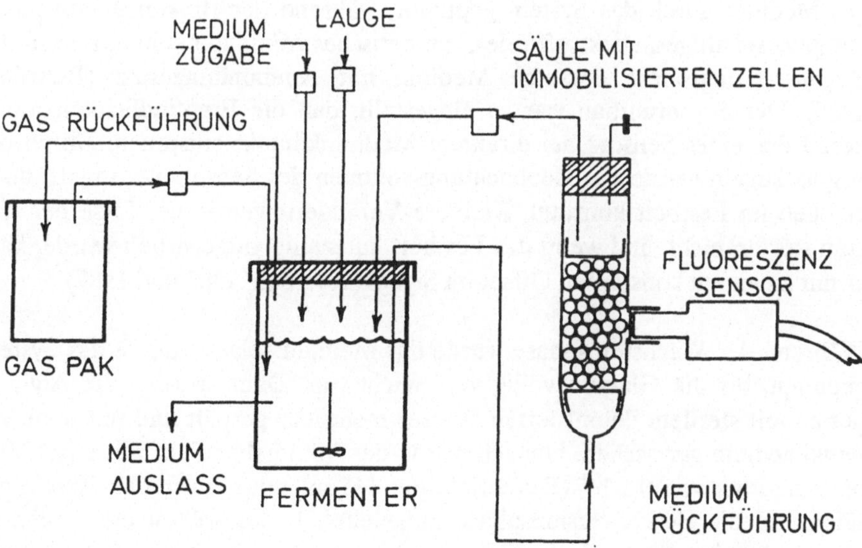

Abb. 68 Konzentrationsverläufe verschiedener Metabolite während der Kultivierung von *C. acetobutylicum* (Reardon, 1987)

2.3.3.1.2. Der Versuchsaufbau für Satzfermentationen mit immobilisierten *C. acetobutylicum*

Abbildung 68 zeigt den Aufbau des Reaktorsystems, in dem suspendierte und immobilisierte Zellen kultiviert wurden. Die Alginatperlen befanden sich in einem Quarzsäulenreaktor und wurden vom Medium umströmt, das vom Fermenter durch die Säule und zurück zum Fermenter gepumpt wurde. Die gesamte Prozeßregelung (Substrat, Laugezugabe, Temperaturregelung) geschah im Fermenter. Die anaeroben Prozeßbedingungen wurden durch die Verwendung eines modifizierten BBL-GasPak-Systems eingehalten. Da der Fermenter mit CO_2 und H_2 aus dem Gasbehälter versorgt wird, kann etwa vorhandener Sauerstoff über den Palladiumkatalysator des GasPaks zu Wasser umgesetzt werden.

An der Quarzsäule befindet sich ein planares Beobachtungsfenster (25 mm Durchmesser). Daran wurde nach dem Sterilisieren eine Plastikführung angeklebt, um den Fluorosensor anzukoppeln. Die Säule war während der Versuche gegen Fremdlicht geschützt. Die Pumprate betrug 145 ml/min, die Temperatur 35°C und der pH-Wert wurde bei 4,5 konstant gehalten, sobald er auf diesen Wert gefallen war. Während der Wachstumsphase wurde glucosehaltiges Medium durch das System gepumpt, während der Biokonversionsphase ein glucosehaltiges, stickstofffreies, synthetisches Minimalmedium, und in der Regenerierungsphase dasselbe Medium mit Ammoniumzusatz (Reardon, 1986). Der Sensoraufbau war so eingestellt, daß die Empfindlichkeit annähernd der eines Sensors bei direktem Mediumkontakt entsprach. Durch die Alginatkugeln wurde das Beobachtungsvolumen des Sensors verringert, doch es blieb im Festbett konstant. Kleinere Veränderungen in der Lage der Kugeln störten nicht, und wenn das Festbett kurzzeitig aufgewirbelt wurde, kam es nur zu einem konstanten Offset im Signal (Reardon, 1986 und 1987).

Während der Wachstumsphase wurde das Medium solange durch das System gepumpt, bis die Glucose völlig verbraucht war. Dann wurden die Alginatperlen mit sterilem deionisierten Wasser mehrmals gespült und mit dem Minimalmedium gewaschen. Danach wurde das Minimalmedium mit einer Verdünnungsrate von 0,2 h^{-1} (Durchflußrate: 145 ml/min) durch das System geführt und die Biokonversionsphase eingeleitet. In ihr sollten die Zellen in einen ruhenden Zustand überführt werden, um das Zellwachstum zu verringern. In der darauf folgenden Regenerierungsphase, die durch Zugabe von Ammoniumchloridlösung in den Konditionierungsreaktor gestartet wurde, ließ sich bei annähernd konstanter Biomasse die Produktbildung studieren.

2.3.3.1.3. Satzkultivierungen mit suspendierten *C. acetobutylicum*

In diesem Versuchsaufbau wurden zuerst Submerskulturen von *C. acetobutylicum* auf synthetischem Medium bei pH=4,5 und pH=6 durchgeführt (Reardon *et al.*, 1987). Bei den Untersuchungen wurden detaillierte Messungen der Mediumzusammensetzung gemacht (siehe Abbildung 69), um genaue Aussagen über die Stoffwechselwege in den Mikroorganismen machen zu können (Reardon *et al.*, 1987; Reardon, 1987). Auf diese Untersuchungen soll hier nicht näher eingegegangen werden. In der Abbildung 70 sind die Ergebnisse der Kulturfluoreszenzmessungen und die entsprechenden spezifischen Fluoreszenzwerte aufgetragen. Die NADH-Fluoreszenz wird nicht durch den pH-Wert im Medium beeinflußt, da der intrazelluläre pH-Wert unter den jeweiligen Fermentationsbedinungen über 5,5 lag (Terracciano und Kashket, 1986; Moreira et al., 1982). Bei diesen pH-Werten ist die Kulturfluoreszenz konstant hoch (siehe Abbildung 71). Aus den in Abbildung 72 gezeigten Glucoseaufnahme- und Biomassebildungsraten ist zu erkennen, daß das Maximum in der spezifischen Fluoreszenz zu Beginn der Biomassebildung und des Glucoseverbrauchs auftritt. Die spezifische Fluoreszenz zeigt also sehr sensitiv den Beginn der metabolischen Aktivität der Zellen an, und zwar zu einem Zeitpunkt, bei dem in den Biomasse- und Glucosewerten noch kaum eine Änderung festzustellen ist. Die Experimente zeigten, daß der gewählte Versuchsaufbau nicht nur Kulturfluoreszenzmessungen an Mikroorganismen zuläßt, sondern sie auch an *C. acetobutylicum* einen interessanten Einblick in das Zellgeschehen liefern.

2.3.3.1.4. Satzkultivierungen mit immobilisierten *C. acetobutylicum*

Die Ergebnisse der Wachstumsphase sind in Abbildung 73 gezeigt. Der Kultivierungsverlauf ist ähnlich dem von suspendierten *C. acetobutylicum*. Wie zu erkennen ist, nimmt das Fluoreszenzsignal stetig zu und flacht ab der 24. Fermentationsstunde, wenn die Glucose annähernd verbraucht ist, langsam ab. Der Beginn der exponentiellen Wachstumsphase und der Säureproduktionsphase ist mit einem kleinen Fluoreszenzpeak verbunden, der jeweils an dieser Stelle auftrat. Zu Beginn der Lösungmittelproduktionsphase wurde dem Medium noch einmal Glucose zugegeben, worauf das NADH-Signal kurzzeitg abfiel. Während der gesamten Wachtumsphase blieb die Hintergrundfluoreszenz (gemessen in Off-line-Proben im Spektralfluorometer) konstant. Die Ergebnisse der folgenden Biokonversionsphase sind in Abbildung 74 und 75 dargestellt. Während die

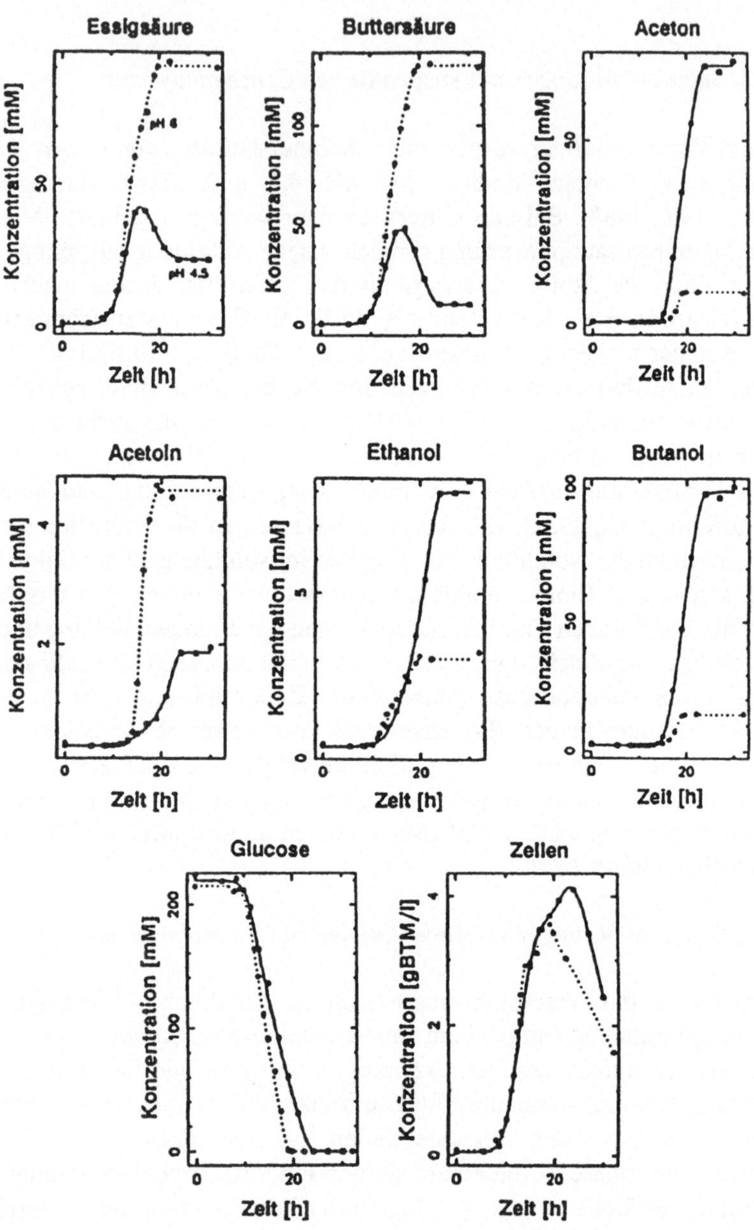

Abb. 69 Fluoreszenzverlauf bei verschiedenen pH-Werten (A: pH 4,5; B: pH 6) (Reardon *et al.*, 1987)

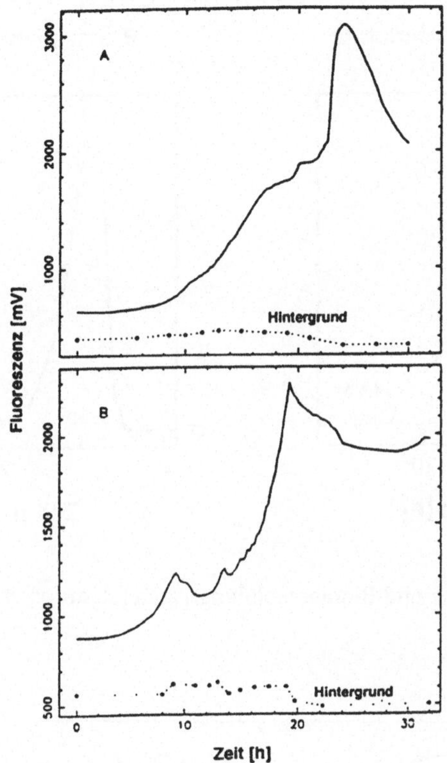

Abb. 70 Fluoreszenzverhalten von NADH als Funktion des pH-Werts (Reardon *et al.*, 1987)

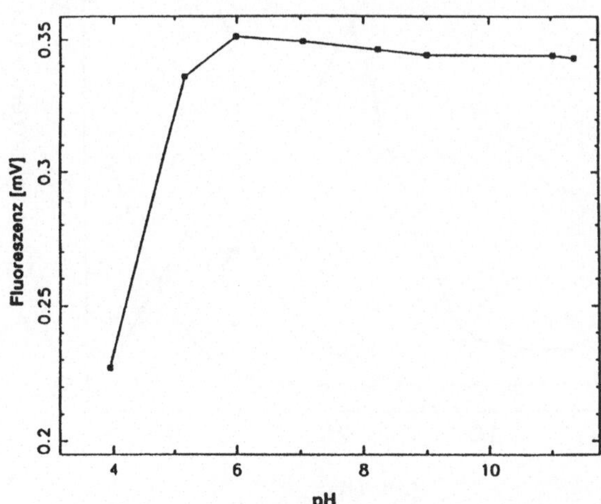

Abb. 71 Fluoreszenzverhalten von NADH als Funktion des pH-Werts (Reardon *et al.*, 1987)

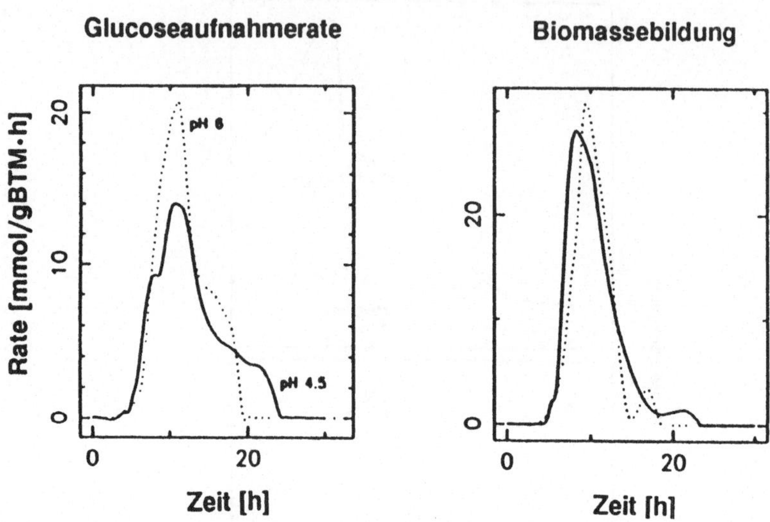

Abb. 72 Glucoseaufnahme und Biomassebildungsraten (Reardon *et al.*, 1987)

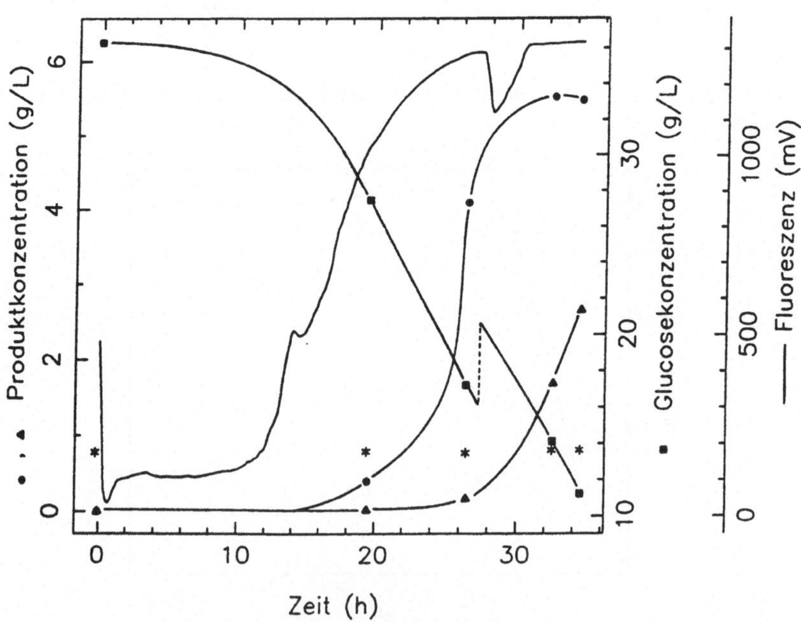

Abb. 73 Wachtumsphase in der Satzkultur immobilisierter V. acetobutylicum (•: Säuren (Essig- und Buttersäure), ∆: Lösungsmittel (Aceton und Butanol), -: Fluoreszenz)

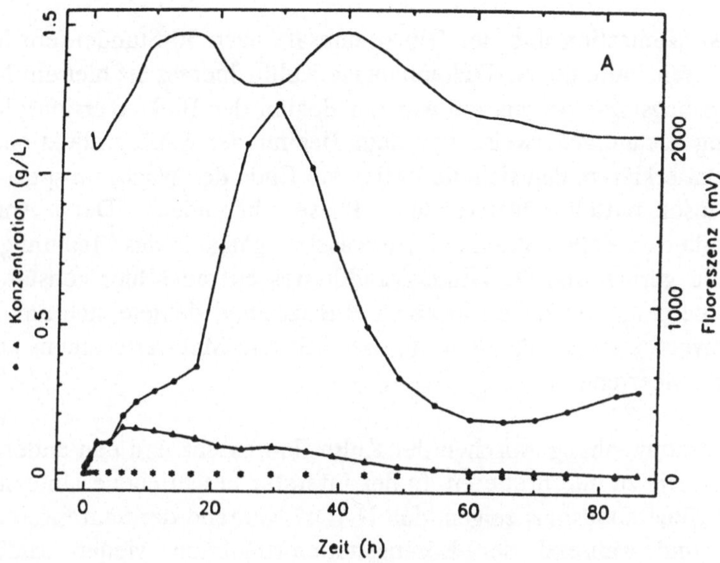

Abb. 74 Produktbildung in der Biokonversionsphase (•: Säurekonzentration, ∆: Lösungsmittelkonzentration, -: Kulturfluoreszenz, *: Hintergrundfluoreszenz)

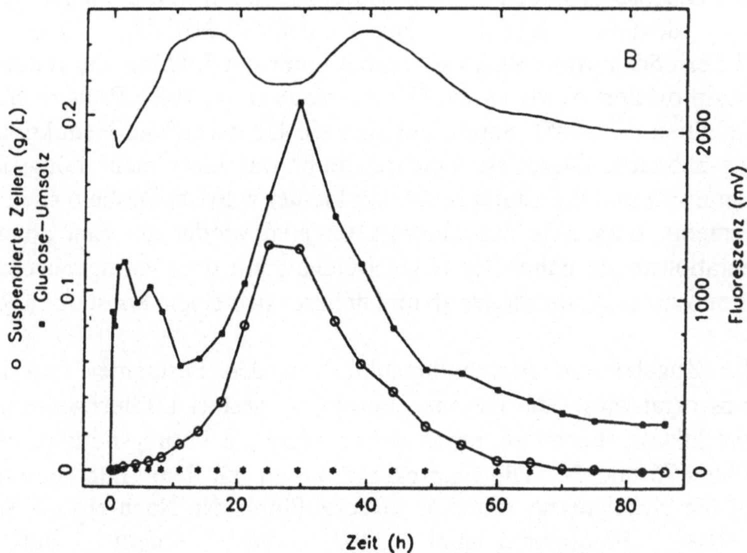

Abb. 75 Glucoseumsatz in der Biokonversionsphase (-: Kulturfluoreszenz, *: Hintergrundfluoreszenz)

Säurekonzentration und der Glucoseumsatz nach 30 Stunden ein Maximum durchliefen, hatte die NADH-abhängige Kulturfluoreszenz hier ein Minimum. Die Lösungsmittelproduktion war am Beginn der Biokonversionsphase hoch und lag erstaunlicherweise vor dem Beginn der Säureproduktion. Das ist damit zu erklären, daß sich die Zellen am Ende der Wachstumsphase noch in der lösungmittelproduzierenden Phase befanden. Der Anteil der suspendierten Zellen, die durch Auswaschvorgänge in das Medium gelangten, war sehr gering, und die Hintergrundfluoreszenz auch hier konstant niedrig. Der Übergang der Zellen in einen Ruhezustand deutete sich am Ende der Biokonversionsphase dadurch an, daß sich alle Meßwerte einem konstanten Wert annäherten.

Der Zusammenhang zwischen der Kulturfluoreszenz und den anderen Daten ist schwierig zu interpretieren. In der Literatur beschriebene Untersuchungen zum Zellmetabolismus zeigen, daß NADH während der Säureproduktion gebildet und während der Lösungsmittelproduktion wieder oxidiert wird (Doelle, 1978; Gottschalk, 1986). Während der ersten 15 Stunden nahm die Fluoreszenz infolge des glykolytischen Abbaus von Glucose zu. Obwohl auch schon Lösungsmittel gebildet wurden, war noch eine Zunahme des NADH-Gehalts festzustellen. Anschließend nahm das Kulturfluoreszenzsignal ab, obwohl der Glucoseverbrauch und die Säureproduktion weiter stiegen. Die Abnahme deutet darauf hin, daß NADH über ein NADH:Ferredoxinoxidoreduktase-System unter der Bildung von reduziertem Ferredoxin oxidiert werden kann (Petitdemage *et al.*, 1977; Roos *et al.*, 1985; McLaughlin *et al.*, 1985). Somit läßt sich ein Überschuß an Reduktionsäquivalenten abbauen. Diese "Ausweichreaktion" war nicht mehr nötig, als der Glucoseumsatz und die Säureproduktion kleiner wurden. Deshalb stieg ab der 25. Fermentationsstunde das Fluoreszenzsignal wieder an. Erst ab der 40. Fermentationstunde nahm der NADH-Gehalt mit dem geringer werdenden Glucoseumsatz langsam wieder ab und näherte sich einem konstanten Wert.

Mit der Zugabe von Ammoniumchlorid in den Fermenter und in den Mediumsvorrat wurde die Regenerationsphase gestartet. Glucoseumsatz und Säureproduktion stiegen an, etwas später folgte die Lösungsmittelproduktion (Abbildung 76 und 77). Die Fluoreszenz nimmt mit dem Glucoseumsatz zu, was auf die glykolytische Aktivität zurückzuführen ist. Nach etwa 6 Stunden fiel das Fluoreszenzsignal ab, was erneut auf das NADH:Ferredoxinreduktase-System hinweist, über das überschüssige Reduktionsäquivalente abgebaut wurden. Der Fluoreszenzabfall wurde erst geringer als die Säurekonzentration einen konstanten Wert annahm und fiel

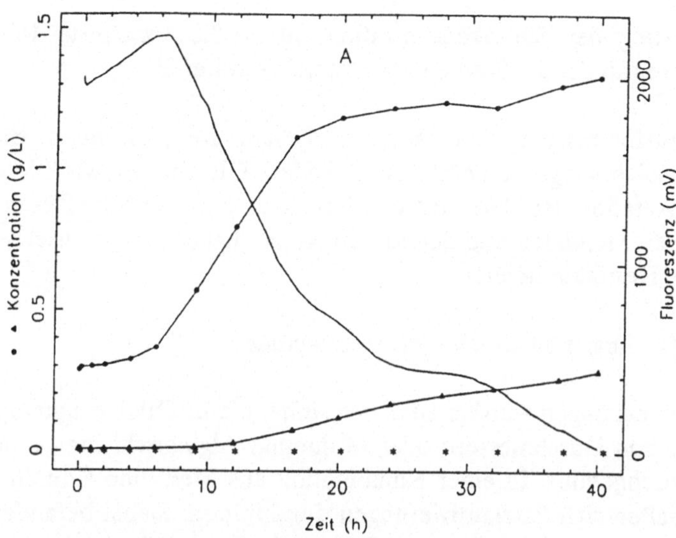

Abb. 76 Produktbildung in der Regenerierungsphase (•: Säurekonzentration, ∆: Lösungsmittelkonzentration, -: Kulturfluoreszenz, *: Hintergrundfluoreszenz)

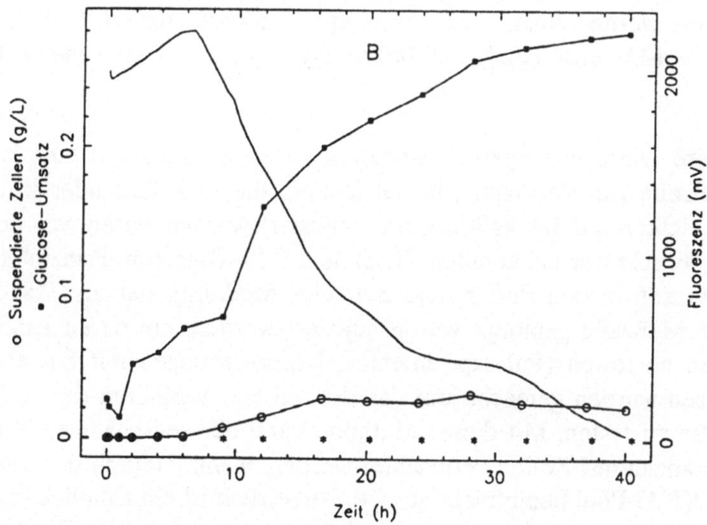

Abb. 77 Glucoseumsatz in der Regenerierungsphase (-: Kulturfluoreszenz, *: Hintergrundfluoreszenz)

beim Anstieg der Säurekonzentration durch die vermehrte Bildung von Buttersäure (ab der 32. Fermentationsstunde) weiter ab.

Die Kulturfluoreszenz gibt auch in diesem Beispiel einen Einblick in Stoffwechselvorgänge immobilisierter Zellen. Gleichzeitig wird deutlich, daß die Interpretation der Daten oft schwierig sein kann, doch im Zusammenhang mit anderen Meßdaten und der Kenntniss möglicher Stoffwechselwege aussagekräftige Resultate liefert.

2.3.3.2. Messungen an *Saccharomyces cerevisiae*

Die Untersuchungen wurden an *S. cerevisiae*, die in Calciumalginatperlen mit verschiedenen Durchmessern oder in dünnen Alginatschichten immobilisiert waren, durchgeführt. In einer Kombination aus Meß- und Konditionierungsreaktor ließen sich Satzkultivierungen durchführen. Dabei befanden sich die in Calciumalginat immobilisierten Zellen als Festbett in dem sterilisierbaren Meßreaktor. Das Fermentationsmedium wurde im Kreislauf durch das System (Volumenstrom: 340 ml/min) geführt. Die Anlage ist für Satzkultivierungen wie auch für kontinuierliche Prozeßführungen geeignet. Der Einfluß verschiedener Substrate (Glucose, Ethanol, Sauerstoff) und Immobilisierungsparameter (z.B. Durchmesser der Alginatperlen) konnte studiert werden. Dieses Meßsystem wurde auch dazu benutzt, Einflüsse toxischer Substanzen (Cyanide, 2,4-Dinitrophenol) auf Mikroorganismen zu testen (siehe Kapitel 3.2.3.1.).

Für weitere Untersuchungen an immobilisierten Zellen stand eine spezielle Durchflußzelle zur Verfügung, in der Zellen, die in Pellets oder in dünnen Alginatschichten auf Deckgläsern immobilisiert worden waren, vor den Sensorkopf gebracht werden konnten. Nach dem "Flow-Injection-Prinzip" konnten Testsubstanzen in den Puffer (substratfreies Medium), der als Trägerstrom durch die Meßzelle gepumpt wurde, injiziert werden, um deren Einfluß auf die Zellen zu testen (Pulsexperimente). Untersuchungen mit Substrat- und Toxinpulsen wurden gemacht, um das dynamische Verhalten der Zellen auf diese Pulse zu testen. Mit dieser Methode kann der zellschädigende Einfluß von Substanzen auf Zellen beobachtet werden, wenn dadurch der intrazelluläre NAD(P)H-Pool beeinträchtigt wird. Außerdem ist ein Einblick in die Dynamik des Zellzustands bei definierten Substratpulsen möglich. Hierbei scheinen cytoplasmatisches und mitochondriales NADH getrennt erfaßt zu werden (siehe auch Kap. 2.3.3.2.6.2.).

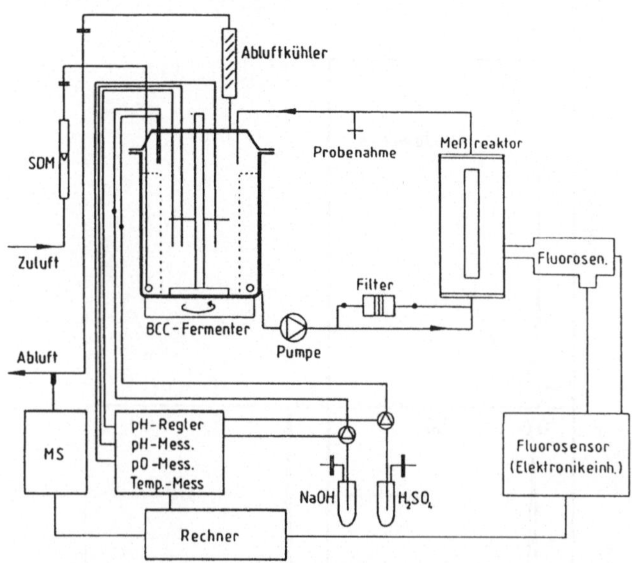

Abb. 78 Versuchsaufbau für Fermentationsversuche an immobilisierten Hefezellen
(Müller, 1987; Anders, 1988)

2.3.3.2.1. Der Versuchsaufbau für Satzfermentationen mit immobilisierten Hefen

Die in Abbildung 78 gezeigte Apparatur diente den Kultivierungsversuchen.
In Calciumalginat immobilisierten Zellen befinden sich als Festbett in dem
sterilisierbaren Meßreaktor (Volumen 135 ml). In halber Reaktorhöhe ist ein
Stutzen für die Aufnahme der Fluoreszenzsonde angebracht. Sensorkopf und
Reaktor sind durch ein Quarzglas getrennt, und der Sensor kann nach der
Sterilisation angebracht werden.

Das Fermentationsmedium wird aus dem Konditionierungsreaktor
(Arbeitsvolumen: 1000 ml) im Kreislauf von unten durch den Meßreaktor
gepumpt. Ein hoher Volumenstrom von 340 ml/min garantiert eine turbulente
Strömung im Meßreaktor. Das Mischzeitverhalten des Reaktors zeigt Abbildung 79. Ein Fluorophor (Cumarin) wurde in den Konditionierungsreaktor
eingespritzt, und nach ca. 30 Sekunden war ein konstantes Fluoreszenzsignal
erreicht, das anzeigte, daß das Fluorophor homogen verteilt war. Die Begasung des Konditionierungsreaktors konnte für aerob/anaerob-Experimente
von Luft auf Stickstoff umgestellt werden. Die gesamte Regelung der Prozeßparameter (z.B. Begasungsrate, pH-Werteinstellung und Substratzugabe) geschah in dem Konditionierungsreaktor (Müller, 1987).

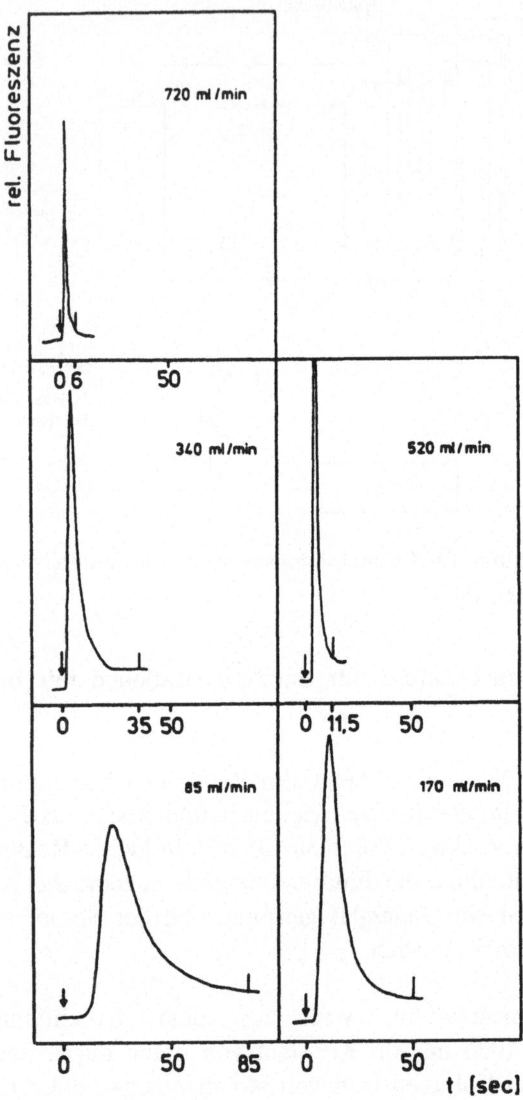

Abb. 79 Mischzeitverhalten im Meßsystem als Funktion der Pumprate (Müller, 1987)

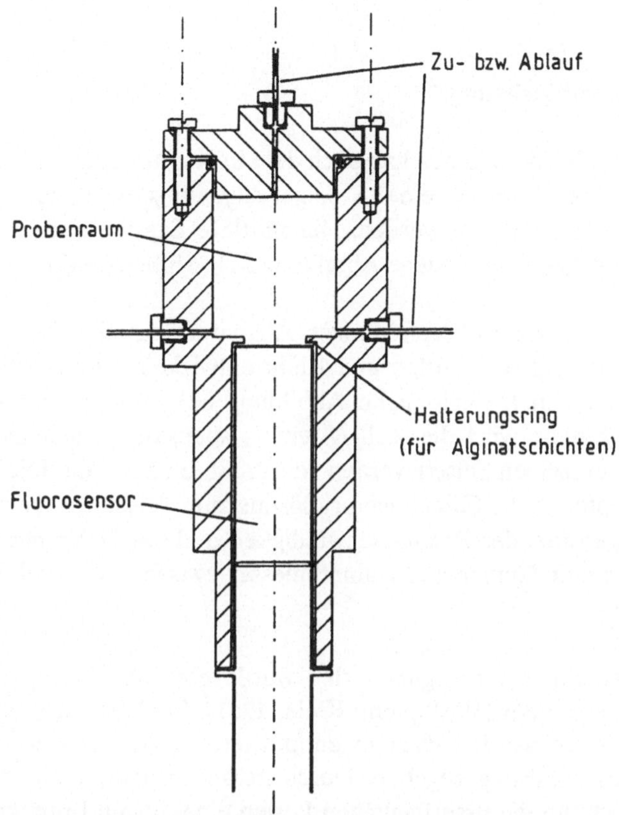

Abb. 80 Durchflußmeßzelle für Untersuchungen an geringen Alginatperlenmengen oder dünnen Alginatschichten (Anders, 1988; Anders *et al.*, 1989)

2.3.3.2.2. Versuchsaufbau für Pulsexperimente

Abbildung 80 zeigt schematisch den Fließinjektionsreaktor für die Pulsexperimente. Der Reaktor erlaubt die Verwendung von Alginatperlen oder dünnen Alginatschichten. Im ersten Fall befinden sich die Pellets in dem ca. 10 ml großen Probenraum, wobei die vor dem Fluorosensor liegenden Pellets radial durch zwei Zuführungsleitungen vom Medium angeströmt werden (Ablauf durch den Deckel). Werden dünne Schichten angewandt, läßt sich das Reaktorvolumen durch einen austauschbaren Blindstopfen (ohne Ablauf) auf wenige μl begrenzen. Die auf den Deckgläschen fixierten Zellen werden direkt vor dem Sensor angebracht, und die radialen Versorgungsleitungen bilden den Zu- und Ablauf. Alle Versuche wurden bei einem Volumendurchsatz von max. 1,5 l/h durchgeführt.

2.3.3.2.3. Immobilisierung

Die Zellimmobilisierung geschah nach dem in Kapitel 2.3.3.1.1. beschriebenen Verfahren. Dafür wurde eine 5 %ige Alginatlösung benutzt, in der die Animpfzellen suspendiert wurden. Der mittlere Durchmesser der Perlen mit Hefen betrug 3,2-3,5 mm (siehe Abbildung 81) (Müller, 1987).

Für die Herstellung größerer Mengen Alginatperlen mit definiertem Durchmesser konnte ein von Vorlop und Klein entwickelter Immobilisierungskopf verwendet werden (Prinzip siehe Abbildung 82) (Vorlop und Klein, 1981). Über eine Pumpe wird die Zell-/Alginatsuspension in den Düsenkopf gepumpt. Die einzelnen Düsen werden von Preßluft umströmt. Die Perlen lösen sich und tropfen in die Calciumchloridlösung zum Aushärten. Je nach Viskosität der Suspension, der Pumpgeschwindigkeit und der Strömungsgeschwindigkeit der Preßluft können Perlendurchmesser zwischen 0,1 und 5 mm hergestellt werden.

Zur Ummantelung der Alginatperlen wurde ein von Vorlop beschriebenes Verfahren verwendet (Vorlop und Klein, 1981). In Calciumchloridlösung ausgehärtete Perlen werden dazu in entionisiertem Wasser gewaschen und in 0,5%-ige Alginatlösung gegeben. Durch herausdiffundierendes Calciumchlorid bildet sich um die ursprünglichen Perlen eine etwa 0,1 mm dicke Alginatschicht. Diese verhindert das Auswachsen der im Inneren immobilisierten und wachsenden Zellen (Anders, 1988).

Dünne Alginatschichten mit immobilisierten Zellen wurden auf runden Deckgläschen (Durchmesser: 18 mm) hergestellt. Dazu wurde eine 7 % Alginatlösung mit 30 %ige Biomasse auf die Deckgläschen aufgebracht. Durch ein "spinning-drop" Verfahren konnten je nach Schleuderdrehzahl, dünne Alginat/Biomasseschichten erzeugt werden, die in 5 %iger Calciumchloridlösung aushärteten.

2.3.3.2.4. Submerskultivierungen

Um einen besseren Vergleich zwischen suspendierten und immobilisierten Hefezellen beim aeroben Wachtum in Satzkulturen machen zu können, wurde zu Beginn der Untersuchungen in der oben beschriebenen Anlage eine Submerskultivierung durchgeführt.

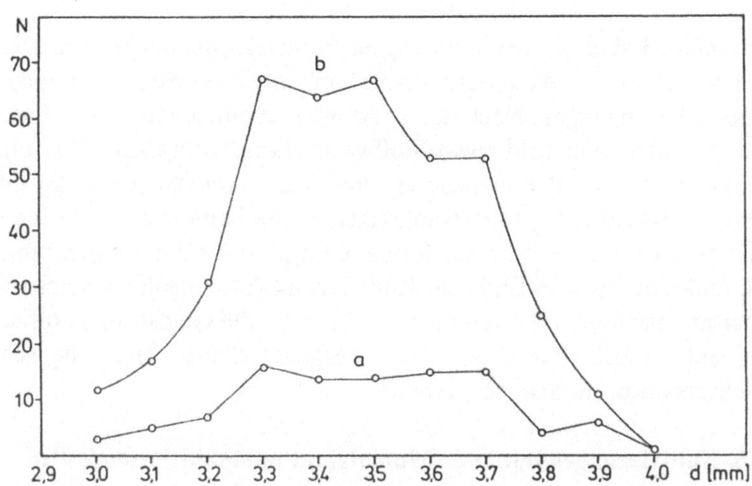

Abb. 81 Perlengrößenverteilung (a: Verteilung für 100 ausgezählte Perlen; b: Verteilung für 400 ausgezählte Perlen; N ist die Häufigkeit) (Müller, 1987)

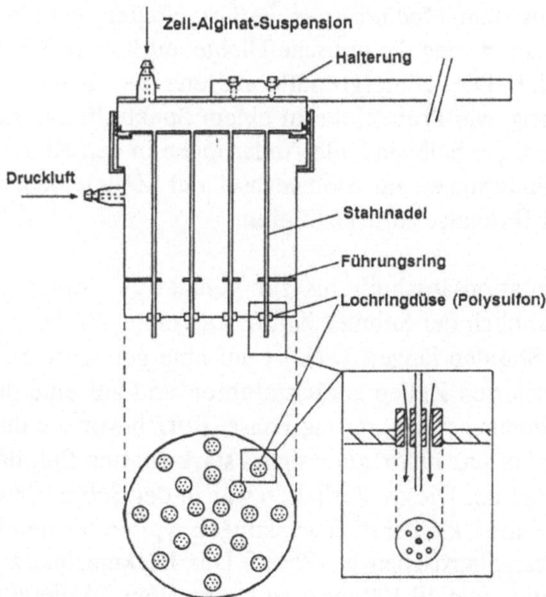

Abb. 82 Immobilisierungskopf nach Vorlop zur Herstellung größerer Mengen Alginatperlen (Anders, 1988)

In Abbildung 83 sind die Resultate dieser Fermentation dargestellt. Die Kurven sind typisch für das diauxische Wachstum von *S. cerevisiae* auf Glucose unter aeroben Bedingungen. Nach der Verstoffwechselung von Glucose wird das Ethanol in einem rein oxidativen Stoffwechselweg verbraucht. Das Fluoreszenzsignal nimmt vor der diauxischen lag-Phase und danach stetig mit der Biomasse zu. Kleinere Signalschwankungen treten beim Beginn der lag-Phase auf. Kurz vor dem Ende der Satzfermentation nimmt das Fluoreszenzsignal stark zu und fällt mit dem Ende der Kultivierung - also wenn auch das Ethanol als Substrat erschöpft ist - rapide ab, während die Gelöstsauerstoffkonzentration auf 100% ansteigt. Diese Signalverläufe sind typisch für Hefesubmerskulturen (Scheper, 1986b).

2.3.3.2.5. Kultivierungen mit in Calciumalginat immobilisierten Zellen

Die Experimente wurden in der in Abbildung 78 dargestellten Apparatur durchgeführt. Um ausgewaschene Zellen zurückzuhalten, wurde eine Filtereinheit im Bypass zum Meßreaktorzufluß geschaltet. In der Abbildung 84 sind die optischen Dichten des Mediums (bei 450 nm) während der Kultivierung zu sehen. Deutlich ist zu erkennen, daß beim Einschalten der Filtereinheit die Zellen aus dem Mediumstrom zurückgehalten werden. Erst gegen Ende der Fermentation stieg die optische Dichte auf höhere Werte an, da die Filtereinheit ausfiel. Die Hintergrundfluoreszenz des Kulturmediums war konstant und niedrig, wie Proben, die in einem Spektralfluorometer vermessen wurden, zeigten. Deshalb sind alle Änderungen in den Kulturfluoreszenzsignalen auf Veränderungen im Stoffwechsel der Zellen oder auf die Zunahme von aktiver Biomasse zurückzuführen.

Der erste Fermentationsabschnitt bis zur völligen Verstoffwechselung der Glucose verläuft ähnlich der Submerskultur. Die erste Wachstumsphase dauert in etwa sechs Stunden länger. Dies ist auf eine geringere Substratversorgung der immobilisierten Zellen zurückzuführen und auf eine durch die Immobilisierungsprozedur verlängerte lag-Phase. Kurz bevor die diauxische lag-Phase beginnt, nimmt das Fluoreszenzsignal stark zu, und fällt dann während der lag-Phase abrupt ab. Dieses Verhalten war in der Submerskultur nicht zu beobachten. Hier waren kleinere Schwankungen typisch für den Fluoreszenzverlauf während der diauxischen lag-Phase. Das Peakmaximum ist bei einer Glucosekonzentration von 50-100 mg/l zu beobachten. In diesem Konzentrationsbereich scheint der Crabtree-Effekt, der für die Ethanolproduktion bei

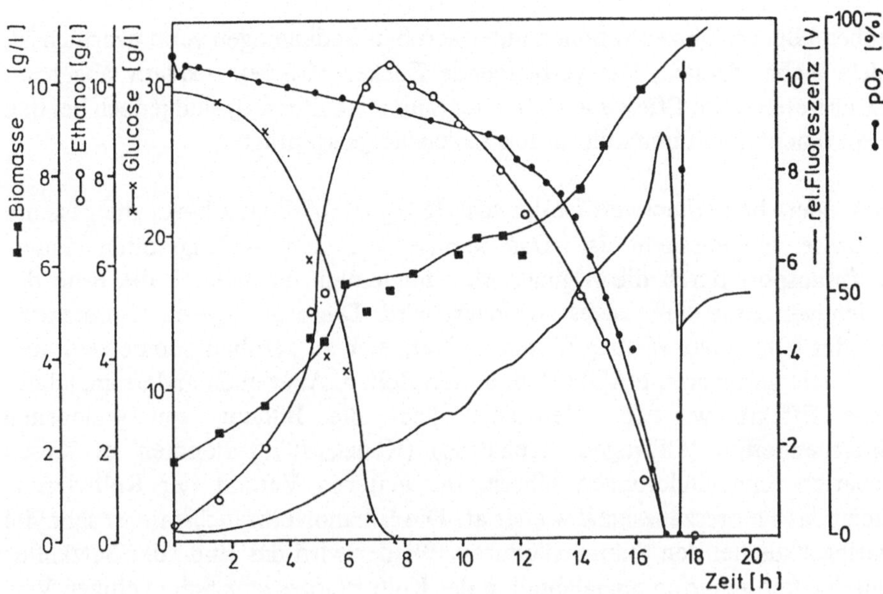

Abb. 83 Submerssatzkultur von *S. cerevisiae* (Müller *et al.*, 1988)

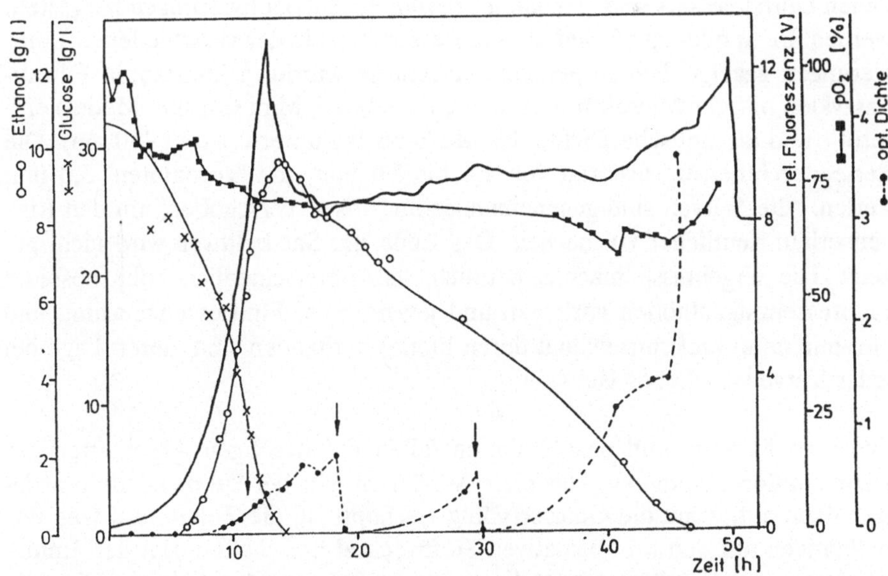

Abb. 84 Satzkultivierung mit immobilisierten *S. cerevisiae*. Die Filtration des Mediums erfolgte absatzweise (Müller *et al.*, 1988; Müller *et al.*, 1989)

hohen Glucosekonzentrationen unter aeroben Bedingungen verantwortlich ist, nicht mehr wirksam. Der verbleibende Zucker wird rein oxidativ abgebaut. Zwar treten diese Effekte auch bei der Submerskultur auf, sind jedoch bei den Experimenten mit immobilisierten Zellen viel ausgeprägter.

Besonders bemerkenswert ist der scharfe Signalabfall kurz bevor die gesamte Glucose aufgebraucht ist. Das könnte auf den verlangsamten Sauerstofftransport durch die Alginatperlen hindeuten, da dadurch die Rate des oxidativen Ethanolumsatzes verringert wird. Diese geringeren Umsatzraten bei der Ethanolverwertung führen im Vergleich zu aeroben Submerskulturen zu einem geringeren NADH-Pool in den Zellen. Aber auch andere metabolische Effekte wie der Verbrauch oder die Bildung von endogenen Speicherstoffen (Glykogen, Trehalose) (Künzi, 1970) könnten zu diesen scharfen Signaländerungen führen. Im weiteren Verlauf der Kultivierung steigt das Fluoreszenzsignal wieder an. Die Ethanolverbrauchsrate ist sehr viel geringer als bei den Submerskulturen. Wieder wird das Ende der Satzkultur durch einen scharfen Signalabfall in der Kulturfluoreszenz beim völligen Verbrauch des Ethanols deutlich.

Nach dem oben beschriebenen Verfahren konnten Alginatperlen verschiedenen Durchmessers und "gecoatete" Perlen für Satzkultivierungen hergestellt werden. In Abbildung 85 sind die Fluoreszenzsignale der verschiedenen Kultivierungen gezeigt. Die suspendierte Biomasse wurde in konstanten Filtrationszyklen mit der Microfiltrationseinheit (Gelman, Mini Capsule Modul) entfernt - und die optische Dichte des Mediums lag unter 0,1 (bei 450 nm). Die Perlendurchmesser variieren von 1,4 bis 3,0 mm und "gecoateten" 3,0 mm Perlen. Alle Kurven sind gegeneinander im "offset" verschoben, um den Kurvenverlauf deutlicher zu machen. Das Ende der Satzkulturen wird nicht gezeigt. Die Ergebnisse machen deutlich, daß unterschiedlich hohe absolute Fluoreszenzsignalhöhen vorliegen und jeweils zwei Fluoreszenzmaxima und ein -minimum (gekennzeichnet durch Pfeile) vorhanden sind, deren Lage bei jeder Kurve verschoben ist.

Die zwei Maxima und das Minimum fallen mit wichtigen Abschnitten der Fermentation zusammen. Das erste Maximum tritt bei Submerskulturen immer dann auf, wenn die Glucose völlig erschöpft ist, die Zellen also vom fermentativen auf den rein oxidativen Stoffwechsel umschalten. Bei den Immobilisierungsfermentationen tritt dieses Maximum schon bei höheren Glucosekonzentrationen (über 0,8 g/l) auf. Nimmt man an, daß die Alginatschicht eine   Diffusionsbarriere   für   die   Glucose   darstellt,   ist   die

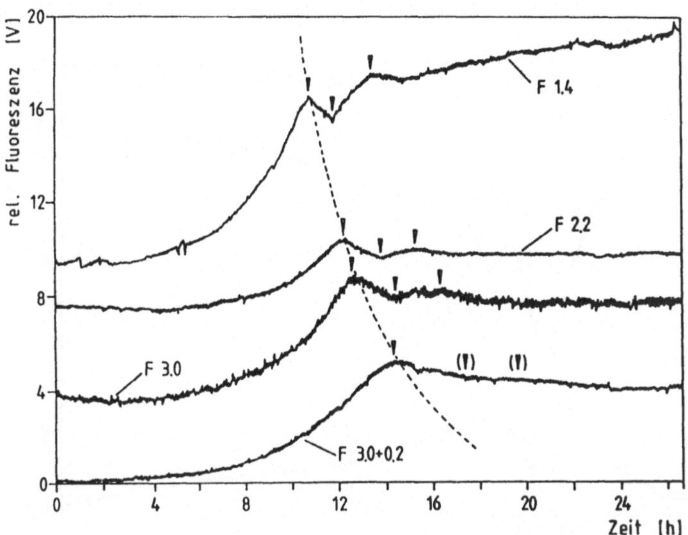

Abb. 85 Vergleich der Kulturfluoreszenzdaten verschiedender Satzkulturen mit immobilisierten Hefen. F steht für den Perlendurchmessern in mm. In einem Experiment wurden gecoatete Perlen verwendet (F 3,0+0,2). Die Pfeile deutet auf vergleichbare Maxima/Minima hin. Die Punkte des ersten Fluoreszenzmaxima sind durch die gestrichelte Kurve verbunden. (Müller *et al.*, 1989)

Substratkonzentration in der Mikroumgebung der Zellen geringer, und liegt bei Werten, bei denen der Crabtree-Effekt nicht mehr wirkt (unter 0,2 g/l) (Knöpfel, 1972), also keine Glucoserepression mehr vorliegt und die Glucose rein oxidativ abgebaut wird. Das bedeutet, daß der NADH-Pool der Zellen dann niedriger liegt und das Fluoreszenzsignal abnimmt (Scheper, 1985). Das Minimum fällt annähernd mit dem Ethanolmaximum zusammen (der oxidative Abbau von Ethanol beginnt), und ein weiteres Maximum ist zu beobachten, wenn das CO_2 im Abgas wieder einen konstant niedrigen Wert einnimmt. Diese Verhalten wird aus den Daten der Abbildung 86 deutlich (Anders, 1988).

In der Tabelle 7 sind für die Fermentationen alle interessanten Werte (auch für Glucose, Ethanol und CO_2) aufgetragen (Anders, 1988). Dabei wird deutlich, daß die entsprechenden Werte mit steigendem Perlendurchmesser jeweils zu höheren Zeitwerten verschoben sind, sich also die steigenden Diffusionsbarrieren der Alginatschicht bemerkbar machen.

Die Ergebnisse führen zu folgenden Überlegungen. Beim Herstellen der Alginatkugeln sind die Zellen, die zum Animpfen im Alginat suspendiert wur-

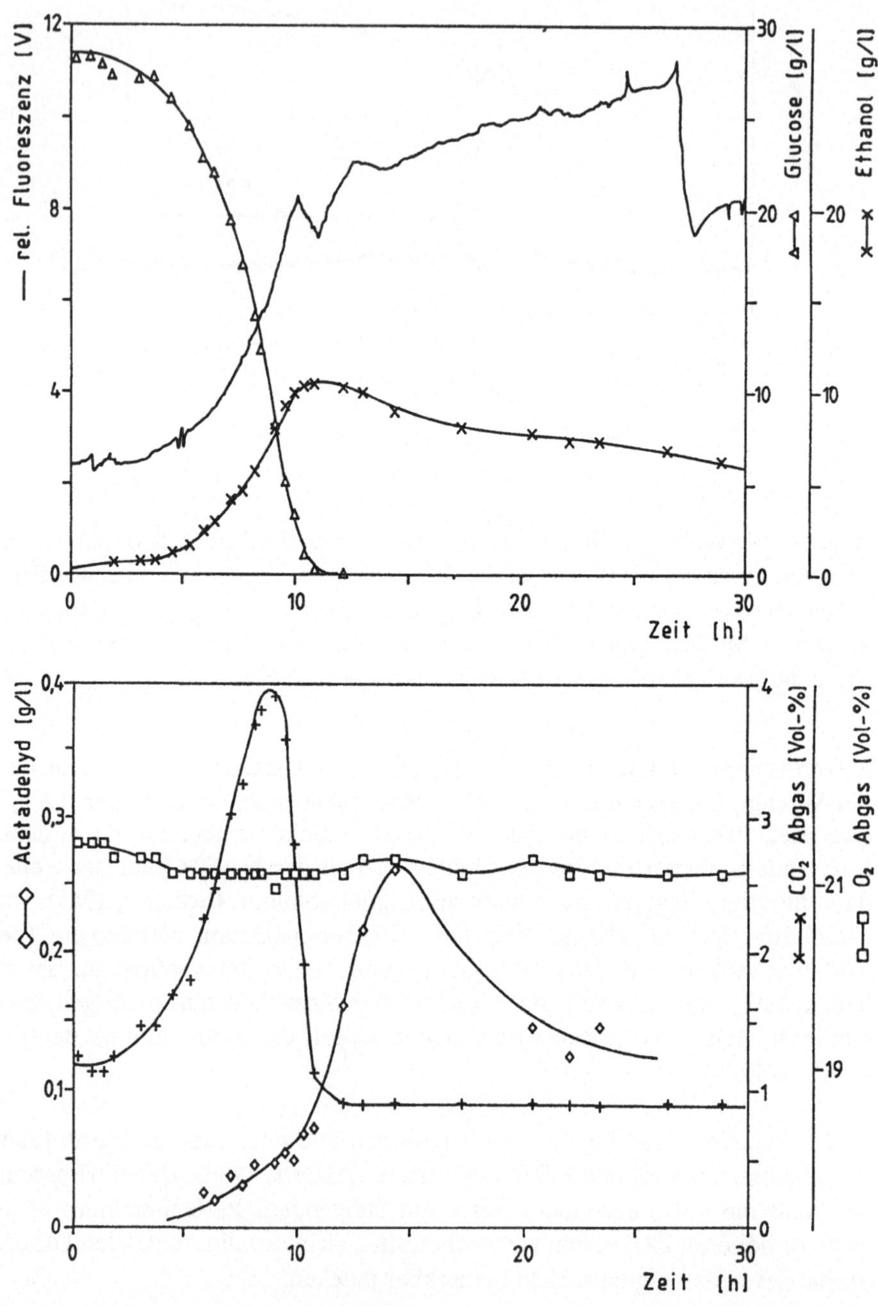

Abb. 86 Darstellung der Fermentationsdaten aus der Kultivierung mit Alginatperlen des Durchmessers 1,4 mm. (Anders, 1988)

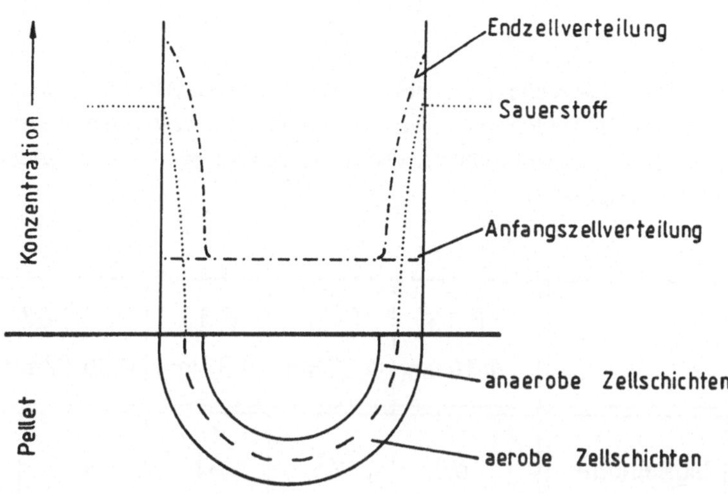

Abb. 87 Konzentrationsverläufe in einer Alginatperle mit hoher Biomassebeladung in den Randbereichen. Im Zellinneren können keine Zellen mehr wachsen, da sie nicht mit Substraten versorgt werden (Anders, 1988; Anders *et al.*, 1989).

den, homogen über die gesamte Kugel verteilt. Durch die Diffusionsbarriere, die das Alginat bildet, werden die Zellen im Inneren der Kugel schlechter mit den Substraten versorgt. Die Diffusionsbarriere ist durch die Dicke der Perlen bestimmt. Die am besten versorgten Zellen in den Randschichten wachsen während der Fermentation gut an, hier werden schnell höhere Zelldichten erreicht, und die Limitierung für die Zellen im Inneren wird immer stärker ausgeprägt. Diese Effekte führen dazu, daß sich die Biomasse in den äußeren Schichten der Pellets anreichert. Aus der Literatur ist bekannt, daß im Inneren solcher Alginatperlen oft keine lebenden Zellen mehr vorhanden sind (Gosmann und Rehm, 1986; Renneberg *at al.*, 1988). Während der Kultivierung treten also in den Alginatperlen Zonen mit unterschiedlichen Konzentrationen an Substraten, Produkten und Biomasse auf. Die Dicke der äußeren Schicht mit aktiven Zellen ist unabhängig von der Pelletgröße, da sie von den Substratkonzentrationen im äußeren Medium abhängt. Die Dicke der inneren Zone, in der keine Zellen mehr wachsen können, hängt dann von dem Kugeldurchmesser ab. Die Abbildung 87 soll dies verdeutlichen (Anders, 1988). Anfangs- und Endzellverteilung sind aufgetragen, wobei die aktive Zellschicht unterteilt ist in eine aerobe und anaerobe Zone. Der Sensor hat eine bestimmte Eindringtiefe in die Alginatperlen, die von dem Absorptionsverhalten des Alginats und der Zelldichte abhängt. Zu Beginn der Fermentation sehen

Tabelle 7 Zusammenstellung der Versuchsergebnisse aus Abbildung 85. Aufgetragen sind alle Daten für die Parameter Fluoreszenz, Glucose bzw. Ethanol zum Zeitpunkt des ersten Fluoreszenzmaximums, geordnet nach steigender Pelletgröße (Anders, 1988; Müller *et al.*, 1989)

		F 1.4 Ø 1.4 mm		F 2.2 Ø 2.2 mm		F 3.0 Ø 3.0 mm		F 3.0+0.2 Ø 3.0+0.2 mm			
Fluoreszenz	Signalhöhe	6,0		2,5		4,1		4,0		V	
	1. Max.	10,5		12,2		12,8		14,2		h	
	2. Max.	13,3		15,2		15,5		(18,6)		h	
	1. Min.	11,8		14,0		14,5		(17,7)		h	
Glucose	exp. Abfall	4,0		4,0		4,1		5,0		h	
	Ende (=0)	11,5		12,5		13,5		15,0		h	
Ethanol	Max. | OD	11,0	0,06	12,3	0,05	13,0	0,2	14,0	0,1	h	-
	80 %	14,5	0,07	18,0	0,05	18,5	0,7	18,0	0,2	h	-
	70 %	20,5	0,16	22,5	0,09	23,5	0,4	23,5	0,3	h	-
	60 %	(29)	-	27,5	0,03	29,5	0,5	28,5	0,5	h	-
	50 %			31,0	0,03	32,5	0,8	32,0	0,6	h	-
	20 %			47,5	0,11	42,0	>4	43,0	>2	h	-
CO_2	Max.	9,0		10,5		10,3		10,5		h	

die Konzentrationsgradienten und der Biomasseverlauf wie in Abbildung 88a gezeigt aus. Während des fermentativen Wachstums auf Glucose wird Ethanol gebildet, das in das äußere Medium abgegeben wird. Die Konzentrationsverläufe nähern sich denen in Abbildung 88b. Hier sind eine Derepressions- und eine aerob-anaerob-Zone eingezeichnet. Sie wandern im Fortlauf der Kultivierung immer mehr zum Pelletrand hin. Unter Derepressionszone ist der Bereich zu verstehen, bei dem die Glucosekonzentration den Wert unterschreiten, bei dem der Crabtree-Effekt (Glucoserepression) wirkt. Erreicht diese Zone den Bereich der Eindringtiefe des Fluorosensors, nimmt das Fluoreszenzsignal ab, obwohl die Glucosekonzentrationen im Medium noch relativ hoch sind.

In der zweiten Wachstumsphase liegen die Konzentrationsverläufe vor, die Abbildung 88c zeigt. Nur in der äußersten aeroben Schicht kann das Ethanol oxidativ abgebaut werden. Da dieser Abbau durch die Sauerstoffzufuhr in die Perlen stark limitiert ist, dauert der gesamte Ethanolabbau sehr viel länger als in einer Suspensionskultur. Aus Abbildung 86 geht hervor, daß der Ethanolabbau nahezu linear verläuft, was zusätzlich auf eine Diffusionslimitierung hindeutet. Diese abbauaktive, aerobe Schicht ist noch so dick, daß sie die Eindringtiefe des Sensors völlig ausfüllt, da im Verlauf der weiteren Kultivierung kein plötzlicher NADH-Anstieg zu beobachten ist, der durch den erhöhten NADH-Pool anaerober Zellen hervorgerufen würde. Dieser Anstieg müßte erfolgen, wenn die aerob/anaerob Front in die Eindringtiefe des Sensors wanderte.

Da die Schichtdicke der aktiven Zellen unabhängig von der Pelletgröße ist, ergibt sich, daß der Anteil der aktiver Zellen zum Gesamtvolumen mit sinkendem Pelletdurchmesser zunimmt. Weil jeweils konstante Volumenmengen Alginatperlen erzeugt wurden (die Anzahl der Kugeln einer Fraktion nimmt mit steigendem Durchmesser ab), wird dieser Effekt noch verstärkt. Hinzu kommt, daß das Beobachtungsvolumen des Fluorosensors bei kleinen Kugeln besser ausgefüllt ist. So ist zu erklären, weshalb in Abbildung 85 bei den kleinsten Pellets die Fluoreszenzwerte gerade beim rein oxidativen Ethanolabbau denen der Submerskulturen am ähnlichsten sind. Die Fluoreszenz steigt stärker an als bei den größeren Perlen, das heißt, die Ethanolabbaurate ist höher (leider mußte die Fermentation nach ca. 25 Stunden wegen eines Filterdefekts beendet werden). Die Verschiebung der verschiedenen typischen Fermentationspunkte mit steigendem Durchmesser zu höheren Zeiten ist der Tabelle 7 zu entnehmen.

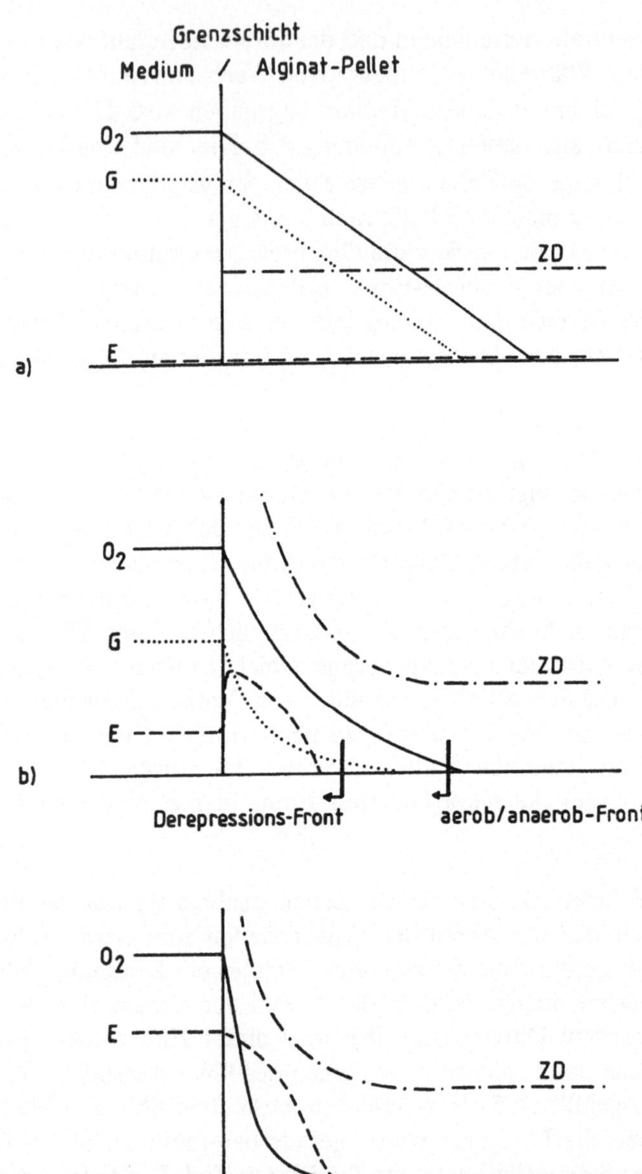

Abb. 88 Änderung der Biomasse- (ZD), Glucose- (G), Ethanol- (E) und Sauerstoffkonzentration (O_2) im Verlauf einer Satzkultivierung (a: während der ersten lag-Phase; b: während der diauxischen lag-Phase; c: während der zweiten Wachstumsphase) (Anders, 1988).

2.3.3.2.6. Pulsexperimente

Die Tatsache, daß auch durch die Beobachtung der Kulturfluoreszenz immobilisierter Zellen Vorgänge im Zellmetabolismus verfolgt werden können, wird auch am Beispiel verschiedener Pulsexperimente deutlich. Bisher sind in der Literatur nur Messungen an Alginatschichten mit immobilisierten Zellen in Spektralfluorometern beschrieben (Doran und Bailey, 1987). In dem Reaktoraufbau konnten solche Pulsexperimente unter Fermentationsbedingungen und in der Durchflußapparatur unter definierten Verweilzeiten durchgeführt werden.

2.3.3.2.6.1. Pulsexperimente im Meßreaktor

In Abbildung 89 sind die Wechsel von Luft- auf Stickstoffbegasung und umgekehrt im Meßreaktor während der Hefekultivierung zu erkennen. Deutlich ist der Anstieg des NADH-Gehalts in den Zellen unter anaeroben Bedingungen. Gebildetes NADH kann nicht mehr über die oxidative Phosphorilierung in der Atmungskette verbraucht werden. Erst bei erneuter Begasung mit Sauerstoff nimmt das Signal abrupt ab. Das langsame Ansteigen des NADH Signals ist darauf zurückzuführen, daß diese Experimente am Ende eine Satzkultivierung gemacht wurden und sich im Medium keine Glucose befindet, die Zellen also interne Speicherstoffe abbauen.

Der in Abbildung 90 gezeigte Pulsversuch wurde in glucosehaltigem Medium durchgeführt. Durch die Zugabe des Entkopplers 2,4-Dinitrophenol zum Medium wird die Atmungskette so beeinflußt, daß NADH ohne ATP-Bildung völlig uneffektiv oxidiert wird. Die Zellschädigung durch den metabolischen Eingriff wird in dem schnellen Signalabfall deutlich.

2.3.3.2.6.2. Pulsversuche in der Durchflußzelle

Für die Pulsexperimente in der Durchflußzelle sind nur geringe Mengen an immobilisierten Zellen benötigt worden. Sie können einfach und schnell auf Deckgläschen nach der oben beschriebenen Methode angezüchtet werden. Die Meßzelle läßt sich auch mit kleinen Volumina (ca. 5 ml) an Alginatperlen beschicken. Versuche in der Durchflußzelle gaben Aufschluß über das dynamische Verhalten der Zellen auf einen Substratpuls.

Abbildung 91 zeigt die Antwort der immobilisierten Zellen auf einen Glucosepuls (1 g/l), der eine Verweilzeit von ca. 40 Sekunden in der Meßzelle hatte.

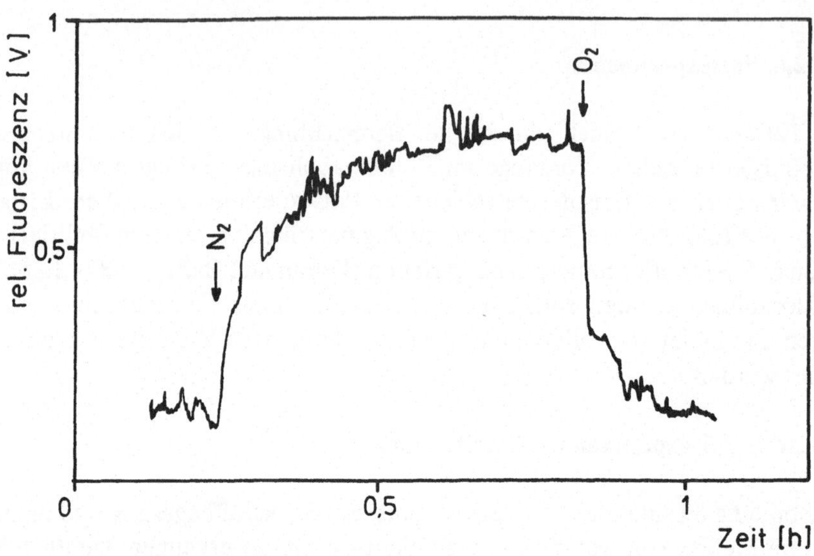

Abb. 89 Aerob-/anaerob Übergang an immobilisierten Perlen (Müller, 1987; Müller *et al.*, 1988).

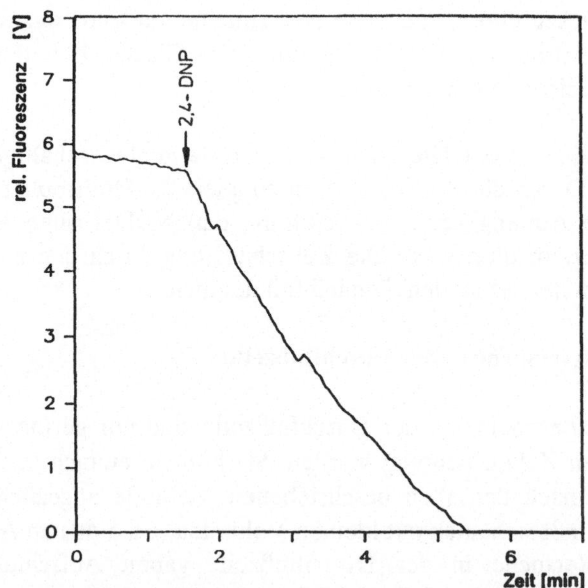

Abb. 90 Zugabe von 2,4-Dinitrophenol zum Medium während der Verstoffwechse-lung von Glucose. Die Entkopplung der oxidativen Phosphorylierung wird durch die schnelle Abnahme des NADH-Gehalts deutlich (Müller, 1987; Müller *et al.*, 1988)

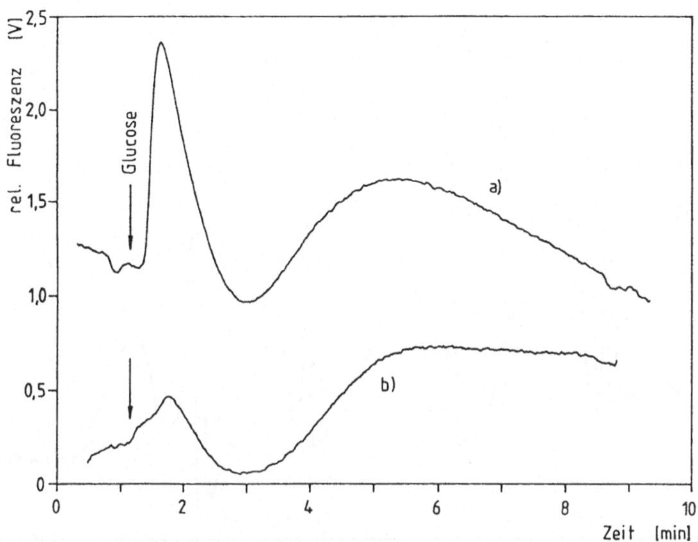

Abb. 91 Dynamisches Antwortverhalten der immobilisierten Zellen; Kurve a: normaler Glucosepuls (aerob), Kurve b: Glucosepuls nach Cyanidzugabe (aerob)

Deutlich ist das oszillierende Verhalten der Zellen zu erkennen. Der erste Peak läßt sich als Änderung im NADH-Pool des Cytoplasmas (Glykolyse) und der zweite Peak als Änderung in NADH-Gehalt der Mitochondrien (Atmung, Citratcyklus) deuten. Die Glucose wird erst in dem Cytoplasma umgesetzt, während die Reaktionsprodukte anschließend in den Mitochondrien weiterreagieren. Gestützt werden kann diese Hypothese auf die Beobachtungen bei einem Glucosepuls nach Cyanidzugabe. Der erste NADH-Peak wird kleiner, da mehrere Enzyme der Glykolyse gehemmt werden. Eindeutiger auf die Cyanidzugabe ist das Verhalten des NADH-Signals aus den Mitochondrien. Durch eine Blockierung der Atmungskette steigt der NADH-Pool auf einen konstanten Wert an und kann nicht wieder abgebaut werden. Eine nähere Beschreibung zu diesem Giftwächtersystem erfolgt in Kapitel 3.2.3.1.

Abbildung 92 zeigt die geänderte Antwort hungernder immobilisierter Hefezellen (Medium ohne Substrat war über einen längeren Zeitraum durch die Meßzelle geflossen) auf mehrere hintereinanderfolgende Glucosepulse. Unter hungernden Zellen versteht man in der biotechnologischen Literatur Zellen, die längere Zeit nicht mit Substrat versorgt wurden. In der Folge von vier Pulsen zeigen die Zellen auf den ersten Puls eine sehr ausgeprägte Antwort - deutlich am zweiten Fluoreszenzpeak. Bei den folgenden Pulsen ist die Ant-

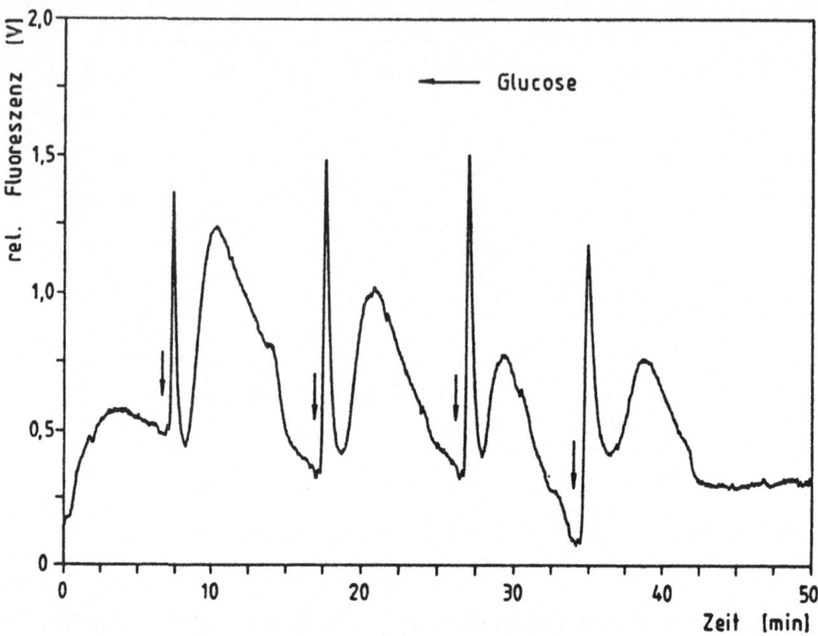

Abb. 92 Mehrfache Zugabe von Glucosepulsen zu immobilisierten Zellen (Anders, 1988)

wort nicht mehr so ausgeprägt, der Stoffwechsel scheint sich an die pulsweise Substratzufütterung anzupassen. Das ist besonders erstaunlich, wenn man bedenkt, daß die Pulse nur alle 10 Minuten erfolgen und das Substrat nur eine Aufenthaltszeit von ca. 40 Sekunden in der Meßzelle hat.

Bei Untersuchungen von Busch (1989) wurde der Versuchsaufbau verbessert und automatisiert. Die Alginatschichten befanden sich in einem kleinen Abstand (zwischen 1 und 3 mm) vom Sensor entfernt (siehe Abbildung 93). Dadurch wurden die oberen aktiven Zellschichten vom Sensor beobachtet. In dem Zwischenraum stömte der Trägerpuffer, in den die Glucoselösung injiziert wurde. Diese Injektionen konnten über ein von einem Zeitgeber gesteuerten Probeaufgabeventil in verschiedenen Zeitabständen geschehen. Aus der Abbildung 94 gehen mit der Zeit veränderte Signalhöhen (erster Peak, Abbildung 91) bei unterschiedlichen Aufgabefrequenzen hervor. Nur die Kurven b) und c) gehen direkt in konstante Signale über, während die Kurven c) und e) erst ein ausgeprägtes Maximum durchlaufen. Kurve a) zeigt kein konstantes Signal, das System weist periodische Schwankungen bei den in kurzen Zeitabständen zugeführten hohen Subtratmengen auf. Ein konstantes Verhalten auf die Substratpulse ist immer dann zu erwarten, wenn die Zelldichte konstant ist

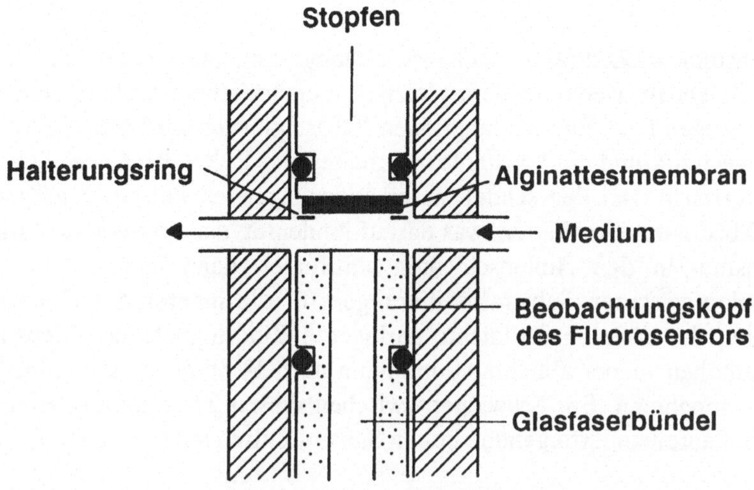

Abb. 93 Aufbau zur Messung an dünnen Alginatschichten. Das Medium fließt zwischen Beobachtungskopf und immobilisierten Zellen hindurch.

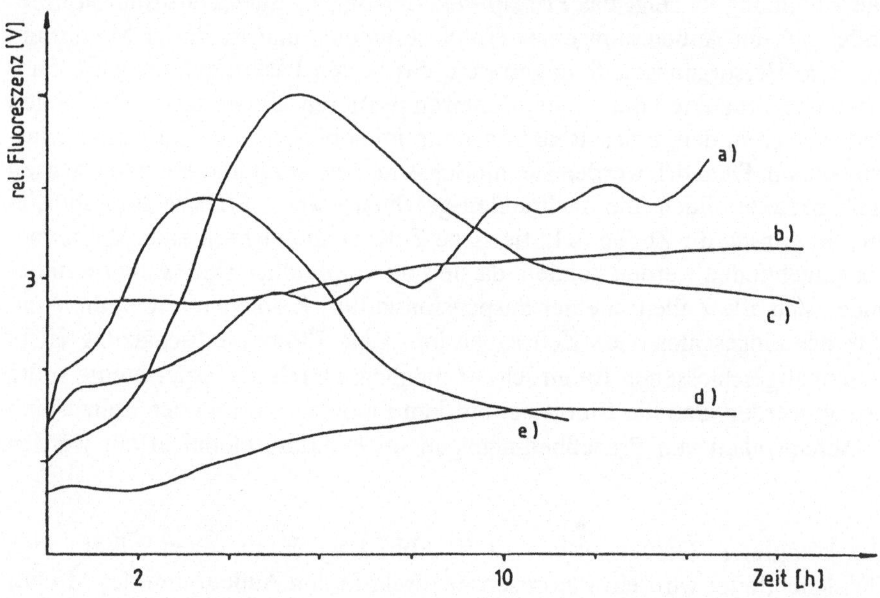

Abb. 94 Sequentielle Glucosezugabe zu hungernden, immobilisierten Zellen über einen längeren Zeitraum (a: 5 g/l, Injektion alle 10 Minuten; b: 3 g/l, Injektion alle 30 Minuten; c: 3 g/l, Injektion alle 15 Minuten; d: 0,5 g/l, Injektion alle 30 Minuten; e: 3 g/l, Injektion alle 5 Minuten) (Busch, 1989)

(Zellwachstum = Zelltod + Zellauswaschung) und die Zellen vor jedem neuen Puls genau wieder in dem gleichen metabolischen Zustand sind wie beim vorherigen Puls. Bei den langsamen Pulsfrequenzen wird dieser Zustand direkt angestrebt, und ein konstantes Verhalten der Zellen wird nach etwa 10 Stunden erreicht. Bei den schnell aufeinanderfolgenden Pulsen (3 g/l) wird erst ein Maximum durchlaufen, was darauf hindeutet, daß erst ein verstärktes Zellwachstum in den Außenschichten stattfindet, dann aber infolge der auftretenden stärkeren Substratlimitierungen für die inneren Schichten und eine wegen der höheren Zelldichte geringeren Eindringtiefe des Meßstrahl die Signalhöhen wieder abnehmen und dann nach 14 Stunden einen konstanten Wert annehmen. Ein Schwingen zwischen diesen Zuständen scheint bei den schnell aufeinanderfolgenden hohen Substratpulsen aufzutreten.

2.3.3.2.7. Messungen an in Hohlfasermodulen immobilisierte Hefezellen

Die folgenden Experimente wurden gemacht, um zu zeigen, daß Kulturfluoreszenzmessungen auch direkt in Hohlfasermodulen möglich sind. Die Abbildung 95 zeigt das Prinzip der Messungen. Eine Zellsuspension befindet sich im Außenraum eines Hohlfasermoduls und ist durch Membrane von dem Versorgungsmedium getrennt, das in den Fasern geführt wird. Substrate und Produkte können die Membran passieren, Zellen nicht. Die Zellen sind folglich in dem einen Reaktionsraum immobilisiert, den sie nicht verlassen können. Dennoch werden sie mit Substraten versorgt und können wachsen und Produkte bilden, die nach außen geschleust werden. Diese Immobilisierung ist günstig für Zellen (z.B. tierische Zellen), die nicht in eine Alginatmatrix eingebunden werden können, da sie sehr empfindlich sind. Außerdem befinden sich alle Zellen in einer Suspensionskultur. Problematisch ist die Analytik der eingeschlossenen Zellsuspension. Eine Biomasseabschätzung ist in diesem abgeschlossenen Raum schwer möglich. Durch die Experimente sollte gezeigt werden, daß die Biomasse mit dem Fluorosensor und der Zellzustand in Abhängigkeit von Prozeßbedingungen im Hohlfasermodul erfaßt werden können.

Der komplette Versuchsaufbau ist in Abbildung 96 zu sehen. Über einen Flüssiglichtleiter wird ein Fluorosensor direkt in den Außenraum des Moduls geführt, in dem sich die Zellen befinden. Diese Zellen werden in dem Experiment in den großen Konditionierungsreaktor (55 ml pro min) umgepumpt, in dem sich ein zweiter Fluorosensor befindet. Die Sensitivität beider Sensoren ist auf denselben Wert abgestimmt. Das Reaktorvolumen von 5 l ist groß gegen das des Hohlfasermoduls (Nephross Andante, B. Braun Melsungen). So

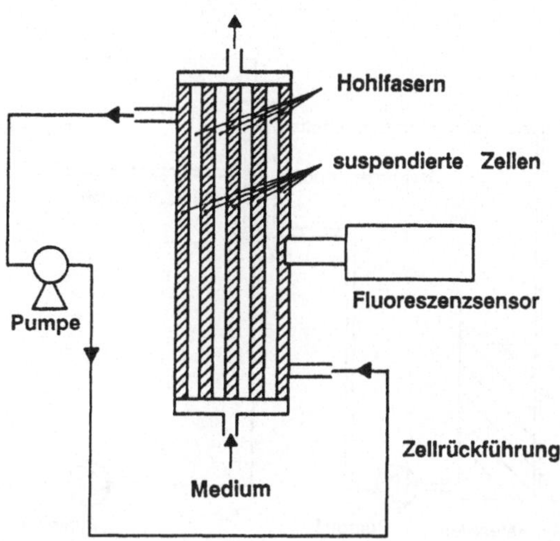

Abb. 95 Messung der Kulturfluoreszenz von Zellen im extrakapillaren Raum von Hohlfasermodulen (Scheper *et al.*, 1989)

läßt sich der Zellzustand im Konditionierungsreaktor mit dem im Hohlfasermodul gut vergleichen. Im großen Reaktor kann mit Luft oder Stickstoff begast werden. Eine Begasung des Mediums, das mit und ohne Glucose durch das Modul gepumpt wird, findet nicht statt. Als Medium wird das in den Fermentationsversuchen für Hefen beschriebene Medium benutzt (siehe Kapitel 2.3.2.1.).

Die Abbildung 97 zeigt die Änderung des Fluoreszenzsignals mit steigender Biomasse. Für die Messungen wurde der Hefegehalt im Konditionierungsreaktor durch Zugabe einer konzentrierten Hefesuspension stufenweise erhöht. Der Fluoreszenzanstieg mit der Biomasse ist im großen Reaktor linear, im Hohlfasemodul jedoch nicht, da das Meßvolumen sehr gering ist. Trotzdem ist der Anstieg der Biomasse auch über den an das Modul gekoppelten Fluoreszenzsensor klar zu erfassen.

Für weitere Untersuchungen wurden die Begasung und die Glucosezufuhr verändert. In der Abbildung 98 sieht man den deutlichen Fluoreszenzanstieg durch den aerob/anaerob Übergang im Hauptreaktor. Das Meßsignal im Hohlfasermodul ist nahezu unverändert. Wird jedoch auch die Glucosezufuhr gestoppt (Umschalten auf glucosefreies Medium), nimmt das Fluoreszenzsignal im Hohlfasermodul rasch zu. Im Reaktor ist ein gleich hoher Anstieg mit einer gewissen Zeitverzögerung zu erkennen. Durch das Fehlen der Glucose

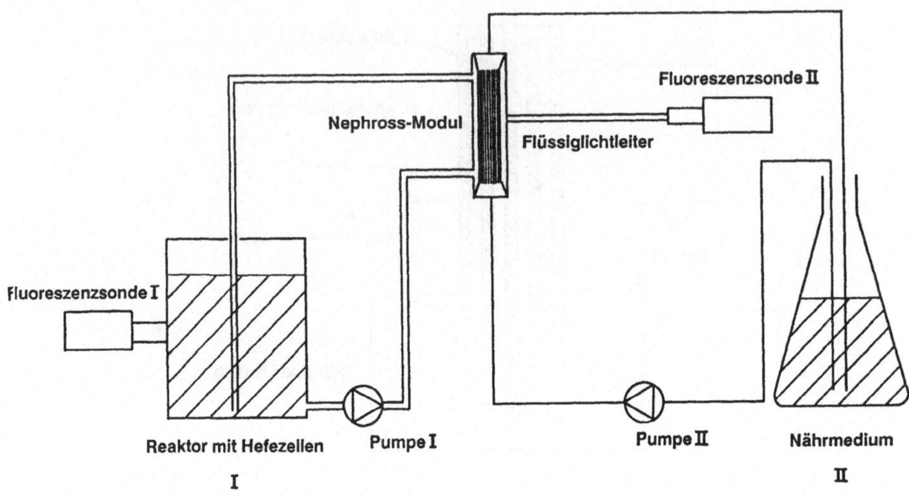

Abb. 96 Versuchsaufbau zur Kulturfluoreszenzmessung an Zellen, die in Hohlfasermodulen immobilisiert sind

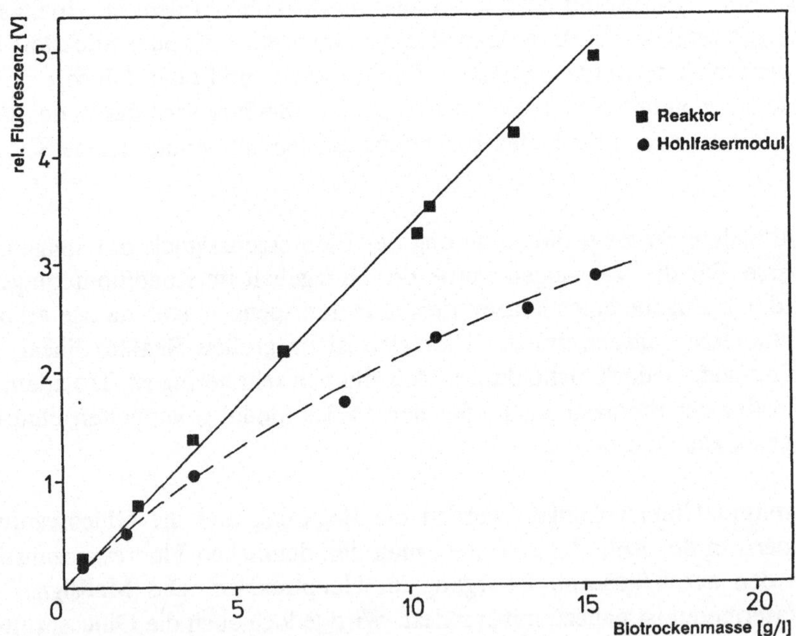

Abb. 97 Zusammenhang zwischen biomasse und NADH-abhängiger Kulturfluoreszenz im Kessel und im Hohlfasermodul

kann kein NADH mehr über die anaerobe Glykolyse oxidiert werden. Der Verlauf zeigt, daß die Zellen im Hohlfasermodul schon im anaeroben Zustand vorlagen, als im Reaktor noch mit Luft begast wurde. Unterstützt werden diese Ergebnisse durch Messungen von aerob/anaerob-Übergängen während glucosehaltiges und -freies Medium durch das Modul gepumpt wurde (Abbildung 99). Es zeigt sich, daß eine On-line-Messung der Kulturfluoreszenz im Hohlfasermodul einen interessanten Einblick in den Zellzustand der dort immobilisierten Zellen gibt, und daß auch eine Biomassebestimmung in dem für andere Meßtechniken unzugänglichen Reaktionsraum möglich ist.

2.3.4. Zusammenfassung

Kulturfluoreszenzmessungen geben einen vielseitigen Einblick in das Zellgeschehen während der Kultivierungsprozesse. Zur Biomasseabschätzung kann diese Technik herangezogen werden, aber besonders effektiv zur Beurteilung des Zellzustands. Auch an immobilisierten Zellen können diese Messungen durchgeführt werden und interessante Resultate für die biotechnologische Prozeßanalytik liefern. Die Messungen sind hier trotz der ungünstigen Verhältnisse (einseitige Bestrahlung des Immobilisats, geringe Zellkonzentration vor dem Beobachtungsfenster, Quenchingeffekte des Alginats) sensitiv und aussagekräftig. Neben der Messung an immobilisierten Zellen in Festbettreaktoren mit einem Konditionierungsreaktor, sind auch Beobachtungen des dynamischen Antwortverhaltens der Zellen auf gezielte Substratpulse in Durchflußsystemen möglich. Insgesamt ist mit dieser Methode die aktive Biomasse in Bioprozessen on line und in situ zu erfassen.

Die Meßtechnik kann aber nur im Zusammenspiel mit anderen Meßverfahren (Substrat-, Produkt-, Metaboliterfassung) in der Biotechnologie ihr ganzes Potential entfalten. Immer sollten dabei Effekte beachtet werden, die Signaländerungen vortäuschen, ohne daß Zellen daran beteiligt sind (Hintergrundfluoreszenz, Gasblasen, veränderbares Meßvolumen, Temperatur). Störende Effekte können - wie aus den Beispielen ersichtlich - bei der Signalauswertung beachtet werden. Die optischen Sensoren beginnen erst ihren Einzug in die Prozeßanlytik, deshalb müssen viele Erfahrungen mit diesen Sensoren erst gewonnen werden. Unerläßlich ist, die Meßdaten kritisch mit anderen Daten zu vergleichen und die Meßanordnung den möglichen Problemen stärker anzupassen als mit herkömmlichen Sensoren (pH-, pO_2-Sensoren). Dieser Aufwand lohnt sich erheblich, wenn man bedenkt, daß man mit diesen einfachen, kostengünstigen Fluoreszenzsensoren einen direkten kontinuierlichen Einblick in das Zellinnere erhält, das allen anderen Sensoren

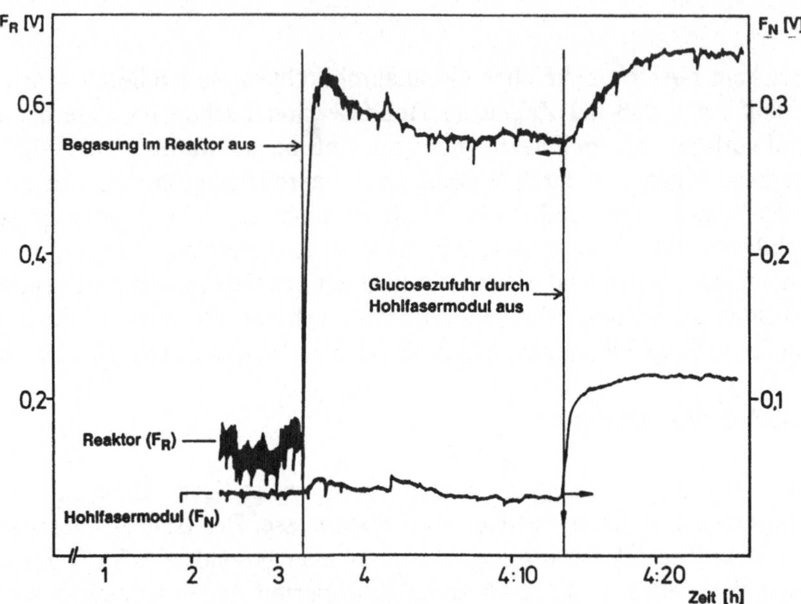

Abb. 98 Änderungen im NADH-Pool bei einem aerob/anaerob-Übergang und bei folgender Unterbrechung der Glucosezufuhr

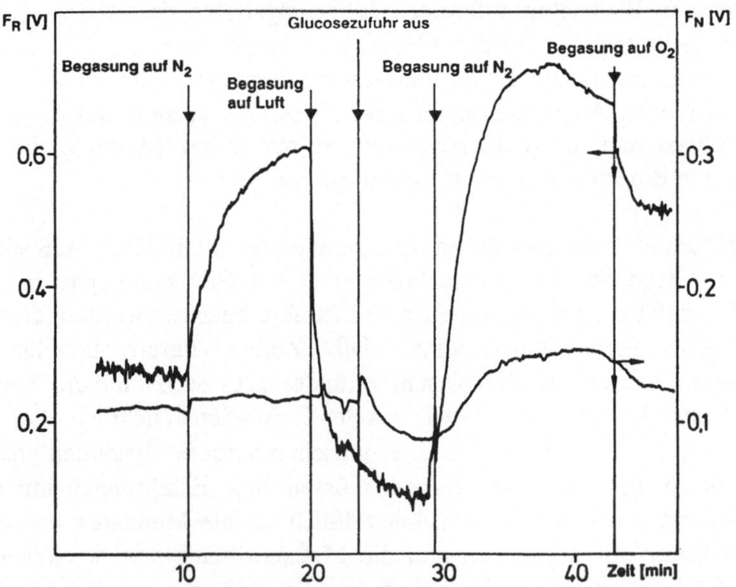

Abb. 99 Aerob/anaerob Übergänge mit und ohne Glucsoezufur durch die Hohlfasern

(außer den teuren und aufwendigen NMR-Techniken) verschlossen bleibt.

2.3.5. Messung von Zelleigenschaften in Durchflußsystemen

Obwohl Durchflußsysteme erst im Kapitel Biosensoren ausführlich vorgestellt werden, sollen hier zwei Arbeiten vorgestellt werden, bei denen mit solchen Systemen erstmalig bei der Prozeßbeobachtung kontinuierlich intrazelluläre Komponenten gemessen wurden. Die Untersuchungen wurden an dem *E. coli* Stamm 5K(pHM12) (Mayer *et al.*, 1980) durchgeführt, der ein Plasmid zur Produktion von Penicillin-G-amidase trägt (Rinas, 1984; Ahlmann, 1985). Dieses Enzym wird intrazellulär angereichert und entzieht sich so einer direkten Messung im extrazellulären Medium. Um eine On-line-Prozeßkontrolle zur Messung der Enzymaktivität zu ermöglichen, wurden zwei Wege beschritten: Das Enzym wurde zum einen direkt in den Zellen ohne Zellaufschluß in einem Enzymthermistor und zum anderen in einem Autoanalyzersystem mit kontinuierlichen enzymatisch/chemischen Zellaufschluß detektiert.

2.3.5.1. Bestimmung der intrazellulären Enzymaktivität mit einem Enzymthermistor

In einem Enzymthermistor läßt sich die bei einer enzymatischen Reaktion freiwerdende Wärme im Bereich von einigen zehntausendstel Grad Kelvin bestimmt. Dieses Gerät wird im Kapitel 3.1.5. noch genauer vorgestellt. Mit einigen Umbauten ist es auch möglich, die Aktivität gelöster Enzyme - speziell die von intrazellulären Enzymsystemen - zu bestimmen (Sauerbrei, 1983; Scheper *et al.*, 1984). Die Abbildung 100 zeigt dazu schematisch den Meßaufbau. Vor einer kleinen Plastiksäule (Reaktor, ca. 2 ml Volumen) befindet sich ein Y-förmiges Zulaufstück. Zwei Pufferträgerströme können hier hineingepumpt werden, vermischen sich in dem Reaktor und fließen wieder ab, wobei ein kleiner Thermistor am Ende der Säule die Temperatur des Gemisches genau bestimmt (näheres siehe Kapitel 3.1.5.). In dem Reaktor kann die Mischung durch verschiedene Einbauten (Glasperlen, Schikanen) begünstigt werden. Für wäßrige Systeme erwies sich ein kurzes Teflonschlauchcoil als günstig. Es dient als Verweilzeitstrecke, in der die wärmeentwickelnde Reaktion stattfindet (Sauerbrei, 1983).

Bei dem Nachweis von Enzymaktivitäten wird in dem einen Pufferstrom kontinuierlich das Substrat (hier Penicillin-G) mitgeführt und die zu messende Probe in den anderen Strom injiziert. Der gesamte Aufbau befindet sich in einem sehr gut thermostatisierten System. Enzym und Substrat reagierten in der

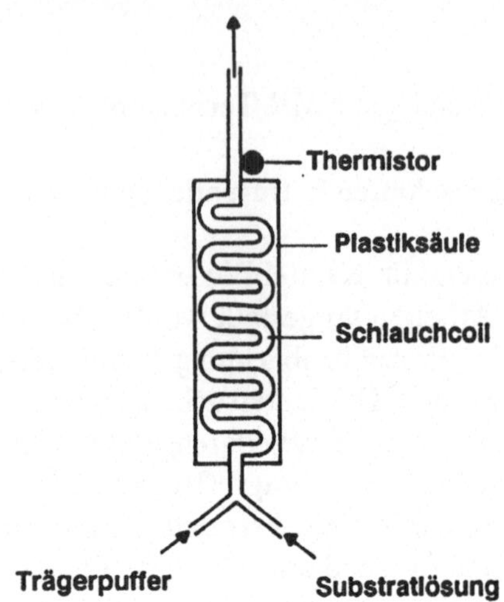

Abb. 100 Meßanordnung zur Bestimmung der Aktivität gelöster Enzyme im Enzymthermistor

Verweilzeitstrecke, und die freiwerdende Wärme ist der Enzymaktivität proportional (Substrat im Überschuß). Um Störungen durch Mischungswärmen auszuschließen, wird in einer Referenzsäule die gleiche Messung ohne enzymhaltige Probe gemacht. Um den Aufbau zu testen, wurden zuerst Untersuchungen mit nativer Penicillin-G-amidase durchgeführt (Scheper *et al.*, 1984). In Abbildung 101 sind die Wärmesignale als Funktion der Enzymaktivität zu sehen. Der Verlauf ist über einen großen Aktivitätsbereich nahezu linear.

Dieses System kam anschließend zum Einsatz bei der Analyse von Fermentationsproben einer Kultivierung des *E. coli* 5K(pHM12)-Stammes, der die Penicillin-G-amidase intrazellulär produziert und anreichert. Fermentationsproben wurden dazu ohne Zellaufschluß aufgegeben. In dem Reaktor permeierte das Penicillin-G in die Zellen und wurde im periplasmatischen Raum von dem dort angereicherten Enzym gespalten. Die dabei freiwerdende Wärme detektierte der Thermistor. In Abbildung 102 sind die Meßwerte über den Fermentationsverlauf im Vergleich zu einer herkömmlichen Methode (titrimetrische Bestimmung der Enzymaktivität nach Zellaufschluß) aufgetragen (Sauerbrei, 1983; Firley, 1983). Die Kurven sind gegeneinander verschoben. Der Verlauf ist ähnlich, wobei die Thermistordaten das Aktivitätsmaximum deutlicher wiedergeben. Da die Probenfrequenz sehr niedrig war, konnte der Fermetentionsverlauf nicht exakt dargestellt werden. Im Vergleich zu den herkömmlichen Off-line-Tests wurde aber deutlich, daß die intrazelluläre Enzymaktivität auch ohne Zellaufschluß empfindlich bestimmt werden

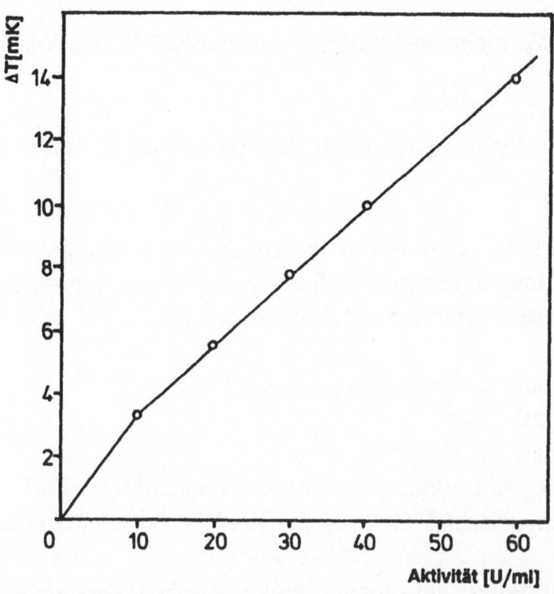

Abb. 101 Kalibrierkurve für Penicillin-G-amidaseaktivität bestimmt mit einem Enzymthermistor (Sauerbrei, 1983)

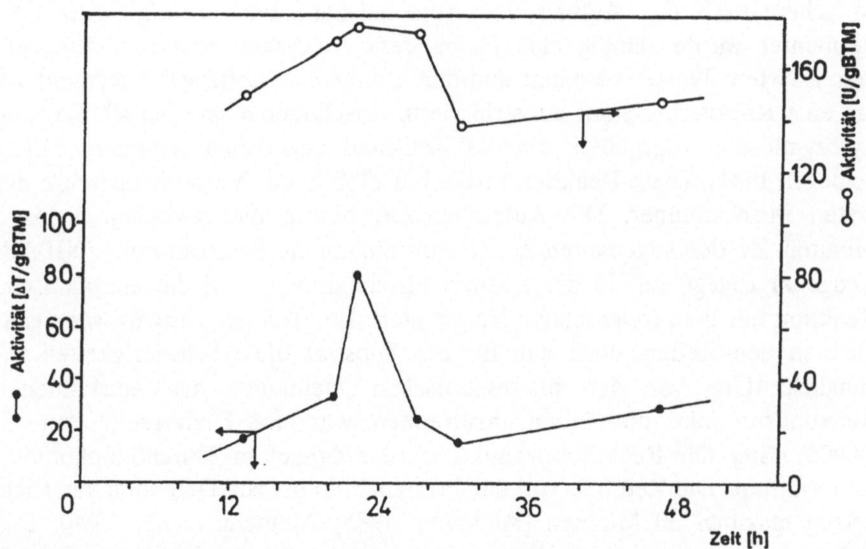

Abb. 102 Verlauf der intrazellulären Penicillin-G-amidaseaktivität in einer Satzkultivierung (o: titrimetrischer Test; •: Enzymthermistor)

kann und daß die Wärmeentwicklung der intrazellulären Reaktion eine gute Meßgröße darstellt.

2.3.5.2. Bestimmung der intrazellulären Enzymaktivität in einem Autoanalyzer

Um eine kontinuierliche Analyse des intrazellulären Enzymgehalts zu erreichen, wurde ein Autoanalyzersytem aufgebaut. In ihm liefen folgende Analysenschritte automatisiert hintereinander ab (Ahlmann, 1985):

> enzymatisch-chemischer Zellaufschluß
> Substratzugabe
> enzymatische Reaktion
> Dialyse (Abtrennung der Zellen vom gebildeter Farbstoff)
> photometrische Detektion der Reaktionsprodukte (Farbstoff)

Der gesamte Ablauf basiert auf einem photometrischen Test zur Bestimmung der Penicillin-G-amidase Aktivität. Dabei wird zur enzymhaltigen Probe 6-Nitro-3-phenylessigsäureamidbenzoesäure (NIPAB) gegeben, das von dem Enzym umgesetzt wird. Das freigesetzte Reaktionsprodukt wird photometrisch bei 410 nm detektiert (Kutzenbach und Rauenbusch, 1974). In Abbildung 103 ist schematisch der Aufbau des Autoanalyzersystems gezeigt. Aus dem Fermenter wurde ständig eine Probe dem Analysensystem zugeführt, mit deionisiertem Wasser verdünnt und durch pulsweise Luftzugabe segmentiert, um eine Rückvermischung zu verhindern. Anschließend wurden EDTA- und Lysozymlösung zugegeben, um die Zellwand anzudauen (Ahlmann, 1985; Schlegel, 1981). Diese Reaktion verlief bei 27°C in der Verweilzeitstrecke der ersten Mischkammer. Die Aufenthaltszeit betrug hier zwischen 1 bis 5 Minuten. Zu den angedauten Zellen wurde dann die Substratlösung (NIPAB-Reagenz) zugegeben. In der zweiten Mischkammer fand die enzymatische Reaktion mit dem freigesetzten Enzym statt. Ein Teil des Enzyms war sicher noch in den Zellen, doch nun für das Substrat ohne Schwierigkeiten zugänglich. Um vor der photometrischen Detektion des entstandenen Reaktionsprodukts die Zellen abzutrennen, war eine Dialysezelle (cut-off: 15.000) nötig. Die Reaktionsprodukte wurden danach im Durchflußphotometer bestimmt. Die Zeit, die von der Probenahme bis zur Detektion verstrich, betrug maximal 30 Minuten (Ahlmann, 1985; Ahlmann *et al.*, 1986). Das System konnte mit nativem Enzym kalibriert werden, und alle 90 Minuten

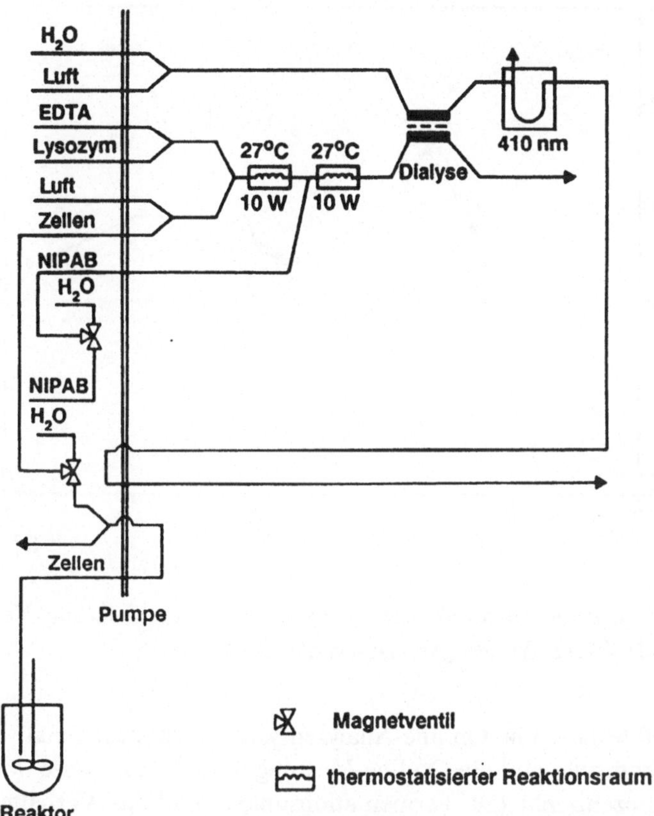

Abb. 103 Aufbau des Autoanalyzers zur On-line-Betimmung der intrazellulären Penicillin-G-amidase während der Satzkultivierung von *E. coli* 5K(pHM12) (Ahlmann *et al.*, 1986)

wurde eine Waschphase eingelegt, um Verstopfungen und Bewuchs der Meßzelle zu verhindern. Das gesamte System arbeitete vollautomatisch (Ahlmann, 1985).

Der Abbildung 104 sind die Ergebnisse des On-line-Betriebs der Autoanalyzereinheit im Vergleich zu den entsprechenden Off-line-Daten zu entnehmen. Die Off-line-Messungen wurden mit demselben enzymatischen Test gemacht. Die Analysenzeit für jeden Off-line-Test lag über 30 Minuten, wenn man alle Teilschritte von Probenahme, -aufarbeitung und Analyse berücksichtigt. Die Übereinstimmung der Daten ist sehr gut. Wegen der relativ langsamen Veränderungen im Fermentationsgeschehen ist die Zeitverzöge-

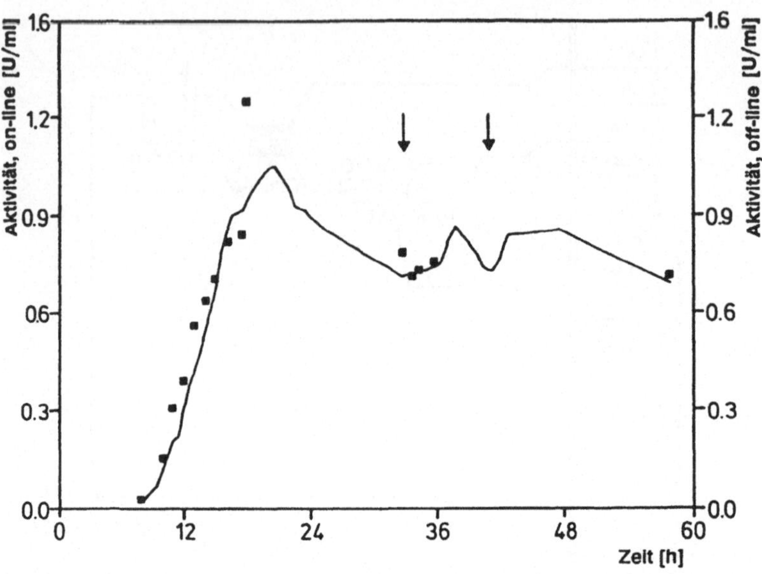

Abb. 104 Verlauf der Enzymaktivität während der Satzkultivierung. Vergleich von On-line- und Off-line-Werten (Ahlmann *et al.*, 1986)

rung von 30 Minuten im On-line-Analysensystem nicht problematisch. Für die Reaktionskontrolle gibt die On-line-Messung wichtige Hinweise auf den optimalen Erntezeitpunkt (20. Fermentationstunde) und das Verhalten der Mikroorganismen bei Substratzugaben (angedeutet durch Pfeile). Die Off-line-Messungen gestatten hingegen nur einen groben Überblick über den Fermentationsverlauf, wenn sie nicht mit hoher Frequenz durchgeführt werden. Mit diesem Beispiel konnte erstmalig ein automatisch arbeitendes On-line-Analysensystem zur Bestimmung intrazellulärer Enzymaktivitäten aufgebaut und seine Anwendbarkeit an einem realen Prozeß gezeigt werden.

2.3.5.4. Zusammenfassung

On line arbeitende Durchflußanalysensysteme ermöglichen eine kontinuierliche Beobachtung des Kultivierungszustands. Wie zu sehen, sind auch intrazelluläre Größen kontinuierlich erfaßbar. Zwar zeigen diese Systeme den Fermenterzustand oft erst mit einer gewissen Zeitverzögerung an oder können nur zeitlich diskrete Daten (quasi on line) wiedergeben, doch das ist gerade bei Off-line-Analysen genauso der Fall. Durch Rechnersteuerung und Automatisierung der einzelnen Analysenschritte wird die Gesamtanalyse genauer und reproduzierbarer. Ein Nachteil ist: Für jede nachzuweisende Komponente muß ein einzelner Analysenstrang aufgebaut werden.

2.3.6. Durchflußcytometrie

Zur Charakterisierung von Zellpopulationen eignet sich die Durchflußcytometrie besonders (siehe Kapitel 2.2.1.). Bis zu 5.000 Zellen können pro Sekunde einzeln vermessen werden und so einen detaillierten Einblick in die Zellen einer Zellsuspension geben. Zwar gibt es bisher keine On-line-Kopplung von Durchflußcytometern, doch ist diese Methode - gerade weil sie strukturierte Daten über die Mikroorganismen liefert - von großer Bedeutung für die biotechnologische Prozeßanalytik.

Für die Arbeiten standen zwei Cytometer zu Verfügung: ein Ortho-System (Cytofluorograph 50) und ein Prototyp der Firma Kratel. Bei dem Orthogerät handelte es sich um ein Einstrahlgerät und bei dem Kratelsystem um ein Zweistrahlgerät (Scheper, 1985). Für die Untersuchungen wurden HeNe- und Argonionenlaser verschiedener Leistung verwendet (50 mW bis 3W). Für einige Versuche stand ein Durchflußcytometer der Firma Bruker (ACR 1000) zur Verfügung. Bei den Untersuchungen ging es um die Entwicklung neuer Färbetechniken für zelluläre Komponenten (Polyhydroxybuttersäure und Lipide) und die Anwendung der Durchflußcytometrie für biotechnologische Fragestellungen.

Um den Einsatz des Kratelcytometers zu verbessern, waren einige Umbauarbeiten nötig. Mit dem neuen Aufbau, der in Abbildung 105 zu sehen ist, stehen drei Photomultiplier zur Verfügung. Die Photomultiplier PM_1 und PM_2 lassen sich zur simultanen Bestimmung zweier Fluoreszenzwellenlängen einsetzen, während PM_3 zur Messung des 90°-Streulichts in der Durchflußküvette dient. Zur Lichtführung wird dabei ein Glasfaserkabel benutzt. Besonders wichtig war der Einbau der Quecksilberlampe, weil damit ein breites Anregungsspektrum zur Verfügung stand. Über Interferenzfilter wurde die gewünschte Anregungswellenlänge selektiert (Abbildung 106). Von Nachteil ist bei der Verwendung der Quecksilberlampe die schlechte Fokussierbarkeit des Anregungslichts im Gegensatz zu den Lasern. Das Anregungslicht des Argonionenlasers konnte zu einem ovalen Fokus mit einem Durchmesser von ca. 1,5 μm gebündelt werden (Scheper, 1985). Dies war bei dem Licht der Quecksilberlampe nicht möglich. Der Fokus war zu groß für Größenmessungen über Absorptionssignale (siehe Abbildung 107).

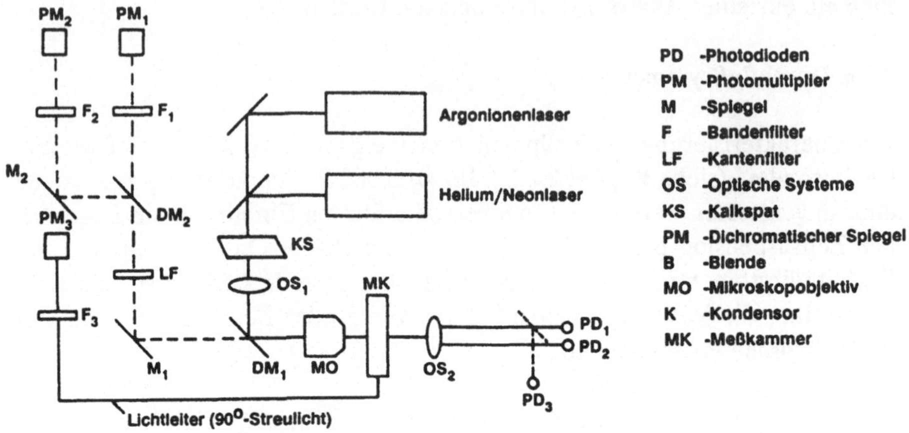

Abb. 105 Schematischer Aufbau des Laser-Durchflußcytometers

2.3.6.1. Durchflußcytometrische Messungen an *Alcaligenes eutrophus* zur Bestimmung des intrazellulären PHB-Gehalts

Poly-β-hydroxybuttersäure (PHB) ist als Polymer der β-Hydroxybuttersäure ein Energie- und Kohlenstoffspeicher in vielen Bakterienarten (Senior and Dawes, 1973). Es wird intrazellulär in granulärer Form angereichert (Schlegel, 1981). Industrielles Interesse besteht an diesem Biopolymer, da es die Eigenschaften eines optisch aktiven Thermoplasten zeigt und biologisch abbaubar ist (de Mola *et al.*, 1975; Miyaki *et al.*, 1977).

Die Untersuchungen wurden an *Alcaligenes eutrophus* H16 durchgeführt (Guske, 1989). Dieser Stamm kann beim Wachstum auf organischen Substraten bis zu 80 % des Zelltrockenmassegewichts als PHB speichern (Srienc, 1980). Als Kohlenstoffquelle wurde in den Versuchen Fructose benutzt, da *A. eutrophus* dafür einen aktiven Transportmechanismus besitzt.

2.3.6.2. Entwicklung eines Fluoreszenzfärbeassays für PHB

Die Bestimmung von PHB mit herkömmlichen Methoden ist recht aufwendig. Für viele der Methoden muß das PHB erst aus den Zellen nach deren Trock-

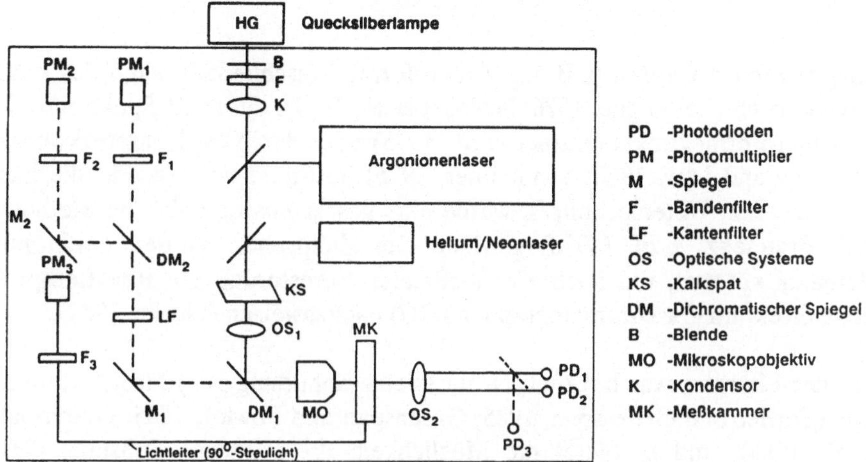

Abb. 106 Schematischer Aufbau des Laser-Durchflußcytometers mit Lasern und Qucksilberhochdrucklampe als Lichtquelle (Linz, 1989)

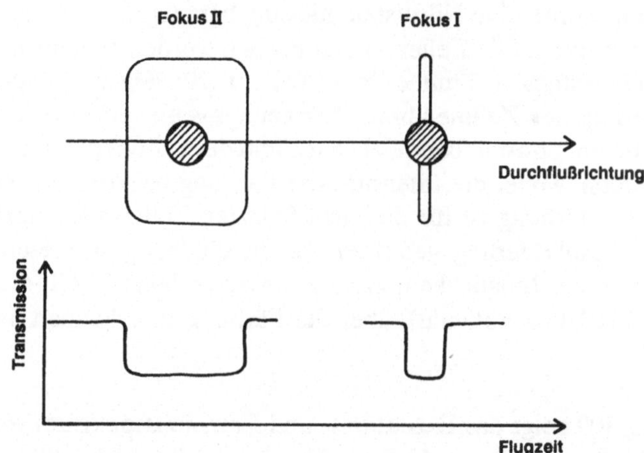

Abb. 107 Einfluß der Fokusgröße bei der Größenmessung. Solange die Zellen die Foki durchqueren, ist das Transmissionssignal kleiner (im rechten Winkel zur Durchflußrichtung gemessen). Links ist der Fokus viel größer als die Zellen. Die Signalbreite entspricht immer der Fokusbreite und ist unabhängig von der Zellgröße (solange sie klein gegen den Fokus ist). Nur die Extinktionshöhe wird etwas von der Zellgröße beeinflußt. Rechts sieht man das Signal einer Zelle, die größer als der Fokus ist. Das Transmissionssignal nimmt ab, bis die Zelle den Fokus durchquert hat. Eine größere Zelle ruft ein breiteres Signal hervor.

nung extrahiert werden (z.B. mit Chloroform). Anschließend kann das PHB gravimetrisch (Lemoigne, 1926; Schlegel *et al.*, 1961), durch IR-Spektroskopie des Chloroformextrakts (Jüttner *et al.*, 1975) oder durch Spaltungsreaktionen (Slepecky and Law, 1960; Sonnleitner, 1976) bestimmt werden. Für die hier beschriebenen Untersuchungen wurde eine gaschromatographische Methode nach Braunegg *et al.* (1978) gewählt. Die Zellproben wurden direkt mit Methanol versetzt, um nach anschließender Veresterung die Reaktionsprodukte direkt im Gaschromatographen (GC) nachzuweisen (Guske, 1989).

Aus der Literatur war bekannt: Nilrot (siehe Abbildung 108) färbt Neutrallipide (Fowler and Greenspan, 1985; Greenspan and Fowler, 1985; Greenspan *et al.*, 1985), und es bietet die Möglichkeit, die fettartige Substanz PHB (Schlegel, 1981) anzufärben (Ostle und Holt, 1982; Siguta und Shilnikova, 1978).

2.3.6.3. Färbeassay für PHB

Für die Färbung wurde eine Nilrotstammlösung benutzt, die 100 mg Nilrot in 100 ml Aceton enthielt. Die Zellen in den Proben wurden abzentrifugiert und einmal für mindestens 1 Stunde in eiskaltem 70 %igen Ethanol fixiert (Permeabilisierung der Zellmembran) beziehungsweise unfixiert in Salinelösung aufgenommen. Sowohl fixierte als auch unfixierte Zellen können mit Nilrot gefärbt werden, wobei die Intensität der Färbung bei fixierten Zellen höher ist. Die Nilrotfärbung ist für die nicht fixierten Zellen nicht toxisch. Das konnte durch Ausplattierung gefärbter Zellen eindeutig bewiesen werden. Damit ergibt sich die Möglichkeit, Zellen, die einen hohen PHB-Gehalt aufweisen (hohe PHB-Produktivität), über die Färbung zu erkennen und auszusortieren.

Die Abbildung 109 zeigt das Exzitations- und Emissionsspektrum von gefärbten PHB-haltigen *Alcaligenes*-Zellen. Daraus ergibt sich die optimalen Anregungswellenlänge bei 565 nm und die optimale Emissionswellenlänge bei 588 nm. Die Banden liegen sehr eng beieinander, können aber meßtechnisch ohne Probleme getrennt werden. Auch bei 488 nm kann der Farbstoff noch angeregt werden. Das ist besonders wichtig für durchflußcytometrische Messungen, da diese Wellenlänge von einem Argonionenlaser geliefert werden kann.

Um die optimalen Färbebedingungen auszuarbeiten, wurden die Untersu-

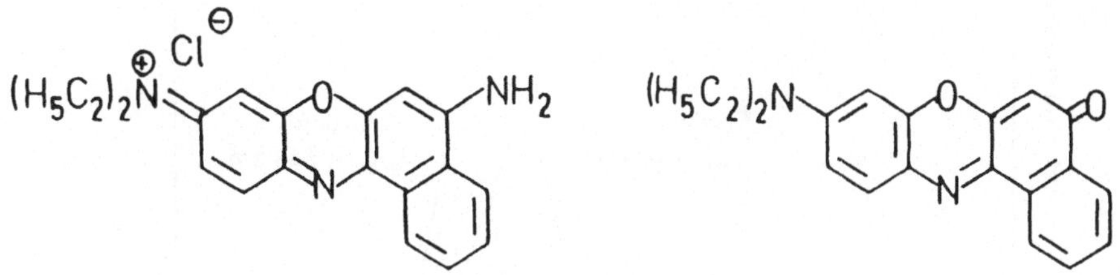

Abb. 108 Strukturformel von Nilrot und Nilblau

chungen im Spektralfluorometer durchgeführt. Bei den Untersuchungen ist darauf zu achten, daß die Zelldichte nicht zu hoch liegt, da "inner-filter"-Effekte (siehe Kapitel 2.1.7.) sonst große Abweichungen hervorrufen. Abbildung 110 beweist: Ein linearer Zusammenhang zwischen der Konzentration gefärbter Zellen und der Fluoreszenz besteht bis zu optischen Dichten von 5. Die Untersuchungen wurden stets bei einer optischen Dichte unter 1 gemacht, um mit Sicherheit im linearen Bereich zu sein. Die Färbung zeigt eine starke Zeitabhängigkeit (Abbildung 111). Innerhalb der ersten 15 Minuten nach Zugabe der Nilrotlösung nimmt die Fluoreszenzintensität zu und dann schnell wieder ab, wenn die Probe ständig mit dem Anregungslicht bestrahlt wird. Wird die Probe in gewissen Zeitabständnen nur kurzfristig bestrahlt, ist dieser "bleaching"-Effekt nicht so stark. Bei fixierten Zellen dauert es etwa 25 Minuten, bis die maximale Fluoreszenz erreicht ist, die dann - wie bei den nicht fixierten Zellen - abklingt. Die Zugabe von 10 μl der Nilrotlösung reicht aus, um 1 ml einer Zellsuspension mit Zellen, die bis zu 70 % der Zelltrockenmasse an PHB enthalten, bis zu optischen Dichten von fünf vollständig anzufärben. Deshalb wurde als Standardfärbemenge jeweils 10 μl zu 1 ml einer Zellsupension der optischen Dichte eins gegeben.

Dieser Färbeassay kann auch benutzt werden, um PHB quantitativ nachzuweisen. In Abbildung 112 ist der Vergleich der Fluoreszenzwerte mit den im GC bestimmten PHB-Werten zu sehen (Guske, 1989). Der lineare Zusammen-

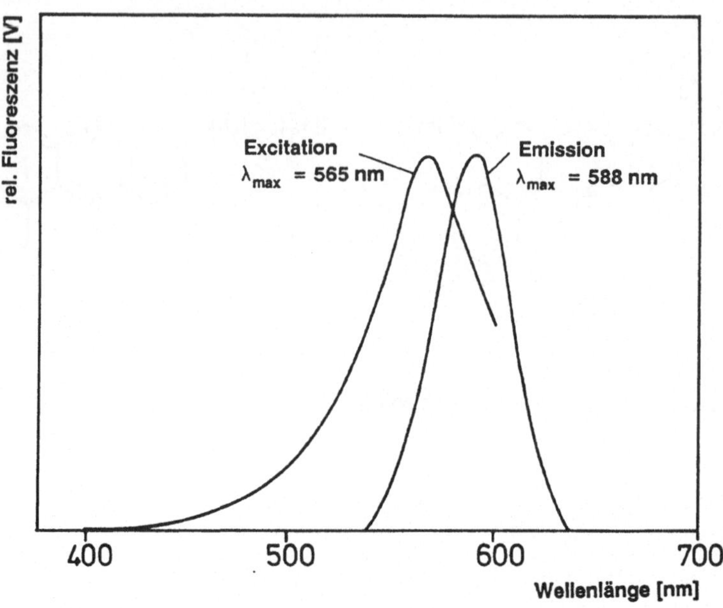

Abb. 109 Emissionsspektrum von PHB-haltigen *Alcaligenes eutrophus* Zellen, die mit Nilrot gefärbt wurden

hang wird deutlich sichtbar. Die Kontrolle des PHB-Gehalts durch den fluorometrischen Test ist in Abbildung 113 für eine Satzkultivierung von *A. eutrophus* zu sehen. Der fluorometrische Test stellt gegenüber dem GC-Test eine große Zeitersparnis und Arbeitserleichterung dar.

2.3.6.4. Durchflußcytometrische Untersuchungen

Für die Messungen im Durchflußcytometer wurden die gefärbten Zellen mit dem Argonionenlaser bei 488 nm angeregt, und die Fluoreszenz wurde im rechten Winkel erfaßt. Die Abbildung 114 zeigt Zellen, die vor der Färbung fixiert, und andere, die nicht fixiert waren. Die Fluoreszenzintensität unterscheidet sich kaum. Der eigentliche Verlauf der Histogramme ist ähnlich. In der Zellsuspension, die am Ende einer Satzkultivierung entnommen wurde, liegt der PHB-Gehalt in den meisten Zellen recht hoch. Der Anteil der Zellen mit niedrigem PHB-Gehalt scheint bei den nicht fixierten Zellen höher. Durch die Ethanolfixierung wird die Zellwand für den Farbstoff durchlässiger: alle Zellen werden also hinreichend gefärbt.

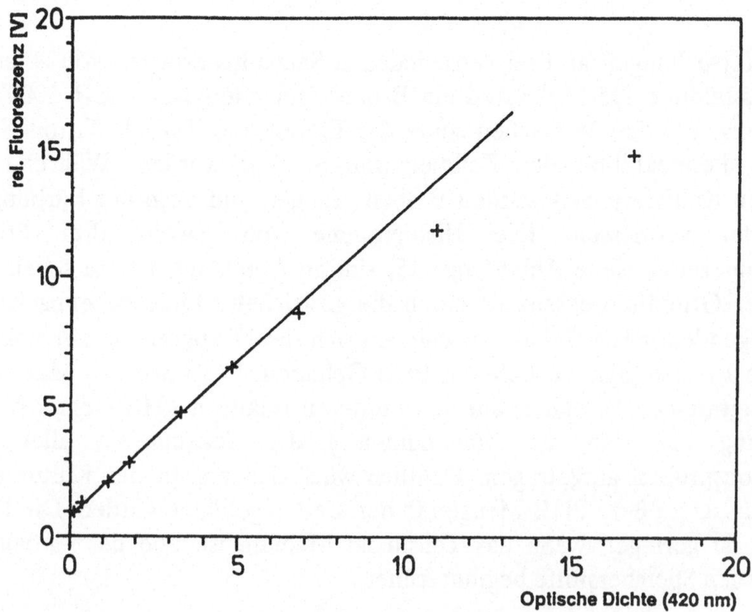

Abb. 110 Abhängigkeit der Nilrot-Fluoreszenz von der optischen Dichte

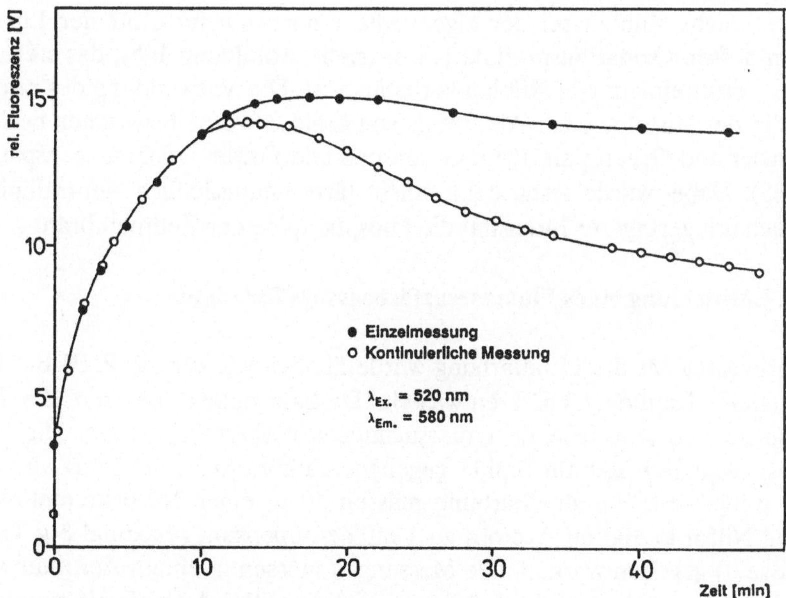

Abb. 111 Zeitabhängigkeit der Nilrot-Färbung

Für Untersuchungen an drei verschiedenen Satzkultivierungen von *A. eutrophus* (Abbildung 115-117) stand ein Bruker-Flowcytometer (ACR 1000) zur Verfügung. Bei den Versuchen sollte der Einfluß des Tensids Triton X-100 auf die Permeabilität der Zellmembran getestet werden. Während der gesamten Kultivierungen wurden Proben gezogen und nach der Färbung im Cytometer vermessen. Die Histogramme von jeweils drei Proben (Entnahmezeiten siehe Abbildung 115) sind in Abbildung 116 zu sehen. Die Lage der Grundfluoreszenz ist durch die gestrichelte Linie gekennzeichnet. Mit steigendem PHB-Gehalt verschieben sich die Histogramme zur höheren Meßkanalwerten, also zu höheren PHB-Gehalten. Die Lage des Maximums des Histgrammpeaks deutet auf den mittleren relativen PHB-Gehalt hin. In Abbildung 117 sind die Kanalnummern der Peakmaxima aller Fermentationsproben aufgetragen. Deutlich wird, daß nur in der Kultur ohne Tensidzusatz größere PHB-Mengen in den Zellen gebildet wurden. Die PHB-Bildung ist geringer, wenn das Tensid im Medium ist, und der Abbau der zellinternen Speicherstoffe beginnt früher.

2.3.6.5. Durchflußcytometrische Messungen des intrazellulären Lipid-Gehalts

Schon seit der Jahrhundertwende wurde Nilblau zur Färbung von Lipiden benutzt (Smith, 1908; Chain, 1947). Erst vor einigen Jahren kam man zu dem Ergebnis, nicht Nilblau sei der eigentliche Fluoreszenzfarbstoff der Lipide, sondern dessen Oxidationsprodukt Nilrot (siehe Abbildung 108), das stets als geringe Verunreinigung in Nilblau vorhanden ist. Die Verwendung des reinen Nilrots in der Histologie zur Anfärbung von Lipiden wurde inzwischen berichtet (Fowler and Greenspan, 1985; Greenspan and Fowler, 1985; Greenspan *et al.*, 1985). Dabei wurde festgestellt: Nilrot färbt hauptsächlich Neutrallipide, aber auch mit geringerer Intensität die Phospholipide der Zellmembran.

2.3.6.6. Entwicklung eines Fluoreszenzfärbeassays für Lipide

Ein Färbeassay für die Lipidfärbung wurde ähnlich wie für die PHB-Bestimmung (siehe Kapitel 2.3.6.2) entwickelt. Deshalb sollen hier nur die Endergebnisse und abweichende Untersuchungen vorgestellt werden. Die Methode ist zwar spezifisch für Lipide, gegebenenfalls vorhandenes PHB wird natürlich mitgefärbt. Für die Färbung müssen 30 μl einer Nilrotstammlösung (100 mg Nilrot in 100 ml Aceton) zu 1 ml Zellsupension (maximal 3 g Trockenmasse/l) gegeben werden. Die Messungen müssen in einem Zeitraum von 25-35 Minuten nach dem Färbebeginn erfolgen. Die ideale Exzitationswellenlänge beträgt 530 nm, die Emissionswellenlänge 580 nm. Auch hier wird

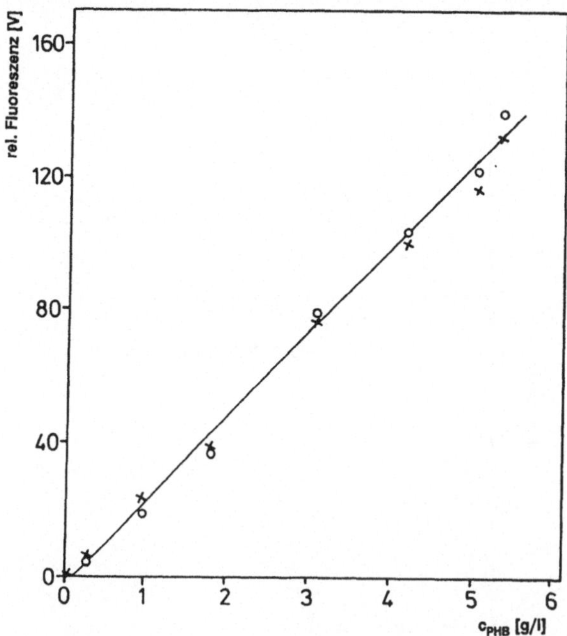

Abb. 112 Funktion zwischen PHB-Gehalt und Nilrot-PHB-Fluoreszenz (Guske, 1989)

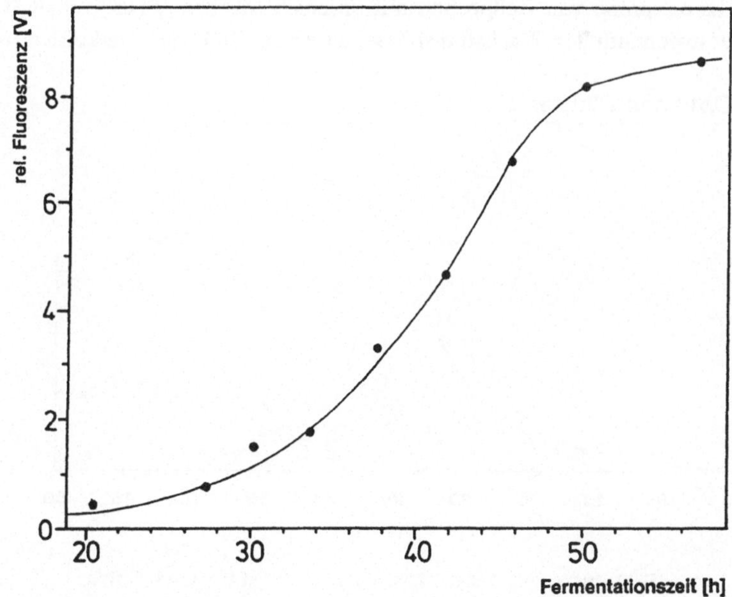

Abb. 113 Fermentationsverlauf von *Alcaligenes eutrophus* an Hand der Nilrot-Fluoreszenz

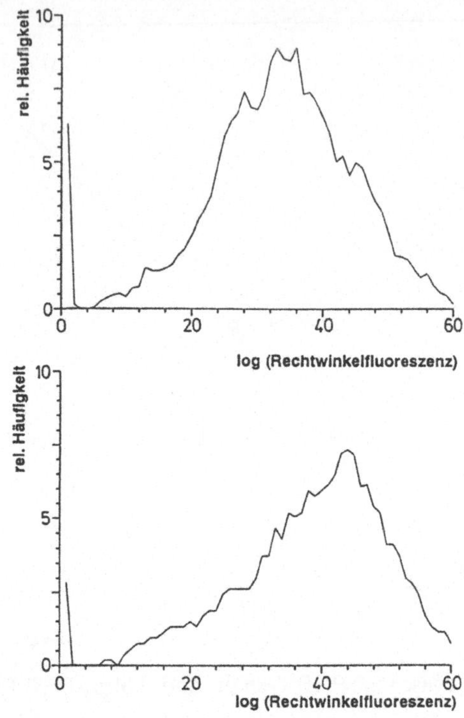

Abb. 114 Histogramme von Zellproben mit unterschiedlichem PHB-Gehalt (Oben während der exponentiellen Wachstumsphase, unten am Ende der Satzkultivierung)

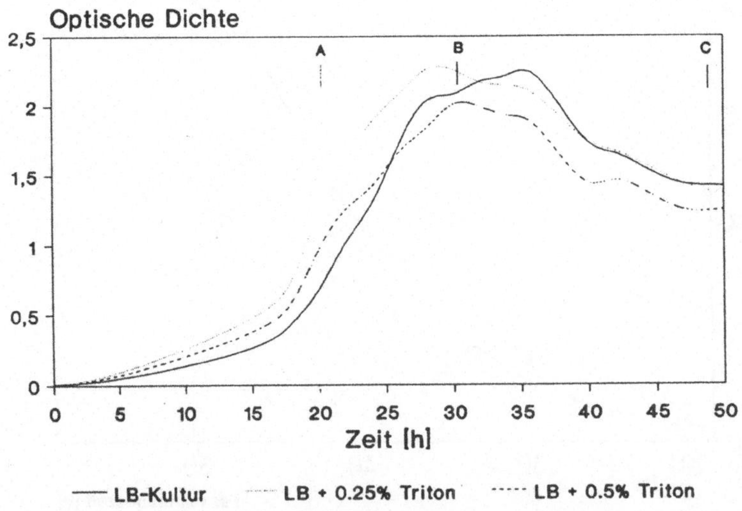

Abb. 115 Verlauf von Schüttelkulturen von *Alcaligenes eutrophus* mit unterschiedlichem Tensidgehalt (Linz, 1989; Eghdessadi, 1989)

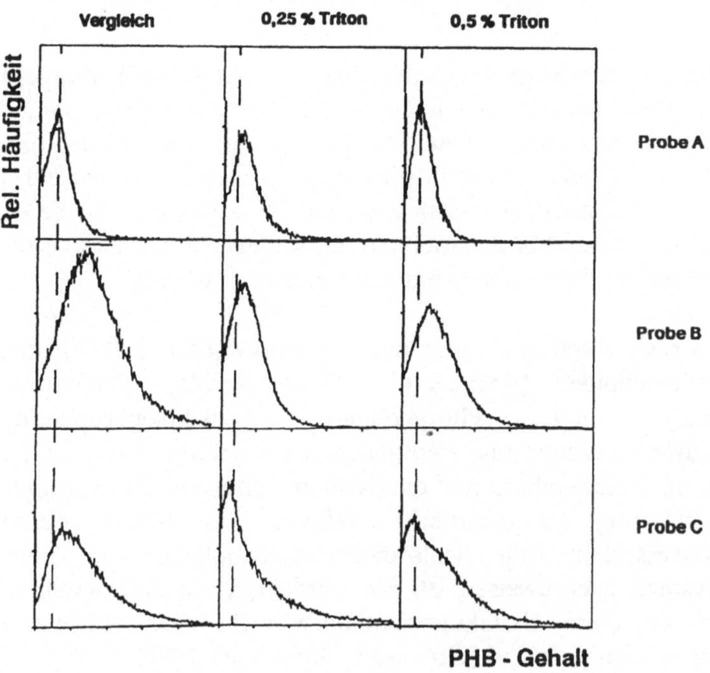

Abb. 116 Verschiedene Nilrot-PHB-Histogramme der Schüttelkulturen aus Abbildung 115

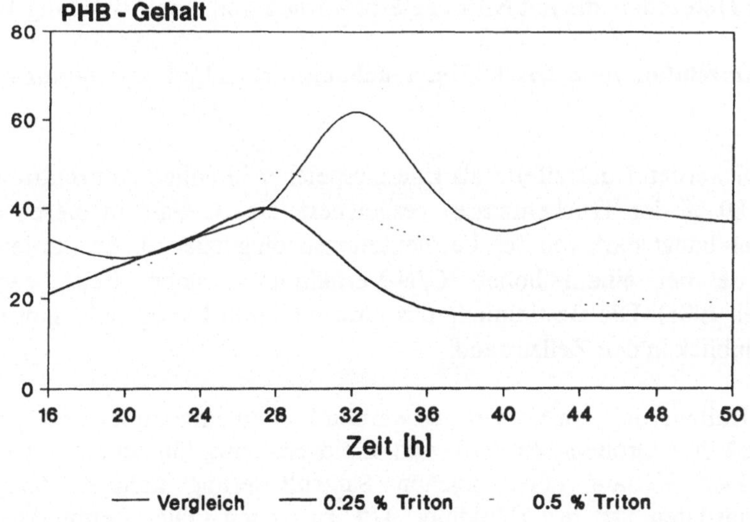

Abb. 117 Verlauf der mittleren Nilrot-PHB-Fluoreszenz in den Schüttelkulturen aus Abbildung 115

die Fluoreszenz nur durch das in dem Lipid gelöste Nilrot hervorgerufen. Es ist unnötig, Daß überschüssige, in der wäßrigen Phase vorhandene Nilrot vor den Messungen niht abzutrennen. Die Zellsuspension kann nach der kurzen Färbezeit von 25 Minuten direkt im Cytometer vermessen werden. Bei der Färbung von Hefen handelt es sich um eine Vitalfärbung, da die gefärbten Zellen auf Platten und in Schüttelkulturen weiterwachsen. Das ist besonders in Hinblick auf die Verwendung eines Sortersystems wichtig.

Mit reinen Eichsubstanzen konnte nachgewiesen werden, daß Nilrot verschiedene Neutrallipide (β-Siterestol, Monoglyceride, Diglyceride und Triglyceride) und Phospholipide (L-α-Lysophosphatidylcholin, Phosphatidylethanolamin und Phosphatidsäure) anfärbt (Linz, 1987). Damit wird auch die Zellmembran und die darin enthaltenden Phospholipide durch die Nilrotfärbung fluorometrisch erfaßbar. Das erklärt, weshalb bei Extraktionsversuchen mit Chloroform/Methanolgemischen stets eine Restfluoreszenz nachzuweisen ist. Sie würde auf die Zellmembranfärbung hindeuten, da diese Extraktionsmethoden nicht sehr effizient für die Membranphospholipide sind (Greenspan, 1987; Linz, 1987).

Für die Lipidmessungen wurde der Argonionenlaser verwendet. Zwar liegt die Emissionswellenlänge mit 488 nm nicht im Anregungsmaximum des Nilrot, dennoch wir eine genügend hohe Fluoreszenz erzeugt. Das Exzitationsspektrum für Hefezellen, die mit Nilrot gefärbt wurden, zeigt die Abbildung 118.

2.3.6.7. Durchflußcytometrische Untersuchungen zur Lipidbestimmung in Hefen

In Hefen werden Neutralfette als Energiespeicher in hohen Konzentrationen (bis zu 80 % der Trockenmasse) gespeichert. Der Gehalt an diesen Speicherfetten hängt stark von den Fermentationsbedingungen ab. So werden beispielsweise bei einem hohen C/N-Verhältnis vermehrt Fette gebildet (Schlegel, 1981). Die Bestimmung des intrazellulären Lipidgehalts gibt somit einen Einblick in den Zellzustand.

Bei der Kultivierung von *S. cerevisiae* wurden Proben entnommen und cytometrisch auf ihre Größen-, Protein- und Lipidverteilung hin untersucht (Linz, 1987). Der Verlauf einer solchen Satzkultivierung anhand der Fermentationsdaten ist in Abbildung 119 zu sehen. Die Zeitpunkte der Probeentnahme sind durch Pfeile gekennzeichnet, und die entsprechenden Histogramme sind in Abbildung 120 zu sehen. Während der ersten Wachstumsphase liegt ein hoher Anteil sprossender - also sich teilender - (größer als 6 μm) neben den einzelnen Mutterzellen (3-6 μm) vor. Der Anteil der sprossenden Zellen nimmt bis zur diauxischen lag-Phase ab, und während des Wachstums auf Ethanol steigt der Anteil kleiner Zellen (kleiner als 3 μm) stark an. Ein ähnliches Bild ergibt sich für den Proteingehalt. Die Proteine wurden vor der Messung mit Fluoresceinisothiocyanat (FITC) angefärbt und konnten dann fluorometrisch bestimmt werden (Scheper, 1985). Bis zur diauxischen lag-Phase nimmt der hohe Proteingehalt leicht zu. Ein Unterschied in der Lipidkonzentration zwischen Einzelzellen und sprossenden Zellen scheint nicht zu bestehen. Als Meßgröße wurde das Integral unter dem Fluoreszenzsignal jeder einzelnen Zelle ausgewertet. Beim Wachstum auf Ethanol gibt es nebeneinander zwei Zellfaktionen mit niedrigem und hohem Proteingehalt. Gegen Ende der Kultivierung liegen nur noch die kleinen Einzelzellen mit dem niedrigen Proteingehalt vor.

Bei dem Lipidgehalt wird ein Unterschied zwischen der ersten Wachstumsphase, dem Beginn der Wachstumsphase auf Ethanol und dem Ende der Satzfermentation deutlich. Erst bleibt der Lipidgehalt auf einem mittleren Niveau recht konstant. Zu Beginn der rein oxdiativen Wachstumsphase kann man zwei Zellfraktionen bestimmen, die einen höheren bzw. niedrigeren Lipidgehalt aufweisen als während des oxidativen Stoffwechsels. Am Ende der Satzkultivierung liegen nur noch Zellen mit einem sehr niedrigen Lipidgehalt vor. Erstaunlich ist der kurzfristige Anstieg des Lipidgehalts in der diauxischen lag-Phase und zu Beginn des Ethanolabbaus. Das deutet darauf hin, daß ein Teil der Zellen kurz vor dem Erschöpfen der Glucose und mit dem Abbau des Ethanols Speicherfette angelegt hat. Sie müssen bis zum Fermentationsende nicht abgebaut sein, sondern nur gleichmäßig auf die Tochterzellen übertragen werden, damit der Lipidgehalt pro Zellen sehr klein wird. Die Messungen zeigen deutlich, daß über die Bestimmung von Zellkomponenten ein direkter Einblick in die Vorgänge in den Zellen möglich ist. Das ist Voraussetzung, um den Einfluß von Prozeßparametern auf die Mikroorganismen selbst meßbar zu machen.

2.3.6.8. Vitalitätsmessungen

Bei der biotechnologischen Analytik ist die Bestimmung der Zellvitalität von großem Interesse. Der Anteil der aktiven, vitalen Zellen ist abhängig von den Prozeßbedingungen und soll für Produktionsprozesse möglichst hoch sein. Viele Methoden zur Bestimmung der Vitalität beruhen auf Färbemethoden, die mikroskopisch ausgewertet werden. Wichtig sind Methoden, die schneller

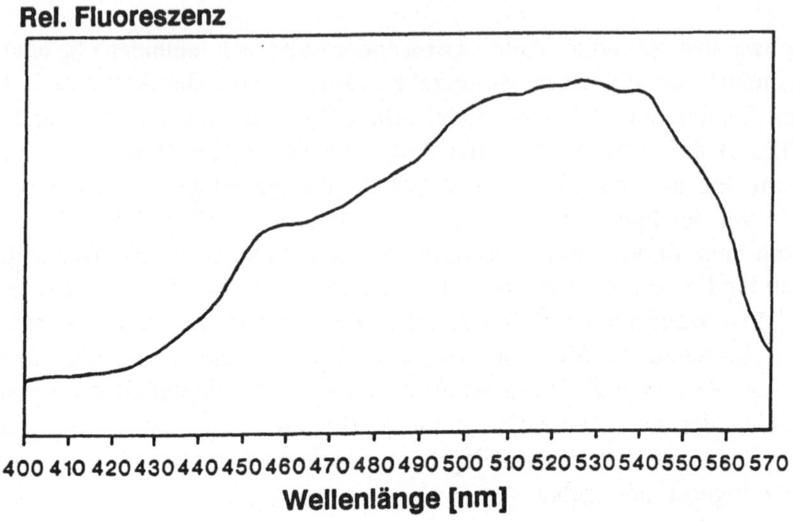

Abb. 118 Exzitationsspektrum von Nilrot-gefärbten Lipiden in Hefezellen (Linz, 1987)

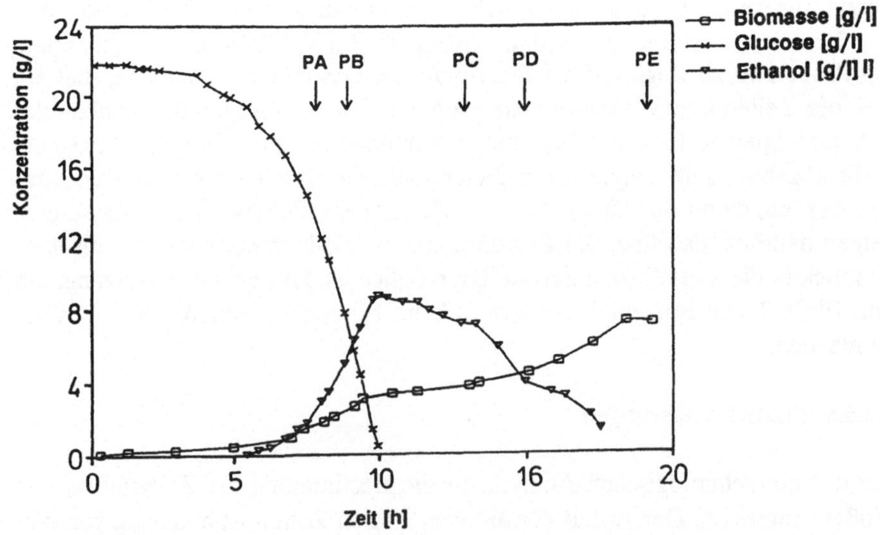

Abb. 119 Verlauf einer Hefesatzkultivierung (Linz, 1987)

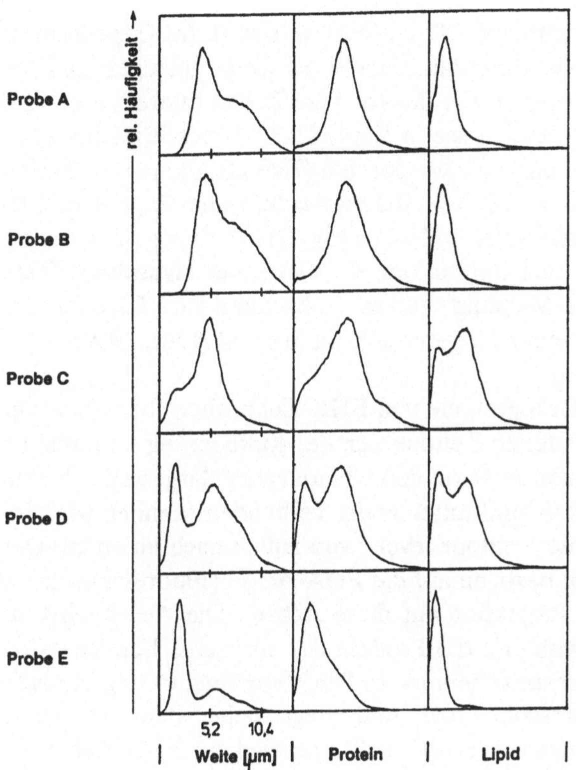

Abb. 120 Histogramme (Größe, Protein- und Lipidgehalt) von Proben aus der in Abbildung 119 dargestellten Kultivierung von Hefen

und mit einer höheren statistischen Genauigkeit Daten liefern. Die Durchflußcytometrie bietet sich an, da innerhalb einer Minute ohne Probleme 100.000 bis 300.000 Zellen vermessen werden können.

2.3.6.9. Vitalitätsassay mit Fluoresceindiacetat und Ethidiumbromid

Arbeiten von Aeschbacher *et al.* (1986) zeigen, daß intakte und tote Zellen ein unterschiedliches Verhalten gegenüber Fluoresceindiacetat (FDA) und Ethidiumbromid (EB) aufweisen. So kann FDA durch die Membran vitaler Zellen transportiert werden und im cytoplasmatischen Raum durch dort vorhandene Esterasen gespalten werden. Dadurch wird fluoreszierendes Fluorescein (Exzitationsmaximum: 491 nm; Emissionsmaximum: 535 nm) freigesetzt, das sich im Zellinneren anreichert. Eine intakte Zelle fluoresziert dann grün, wenn sie mit Licht der Wellenlänge 491 nm bestrahlt wird. Im Gegensatz zu FDA kann EB nur durch die Membran einer toten Zelle gelangen und die dort vorhandene doppelsträngige DNA färben. Tote Zellen fluoreszieren also rot. Der Färbeassay wurde - ähnlich wie in Kapitel 2.3.6.2. beschrieben - optimiert. Zur Färbung von 1 ml einer Zellsuspension (Biomasse unter 3 g/l) sind 25 μl einer FDA-Lösung (70 mg FDA in 100 ml Aceton) und 40 μl einer EB-Lösung (100 mg EB in 100 ml Puffer, pH=4) nötig. Die Färbung sollte bei einem pH-Wert von 4 ausgeführt werden, um unerwünschte Hydrolyseeffekte des FDAs zu vermeiden. Die Messung kann ca. 20 Minuten nach Färbebeginn beginnen. Intensität ist über einen längeren Zeitraum stabil (Linz, 1989).

Abbildung 121 enthält die Histogramme von BHK-Zellproben (baby hamster kidney cells), die zu verschiedenen Zeitpunkten der Kultivierung entnommen wurden. Die Histogramme sind in Form von Contourplots dargestellt. Punkte mit gleicher Ereignishäufigkeit sind miteinander verbunden (ähnlich wie Höhenlinien). Dabei nehmen die "contour levels" von außen nach innen zu. Der Verlauf des Histogramms ist bezogen auf die FDA-Achse (Fluoreszenz grün) sehr breit (vorzustellen als Projektion auf diese Achse). Die Achse wird als FDA-Achse bezeichnet, obwohl nur das Produkt der enzymatischen Reaktion - das Fluorescein - die Fluoreszenz hervorruft. Die Verteilung ist eng bezogen auf die EB-Achse (Fluoreszenz rot) und liegt nahe dem Ursprung (Signalrauschen). Der Histogrammverlauf müßte parallel zur FDA-Achse bei niedrigen EB-Werten liegen wenn nur lebende Zellen vorhanden wären. Die EB-Fluoreszenz ist nur sehr gering ist, da in den Zellen ist nur wenig DNA vorhanden ist. Da die FDA-Fluoreszenz jedoch sehr groß ist und ein Teil der FDA-Fluoreszenz noch durch die für die EB-Fluoreszenz verwendeten Interferenzfilter geht, werden die eigentlichen EB-Signale überlagert. Eine Zelle mit hoher FDA-Fluoreszenz - also hoher Vitalität - erzeugt auch ein geringes EB-Signal, das höher liegt als das einer Zelle mit niedriger FDA-Fluoreszenz. Deshalb weist das Histogramm eine geringe Steigung auf. Berücksichtigt man diese Punkte, erkennt man aus den Histogrammen in Abbildung 121, daß fast nur lebende Zellen in der Zellsuspension vorlagen (Kretzmer, 1989; Linz, 1989). Die Verteilung der mit FDA bestimmten Vitalität der Zellen war groß (Projektion des Histogramms auf die FDA-Achse). Zellen, bei denen der FDA-Transport durch die intakte Membran besonders gut verläuft oder die eine besonders hohe Esteraseaktivität aufweisen, zeigen eine hohe Fluoreszenz. Um den Unterschied zu einer Suspension mit einem hohen Anteil toter Zellen zu verdeutlichen, wurde eine Probe vermessen, in der fast nur tote Zellen vorhanden waren. Das Histogramm ist in Abbildung 122 gezeigt (Kretzmer, 1989; Linz, 1989). Deutlich sind zwei Felder zu erkennen: ein

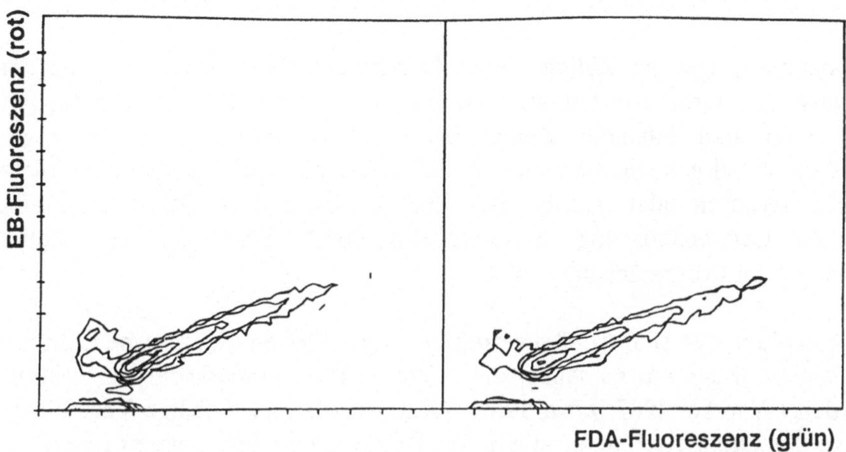

Abb. 121 Zweidimensionale Histogramme zu Vitalitätstests von Tierzellen (Kretzmer, 1989; Linz, 1989)

großes für die geschädigten Zellen (bei hoher EB-Fluoreszenz) und ein kleines für die geringe Anzahl lebender Zellen (bei hoher FDA-Fluoreszenz). Durch die Auswertung dieser Histogramme kann der Anteil lebender, toter und geschädigter Zellen in der Probe bestimmt werden. Da eine große Anzahl von Zellen für die Histogramme vermessen wird, sind die Ergebnisse statistisch gut abgesichert.

Mit dieser Meßtechnik kann der Zellzustand, speziell von tierischen Zellen, während einer Kultivierung genau verfolgt werden. Dadurch läßt sich der Einfluß verschiedener Prozeßparameter (z.B. Scherbeanspruchung) auf die Zellen studieren (Kretzmer, 1989; Wentz, 1989).

Linz (1989) konnte zeigen, daß diese Methode auch bei der Kultivierung von *S. cerevisiae* eingesetzt werden kann, um vitale und tote Zellen voneinander zu unterscheiden. Die Abbildung 123 zeigt Histogramme von Proben, die während einer Satzkultivierung entnommen wurden. Direkt nach dem Animpfen und noch nach zwei Stunden sind relativ viel tote Zellen vorhanden. Mit Beginn der ersten exponentiellen Wachstumsphase nimmt dieser Anteil aber ab und ist während des rein oxidativen Ethanolabbaus vernachlässigbar gering.

2.3.6.10. Vitalitätsbestimmung über Größenmessung

Mit dem Zweistrahlprinzip des Kratel-Cytometers sind sehr genaue

Größenmessungen an Zellen, deren Durchmesser größer als ca. 2 μm ist, möglich. Die Größenverteilung kann deshalb auch zur Bestimmung des Anteils toter und lebender Zellen in Fermentationsproben herangezogen werden. Dabei geht man davon aus, daß tote Zellen schnell ihre eigentliche Größe verlieren oder daß bei der Zellschädigung (z.B. Scherkräfte) eine abrupte Größenänderung, beispielsweise durch Zerstörung der Zellen (Bildung von Bruchstücken) auftritt.

In Abbildung 124 sind Größenverteilungen für Proben einer Suspension von *Spodoptera frugiperda* zu sehen, die in einem Rotationsviskosimeter gestreßt wurden (Wudtke, 1987; Linz, 1989). Oben ist die gleichmäßige Verteilungskurve der Originalzellen zu sehen. Mit fortlaufender Versuchszeit (längerem Streß), nimmt der eigentliche Zellpeak bei ca. 20 μm ab und ein breiter Peak im Bereich der Bruchstücke entsteht. Der Vergleich der im Cytometer bestimmten Anteile lebender und toter Zellen (lebend: Zellen zwischen 16 und 24 μm; tot: 1 bis 15 μm) und den mikroskopisch bestimmten Anteilen ist in Abbildung 125 aufgetragen. Die Übereinstimmung ist sehr gut. Im Mikroskop wurden ca. 50 Zellen vermessen und im Cytometer in einem kürzeren Zeitraum jeweils 100.000 Zellen. Die statistische Absicherung im Cytometer ist also um ein vielfaches besser. Ein ähnliches Ergebnis erhält man auch bei Streßversuchen an BHK-Zellsuspensionen (Abbildung 126) (Jämmrich, 1988).

Die Auswirkungen von chemischen Streß läßt sich genauso an Änderungen in der Größenverteilung erkennen (Wentz, 1989; Linz, 1989). Getestet wurde die inhibierende Wirkung verschiedener Substanzen auf die Zellvitalität. Das kann besonders bei langen Kultivierungsprozessen (tierische Zellen) ein Problem werden, wenn sich schädigende Stoffwechselprodukte (Lactat, Ammonium) im Medium anreichern (Wentz, 1989; Linz, 1989).

2.3.6.11. Zusammenfassung

Die Durchflußcytometrie erlaubt einen detaillierten Einblick in die Zusammensetzung von Zellsuspensionen. Einzelne Zellen werden mit einer hohen Analysenrate vermessen Die aus der Messungen erhaltenen Daten sind im Vergleich zu mikroskopisch ermittelten statistisch gut abgesicherte. Ein Nachteil ist: Das Meßsystem kann nicht ohne weiteres für den On-line-Betrieb an einen Reaktor gekoppelt werden. Schnelle und einfache Färbetechniken erleichtern und verkürzen dabei die Anwendung so, daß die Fülle von Daten nach kurzer Zeit zur Prozeßbeurteilung zur Verfügung stehen. Der relativ hohe Personalaufwand und die hohen Anschaffungskosten sind verglichen mit

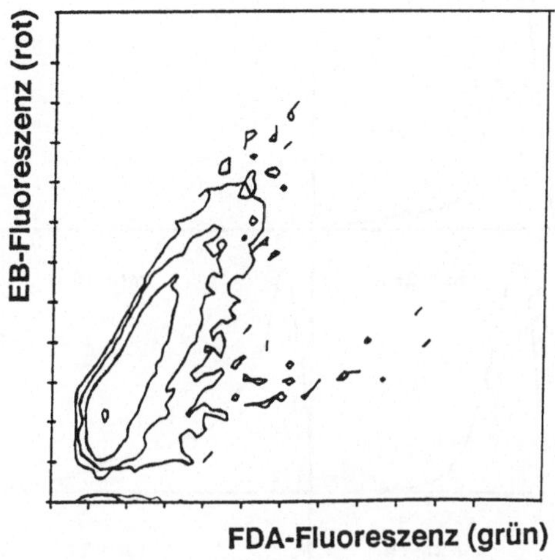

Abb. 122 Zweidimensionales Histogramm zum Vitalitätstest einer Tierzellprobe mit vorwiegend toten Zellen (Kretzmer, 1989; Linz, 1989)

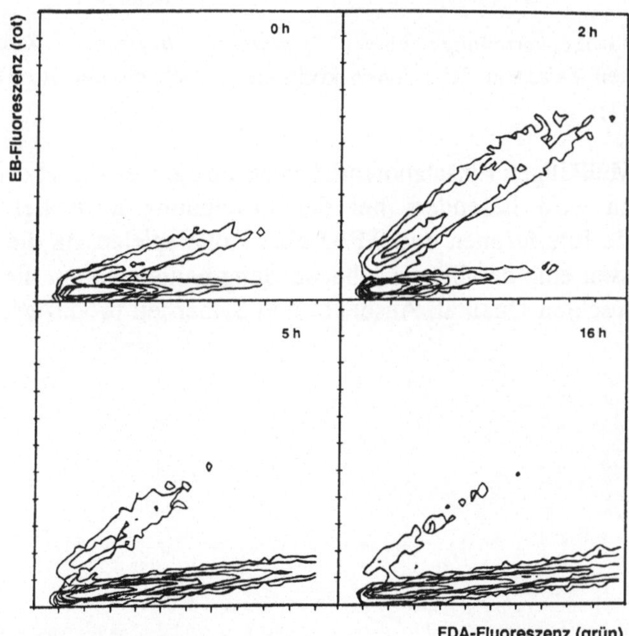

Abb. 123 Zweidimensionale Histogramme von Vitalitätsuntersuchungen an Hefezellen (Linz, 1989, Abel, 1989)

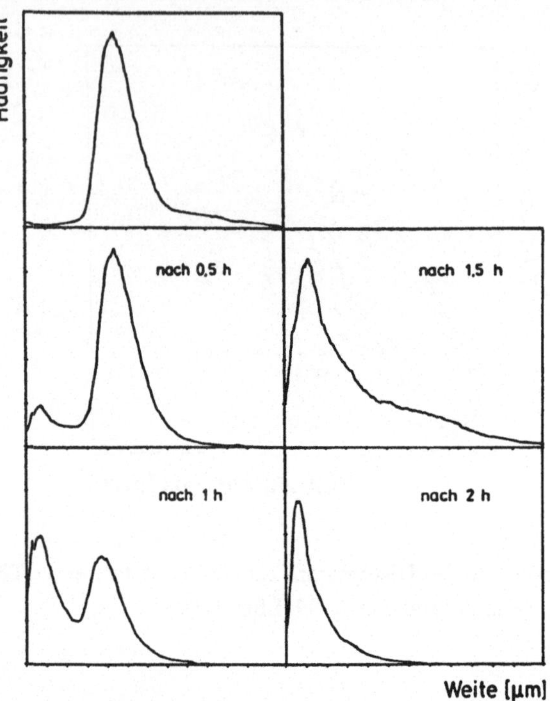

Abb. 124 Größenverteilung einer *Spodoptera frugiperda* Kultur nach unterschiedlichen Zeiten im Rotationsviskosimeter (mechanischer Streß) (Wudtke, 1987; Linz, 1987)

dem großen, vielfältigen Einsatzpotential zweitrangig. Der Einsatz von Durchflußcytometern wird besonders bei der Gweinnung wertvoller Produkte (Pharmaka wie Interferonen und TPA) eine Rolle spielen, da die Zellen in diesen Prozessen eine detaillierte Überwachung benötigen, um die Produkte mit der gewünschten Qualität, Ausbeute und Sicherheit produzieren zu können.

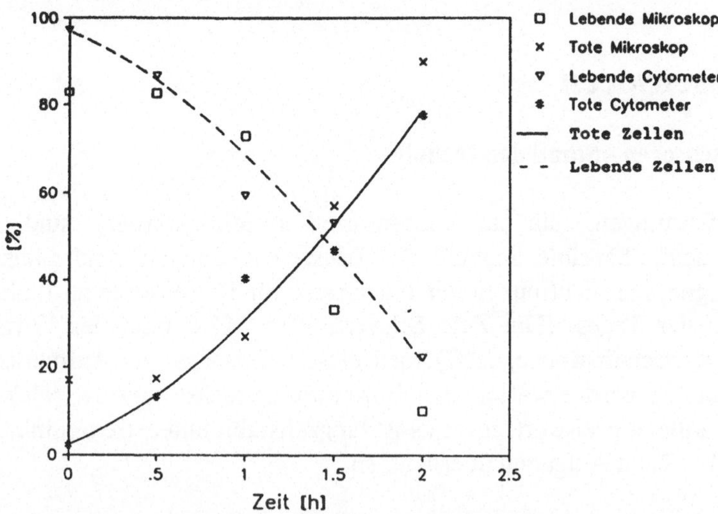

Abb. 125 Lebend/tot-Anteil der *Spodoptera frugiperda* Proben aus Abbildung 124 (Cytometrisch und mikroskopisch bestimmte Werte)

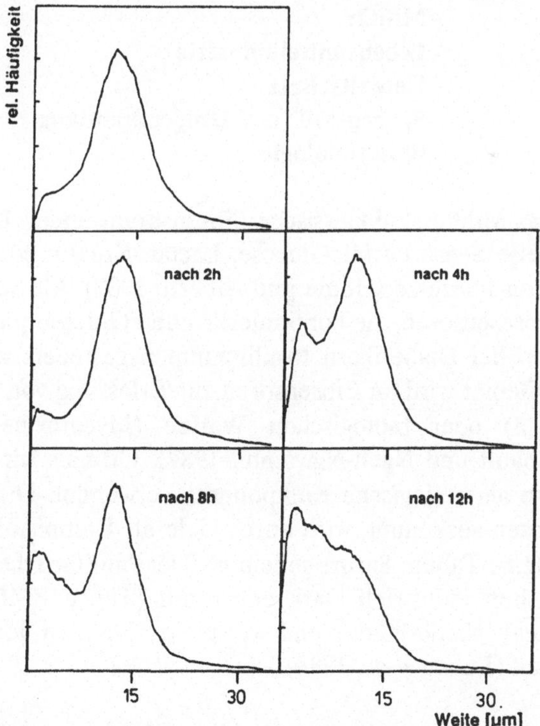

Abb. 126 Einfluß von mechanischem Streß auf BHK-Zellen (Jämmrich, 1988; Linz, 1989)

3. Biosensoren

3.1. Biosensoren - Stand der Technik

Die Erwartungen, die an Biosensoren gestellt werden, sind enorm. "Supernasen", "Sensible Schnüffler", "Trickreiche Sonden" sind gängige Bezeichnungen, die nicht nur in der Fachpresse für Biosensoren zu finden sind. Selbst in der Tages- (Die Zeit, Schwerthöffer, 1988) oder der Wirtschaftspresse (Wirtschaftswoche, 1987) wird diesen Sensoren viel Aufmerksamkeit geschenkt. Es wird erwartet, daß Biosensoren höchst sensitiv, selektiv und flexibel, äußerst preiswert, zuverlässig, langzeitstabil und extrem miniaturisiert ihre analytischen Aufgaben übernehmen.

Biosensoren sind für verschiedene Einsatzgebiete interessant:

> - **Medizin**
> - **Militär**
> - **Lebensmittelindustrie**
> - **Umweltschutz**
> - **Sprengstoff- und Drogenfahndung**
> - **Biotechnologie**

Die Medizin und das Militär sind klassische Biosensoranwender. In der Medizin sind beispielsweise Sensoren für Glucose, Lactat, Kreatin oder Harnstoff (Intensivmedizin) von Interesse (Home und Alberti, 1987). Mit winzigen, implantierbaren Glucosesensoren, die kontinuierlich den Glucosespiegel im Blut bestimmen, könnten bei Diabetikern Insulinpumpen gesteuert werden. Auf dem militärischen Gebiet wird an Biosensoren zur Erfassung von chemischen Waffen (Kampfgase) oder biologischen Waffen (Mycotoxine) geforscht (Owen, 1987; Guilbault und Ngeh-Ngwainbi, 1987). Oftmals wird dabei die Acetylcholinesterase als biologische Komponente verwendet. Dieses Enzym, das in Nervensynapsen vorkommt, wird durch viele als Kampfstoffe benutzte Organophosphate (z.B. Tabun, Sarin) gehemmt. Der "militärische Biosensormarkt" ist heute schon industriell stark entwickelt (Thorn EMI NAIDAD, Großbritannien; Acal, Niederlande) und weist ein Volumen von mehreren Millionen Dollars auf (Luong *et al.*, 1988).

Lebensmittelindustrie und Umweltschutz sind Bereiche, in denen Biosensoren immer wichtiger werden. In Japan wurden erste Wegwerfsensoren entwickelt, mit denen die Frische von Fisch getestet werden kann (Watanabe, 1984;

Luong *et al.*, 1988). Im Bereich des Umweltschutzes sind Sensoren zum Beispiel zur Erfassung von Pestizidresten gefragt (Stöcklein *et al.*, 1989).

Der Bereich der Sprengstoff- und Drogenfahnung ist ein potentieller Anwendungsbereich für Biosensoren. Sie sollen hier die "Rolle der Spürhunde" übernehmen (Luong *et al.*, 1988; Guilbault und Luong, 1988). In der Biotechnologie werden - wie schon mehrfach erwähnt - selektive und sensitive Sensoren benötigt, um eine Vielzahl von Komponenten in Fermentationsmedien zu erfassen. Darauf wird im folgenden noch ausführlich eingegangen.

Die Zahl der Biosensor-Übersichtsartikel ist groß, und hier können nur einige erwähnt werden (Guilbault, 1982; Mosbach *et al.*, 1983; Karube und Suzuki, 1983; Lowe, 1984; Clarke *et al.*, 1985; Graham und Moo-Young, 1985; Scheller *et al.*, 1985; Zell, 1986; Hall, 1986 und 1988; Schmidt und Kittstein-Eberle, 1986, Schügerl *et al.*, 1987; van Brunt, 1987; Turner *et al.*, 1987; Schmid *et al.*, 1987; Schmid, 1987/1988, 1988 und 1989; Arnold und Meyerhoff, 1988; Luong *et al.*, 1988; Oehme, 1988; Scheper, 1988; Kingdon und Stolzenburg, 1988; Orr, 1988; Berg *et al.*, 1988; Guilbault und Mascini, 1988; Rechnitz, 1988; Schmid und Scheller, 1989; Scheller *et al.*, 1989). Um die eigenen Arbeiten zur Entwicklung und Anwendung von Biosensoren für Bioprozesse deutlicher herausstellen zu können, wird erst auf den Stand der Technik der Biosensoren, speziell in der Biotechnologie, eingegangen.

3.1.1. Biosensor - Eine Definition

Durch die Kopplung einer biologischen Detektionskomponente an einen Sensor (Signalwandler, Transducer) erhält man einen Biosensor. Der prinzipielle Aufbau von Biosensoren ist in Abbildung 127 zu sehen. Die biologische Komponente hat die Aufgabe, mit der zu analysierenden Substanz spezifisch und sensitiv zu reagieren. Die dabei auftretenden Änderungen, die die Abbildung 127 zeigt, werden von dem Sensor erfaßt und in ein elektrisches Signal umgewandelt, verstärkt und verarbeitet. Die biologische Komponente kann aus Enzymen, Mikroorganismen, Organellen, Zellverbänden, Antikörpern oder Lectinen bestehen. Prinzipiell kann jede biologische Komponente verwendet werden, die mit der zu analysierenden Substanz eine von geeigneten Sensoren erfaßbare spezifische Reaktion eingeht. Die biologische Komponente ist also als Signalgeber zu bezeichnen. Als Signalwandler stehen beispielsweise Thermistoren (Wärme), amperometrische, potentiometrische und konduktometrische Elektroden (Elektronen, Protonen, Ionen, Gase), optische Detektoren

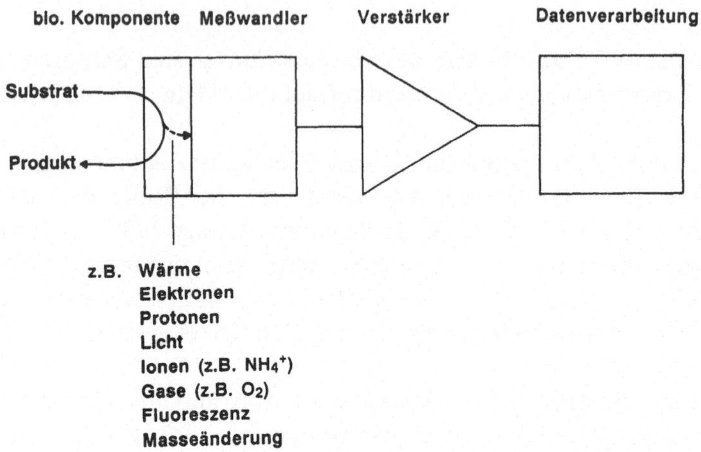

Abb. 127 Prinzipieller Aufbau von Biosensoren

(Absorption, Lumineszenz) oder Halbleiterbausteine wie ionenselektive Feldeffektransistoren (Protonen, Ionen, Gase) und Piezokristalle (Masseänderungen) zur Verfügung. Mögliche Biokomponenten und Transducer sind in Tabelle 8 aufgelistet, der man die Vielzahl von Kombinationsmöglichkeiten entnehmen kann.

Biosensoren für den Einsatz in der Biotechnologie sollten reversibel sein, also mehrfach genutzt werden können, um für eine kontinuierliche Analytik zur Verfügung zu stehen. Sie sollten miniaturisierbar, um viele Sensoren auf klei

Tabelle 8 Mögliche Biokomponenten und Transducer zum Aufbau von Biosensoren

biologische Komponente	Transducer
Enzyme	konduktometrische Elektroden
Organellen	potentiometrische Elektroden
Lectine	amperometrische Elektroden
Rezeptoren	Thermistoren
Mikroorganismen	optische Sensoren (Lumineszenz,
Zellverbände aus	Absorption, Ellipsometrie, Glasfaser-
Pflanzen und Tieren	techniken)
Organe bzw. Organteile	Feldeffektransistoren
Immunologische Systeme	Piezokristalle

nem Raum unterzubringen, sowie einfach und billig herzustellen sein. Für die Analytik in der Biotechnologie können die Sensoren in Analysensysteme eingebettet werden, die die Analysensteuerung und Meßwertaufnahme und -auswertung übernehmen. Die Kopplung einzelner Sensoren an Bioreaktoren scheitert bisher fast immer daran, daß die biologische Komponente nicht sterilisiert werden kann. Diese Anforderung gilt nicht unbedingt so streng in der Medizin, da hier keimarm gearbeitet werden kann. Der menschliche Organismus kann mit einer gewissen Anzahl von Keimen ohne Probleme fertig werden. Das ist in Bioprozessen, besonders bei der Zellkulturtechnik, nicht möglich. Werden Sensoren über Sterilbarrieren (Sterilfilter) direkt an einen Fermenter gekoppelt, treten Diffusionsbarrieren auf, die die Analysenzeiten stark beeinträchtigen.

3.1.2. Immobilisierung der biologischen Komponenten

Eine wichtige Voraussetzung für das Funktionieren von Biosensoren ist die Kopplung der biologischen Komponente an den Transducer. Diese Kopplung muß einfach durchzuführen und ohne große Aktivitätsverluste effizient sein, darf aber möglichst keine Transportbarrieren aufbauen, um die Ansprechzeiten nicht zu stark zu vergößern. Die Palette möglicher Immobilisierungsarten ist groß (Barker, 1987; Mosbach, 1987 und 1988; Hartmeyer, 1986). In der Abbildung 128 sind verschiedene Arten der Enyzmfixierung auf einem Sensor zu sehen. Im einfachsten Fall a wird die biologische Komponente auf dem Transducer physikalisch eingeschlossen. Die Poren der dazu verwendeten Membran sind kleiner als die Kompo-nente selbst (z.B. mit einer Dialyse- oder Ultrafiltrationsmembran). Soll eine großporige, poröse Membran benutzt werden, die keine so große Transportbarriere darstellt, muß das biologische Erkennungssystem auf einem Träger immobilisiert werden, der nicht durch die Poren der Membran gelangen kann b. In Beispiel c und d sind die Komponenten in einer Membran kovalent gebunden oder eingeschlossen. Dabei wird in Beispiel d eine Schutzmembran benutzt, die die Erkennungsysteme vor störenden Substanzen (z.B. Proteasen) schützt, gleichzeitig aber wieder eine Transportbarriere aufbaut. Interessant ist die direkte kovalente Bindung der biologischen Komponenten, beispielsweise über Reaktionen mit Epoxidgruppen(e). Im Beispiel f ist ein Aufbau zu sehen, bei dem die biologische Komponente und der Tranducer räumlich getrennt sind. Die Proben fließen erst durch das in einer Durchflußsäule immobilisierte Enzym und passieren dann den Detektor, der den Umsatz der enzymatischen Reaktion mißt. Diese Fließinjektionstechnik ist für den Bau von Biosensorsystemen außerordentlich wichtig, deshalb wird im folgenden Kapitel näher auf die

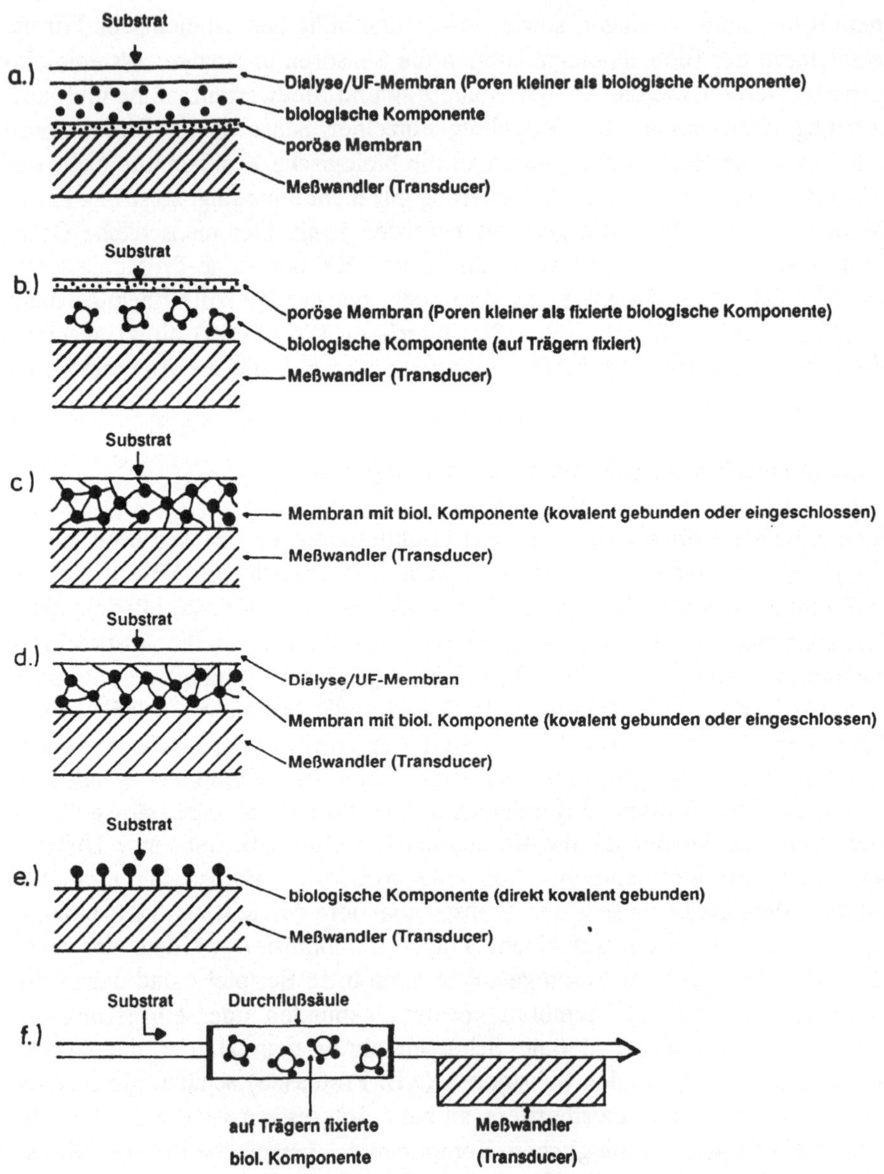

Abb. 128 Verschiedene Methoden zur Immobilisierung der biologischen Komponenten (z.B. Enzymen) beim Aufbau von Biosensoren

Prinzipien eingegangen, bevor die Fließinjektions-Biosensoren noch einmal aufgegriffen werden.

Abschließend sind in Abbildung 129 und 130 die Prinzipien zweier verbreiteter Methoden zur direkten Immobilisierung von Enzymen auf einer Oberfläche mit endständigen HO-Gruppen (z.B. Glas) und auf porösen Polymerträgern (20 μm - 300 μm) dargestellt. Bei der ersten Methode wird die Oberfläche im ersten Schritt mit γ-Aminopropyletoxysilan (γ-APTES) silanisiert, dann werden die Enzyme mit Glutardialdehyd fixiert. Bei der zweiten Methode werden beispielsweise Acrylpolymerträger (Biosynth VA, Riedel-de-Haen; Eupergit, Röhm Pharma; siehe Tabelle 9) mit Epoxidgruppen benutzt. An sie können Enzyme einfach und effektiv gebunden werden. Die Technik eignet sich, um Enzymimmobilisate herzustellen, die in den Durchflußsäulen der Fließinjektionssysteme benutzt werden. Beide Techniken werden im praktischen Teil noch einmal näher besprochen.

3.1.3 Fließinjektionsanalyse (FIA)

Die Fließinjektionsanalyse (Flow-Injection-Analysis, FIA) stellt in der analytischen Chemie eine ungemein vielseitig einsetzbare und ausbaufähige Analysentechnik dar. Die Zahl der Übersichtsartikel, in denen die einzelnen Anwendungbereiche genau beschrieben sind, ist groß (Ruzicka und Hansen, 1980, 1981, 1986 und 1988; Möller, 1983;). Die FIA-Technik hat sich innerhalb kurzer Zeit einen festen Platz in der Analytik erobert.

In der Abbildung 131a ist der prinzipielle Aufbau eines einfachen FIA-Systems zu sehen (Dullau, 1989). Ein Pufferstrom wird kontinuierlich und pulsationsarm durch das System gepumpt. Er dient als Trägerstrom, in den die zu analysierende Probe mit einem definierten Volumen über das Probeninjektionsventil eingegeben wird. Der Trägerstrom transportiert die Probe durch die Reaktionsschleife, die allgemein als "Manifold" bezeichnet wird. Hier findet eine Reaktion mit der Reaktionskomponente, die dem Trägerpuffer beigemischt sein kann, statt: die Reaktionsprodukte werden im Detektorteil analysiert. Die Probe wird in den Trägerstrom als "Propf" eingegeben. Durch Vermischung (Dispersion) an den "Pfropfrän-dern" kommt es zur Nachweisreaktion mit der im Trägerstrom gelösten Reaktionskomponente. In Abbildung 131b ist die Peakform durch Dispersion der Probe zu erkennen. Die Reaktionskomponente im Trägerpuffer zu lösen, ist nicht unbedingt nötig. Sie kann auch zum Träger-/Probenstrom kurz vor dem Manifold gegeben werden. Diese Technik wird bevorzugt, wenn mehrere Komponenten für die

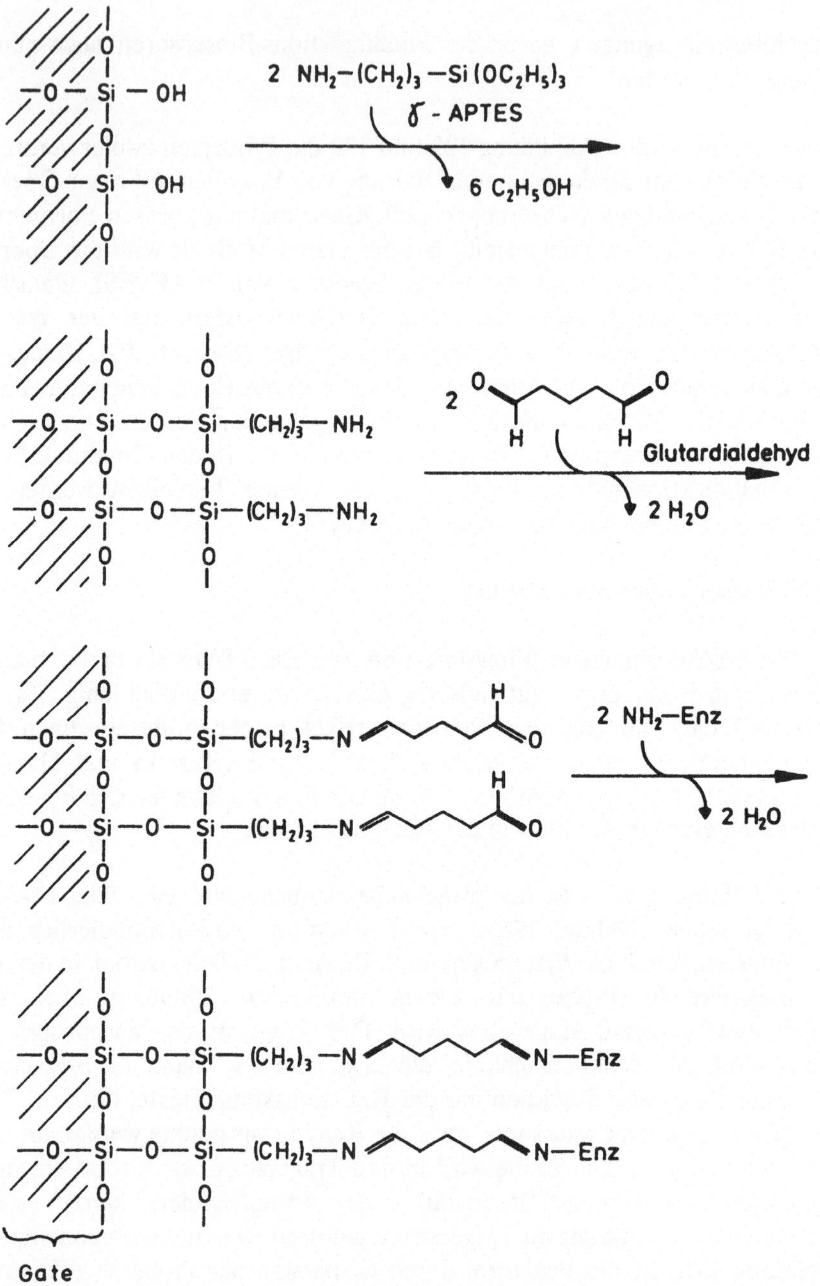

Abb. 129 Enzymimmobilisierung auf Glasoberflächen nach der Glutardialdehydmethode

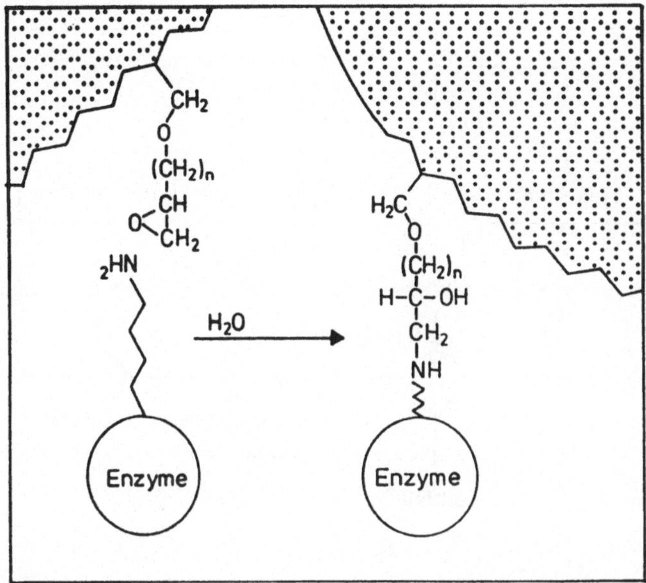

Abb. 130 Kovalente Enzymimmobilisierung auf Polymerträgern mit freien Epoxidgruppen

Tabelle 9 Eigenschaften zweier Epoxidträger

	Eupergit C	VA-Epoxy Biosynth
Typ	Acrylharz	Vinylacetatharz
Epoxidgehalt	größer als 600 μmol/g	ca.: 300 μmol/g
Schüttdichte	ca.: 0,35 g/ml	ca.: 0,32 g/ml
Quellverhalten in Wasser ($V_{trocken}/V_{feucht}$)	1:1,4	1:1,3
Partikelgröße:	140-180 μm	50-200 μm
spez. Oberfläche	180 m²/g	140 m²/g
Druckstabilität:	$3 \cdot 10^4$ kPa	$4 \cdot 10^4$ kPa
Sterilisierbarkeit:	ja	ja
Ausschlußgrenze für globuläre Proteine:	500-600 kD	400-500 kD

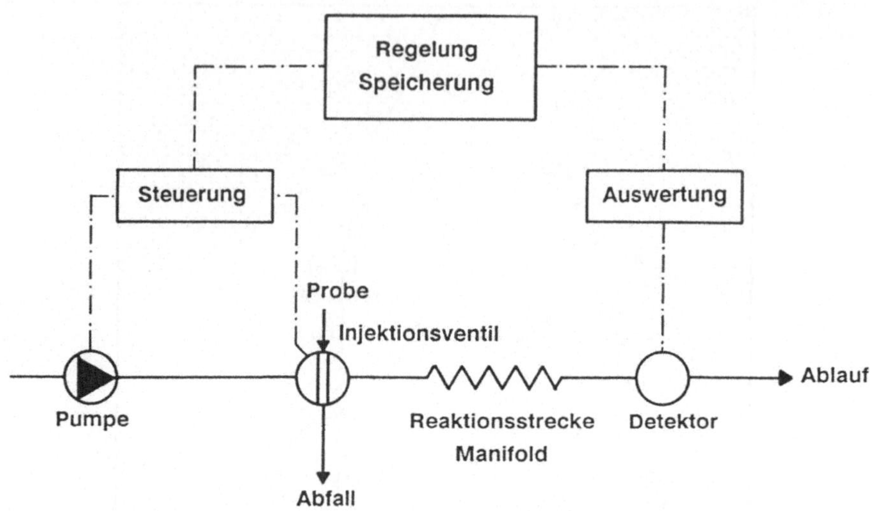

Abb. 131a Prinzipieller Aufbau einer Fließinjektionsanalysen (FIA)-Strecke

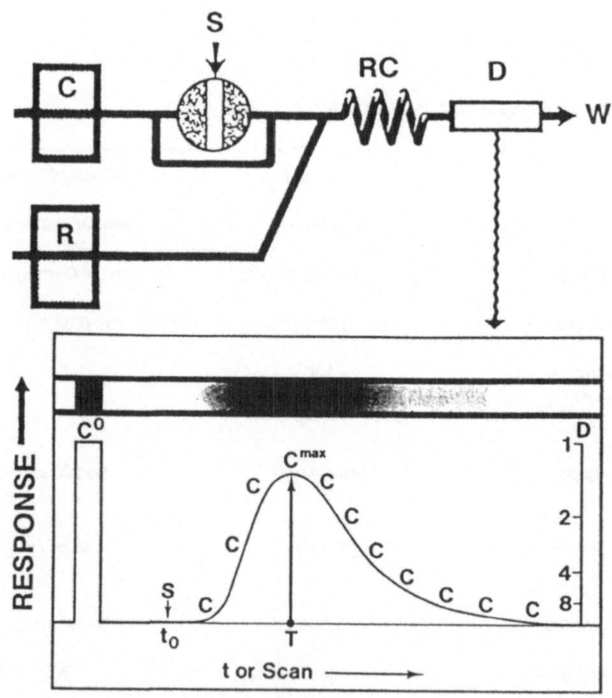

Abb. 131b Probendispersion bei der Fließinjektionsanalyse

Analysen benötigt werden. Es ist auch möglich, die Reaktionskomponente in den Probenpfropf über ein zweites Injektionsventil zu geben.

Als Detektoreinheit können prinzipiell alle in der Analytik bekannten Detektoren verwendet werden, wenn sie sich für den Durchflußbetrieb eignen. Hauptsächlich kommen optische Detektoren (photometrische und fluorometrische) oder Elektroden zum Einsatz. Ihre Ansprechzeiten müssen schnell genug sein, um den vorbeifließenden Probenpfropf zu erfassen. Die Sensorsignale liegen in Form einzelner Peaks vor, die nach Höhe, Integral, Weite oder ihren Momenten ausgewertet werden. Standards lassen sich unter denselben Analysenbedingungen (Pumprate, Reaktionszeiten) vor der eigentlichen Analyse und nach unterschiedlichen Zeitintervallen analysieren, um Kalibrierfunktionen zu erstellen. Die Proben werden einzeln aufgegeben. Eine erneute Probenaufgabe erfolgt, wenn gewährleistet ist, daß das Detektorsignal vor dem nächsten Probenpeak wieder die Grundlinie erreicht hat. Die Detektionsreaktionen müssen nicht bis zum Gleichgewicht ablaufen. Da die Reaktionszeit genau über die Pumpgeschwindigkeit eingehalten wird, kann die Detektion schon vor dem Erreichen des Gleichgewichts erfolgen. Weil weder die Vermischung vollständig noch die chemische Reaktion im Gleichgewicht sein muß, wird die FIA als dynamische Analysenmethode bezeichnet (Ruzicka und Hansen, 1986 und 1988). Voraussetzung für eine genaue FIA-Analyse ist: die Pumpgeschwindigkeit, die den gesamten Analysenprozeß bestimmt, wird genau eingehalten.

Die großen Vorteile dieser Methode: geringe Probemengen werden benötigt, teure Reaktionskomponenten können auch pulsweise injiziert werden, die Analysenzeiten sind kurz (schnell fließender Trägerstrom, dynamische Messung) und Analysensystem und Detektor werden nur kurzfristig mit der Probe belastet. Eine Probenkonditionierung (z.B. pH-Werteinstellung, Verdünnung) kann im FIA-System erfolgen. Für die FIA sind genau arbeitende Injektionsventile und pulsationsfreie Pumpen nötig: die Signalauswertung ist aufwendiger, da die Signale als Peaks anfallen (Dullau, 1989).

Die Fließinjektionsanalyse kann prinzipiell zu zwei Punkten zusammengefaßt werden:

a.) Eine definierte Probenmenge wird über ein Injektionsventil in einen kontinuierlich fließenden, nicht segmentierten Trägerstrom eingegeben. Die Reaktionskomponenten sind entweder in diesem Strom enthalten oder werden nachträglich zugegeben.

b.) Da es sich um eine dynamische Analysenmethoden handelt (Dispersion, Detektionsreaktion), müssen die Strömungsgeschwindigkeit des Trägerstroms und die Wegstrecken konstant sein, damit für alle Proben gleiche Reaktionsbedingungen herrschen.

3.1.4. Fließinjektionsbiosensoren

Die biologische Komponente muß nicht unbedingt direkt an dem Transducer gebunden sein. Wie schon in Abbildung 128 gezeigt, kann sie auch räumlich getrennt vom Detektor in einem FIA-System untergebracht werden. Dazu fließt ein Probenstrom durch das Manifold (z.B. Säule mit immobilisierten Enzymen) und anschließend am Detektor vorbei. Die in diesen Pufferstrom injizierte Probe reagiert mit dem Enzym im Manifold, und die Reaktion kann im Detektor verfolgt werden. Da Detektor und biologische Komponente getrennt sind, kann letztere einfach ausgetauscht werden, wenn sie erschöpft ist. Außerdem ist die Belastung der biologischen Komponente nicht groß, da die Probe nur kurzfristig und in kleinen Mengen durchfließt. Dennoch können die Analysen schnell und mit einer hohen Frequenz erfolgen, wenn die Strömungsgeschwindigkeit hoch genug ist.

3.1.4.1. Biosensoren, eingebettet in Fließinjektionssysteme

Wie schon erwähnt, bereitet die direkte Kopplung von Biosensoren an Fermenter Schwierigkeiten, denn die Biosensoren können nicht sterilisiert werden, die In-situ-Kalibrierung ist nahezu unmöglich und eine erschöpfte biologische Komponente kann nicht ausgetauscht werden. Die FIA bietet ideale Möglichkeiten, Biosensoren dennoch erfolgreich zur Prozeßkontrolle einzusetzen. Abbildung 132 zeigt den Aufbau eines solchen FIA-Biosensorsystems.

Eine ausgezeichnete Zusammenfassung der bisher verfügbaren Literatur der Fließinjektions-Biosensoren ist in der zweiten Ausgabe des Buchs "Flow Injection Analysis" von Ruzicka und Hansen (1988) zu finden. Ein Hauptgewicht der Arbeiten liegt auf der Bestimmung verschiedener Zucker (z.B. Saccharose (Olsson *et al.*, 1983); Maltose (Betteridge *et al.*, 1984); Fructose (Betteridge *et al.*, 1984), Galactose (Olsson *et al.*, 1985) und speziell Glucose (Ruzicka und Hansen, 1979 und 1980; Brunt, 1982; Ridder *et al.*, 1982).

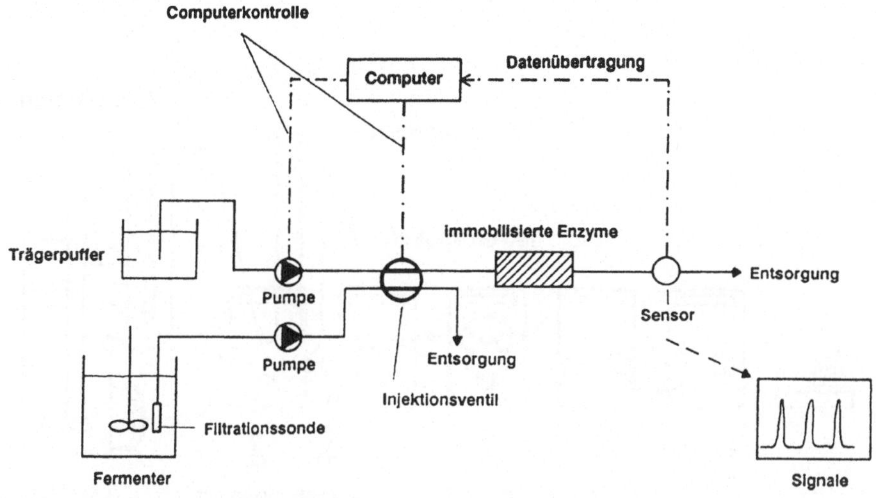

Abb. 132 Die Bio-FIA am Bioprozeß

Die Kopplung solcher Analysensysteme an Fermentationsprozesse ist möglich. Dem Reaktor wird dazu ein zu analysierender Probenstrom entnommen. Vor der Injektion der Proben müssen die Zellen abgetrennt werden. Meist geschieht das über Filtrationsvorrichtungen, die entweder in den Fermenter eingebaut sind (Mandenius *et al.*, 1984; Schügerl *et al.*, 1987; Graf, 1989) oder sich in einem by-pass zum Fermenter befinden (Zabriskie und Humphrey, 1978; Kroner und Kula, 1984). Eine gute Übersicht über Probenahmesysteme in der On-line-Bioprozeßanalytik geben Spohn und Voß (1989). Die in den Modulen vorhandenen Membranen dienen als Sterilbarrieren zwischen Reaktor und Analysensystem. Die zellfreie Probe wird über ein Injektionsventil in das FIA-System aufgegeben, wo die Analyse erfolgt. In der Abbildung 132 wird eine Enzymkartusche verwendet, in der sich immobilisiertes Enzym befindet. Den Einsatz eines FIA-Systems zur Kontrolle einer Milchsäurefermentation (Protein, OD und Glucose/Lactose enzymatisch) ist beispielsweise von Nielsen *et al.* (1989) oder für die Kontrolle einer *E. coli* Kultivierung (Glucose) von Garn *et al.*, (1989) beschrieben (siehe Tabelle 15).

3.1.4.2. Eppendorf Variables Analysensystem (EVA)

Die Arbeiten mit den Fließinjektionssystemen wurden größtenteils mit Modulen des "Eppendorf Variablen Analysensystem" (EVA) durchgeführt. Dieses modular aufgebaute System (siehe Abbildung 133) zeichnet sich durch eine große Flexibilität aus. Die einzelnen Module wie Selektor, Pumpe, In-

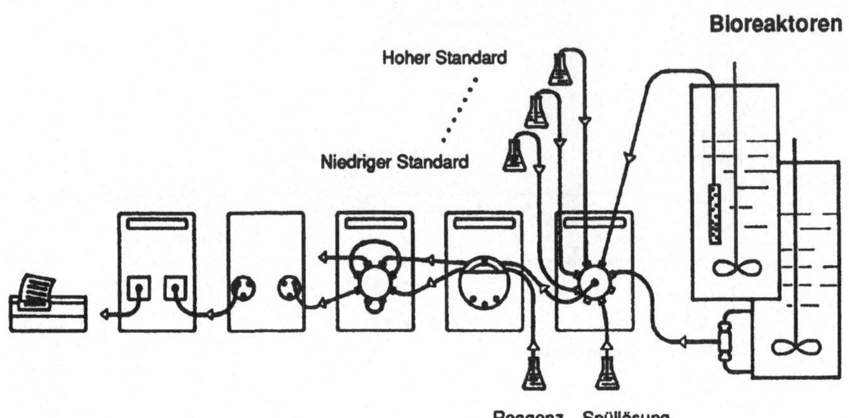

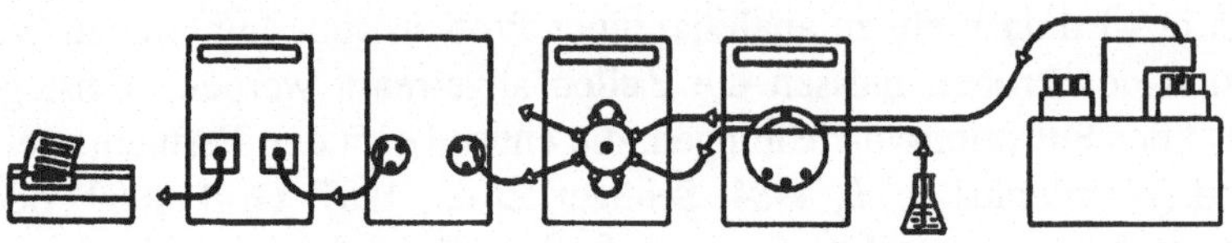

Peripherie	EVA-Master	Manifold	EVA-Injector	EVA-Pump	EVA-Selector
Anschlüsse	Detektor-einschübe	- T-Misch-kammer	- Variable Proben-menge	- 6 Kanäle	- Meßstellenum-schalter
- Auto-sampler	- Photometer	- Dispersions-einheit	- Proben-schleifen-injektion	- Elektro-magnetische Kupplung	- Zuführung von Meßproben und Standards
- Schreiber	- Ionen-selektive Elektroden	- Reduktions-säule	- Zeit-gesteuerte Injektion	- Laufrichtungs-umkehr	
- Drucker	- Enzym-sonden	- Luftblasen-falle		- Gradienten-technik	**Autosampler**
- RS232C · Meßdaten · Steuern · Regeln	- Leitfähigkeit	- u.a.			- Waschstation
	- Adapter für externe Detektoren				- Unterschiedliche Probengefäße

Abb. 133 Eppendorf Variables Analysensystem (EVA)

jektor oder Manifold lassen sich einzeln oder im Zusammenspiel einsetzen. Da vielfältige Detektoren eingesetzt oder selbst entwickelte verwendet werden können, bietet dieses System gerade für Forschungszwecke hervorragende Eigenschaften an. Mit dem flexiblen Einsatz der Module zusammen mit neu entwickelten Detektoren und/oder Enzymreaktions-kartuschen lassen sich vielseitige Biosensorsysteme aufbauen, testen und speziell für den Einsatz an realen Bioprozessen optimieren. Gilt ein Analysenstrang als entwickelt, kann das Mastermodul des EVA-Systems das Analysenmanagement in Zusammenarbeit mit größeren Prozeßleitrechnern eigenständig übernehmen. Die FIA-Linie eignet sich dann für den Routineeinsatz, hat aber nicht an ihrer Flexibilität für weitere Änderungen/Verbesserungen des Analysenablaufs eingebüßt.

3.1.5. Thermistoren als Transducer

Für chemische und enzymatische Reaktionen gibt es jeweils typische Reaktionsentalphien. Die bei enzymatischen Reaktionen auftretenden Temperaturänderungen können für die Detektion herangezogen werden. Typische Reaktionsenthalpien liegen im Bereich von -28 kJ/mol für die Glucosephosphorylierung durch Hexokinase (McGlothlin and Jordan, 1975) und -100 kJ/mol für die H_2O_2-Zersetzung durch Katalase (Rehak und Young, 1978). Die bei einer enzymatischen Reaktion entwickelte Wärmemenge ist proportional zur umgesetzten Substratkonzentration. Die Spezifität der Messung wird durch die Spezifität der Enzyme erreicht.

Die einfachste Anordnung für einen Biosensor, der die Reaktionswärme enzymatischer Reaktionen mißt, ist in Abbildung 134a gezeigt. Hier befindet sich die Enzymschicht direkt auf einem Peltierelement (Pennington, 1976).

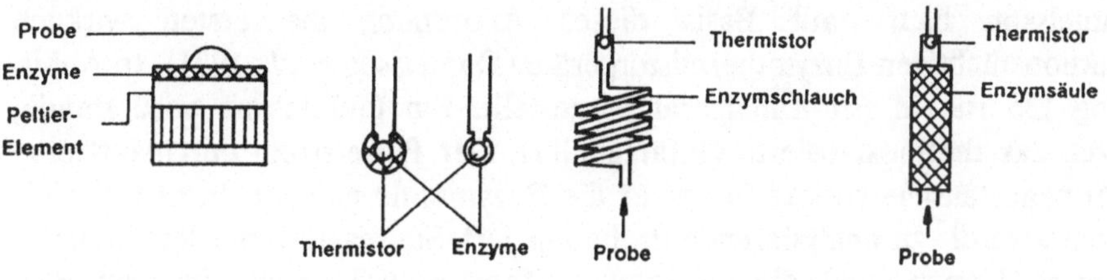

Abb. 134 Verschiedene Anordnungen zur Bestimmung der Wärmeentwicklung enzymatischer Reaktionen (Mosbach und Danielsson, 1981)

Die zu analysierende Probe wird auf die Enzymschicht gegeben und die Temperatur über das Peltierelement konstant gehalten. Die Kühlleistung ist der Reaktionswärme proportional. Diese Anordnung war weder sehr sensitiv, noch für den Durchflußbetrieb geeignet.

Die direkte Kopplung von Enzymen an einen Temperaturfühler (Thermistor) wurde von anderen Autoren vorgeschlagen (siehe Abbildung 134b) (Cooney *et al.*, 1974; Mosbach *et al.*, 1974; Weaver *et al.*, 1976). Diese Anordnung ist in der Literatur als "Thermal Enzyme Probe" (TEP) bekannt. Das Enzym ist an einen Temperaturfühler gebunden, und ein zweiter freier Temperaturfühler mißt die Änderungen in der Umgebungstemperatur. Diese Anordung wurde hauptsächlich für "batch"-Analysen benutzt, da der Durchflußbetrieb, der prinzipiell möglich war, nur unbefriedigende Ergebnisse lieferte. Ein großer Nachteil dieser Anordnung ist, daß der Großteil der entwickelten Wärme an die umgebende Lösung abgegeben wird, ohne vom Thermistor erfaßt zu werden.

Einen großen Fortschritt zeigten die in Lund entwickelten "Enzymthermistoren" (ET) (siehe Abbildung 134c) (Mosbach und Danielsson, 1974). Hier befindet sich ein Thermistor am Kopf einer Durchflußstrecke (Enzymkartusche oder Schlauchcoil, in dem das Enzym immobilisiert ist). In der Durchflußstrecke findet die enzymatische Reaktion statt. Die durch die Wärmeentwicklung erzeugte Temperaturänderung in dem strömenden Medium wird vom Thermistor (NTC-Widerstand) detektiert. Ähnliche Anordnungen wurden von Cannings und Carr (1975), Bowers *et al.* (1976), Schmidt *et al.* (1976), Aizawa *et al.* (1979) und Kiba *et al.* (1984) beschrieben. Die Arbeitsgruppe in Lund konnte in den folgenden Jahren eindrucksvoll das Potential dieser Meßmethode unter Beweis stellen.

Danielsson baute auf Basis dieser Anordnung die ersten wirklich funktionstüchtigen Enzymthermistorgeräte (Danielsson *et al.*, 1981). In Abbildung 135 ist ein Ein-Kanalgerät dargestellt. Ein Pufferstrom wird ständig durch das thermostatisierte Gerät geführt. Der Pufferstrom durchläuft eine Wärmeaustauscherstrecke, bevor er die Enzymsäule passiert. In den Trägerstrom wird die zu analysierende Probe injiziert. Sie reagiert mit dem immobilisierten Enzym, und die auftretende Temperaturänderung in dem Probensegment wird vom Thermistor am Ende der Enzymsäule erfaßt. Proben werden normalerweise intervallweise aufgegeben, es ist aber auch möglich, die Probe kontinuierlich durch den Enzymthermistor laufen zu lassen. Die Ein-Kanalversion hat den Nachteil, daß auch unspezifische Wärmen (z.B. Mi-

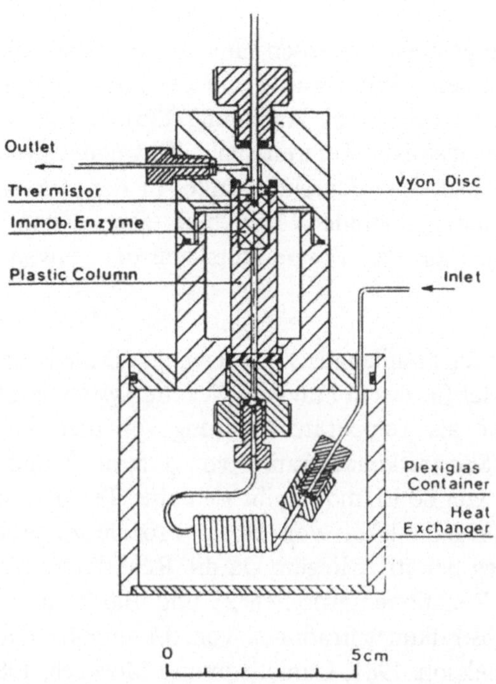

Abb. 135 Einkanalversion des Enzymthermistors (Danielsson *et al.*, 1976)

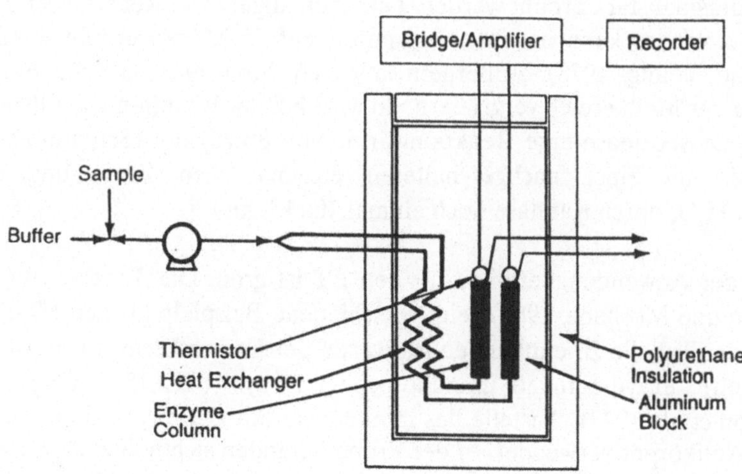

Abb. 136 Zweikanalversion des Enzymthermistors mit Meß- und Referenzsäule (Mosbach und Danielsson, 1981)

schungswärmen) mitgemessen werden und so das eigentliche Meßsignal beeinflussen. Aus diesem Grund wurde von der Arbeitsgruppe in Lund ein Zwei-Kanalgerät entwickelt (siehe Abbildung 136), in dem eine aktive Enzymsäule und eine inaktive Referenzsäule verwendet werden. Die Referenzsäule besteht aus einer Durchflußsäule, in der sich eine inaktivierte Enzymimmobilisatfüllung befindet. Die hier gemessenen unspezifischen Wärmeeffekte werden auf das Temperatursignal der aktiven Säule bezogen (Differenzbetrieb).

Das System wird als "semi-adiabatisch" bezeichnet (Danielsson und Mosbach, 1987). Danielsson wies für das in Lund entwickelte System nach, daß 80 % der entwickelten Wärme als Temperaturänderung von dem Thermistor erfaßt werden. Bei einer Substratkonzentration von 1 mmol/l und einer molaren Reaktionsenthalpie von 80 kJ/mol ergibt sich eine Temperaturänderung von 10^{-2}K. Um eine Meßgenauigkeit von einem Prozent zu erhalten, muß die Temperaturauflösung bei 10^{-4}K liegen. Da die Reaktionsenthapien der meisten enzymatischen Reaktionen zwischen 25 und 100 kJ/mol liegen, können ohne Probleme Substratkonzentrationen von 0.1 mmol/l detektiert werden (Mosbach und Danielsson, 1981; Danielsson und Mosbach, 1987). Durch eine geeignete Wahl des Puffersystems können Meßeffekte verstärkt werden. Bilden sich bei der Reaktion beispielsweise Protonen, kann mit einem geeigneten Puffer über die Protonierungswärme das eigentliche Temperatursignal stark erhöht werden. Die oben angeführte Reaktionsenthalpie für Hexokinase kann in einem Trispuffer auf 75 kJ/mol erhöht werden (Rehak und Young, 1978). Außerdem läßt sich durch enzymatische Folgereaktionen der Meßbereich vergrößern. So wird bei der Reaktion von Glucose mit der Glucoseoxidase eine Reaktionwärme von 80 kJ/mol (Schmidt *et al.*, 1976) frei, mit einer nachgeschalteten enzymatischen Zersetzung des gebildeten H_2O_2 durch Katalase noch einmal 100 kJ/mol.

Die Zahl der Anwendungbeispiele für den ET ist groß. Die Tabelle 10 (aus Danielsson und Mosbach, 1987) zeigt verschiedene Beispiele für den ET-Einsatz. Wie der Tabelle zu entnehmen ist, wurde der Enzymthermistor auch für "thermometric enzyme-linked immunosorbent assays" (TELISA) eingesetzt (Mattiasson *et al.*, 1977). Anstelle des immobilisierten Enzyms wurden immobilisierte Antikörper verwendet. In der Probe befanden sich neben dem nachzuweisenden Antigen noch definierte Mengen eines enzymmarkierten Antigens. Beide konkurrieren um die Bindungsplätze am immobilisierten Antikörper. Ist der Gehalt an nachzuweisendem (nicht markierten) Antigen klein, wird viel markiertes Antigen gebunden und umgekehrt. Nach der

Tabelle 10 Anwendungsbeispiele für den Enzymthermistor (Danielsson und Mosbach, 1987)

Substance	Immobilized biocatalyst	Concentration range (mmol/l)	References
Clinical analysis			
Ascorbic acid	Ascorbic acid oxidase	0.05–0.6	*a*
ATP	Apyrase	1–8	*b*
Cholesterol	Cholesterol oxidase	0.03–0.15	*c*
Cholesterol esters	Cholesterol esterase + cholesterol oxidase	0.03–0.15	*c*
Creatinine	Creatinine iminohydrolase	0.01–10	*c*
Glucose	Glucose oxidase + catalase	0.002–0.8	*d, e, f, g*
Glucose	Hexokinase	0.5–25	*h*
Lactate	Lactate 2-monooxygenase	0.005–2	*c, i*
Oxalic acid	Oxalate oxidase	0.005–0.5	*j*
Oxalic acid	Oxalate decarboxylase	0.1–3	*c*
Triglycerides	Lipoprotein lipase	0.1–5	*k*
Urea	Urease	0.01–500	*l, m, n, o, p*
Uric acid	Uricase	0.05–4	*c*
Soluble enzyme analysis			
Urea	Urease (soluble)	0.1–100 U/ml	*q*
H_2O_2	Catalase (soluble)	0.1–100 U/ml	*q*
Glucose + ATP	Hexokinase (soluble)	0.1–2.5 U/ml	*r*
Immunological analysis, TELISA			
Albumin (antigen)	Immobilized antibodies + enzyme-linked antigen	$10^{-10}-$	*s*
Gentamicin (antigen)	,,	0.1– μg/ml	*c*
Insulin (antigen)	,,	0.1–1.0 U/ml	
		0.1–50 μg/ml	*t*
Fermentation analysis and process control			
Cellobiose	β-glucosidase + glucose oxidase + catalase	0.05–5	*u*
Cephalosporin	Cephalosporinase	0.005–10	*c*
Ethanol	Alcohol oxidase	0.01–2	*v*
Galactose	Galactose oxidase	0.01–1	*a*
Lactose	Lactase and glucose oxidase + catalase	0.05–10	*a*
Penicillin G	Penicillinase	0.05–500	*x, y*
Sucrose	Invertase	0.05–100	*a*

zu Tabelle 10 Anwendungsbeispiele für den Enzymthermistor (Danielsson und Mosbach, 1987)

a. Mattiasson and Danielsson 1982	*m.* Rich *et al.* 1976
b. Mosbach and Danielsson 1974	*n.* Bowers *et al.* 1976
c. Danielsson *et al.* 1981*a*	*o.* Fulton *et al.* 1980
d. Schmidt *et al.* 1976	*p.* Danielsson *et al.* 1976
e. Kiba *et al.* 1984	*q.* Danielsson and Mosbach 1979
f. Danielsson *et al.* 1977	*r.* Danielsson *et al.* 1981*c*
g. Marconi 1978	*s.* Mattiasson *et al.* 1977
h. Bowers and Carr 1976	*t.* Birnbaum *et al.* 1986
i. Danielsson *et al.* unpublished	*u.* Danielsson *et al.* 1981*b*
j. Winquist *et al.* 1985	*v.* Guilbault *et al.* 1983
k. Satoh *et al.* 1981	*x.* Mattiasson *et al.* 1981
l. Tran-Minh and Vallin 1978	*y.* Decristoforo and Danielsson 1984

Probeninjektion wird dann eine Substratlösung aufgegeben, die mit dem Markerenzym reagieren kann. Erhält man ein großes Temperatursignal, wurde viel markiertes Antigen gebunden, und die Menge des nachzuweisenden Antigens in der Probe war klein.

Eine weitere Anwendungsmöglichkeit des ET liegt im Bereich der Umweltanalytik. Hierbei wird ausgenutzt, daß die Enzymaktivität und damit das resultierende Temperatursignal von Inhibitoren beeinflußt werden kann. Je höher diese Inhibitorkonzentration in der Probe, desto geringer ist das resultierende Temperatursignal. Für Blei-, Cyanidionen, Parathion und Phenole liegen Anwendungsbeispiele mit dem Enzymthermistor vor (Mattiasson *et al.*, 1977, 1978 und 1979; Danielsson *et al.*, 1979).

Auch die Aktivität gelöster Enzyme kann mit dieser Methode nachgewiesen werden. Die Reaktionssäule ist dann nur dazu da, Enzym und Substrat miteinander reagieren zu lassen. Vor der Säule wird ein Pufferstrom ständig mit einem Substratstrom gemischt. In den Pufferstrom wird das zu bestimmende Enzym injiziert, Enzym und Substrat reagieren in der Reaktionssäule. Die freiwerdende Wärme ist ein Maß für die enzymatische Aktivität. Beispiele für die Enzymaktivitätsbestimmung von Urease und Katalase mit dieser Technik sind beschrieben (Danielsson und Mosbach, 1979).

Auch im Bereich des ET-Einsatzes an biotechnologischen Prozessen liegen Erfahrungen der Forschungsgruppe in Lund vor. Die Arbeiten sind in Tabelle 11 zusammengefaßt. Eine echte On-line-Kopplung an einen biotechnologischen Prozeß ist bisher nicht erfolgt. Da die besten Analysenergebnisse nur bei intervallweiser Probenaufgabe erfolgen können, ist mit dem ET sowieso nur eine quasi On-line-Analytik möglich. Bisher wurden entweder nur kurze Regelungsstrategien erprobt (bis zu 5 Stunden) oder einzeln aufgearbeitete Proben analysiert.

Die Beobachtung und Regelung eines kontinuierlichen Ethanolproduktionsprozesses mit immobilisierten Hefezellen ist in Abbildung 137 zu sehen (Mattiasson *et al.*, 1983). Die Zuckerkonzentration im Reaktor wurde mit dem ET bestimmt. Nach einem Wasserpuls in den Bioreaktor sinken Saccharose- und Ethanolwerte kurzfristig ab. Vom Regler wird deshalb die Durchflußrate vermindert, um den alten Prozeßzustand wieder zu erreichen. Die Untersuchungen an Penicillinfermentationen kommen einer echten Prozeßkontrolle noch am nächsten. Hier konnten über fünf Tage täglich bis zu 200 Proben im ET vermessen werden. Die Proben wurden vor der Analyse aufgearbeitet und über einen Probenteller aufgegeben. Die Steuerung und Auswertung der Analysen war einfach und unflexibel. Eine kontrollierte Kalibrierung erfolgte nicht.

Der Enzymthermistor bietet als flexibler Biosensor vielfältige Einsatzmöglichkeiten. Die im allgemeinen unspezifische Bestimmung von Temperaturänderungen wird durch die enzymatische Reaktion spezifisch. Der Einsatz stark gefärbter Proben ist möglich, und das System kann schnell von einem Enzymsystem zum anderen umgestellt werden. Zur Messung müssen partikelfreie Lösungen benutzt werden, und das gesamte System muß genau thermostatisiert werden, um im Bereich von 10^{-5} - 10^{-4}K noch Meßsignale sicher erfassen zu können. Erste Anwendungsbeispiele zur Beobachtung von Fermentationsprozessen sind bekannt (siehe Tabelle 11).

3.1.6. Elektrochemische Biosensoren

Elektrochemische Sensoren können als die "Arbeitspferde" bei der bisherigen Entwicklung der Biosensoren angesehen werden. Die meisten in der Literatur beschriebenen Biosensoren benutzen Elektroden als Transducer. Im folgenden werden unter elektrochemischen Sensoren potentiometrische und amperometrische Elektroden verstanden. Konduktometrische Biosensoren sind bisher kaum beschrieben, und ihre Anwendung in der Analyse von Fermentationsmedien ist fraglich. Die hohen Leitfähigkeiten der Medien setzen diesen Sensoren Grenzen. Da die Literatur über Bioelektroden sehr umfangreich ist (siehe Übersichtsartikel in Kapitel 3.1.), sollen einzelne Sensortypen nur kurz

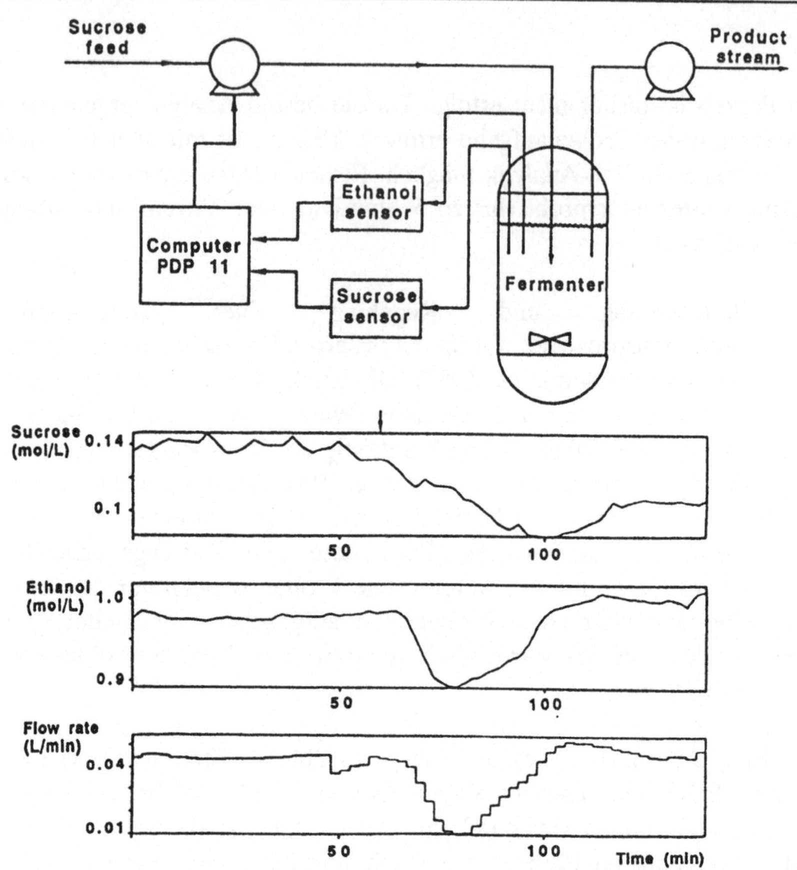

Abb. 137 Ethanolproduktion mit immobilisierten Hefezellen und Einsatz des Enzymthermistors zur Prozeßregelung (Mattiasson *et al.*, 1983)

angesprochen und dafür Beispiele zum Einsatz solcher Bioelektroden zur Fermentationskontrolle zusammengefaßt werden.

3.1.6.1. Potentiometrische Elektroden

Potentiometrische Elektroden werden in der Meßtechnik hauptsächlich zur Messung des pH-Werts, des Redoxpotentials, einzelner Ionensorten (ionenselektive Elektroden) oder Gassorten (gassensitive Elektroden) verwendet (Oehme, 1988). Als Referenzelektrode wird fast immer die Silber-/Silberchloridelektrode benutzt. Mit den potentiometrischen Elektroden läßt sich stromlos das Potential an der Meßelektrode im Vergleich zur Referenzelektrode bestimmen. Dieses Potential hängt von der Konzentration des zu analysierenden Ions ab. Der Zusammenhang zwischen dem Potential und der

Tabelle 11 Beispiele zum Einsatz des Enzymthermistors zur Beobachtung biotechnologischer Prozesse

Substrat	Methode	Literatur
Penicillin G in Fermentationsproben	Off-line-Einzelbestimmung aufgearbeiteter Fermentationsproben	Mattiasson *et al.*, 1981
Penicillin V und Cephalosporin C in Fermentationsproben	automatisiertes System für die Bestimmung von Off-line-Proben (Probenteller; max. 1000 Proben in fünf Tagen)	Decristoforo, 1988; Decristoforo und Danielsson, 1984
Saccharose in Modellfermentationen immobilisierter Hefen	Messung der Saccharose, Prozeßkontrolle (bis zu 5 Stunden)	Mandenius *et al.* 1980; Danielsson *et al.*, 1980; Mattiasson *et al.*, 1983
Glucose in einem Enzymreaktorprozeß (Lactoseumsetzung)	Messung des Enzymreaktorefflux, Prozeßkontrolle (Meßwerte bis zu 2 Stunden)	Danielsson *et al.*, 1979
Glucose und Saccharose in einem Enzymreaktorprozeß (Saccharoseumsetzung)	Messung des Enzymreaktorefflux, Prozeßkontrolle (Meßwerte bis zu 6 Stunden)	Mandenius *et al.*, 1985
Cellobiose bei der enzymatischen Umsetzung von Cellulose	Messung von Off-line-Proben von Fermentationsproben vom Celluloseabbau	Danielsson, B. *et al.*, 1981

Konzentration läßt sich mit der Nernstschen Gleichung beschreiben. Die Vielfalt potentiometrischer Elektroden, die Vor- und Nachteile der Meßmethode und Anwendungsbeispiele in der chemischen Meßtechnik sind in vielen Übersichtsartikel zusammengestellt (Arnold und Meyerhoff, 1984; Arnold und Solsky, 1986; Czaban, 1985; Clarke *et al.*, 1982; Schindler und Schindler, 1983).

Die Zahl der Biosensoren auf der Basis potentiometrischer Elektroden ist groß (Guilbault, 1982; Kuan und Guilbault, 1987; Wingard und Castner, 1987). Der Tabelle 12 sind einige Beispiele zu entnehmen (Kuan und Guilbault, 1987). Die Elektrode muß stets die Größe, die durch die biologische Erkennungsreaktion verändert wird, sensitiv erfassen. Als ein Beispiel aus der Biotechnologie sei hier eine von Nilsson *et al.* (1978) entwickelte Penicillinelektrode vorgestellt. Dazu wurde (siehe Abbildung 138) eine wäßrige Lösung des Enzyms Penicillinase durch eine Dialysemembran an einer pH-Glaselektrode fixiert ("entrapped"). Substanzen mit einem Molekulargewicht unter 12.000 Dalton können diese Membran passieren, größere Teilchen (so auch das Enzym) nicht. Die Penicillinase setzt Penicillin unter der Bildung von Penicilloinsäure um, wodurch eine pH-Wertveränderung auftritt. Sie wird von der pH-Elektrode erfaßt. Der entstehende pH-Gradient zwischen Innen- und Außenraum des Biosensors ist abhängig von der Penicillinkonzentration, der Umsatzrate des Enzyms, der Pufferkapazität und den Diffusionskoeffizienten der einzelnen Reaktanten durch die Dialysemembran. Wenn alle Größen außer der Penicillinkonzentration bei den Analysen konstant sind, kann aus der pH-Differenz (vor und nach der Probezugabe) die Penicillinkonzentration bestimmt werden. Die Kalibrierkurven sind in Abbildung 139 für verschiedene Pufferkonzentrationen und Fermentationsbrühengehalte gezeigt. Je niedriger die Pufferkonzentration liegt, desto steiler ist die Kalibrierkurve, da die gebildeten Protonen nicht so stark weggepuffert werden. Mit dieser Anordnung konnten Proben einer Penicillinfermentation analysiert werden. Die Analysendauer lag bei 2 Minuten, die Langzeitstabilität bei einer Woche, wenn pro Tag 2 Stunden lang Messungen durchgeführt wurden (Nilsson *et al.*, 1978). Ein In-situ-Version dieses Sensors ist in Abbildung 140 (Enfors *et al.*, 1977) gezeigt. Eine pH-Elektrode (1) sitzt in dem Sensorschaft vor einer halbdurchlässigen Membran (2), die als Sterilbarriere zum Fermenter dient. Nach der Sterilisation kann in den Raum zwischen pH-Elektrode und Membran eine Penicillinaselösung injiziert werden. Es ist möglich, ständig oder absatzweise Enzymlösung durch den Sensor zu pumpen. Das Penicillin aus der Fermentationsbrühe kann die Membran passieren und wird vom Enzym umgesetzt. Die pH-Elektrode erfaßt die dabei entstehende pH-Wertänderung, die der Penicillinkonzentration proportional ist.

Tabelle 12 Beispiele für Biosensoren auf der Basis potentiometrischer Elektroden (Kuan und Guilbault, 1987)

Type	Enzyme	Sensor	Immobilization[a]	Stability	Response time
1. Urea	Urease	Cation	Physical	3 weeks	30 s–1 min
	(EC 3.5.1.5)	Cation	Physical	2 weeks	1–2 min
		Cation	Chemical	>4 months	1–2 min
		pH	Physical	3 weeks	5–10 min
		$Gas(NH_3)$	Chemical	4 months	2–4 min
		$Gas(NH_3)$	Chemical	20 days	1–4 min
		$Gas(CO_2)$	Physical	3 weeks	1–2 min
2. Glucose	Glucose oxidase	pH	Soluble	1 week	5–10 min
		I^-	Chemical	>1 month	2–8 min
3. L-Amino acids	L-AA oxidase	Cation	Physical	2 weeks	1–2 min
(general)[d]	(EC 1.4.3.2)	NH_4^+	Chemical	>1 month	1–3 min
		I^-	Chemical	>1 month	1–3 min
L-Tyrosine	L-Tyrosine decarboxylase (EC 1.1.25)	$Gas(CO_2)$	Physical	3 weeks	1–2 min
L-Glutamine	Glutaminase (EC 3.5.1.2)	Cation	Soluble	2 days[c]	1 min
L-Glutamic acid	Glutamate dehydrogenase (EC 1.4.1.3)	Cation	Soluble	2 days[c]	1 min
L-Asparagine	Asparaginase (EC 3.5.1.1)	Cation	Physical	1 month	1 min
4. D-Amino acids (general)[e]	D-AA oxidase (EC 1.4.3.3)	Cation	Physical	1 month	1 min
5. Penicillin	Penicillinase (EC 3.5.2.6)	pH	Physical	1–2 weeks	0.5–2 min
			Soluble	3 weeks	2 min
6. Amygdalin	β-Glucosidase (EC 3.2.1.21)	CN^-	Physical	3 days[f]	10–20 min
7. Nitrate	Nitrate reductase/ nitrite reductase (EC 1.9.6.1/ 1.6.6.4)	NH_4^+	Soluble	1 day	2–3 min
8. Nitrite	Nitrate reductase (EC 1.6.6.4)	$Gas(NH_3)$	Chemical	3–4 months	2–3 min

[a] 'Physical' refers to polyacrylamide gel entrapment in all cases; 'chemical' is attachment chemically to glutaraldehyde with albumin, to polyacrylic acid, or to acrylamide, followed by physical entrapment.

[b] Analytically useful range, either linear or with reasonable change if curvature is observed.

[c] Preparation lacks stability as evidence by constant decrease in signal each day.

[d] Electrode responds to L-cysteine, L-leucine, L-tyrosiine, L-trytophan, L-phenylalanine, and L-methionine.

[e] Electrode responds to D-phenylalanine, D-alanine, D-valine, D-methionine, D-leucine, D-norleucine, and D-isoleucine.

[f] Time required for signal to return to base line before reuse.

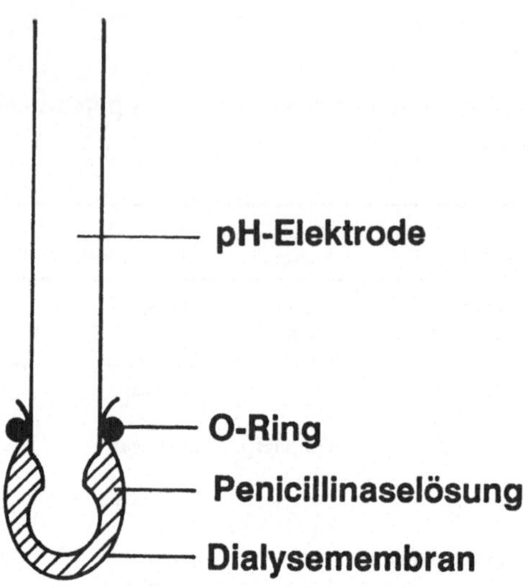

Abb. 138 Prinzipieller Aufbau einer Penicillin-Elektrode nach Nilsson *et al.* (1978)

3.1.6.2. Potentiometrische Immunosensoren

Auch wenn in der Literatur bisher keine Immunosensorsysteme zur direkten automatisierten Fermentationsbeobachtung beschrieben sind, soll kurz auf das Prinzip von Immunosensoren unter Verwendung potentiometrischer Elektroden eingegangen werden (das Prinzip gilt auch für andere elektrochemische Elektroden). Keating und Rechnitz beschrieben 1984 einen potentiometrisch arbeitenden Antikörpersensor auf der Basis einer Kaliumelektrode (siehe Abbildung 141). Vor die Kaliumelektrode wurde eine PVC-Membran gebracht, in der sich das an ein Kaliumionophor (hier cis-Dibenzo-18-Krone-6) gebundene Antigen (hier Digoxin) befindet. Wird die Elektrode in eine Kaliumlösung getaucht, stellt sich ein ganz bestimmtes Potential ein. Gibt man zu der Lösung nun Digoxin-Antikörper, kommt es zu einer Reaktion zwischen Antikörper und gelabelten Antigen an der Grenzfläche PVC-Membran/Lösung. Die Ionophore können ihre Carrieraufgabe nicht mehr übernehmen, da sie durch die Immunreaktion immobil wurden. Außerdem kommt es zur Freisetzung von Kaliumionen, da die Bindungseigenschaften des Ionophors durch die Immunreaktion beeinträchtigt wird. Der daraus resultierende meßbare Effekt ist von der Antikörperkonzentration abhängig (siehe Abbildung 142). Eine Übersicht über elektrochemische Immunsensoren ist bei Green (1987) zu finden.

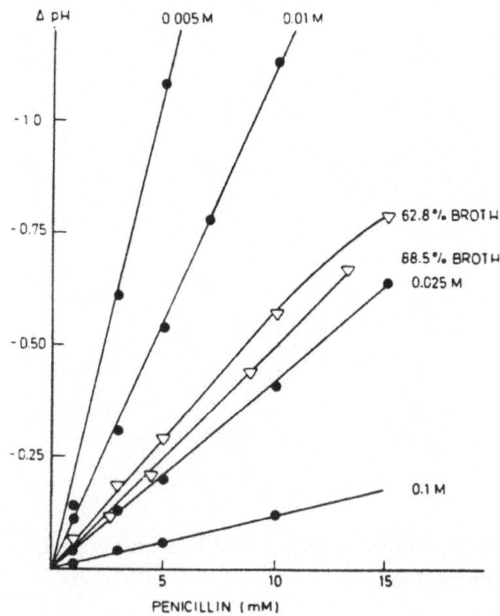

Abb. 139 Kalibrierkurven für die Penicillinbestimmung in Fermentationsmedien (Nilsson *et al.*, 1978)

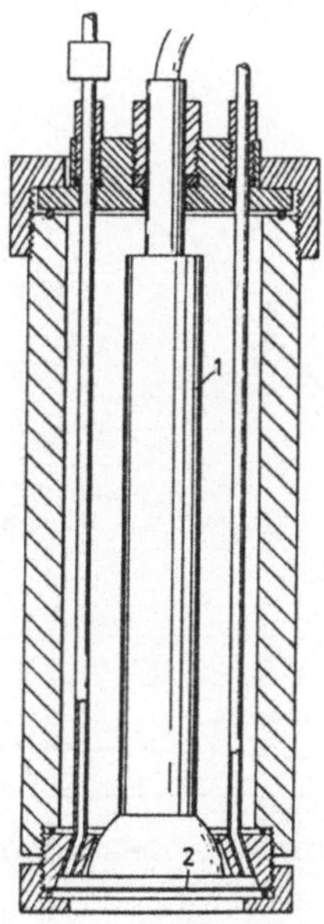

Abb. 140 In-situ-Penicillinelektrode nach Enfors *et al.* (1977)

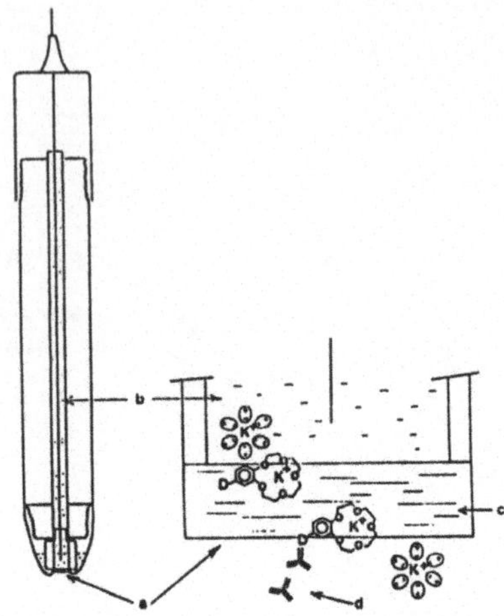

Abb. 141 Potentiometrischer Immunosensor zur Bestimmung von Digoxin-Antikörpern (Keating und Rechnitz, 1984)

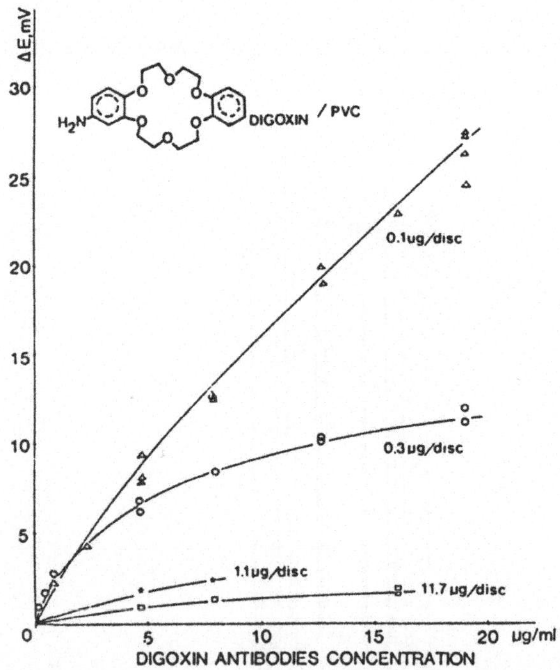

Abb. 142 Kalibrierkurven zur Bestimmung des Digoxin-Antikörpergehalts mit der in Abbildung 141 gezeigten Immunoelektrode (Keating und Rechnitz, 1984)

3.1.6.3. Amperometrische Elektroden

Die Potentiometrie beschäftigt sich mit der stromlos gemessenen Spannung zwischen zwei Elektroden die in einen Elektrolyten tauchen, der Ionenkonzentration und der Art der Elektroden; die Amperometrie mit dem Zusammenhang zwischen angelegter Spannung und fließendem Strom in Abhängigkeit von der Konzentration des zu analysierenden Stoffs (Diffusionsgrenzströme). Die Gelöstsauerstoffmessung (Clark-Elektrode) ist eines der Hauptanwendungsgebiete amperometrischer Sensoren in der chemischen Meßtechnik. Amperometrische Elektroden können aber auch benutzt werden, um beispielsweise H_2O_2 über seine Zersetzung an einer Platinelektrode zu bestimmen oder um Substratbestimmungen über die Auf- bzw- Abgabe von Redoxäquivalenten an Mediatoren oder an Coenzymen durchzuführen. Dieses Prinzip wird an einem am Cranfield Institute of Technology in der Arbeitsgruppe von Turner entwickelten Glucosesensor näher erklärt. Aus älteren Arbeiten (Clark and Lyons, 1962; Guilbault und Lubrano, 1973) war bekannt, daß die durch Glucoseoxidase (GOD) katalysierte Reaktion:

$$\text{Glucose} + O_2 \xrightarrow{\text{GOD}} \text{Gluconolacton} + H_2O_2 \xrightarrow{H_2O} \text{Gluconsäure} + H_2O_2$$

amperometrisch über den Sauerstoffverbrauch oder die Wasserstoffperoxidbildung nachgewiesen werden kann. Auf dem Prinzip basiert auch der erste kommerziell erhältliche Biosensor der Firma Yellow Springs.

Da der Sauerstoffgehalt der Lösung nicht beliebig hoch gehalten werden kann und in Fermentationsproben oft stark schwankt, kann die Reaktion bei höheren Glucosekonzentrationen nicht vollständig ablaufen. Nach Enfors (1987) liegt die Sauerstofflöslichkeit in Fermentationsproben bei maximal 0,25 mM. Der Einfluß des Sauerstoffgehalts auf die Gesamtreaktion ist aus der Reaktionsgleichung ersichtlich. Der K_M-Wert der Glucoseoxidase bezüglich des Sauerstoffs liegt mit 0,5 mM recht hoch (Linek *et al.*, 1980). Daraus wird der Einfluß der Sauerstoffkonzentration auf die Gesamtreaktion deutlich. Eine direkte Messung im Fermenter ist nicht möglich, und auch bei einem guten Sauerstoffeintrag in die Probe vor der Analyse (FIA-Technik) begrenzt die geringe Sauerstofflöslichkeit den Meßbereich.

Die Glucoseoxidase enthält das Coenzym Flavin-Adenin-Dinucleotid (FAD), das während der Oxidation der Glucose reduziert und anschließend durch den

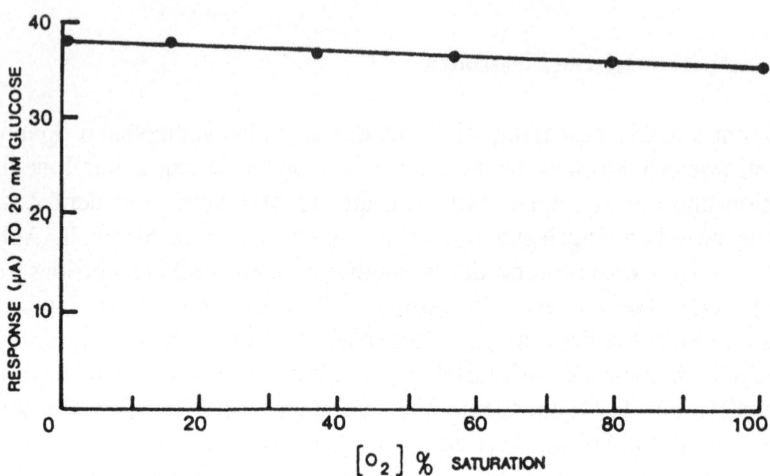

Abb. 143 Einfluß des Sauerstoffgehalts auf die Glucosebestimmung mit einer mediatorgebundenen Bioelektrode (Brooks *et al.*, 1988)

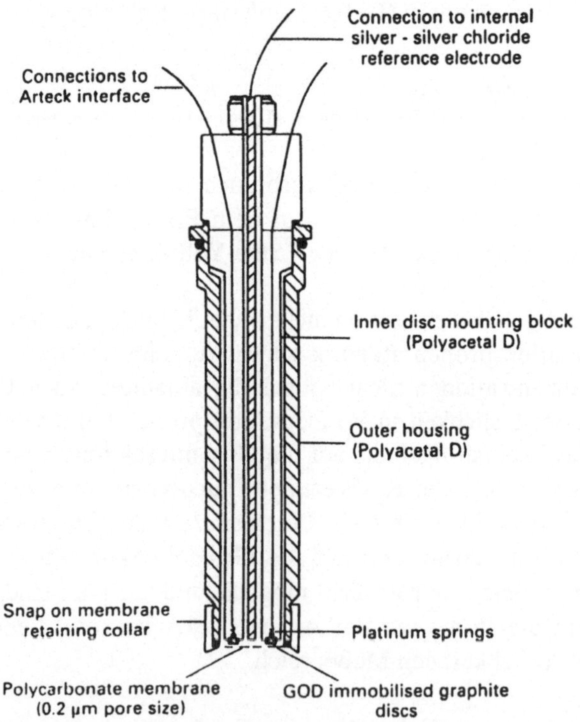

Abb. 144 Sterilisierbarer In-situ-Sensor zur Bestimmung von Glucose (Brooks *et al.*, 1989a)

molekularen Sauerstoff unter H_2O_2-Bildung wieder oxidiert wird. Damit ergibt sich die Möglichkeit, auch andere Redoxpartner (Mediatoren) als den Sauerstoff einzusetzen. Diese Reaktionen laufen prinzipiell wie folgt ab:

Enzymreaktion:

$$\text{Glucose} + \text{GOD-FAD} + H_2O \longrightarrow \text{Gluconsäure} + \text{GOD-FADH}_2$$

Mediatorreaktion:

$$\text{FADH}_2 + 2M_{ox} \longrightarrow \text{FAD} + 2M_{red} + 2H^+$$

Elektrodenreaktion:

$$2M_{red} \longrightarrow 2M_{ox} + 2e^-$$

Die Oxidation des Coenzyms wird jetzt von einem Mediator übernommen, der an einer Elektrode oxidiert werden kann, so daß die enzymatische Reaktion bis zur völligen Umsetzung der Glucose abläuft. Prinzipiell sind auch elektrochemische Reaktionen mit anderen Coenzymen (NADH, NADPH) möglich (Albery und Bartlett, 1984). Die Zahl der geeigneten Mediatoren ist groß (Albery und Craston, 1987). Besonders interessant sind Ferrocenelektroden (Cass *et al.*, 1984). Sie bestehen aus einer Graphitelektrode, in deren Oberfläche 1,1-Dimethylferrocen eingeschlossen ist. Hier kann folgende Redoxreaktion stattfinden:

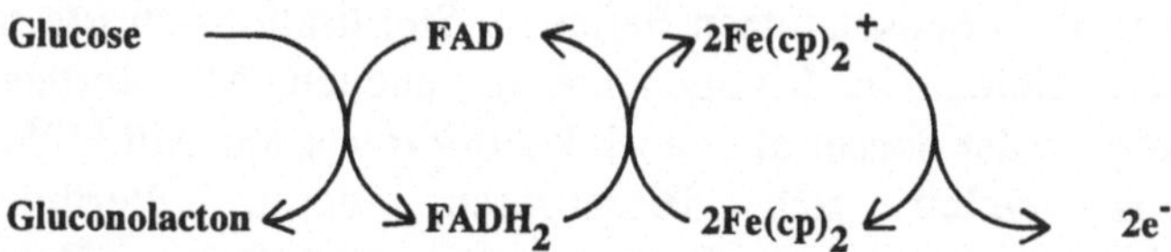

Bei den mediatorgebundenen Elektroden muß der Mediator nicht bei jeder Analyse neu zugegeben werden. Cass (1984) berichtet über einen linearen Meßbereich bis zu 5,5 g/l Glucose bei einer Analysenzeit von ca. 60- 90 Sekunden. Brooks *et al.* (1988) zeigten, daß der Einfluß des Gelöstsauerstoffs auf das Sensorsignal gering war (siehe Abbildung 143). Der Sensor wurde inzwischen vom Cranfield Institute of Technology als Glucosesensor für die Diabetesüberwachung kommerzialisiert.

Eine modifizierte Version des Sensors ist für die Überwachung von *E. coli* Fermentationen (Brooks *et al.*, 1987/1988) und Hefefermentationen (Bradley *et al.*, 1989a und 1989b) beschrieben worden. Abbildung 144 zeigt den Aufbau des Sensors. Das Gehäuse ist aus sterilisierbarem Polyacetal gefertigt und am

Boden des Sensors befinden sich mehrere kleine Graphitscheiben, auf denen der Mediator und das Enzym fixiert sind. Der Sensor ist über eine Polycarbonatmembran (Porendurchmesser 0,2 μm) vom Fermentationsmedium getrennt. Diese Membran dient als Sterilbarriere. Der innere Sensorteil mit den Graphitelektroden wird nach dem Sterilisieren in den Polyacetalstutzen geschoben. Eine On-line-Kalibrierung ist möglich. In der Abbildung 145 sind die Ergebnisse einer *E. coli* Fermentation zu sehen. Die Grundliniendrift des Sensors muß bei der Signalauswertung berücksichtigt werden. Die Antwortzeit stieg innerhalb von 6 Tagen von 1 auf 2,5 Minuten. Der Verlust an 1,1-Dimethylferrocen und Enzymaktivität war gering, der Sensor war also über einen Zeitraum von 14 Tagen ausreichend sensitiv. Eine Kalibierung des Sensors ist möglich, wenn Puffer mit definierten Glucosegehalten durch den Innenraum gepumpt wird. Ein Änderung der Permeationseigenschaften der Sterilmembran kann aber nicht berücksichtigt werden.

Kok und Hogan (1987/88) stellten eine Apparatur für die In-situ-Kalibrierung von Sensoren vor (Abbildung 146), die für Sauerstoffelektroden vorgesehen war, aber auch für Biosensoren verwendet werden kann. Hier fließt die Fermenterbrühe durch eine Probenkammer, die für die Kalibrierung geschlossen werden kann. Nachdem sie aus dem Meßraum herausgepumpt worden ist, läßt sich die Kalibrierlösung in die Probenkammer einführen. Anschließend wird die Probenkammer sterilisiert und dann wieder für die Fermentationsbrühe geöffnet. An Stelle der Sauerstoffelektrode könnte sich auch ein Biosensor mit Sterilmembran in dem Sensorstutzen befinden. Sterilisationsschritte müßten entfallen, um die biologische Komponente zu schonen. Mit sterilen Standardlösungen könnte der Sensor aber auch kalibriert werden. Mit Hilfe dieser Sensoranordnung ließen sich Biosensoren, deren Sterilmembran (Durchlässigkeit) oder biologische Komponente erschöpft ist, während des Fermentationsprozesses ohne Probleme austauschen.

3.1.6.4. "Zellverband"-Elektroden

Am Beispiel der amperometrischen Elektroden soll kurz das Prinzip der "Zellverband-Elektroden" vorgestellt werden. Zwar gibt es hierfür noch keine Anwendungsbeispiele in der Fermentationstechnik, doch wird diesen Sensoren genauso wie Rezeptorelektroden eine große Zukunft eingeräumt (Guilbault und Luong, 1989). Sidwell und Rechnitz beschrieben 1985 eine "Bananatrode" auf der Basis einer Sauerstoffelektrode. Dabei ist von Nutzen, daß die in Bananen vorkommende Polyphenoloxidase unter Sauerstoffverbrauch Dopamin zu Melanin umsetzt (siehe Abbildung 147). Mit einer Bana-

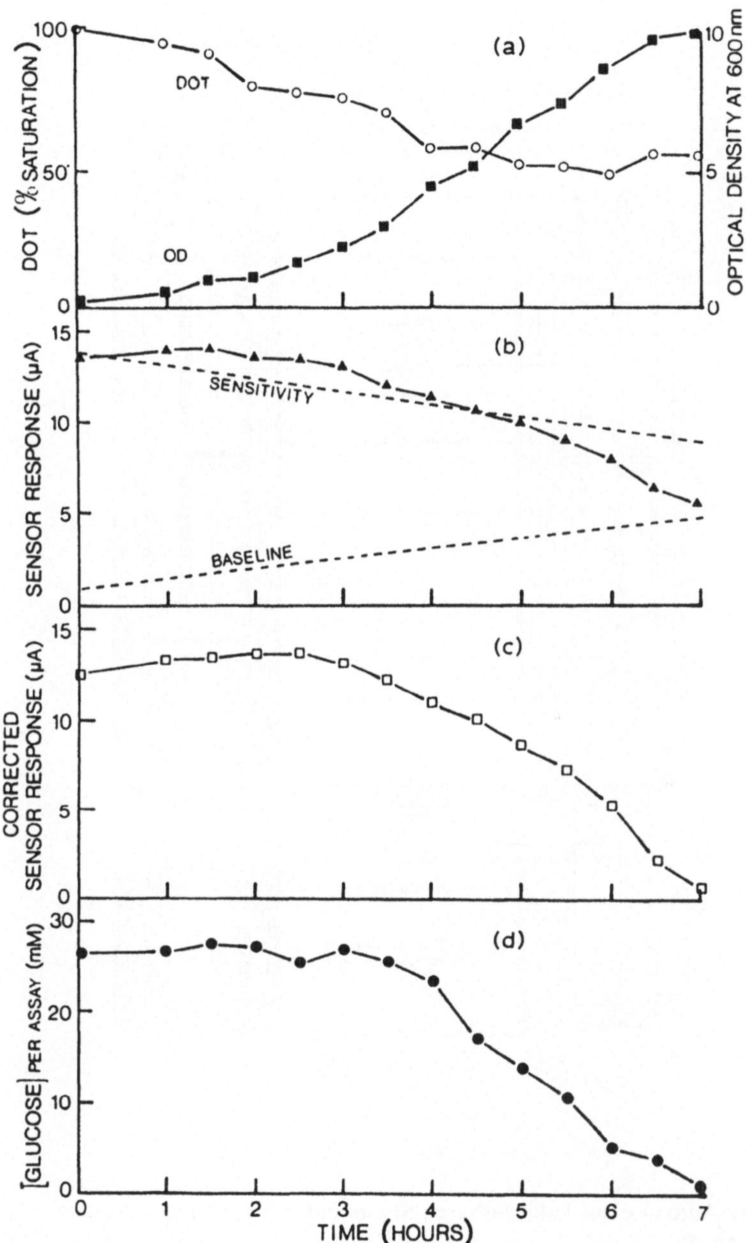

Abb. 145 Einsatz des Sensors aus Abbildung 144 zur Bestimmung des Glucosegehalts während einer *E. coli* Fermentation (Brooks *et al.*, 1989a und 1989b)

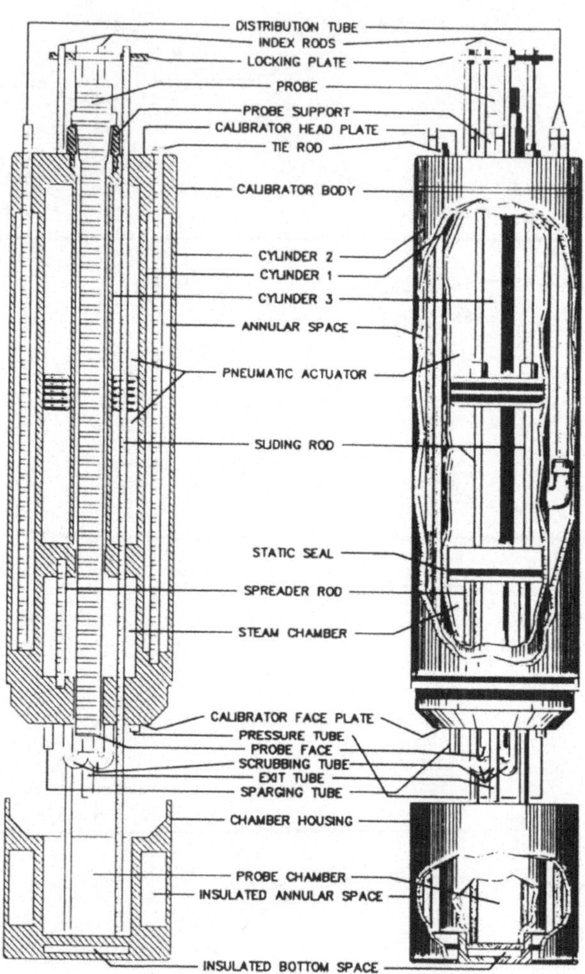

Abb. 146 Aufbau eines kalibrierbaren Sensorstutzens für In-situ-Sensoren (Kok und Hogan, 1987)

nenscheibe, die vor eine Sauerstoffelektrode gebracht wurde, ließ sich ein Dopaminsensor aufbauen (siehe Abbildung 148), der einen linearen Meßbereich von 0,2 bis 1,2 mM Dopamin aufwies (siehe Abbildung 149). Die Antwortzeiten lagen bei 1-3 Minuten (mit homogenisierten Bananen bei 30-40 Sekunden). Einige weitere Beispiele für diesen Sensortyp sind in Tabelle 13 aufgeführt.

Anstelle der Zellverbände können auch Mikroorganismen als biologische Erkennungskomponente verwendet werden (Karube, 1987; Karube *et al.*, 1989) (siehe Tabelle 14). Als Beispiel für einen solchen "mikrobiellen Sensor" wird hier ein von Karube 1983 beschriebener Essigsäuresensor für die Fermentationskontrolle vorgestellt. Der Sensor und das Analysensystem sind in Abbildung 150 schematisch dargestellt. Zellen der Hefe *Trichosporon brassicae* wurden auf einer porösen Acetylcellulosemembran fixiert und zwischen die Teflonmembran einer Sauerstoffelektrode und eine zweite sauerstoffdurchlässige Teflonmembran eingeschlossen. Die Analyse erfolgte nach dem Fließinjektionsprinzip. Dazu mußte die Meßzelle auf 30°C thermostatisiert werden. Der pH-Wert des Systems betrug 3. Damit lag er weit unter dem pK_s-Wert für Essigsäure (4,75 bei 30°C). Dies ist wichtig, da nur flüchtige Substanzen die äußere Teflonmembran passieren können. Das Antwortverhalten des Sensors ist in Abbildung 151 zu sehen. Die Antwortzeit lag bei 8 Minuten, der lineare Meßbereich zwischen 5 bis 72 mg/l. Methanol, Ameisensäure und nichtflüchtige Substanzen störten nicht. Eine Querempfindlichkeit zu Ethanol, Propionsäure und Buttersäure konnte hingegen beobachtet werden. Deshalb kann der Sensor nur für bestimmte Fermentationen eingesetzt werden. Dies gilt für alle mikrobiellen Sensoren, da ihre Selektivität oft nicht sehr groß ist. Die stoffwechselaktiven Zellen metabolisieren verschiedene Substanzen und störende Meßeffekte werden erhalten. Ein großer Vorteil mikrobieller Sensoren liegt darin, daß die Biokomponente nicht zeitintensiv aufgereinigt werden muß.

3.1.6.5. Bio-Elektroden in der Fermentationsüberwachung

In der Literatur sind wenige Beispiele für den Einsatz von Biosensoren zur Fermentationsbeobachtung bekannt. In der Tabelle 15 sind einige Beispiele zusammengefaßt. Oft wird in den entsprechenden Literaturstellen der Einsatz prinzipiell diskutiert, und nur Einzeldaten (ED) über die Analyse von Fermentationsproben sind bekannt. Die Glucoseanalyse steht klar im Vordergrund. Bei den wenigen In-situ-Sensoren wird das Fermentationsmedium durch eine Sterilmembran vom Sensor getrennt. Meistens werden Bio-FIA-Sy-

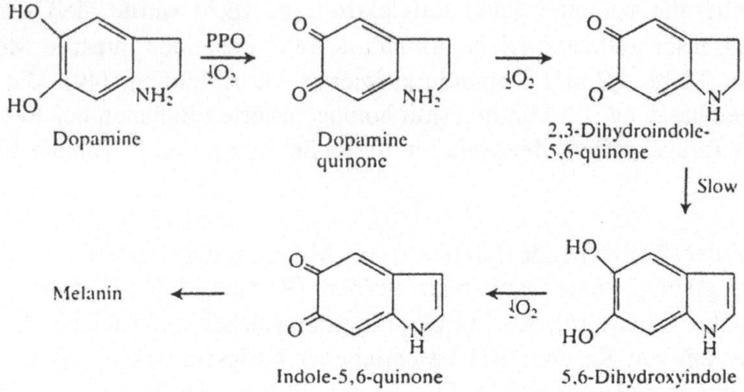

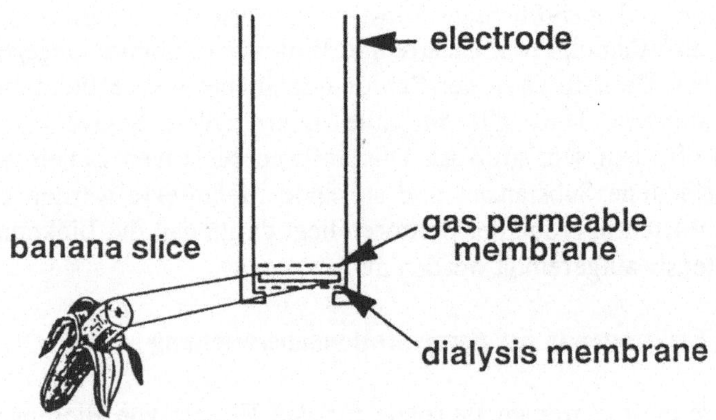

Abb. 147 Katalytische Oxidation von Dopamin zu Melanin (Arnold und Rechnitz, 1987)

Abb. 148 Aufbau der Bananatrode (Sidewell und Rechnitz, 1985)

Tabelle 13 Beispiele für "Zellverband"-Elektroden (Arnold und Rechnitz, 1987)

Substrate	Biocatalytic material	Sensing element
Glutamine	Porcine kidney cells	NH_3-sensor
Adenosine	Mouse small-intestine mucosal cells	NH_3-sensor
Adenosine 5'-monophosphate	Rabbit muscle	NH_3-sensor
Adenosine 5'-monophosphate	Rabbit muscle acetone powder	NH_3-sensor
Guanine	Rabbit liver	NH_3-sensor
Hydrogen peroxide	Bovine liver	O_2-sensor
Glutamate	Yellow squash	CO_2-sensor
Pyruvate	Corn kernel	CO_2-sensor
Urea	Jack bean meal	NH_3-sensor
Phosphate/fluoride	Potato tuber/glucose oxidase	O_2-sensor
Dopamine	Banana pulp	O_2-sensor
Tyrosine	Sugar beet	O_2-sensor
Cysteine	Cucumber leaf	NH_3-sensor
Glutamine	Porcine kidney mitochondria	NH_3-sensor

Tabelle 14 Beispiele für "Mikrobielle"-Elektroden (Karube, 1987)

Sensor	Immoblized Micro-organisms	Device
Assimilable sugars	*Brevibacterium lactofermentum*	O_2-probe
Glucose	*Pseudomonas fluorescens*	O_2-probe
Acetic acid	*Trichosporon brassicae*	O_2-probe
Ethanol	*Trichosporon brassicae*	O_2-probe
Methanol	Unidentified bacteria	O_2-probe
Formic acid	*Citrobacter freundii*	fuel cell
Methane	*Methylomonas flagellata*	O_2-probe
Glutamic acid	*Escherichia coli*	CO_2-probe
Cephalosporin	*Citrobacter freundii*	pH electrode
BOD	*Trichosporon cutaneum*	O_2-probe
Lysine	*Escherichia coli*	CO_2-probe
Ammonia	Nittrifying bacteria	O_2-probe
Nitrogen dioxide	Nittrifying bacteria	O_2-probe
Nystatin	*Saccharomyces cerevisiae*	O_2-probe
Nicotinic acid	*Lactobacillus arabinosis*	pH electrode
Vitamin B_1	*Lactobacillus fermenti*	fuel cell
Cell population	—	fuel cell
Mutagen	*Bacillus subtilis* Rec$^-$	O_2-probe

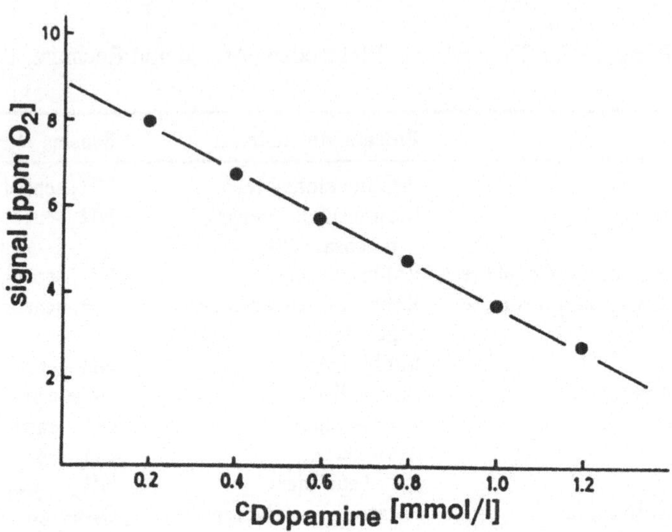

Abb. 149 Dopaminkalibrierkurve für die Banatrode (Sidewell und Rechnitz, 1985)

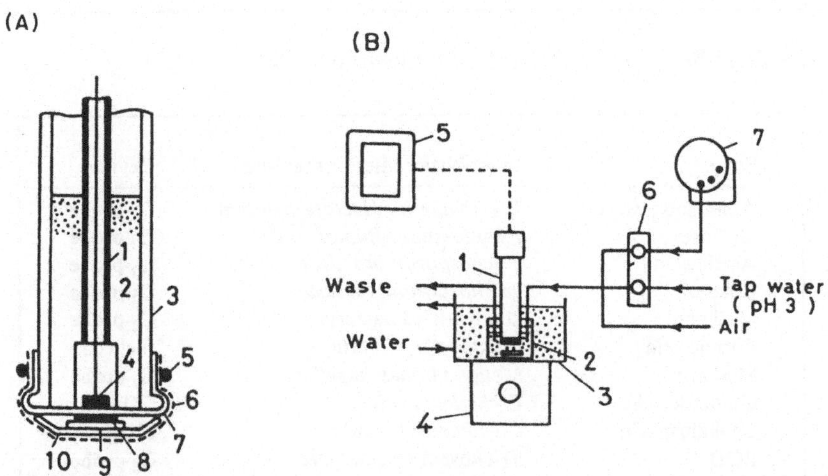

Abb. 150 links: Aufbau des "mikrobiellen" Sensors (1: Aluminiumanode; 2: Elektrolyt; 3: Isolator; 4: Platinkathode; 5: O-Ring; 6: Nylonnetz; 7: Teflonmembran; 8: Mikroorganismen; 9: Acetylcellulosemembran; 10: poröse Teflonmembran); rechts: Systemaufbau (1: mikrobielle Elektrode; 2: Durchflußzelle; 3: Halterung; 4: Magnetrührer; 5: Schreiber; 6: Pumpe; 7: Probegeber) (Hikuma *et al.*, 1979)

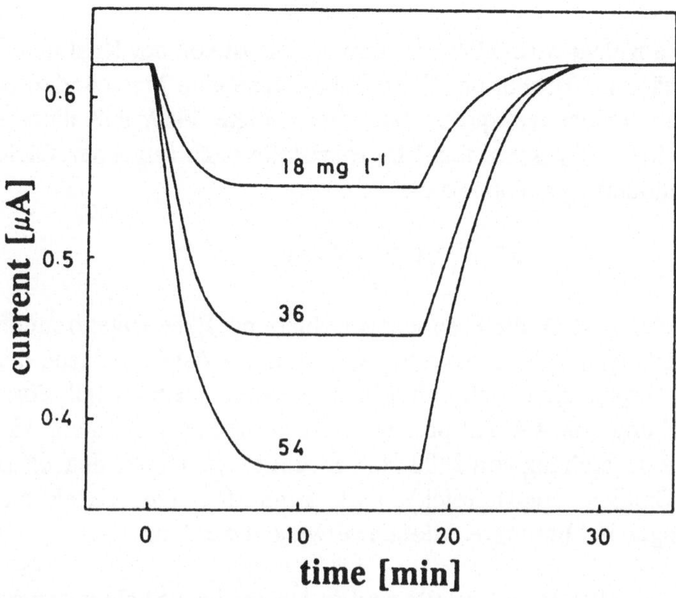

Abb. 151 Antwortverhalten des "mikrobiellen" Sensors auf verschiedene Essigsäurekonzentrationen (Hikuma *et al.*, 1979)

steme verwendet und ein dem Reaktor entnommener Probenstrom analysiert. Bei Nielsen *et al.* (1989) werden die Zellen vom Medium erst in der FIA-Anlage getrennt. Ansonsten erfolgt die Zellabtrennung im allgemeinen mit den schon beschriebenen Filtrationseinheiten (Kapitel 3.1.4.1.). Viele Analysensysteme verwenden Verdünnungseinheiten. Garn *et al.* (1989) beschreiben eine Verdünnungsmischzelle, mit der sich eine kontinuierliche Probenverdünnung bis zu 1:1.000.000 vornehmen läßt. Der FIA-Biosensor kann damit immer im günstigsten Meßbereich betrieben werden.

3.1.7. Piezokristalle

Auch Piezokristalle können als Transducer für Biosensoren genutzt werden. Zwar sind bisher noch keine Anwendungen zur Prozeßanalyse in der Biotechnologie bekannt, doch sollen die Sensoren der Vollständigkeit halber beschrieben werden. Mit diesen Transducern können Masseänderungen empfindlich nachgewiesen werden. Piezokristalle schwingen mit einer ganz bestimmten Eigenfrequenz, wenn eine hochfrequente Wechselspannung im

MHz-Bereich angelegt wird. Diese Eigenfrequenz ist von der Kristallart und -geometrie abhängig. Tritt auf der Kristalloberfläche eine Masseänderung auf, ändert sich die Resonanzfrequenz. Sauerbrey zeigte 1959, daß diese Resonanzfrequenz für "AT-geschnittene" Piezokristalle nach folgender Gleichung mit der Masseänderung gekoppelt ist:

$$\Delta F = -2,3 \cdot 10^6 \cdot F^2 \cdot \Delta m / A$$

In dieser Gleichung ist ΔF die Frequenzverschiebung, F die Eigenfrequenz vor der Massebeladung, Δm der Masseunterschied und A die Oberfläche des Kristalls. Daraus ergibt sich, daß mit einem 8 MHz Piezokristall eine Frequenzverschiebung von 400 Hz pro μg Masseänderung, mit einem 15 MHz Kristall eine Verschiebung von 2600 Hz verbunden ist. Dieser Sensor ist also äußerst empfindlich (pg-Be-reich) und kann für die Detektion von Masseänderungen bei Immunreaktionen verwendet werden.

Die Arbeiten über Bio-Piezokristalle sind in Übersichtsartikeln zusammengefaßt (Guilbault und Luong, 1988; Clarke *et al.*, 1987; Karube und Suzuki, 1986). In den 60iger Jahren wurden Piezokristallsensoren für die Gasanalyse eingesetzt. Auf der Quarzoberfläche befanden sich dafür Materialien, die spezifisch mit einzelnen Gaskomponenten reagierten (King, 1964; Guilbault, 1980 und 1982).

Die ersten Anwendungen zur Bestimmung von Antikörpern beschreiben die indirekte Antigenbestimmung über kompetitive Assays von Olivera und Silver (1980). Rice (1980 und 1982) erhöhte die Spezifität von Bio-Piezosensoren durch Sandwich-Immunotechniken und konnte so die Masseänderungen durch unspezifische gebundene Proteine berücksichtigen. Um Störungen durch unspezifische Bindung anderer Proteine zu verringern, benutzten Roederer und Baastias (1983) bessere Immobilisierungstechniken, mit denen höhere Antikörperdichten erreicht wurden und unspezifische Bindungsplätze geblockt werden konnten. Viele Beispiele zur Bestimmung der Immunoglobulingehalts (IgG und IgA) in Serum sind beschrieben (Arthur *et al.*, 1986; Muramatsu *et al.*, 1987). Auch die Detektion ganzer Zellen war möglich (Karube und Gotoh, 1987). Hier wurden Antikörper gegen *Candida* immobilisiert, so daß *Candida albicans* Zellen spezifisch detektiert werden konnten. Guilbault (1988) beschreibt die Anwendung von Piezokristallen mit immobilisierten Biokomponenten auch für die Gasphase. So konnten Formaldehyd mit Formaldehyddehydrogenase, Pestizide mit immobilisierter Cholinesterase oder Parathionantikörpern und Kokain mit Kokainantikörpern spezifisch nachge-

Tabelle 15 Biosensoren für den Einsatz an Bioprozessen

Analyt	Bioprozeß	Sensortyp	Analysensystem	Autor
Glucose	*E.coli*	amperometrisch, Ferrocen	in situ	Brooks *et al.*, 1987/1988
Glucose	*S. cerevisiae*, Melasse	amperometrisch, Mediator	automatisiert, off line	Geppert und Asperger, 1987a und b
Glucose	*S. cerevisiae*, Melasse	amperometrisch, Ferrocen	in situ	Bradley *et al.*, 1989a und b
Glucose	Hefen	spektralphotometrisch	FIA-Prinzip	Mandenius, 1988
Glucose	*E.coli*	pO_2-Elektrode	in situ	Cleland und Enfors, 1981, 1983 und 1984
Glucose	Hefen	amperometrisch, Mediator	off-line, ED	Gründig und Krabisch, 1989
Glucose	Hefen, Melasse	mikrobiell, pO_2-Elektrode	FIA-Prinzip, ED	Karube *et al.*, 1979
Glucose	Hefen	Enzymelektrode	FIA-Prinzip, ED	Chotani und Constaninides, 1982
Glucose	*E. coli, S. cerevisiae*	Gambro-Glucoseanalyzer	FIA-Prinzip	Holst *et al.*, 1988
Glucose	Hefen	YSP-Glucoseanalyzer	FIA-Prinzip, ED	Parker *et al.*, 1986
verwertbare Zucker	Glutaminsäureproduktion	pO_2-Elektrode	FIA-Prinzip, ED	Hikuma *et al.*, 1980b
L-Leucin, α-Ketosäure	Enzymmembranreaktor	spektralfluorometrisch,	FIA-Prinzip	Kittstein-Eberle *et al.*, 1989
Glucose		amperometrisch		
Glucose, Lactat	Milchsäurefermentation	Chemilumineszenz	FIA-Prinzip	Nikolajsen *et al.*, 1988; Nielsen *et al.*, 1989
Glucose, Glutamin, Lactat	tierische Zellkulturen	pO_2-Elektrode	Autoanalyzer,ED	Romette, 1987
L-Lysin, Glucose	für Fermentation vorgesehen	pO_2-Elektrode	FIA-Prinzip	Romette *et al.*, 1983; Kernevez *et al.*, 1983
Ethanol, Methanol	Hefen	pO_2-Elektrode	off line	Belghith *et al.*, 1987
Ethanol	Hefen	pO_2-Elektrode	FIA-Prinzip, ED	Hikuma *et al.*, 1979
Ethanol	Hefen	pO_2-Elektrode	in situ, unsteril	Verduyn *et al.*, 1984
Penicillin	*P. chrysogenum*	pH-Elektrode	FIA-Prinzip, off line, ED	Gnanasekaran und Mottola, 1985
Penicillin	*P. chrysogenum*	pH-Elektrode	off line	Nilsson *et al.*, 1978
Penicillin	*P. chrysogenum*	pH-Elektrode	in situ	Enfors und Nilsson, 1979
Ameisensäure	*Aeromonas formicans*	mikrobiell, amperometrisch	FIA-Prinzip, ED	Karube, 1987
Cephalosporin	Fermentationsmedien	mikrobiell, pH-Sensor	FIA-Prinzip, ED	Karube, 1987
Glutaminsäure	*E. coli*	mikrobiell, CO_2-Elektrode	FIA-Prinzip, ED	Hikuma *et al.*, 1980a
Essigsäure	Essigsäurefermentation	mikrobiell, pO_2-Elektrode	FIA-Prinzip, ED	Hikuma *et al.*, 1979

wiesen werden (Guilbault und Luong, 1988). Ein Anwendungsbeispiel des Cholinesterasesensors ist in Abbildung 152 zu sehen. Innerhalb von 30-60 Sekunden nach Zugabe des Organophosphats Malathion (Pestizid gegen Läusebefall) erhält man ein stabiles Sensorsignal. Nach ca. 5-10 Minuten ist der Sensor wieder regeneriert und steht für eine neue Analyse zur Verfügung.

Bei allen Piezokristallsensoren müssen die Analysenbedingungen streng eingehalten werden. Unspezifische Masseablagerungen stören stark (bei Gasphasesensoren kann das beispielsweise durch Kondenswasserbildung geschehen), die Temperatur, Dichte und Viskosität der Probelösung spielen eine große Rolle. Differenzmessungen zwischen einem Bio-Piezokristall und einem mit der inaktiven Biokomponente versehenen Piezokristall bieten hier verläßlichere Analysenmöglichkeiten (Guilbault und Luong, 1988; Näbauer, 1989).

3.1.8. Bio-Feldeffekttransistoren

Auch Halbleiterbausteine werden als Transducer für Biosensoren genutzt. So gibt es eine große Anzahl von Biosensoren, die auf der Basis von Feldeffekttransistoren (FET) aufgebaut sind. Von diesen Halbleiterbausteinen verspricht man sich unter anderem, daß sie billig herzustellen sind und in "Sensorarrays" verwendet werden können, da sie geringe Ausmaße haben (aktive Fläche ca. 0,5 mm^2), und da sich Verstärker, Referenz und Auswertung mit dem FET auf einem Chip integrieren lassen.

Bei diesen Halbleiterbausteinen wird der Stromfluß durch einen n- oder p-dotierten Kanal durch die Stärke eines elektrischen Felds beeinflußt, das auf diesen Kanal wirkt. In Abbildung 153 ist der Aufbau eines IGFET (insulated gate FET) gezeigt. Die Leitfähigkeit der p-dotierten Schicht zwischen Drain und Source wird gemessen, wenn an dem Gate, das durch eine Isolatorschicht von der Halbleiterschicht getrennt wird, ein Potential anliegt. Dazu wird eine Spannung (V_D) an den Drainanschluß angelegt. Baut man nun ein elektrisches Feld über die Steuerelektrode (Gate) mit V_G auf, ändert sich die Leitfähigkeit zwischen Drain und Source, wenn an der Grenze zwischen Halbleiter und Isolator Ladungen induziert werden. Ist die Gatespannung positiv gegenüber dem Drainanschluß, reichert sich der n-Kanal zwischen Drain und Source mit Ladungsträgern an - ist die Gatespannung negativ gegenüber dem Drainanschluß, verarmt der n-Kanal. Je nach der Leitfähigkeit des n-Kanals, der von dem am Gate anliegenden Potential abhängt, kann ein Strom zwischen Drain und Source fließen.

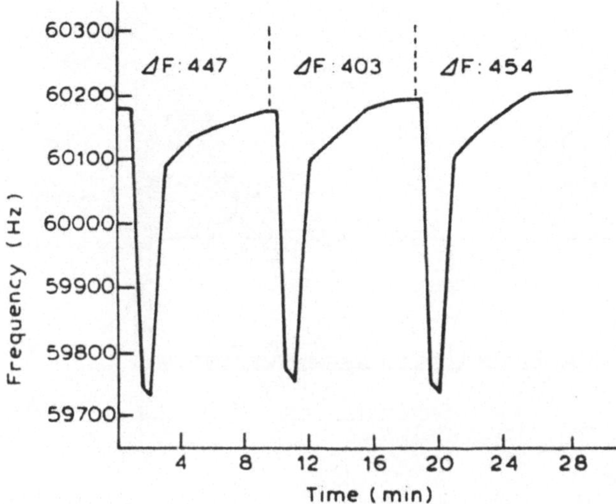

Abb. 152 Antwortverhalten des Immuno-Piezokristalls auf wiederholte Zugaben von Malathion (Guilbault und Mascini, 1987)

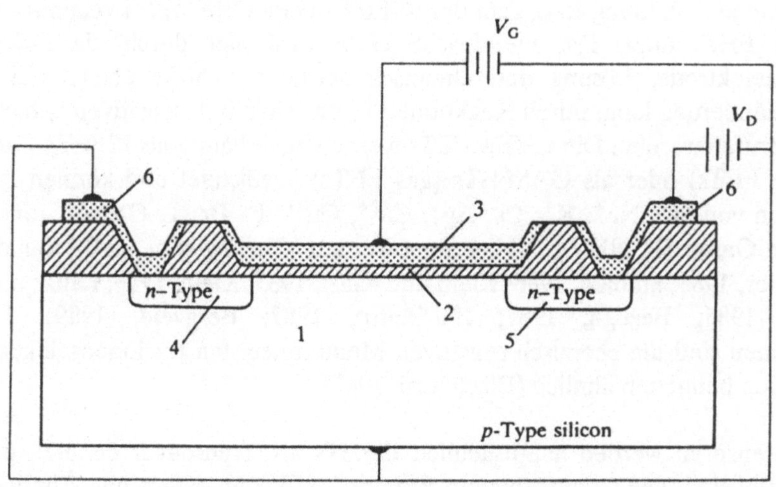

Abb. 153 Aufbau eines IGFETs (Blackburn, 1987)

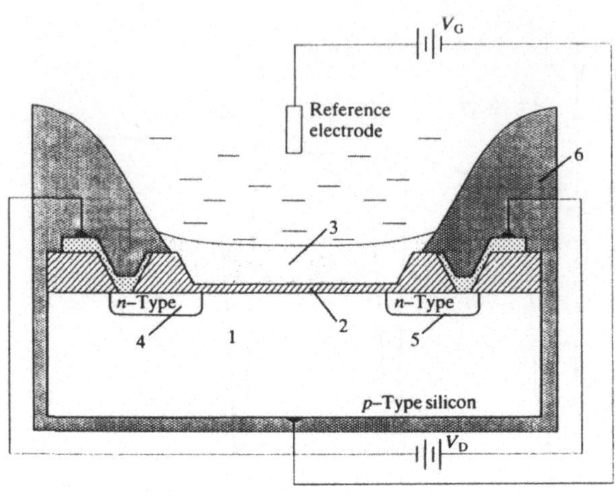

Abb. 154 Aufbau eines CHEMFETs (Blackburn, 1987)

Wird die metallische Gateschicht durch eine chemisch sensitive Schicht ersetzt (siehe Abbildung 154), geht der IGFET in den CHEMFET (chemically sensitive FET) über. Das metallische Gate wird hier durch die Folge: Referenzelektrode, Lösung und chemisch sensitive Schicht ersetzt. Eine Potentialänderung kann durch Reaktionen in der chemisch sensitiven Schicht hervorgerufen werden. Die CHEMFETs werden auch häufig als ISFETs (ion-selective FETs) oder als GASFETs (gas FETs) bezeichnet und können zur Detektion von H^+, Na^+, K^+, Cl^-, Ag^+, Ca^{2+}, Cu^{2+}, F^-, Br^-, I^-, CN^-, S^{2-} Ionen oder den Gasen H_2, NH_3, CO eingesetzt werden (Cheung *et al.*, 1977; Janata und Huber, 1985; Sibbald, 1986; Klein und Kuisl, 1985; Klein, 1986, Lauks und Sansen, 1985; Bezegh, 1987; Blackburn, 1987; Bergveld, 1989). Im allgemeinen sind die chemisch sensitiven Membranen den für ionenselektive Elektroden benutzten ähnlich (Blackburn, 1987).

Für Biosensoren werden hauptsächlich ISFETs als Transducer benutzt, die pH-sensitiv sind. Die so aufgebauten Biosensoren haben eine große Ähnlichkeit mit Bioelektroden auf der Basis von pH-Elektroden. pH-sensitive FETs werden auch pH-FETs genannt. Sie besitzen kein metallisches Gate, sondern bestimmte Metalloxidschichten, die als Gateoxid bezeichnet werden. Unter

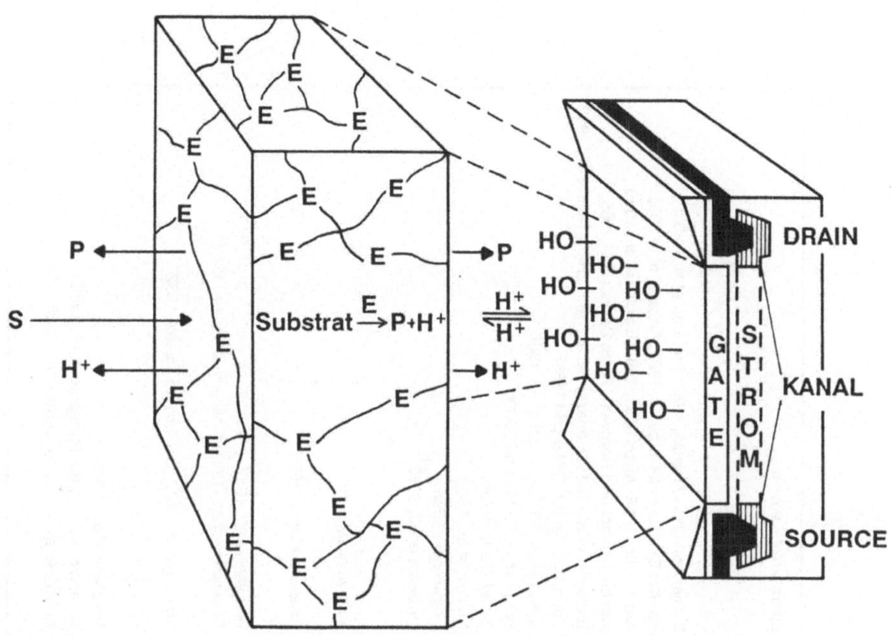

Abb. 155 Prinzipieller Aufbau eines BioFETs (Brand, 1989)

anderem werden SiO_2, Al_2O_3, Si_3N_4 und Ta_2O_5 benutzt. Das Potential, das sich an der Grenzfläche Elektrolyt/Gateoxid ausbildet, ist vom pH-Wert abhängig. Da es sich um eine potentiometrische Messung handelt, muß ein Potentialbezug zur Lösung über eine Referenzelektrode hergestellt werden. Erste Annahmen, daß der pH-FET direkt mit einer Glaselektrode zu vergleichen, ist konnten nicht bestätigt werden (Bergveld, 1989). Ein pH-FET müßte dann wie eine Glaselektrode eine Nernstsche Steigung von 58 mV/pH aufweisen. Bei SiO_2 und Si_3N_4-Schichten ist das nicht der Fall. Bei der Glaselektrode besteht eine Elektrolyt/Glasmembran/Elektrolyt Schicht mit einer "flüssigen" inneren Ableitung, während bei den pH-FETs eine feste Ableitung besteht. Inzwischen ist bekannt, daß die Modellvorstellungen aus der Kolloidchemie für die Potentialbildung an Oxid-Elektrolytschichten (z.B. "site-dissociation model") auch für pH-FETs zutreffen. Die pH-FETs und die Tatsache, daß mit Al_2O_3- oder Ta_2O_5-Schichten, die auf der SiO_2-Gateoxidschicht aufgebracht wurden, Steilheiten von nahezu 58 mV/pH erreichen, können inzwischen modellmäßig beschrieben werden (Bergveld, 1989).

Die Abbildung 155 zeigt schematisch den Aufbau eines BioFETs, also eines Biosensors, dessen Transducerteil ein pH-FET ist. Auf dem Gateoxid wird

Tabelle 16 Beispiele für BioFETs (Brand, 1989)

Nachzuweisende Substanz	Biokomponente	vom Transducer detektierte mittelbare Größe	potentielles Einsatzgebiet	Literaturreferenzen
Harnstoff	Urease	NH_3 (basFET) pH	Medizin, Biotechnologie	Danielsson und Winquist, 1987; Seiyama *et al.*, 1983; van der Schoot und Bergveld, 1988; Anzai *et al.*, 1985; Anzai *et al.*, 1986; Anzai *et al.*, 1987; Karube *et al.*, 1986
Glucose	Glucoseoxidase (GOD), Mikroorganismen	pH	Medizin Biotechnologie	van der Schoot und Bergveld, 1988; Caras *et al.*, 1985; Eddowes *et al.*, 1985; Hanazato *et al.*, 1987; Hanazato *et al.*, 1983;
Penicillin G,V	Penicillinase	pH	Biotechnologie	Caras und Janata, 1980 und 1985; Brand *et al.*, 1989b; Anzai *et al.*, 1988
Penicillin G	Penicillin G amidase	pH	Biotechnologie	Brand *et al.*, 1989a und 1989b
Cephalosporin C	Cephalosporinase	pH	Biotechnologie	Brand *et al.*, 1989b
Glyceride	Lipase	pH	Medizin	Nakako *et al.*, 1986
ATP	H^+-ATPase	pH	Medizin	Gotho *et al.*, 1986
Acetylcholin	a) Acetylcholinesterase b) Acetylcholin Rezeptor	pH Na^+-Fluß in der Membran	Medizin	Miyahara *et al.*, 1983
Hypoxanthin	Hypoxanthinoxidase	pH	Lebensmittel-technologie	Tamiya *et al.*, 1988
Ethanol, Alkohole	Mikroorganismus, Acetobacter aceti	pH	Biotechnologie	Kitagawa *et al.*, 1987
HSA-Antigen	HSA-Antikörper	Ionenaustausch-ströme, Gate-polarisation	Medizin	Bergveld *et al.*, 1987 Schasfoort *et al.*, 1989; Collins und Janata, 1982
Wassermann-Antikörper	Cardiolipin	Polarisation, Ionenaustausch-ströme,	Medizin	Aizawa *et al.*, 1977; Collins und Janata, 1982
pH, Harnstoff, Glucose	Urease, GOD	pH, pH, pH	Medizin	Miyahara *et al.*, 1985 Miyahara *et al.*, 1985; Hanazato *et al.*, 1986
pH, K, Harnstoff, Glucose	Valinomycin, Urease, GOD	pH, Polarisation pH, pH	Medizin	Kimura *et al.*, 1986; Kuriyama *et al.*, 1985

eine Enzymmembran aufgebracht, in der die biologische Erkennungsreaktion abläuft. Tritt bei der enzymatischen Reaktion eine pH-Wertveränderung auf, kann diese vom pH-FET erfaßt werden. Die Substratkonzentration bestimmt - wie bei den Enzymelektroden - die Größe der pH-Wertveränderung. Auch hier haben Pufferkapazität und pH-Wert der Probelösung einen großen Einfluß auf die Messung. Je höher die Pufferkapazität, desto geringer der meßbare pH-Effekt. Bei der Analyse muß die Pufferkapazität der Proben übereinstimmen. Änderungen im pH-Wert der Probe können über Referenzmessungen beachtet werden. BioFETs benötigen Referenzelektroden, die oft - besonders wenn standardmäßige Silber/Silberchlorid-Elektroden verwendet werden - recht groß sind und die Vorteile der miniaturisierten Transducerbausteine wieder aufheben. Die meisten bisher in der Literatur beschriebenen Anwendungen wurden an Einzelproben durchgeführt. In der Tabelle 16 sind verschiedene BIOFET-Beispiele angeführt (Brand, 1989). Dabei sind nicht nur EnzymFETs sondern auch ImmunoFETs berücksichtigt. Den ersten EnzymFET - einen Penicillinsensor - beschrieben Caras und Janata 1980. Beispielhaft soll hier ein Lipidsensor vorgestellt werden (Nakako *et al.*, 1986). In Abbildung 156 ist der schematische Aufbau gezeigt. Ein FET ist mit dem Enzym bedeckt (Immobilisierung mit einem Photopolymer), der andere wird nur mit der Polymerschicht überzogen. Er dient als Referenz. Das Signal auf die Zugabe einer definierten Menge von Triacetin als Modellipid ist in Abbildung 157 zu sehen. Innerhalb von zwei Minuten ist ein stabiles Signal erreicht, dann wird der Sensor wieder gespült. Die Signalhöhe ist stark von der Enzymkonzentration abhängig. Dieses Beispiel macht deutlich, daß einerseits hohe Enzymkonzentrationen vorteilhaft sind, aber dünne Enzymschichten für ein kurzes Ansprechverhalten wichtig sind. Da außerdem die Gateoxidoberfläche sehr klein ist, können nur geringe Enzymmengen immobilisiert werden, die Langzeitstabilität wird damit beeinträchtigt. Um die optimalen Biosensoranordnungen zu finden, müssen diese einzelnen Punkte genau beachtet werden. Dazu ist eine genaue Charakterisierung der Enzymmembranen nötig, die in den meisten Veröffentlichungen nicht beschrieben ist.

ImmunoFETs waren in der Literatur lange Zeit umstritten. Durch die Antikörper-Antigenreaktion wird eine Potentialänderung hervorgerufen, die über einen Feldeffekttransistor meßbar ist. Potentialänderungen an der FET-Oberfläche treten auf, da geladene Proteine gebunden werden, sich deren Ladung durch die Immunreaktion verändert oder ein Ionentransport durch die Proteinschichten vor und nach der Antikörper-Antigen-Reaktion beeinflußt wird (Schasfoort *et al.*, 1989). Die meßbaren Effekte sind sehr klein, und eine gute Ausrichtung der Immunokomponenten ist erforderlich.

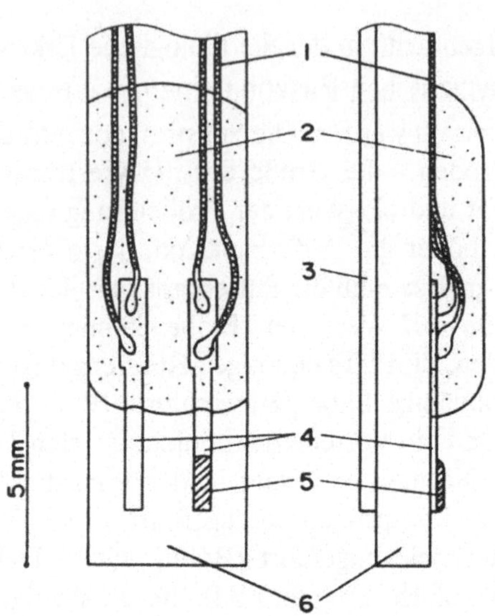

Abb. 156 Aufbau eines Lipase-FETs (1: Anschlüsse; 2: Epoxidharz; 3: Platindraht; 4: pH-FET; 5: Membran mit immobilisierter Lipase; 6: Epoxidgrundkörper) (Nakako *et al.*, 1986)

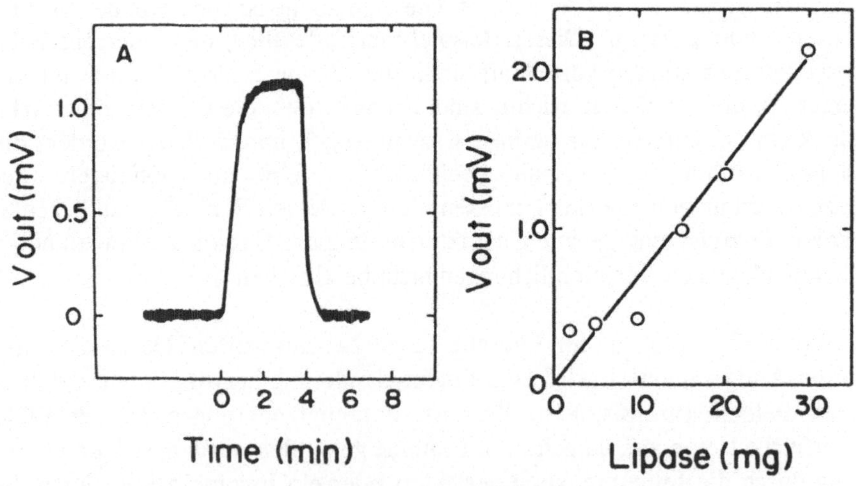

Abb. 157 Links: Antwortverhalten des Lipase-FETs bei Zugabe von Triacetin. Rechts: Kalibrierkurve (Nakako *et al.*, 1986)

Tabelle 17 Beispiele für den Einsatz eines IrMOSFETs zur Bestimmung der Reaktionsprodukte verschiedener Enzym/Substrat-Reaktionen (Danielsson und Winquist, 1987)

Substrate	Enzyme	Product	Voltage shift (mV)
Urea	Urease	CO_2 + $2NH_3$	16
L-Asparagine	Asparaginase	Aspartate + NH_3	8
L-Aspartate	Aspartase	Fumarate + NH_3	8
L-Glutamate	Glutamate dehydrogenase	α-oxoglutarate + NADH + NH_3	8
Adenosine	Adenosine deaminase	Inosine + NH_3	8
Creatinine	Creatinine imino-hydrolase	N-Methylhydantoin + NH_3	8
NH_3	—	NH_3	8

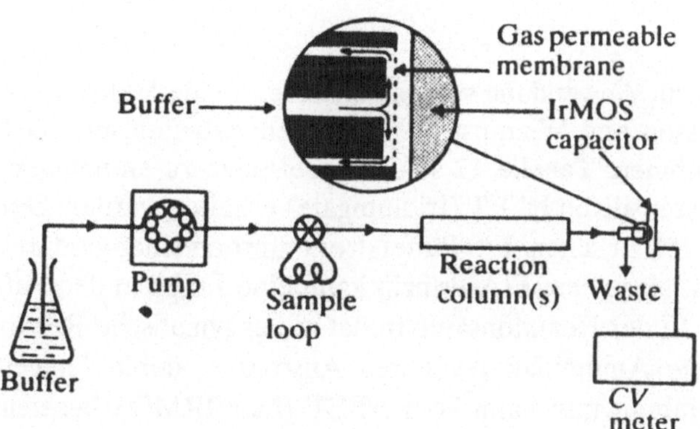

Abb. 158 Analysenstrecke zur Bestimmung von Ammoniak mit einesm IrMOSFET (Danielsson und Winquist, 1987)

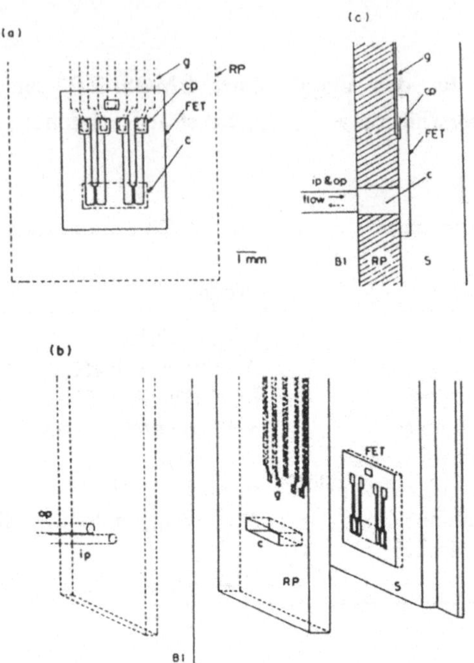

Abb. 159 Durchflußzelle für BioFETs (g: Goldverdrahtung; cp: Kontaktierung; c: Loch in der Gummidichtung; op: Auslaß; ip: Einlaß)

Einige Beispiele zur Anwendung von gassensitiven Feldeffekttransistoren sind bekannt. Danielsson und Winquist (1987) faßten Arbeiten mit GasFETs als Transducer zusammen. Tabelle 17 sind die Beispiele zu entnehmen, die mit einem ammoniaksensitiven IrFET (Iridiumgate) erhalten wurden. Der Aufbau ist in Abbildung 158 zu sehen. Ein Pufferstrom führt an einer gasdurchlässigen Membran vorbei. Nach dem FIA-Prinzip kann eine Probe in den Pufferstrom injiziert werden. In der Reaktionsäule findet die enzymatische Reaktion statt, und der gebildete Ammoniak (eventuell Austreiben durch Laugenzugabe) passiert die Membran und kann vom IrFET (hier IRMOS bezeichnet) detektiert werden. Nach der Messung wird der IrFET ausgeheizt.

Bisher sind noch keine direkten Anwendungen von BIOFETs zur Fermentationskontrolle bekannt, auch wenn viele Sensorbeispiele für einen potentiellen Einsatz in der Biotechnologie vorhanden sind (siehe Tabellen 16 und 17). Ein In-situ-Einsatz der BIOFETs im Fermenter wird schwer möglich sein, da die Biokomponenten nicht sterilisierbar sind und die pH-FETs Drifterscheinungen haben. Sensoranordnungen mit Sterilbarrieren (Membranen) wären denkbar, doch liegt das größte Einsatzpotential der

BIOFETs in FIA-Systemen zur Analysen eines dem Bioreaktor kontinuierlich entnommenen Probenstroms. Besonders interessant sind dabei Biosensorarrays, die auf kleinstem Raum mehrere Komponenten messen können. Ein Beispiel für eine Durchflußzelle für zwei pH-FETs (ein EnzymFET und ein ReferenzFET) ist in Abbildung 159 zu sehen. Ein großer Vorteil dieser Anordung: die FET-Chips müssen nicht verkapselt werden. Die Isolierung aller Teile außer des Gateoxids erfolgt durch die Anordung und Dichtung in der Durchflußzelle (Shiono *et al.*, 1987).

3.1.9. Optische Biosensoren

In diesem Abschnitt sollen die optischen Biosensoren kurz zusammengefaßt werden. Zwar ist auch hier die Zahl der Publikationen groß, doch sind bisher kaum Anwendungsbeispiele aus der Biotechnologie bekannt (Seitz, 1984 und 1987; Bormann, 1981 und 1987; McCapra, 1987; Schultz, 1987; Sutherland and Dähne, 1987; Hall, 1988; Wolfbeis, 1987, 1988a und b, 1989; Wolfbeis und Trettnak, 1989). Wegen der großen Vielfalt von optischen Biosensoren sollen nur einige exemplarisch vorgestellt werden.

Viele optische Biosensoren machen sich die moderne Glasfasertechnik zunutze. Dabei können die Glasfasern zur Lichtführung zum und vom Meßort oder als eigentlicher Sensor benutzt werden. Glasfasern haben den Vorteil, daß sie Licht ohne große Verluste führen können. Mit ihnen kann Licht auch ohne Probleme um Biegungen oder an unzulängliche Orte geführt werden. In Abbildung 160 ist ein solcher Glasfaserlichtleiter dargestellt. Das gesamte Licht, das innerhalb des für einen Lichtleiter typischen Öffnungswinkel einfällt, wird totalreflektiert und so ohne große Verluste in der Faser geführt. Glasfasern sind als Einzelfasern mit geringen Durchmessern (bis zu ca. 10 μm), in Faserbündeln oder als Flüssiglichtleiter (Einzelfasern bis zu einem cm Durchmesser) erhältlich.

Befindet sich an einem Faserende eine Detektionskomponente, beispielsweise ein immobilisiertes Fluorophor, das seine Fluoreszenzeigenschaften mit dem pH-Wert verändert, kann das Anregungslicht durch die Faser zum Farbstoff geführt werden. Das Fluoreszenzlicht des Farbstoffs wird entweder über dieselbe Faser geleitet oder durch eine zweite Faser aufgenommen und detektiert (siehe Abbildung 161). In der Literatur sind pH-Optroden oder Optroden, die selektiv auf andere Ionen reagieren, aufgeführt (siehe Tabelle 18). Dabei müssen nicht immer Fluorophore verwendet werden, auch Absorptionsoptroden (siehe Abbildung 162) sind bekannt. In der Tabelle 19

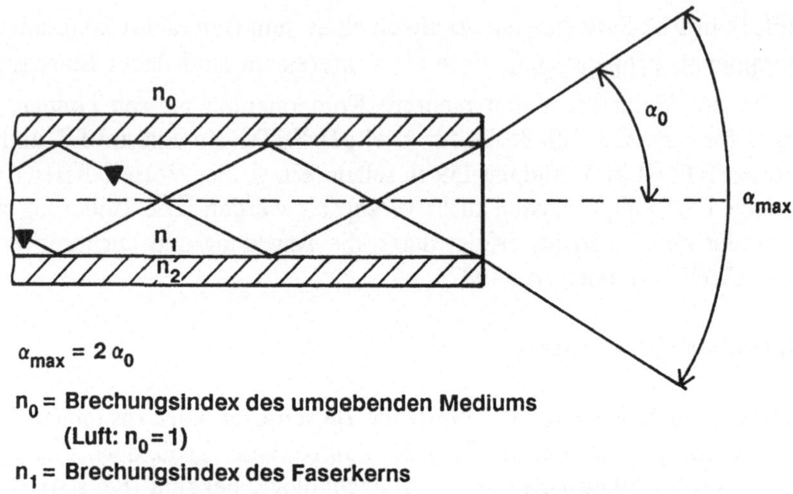

$$\alpha_{max} = 2\,\alpha_0$$

n_0 = Brechungsindex des umgebenden Mediums
     (Luft: $n_0 = 1$)
n_1 = Brechungsindex des Faserkerns
n_2 = Brechungsindex des Fasermantels

Abb. 160 Totalreflektion in einer Glasfaser

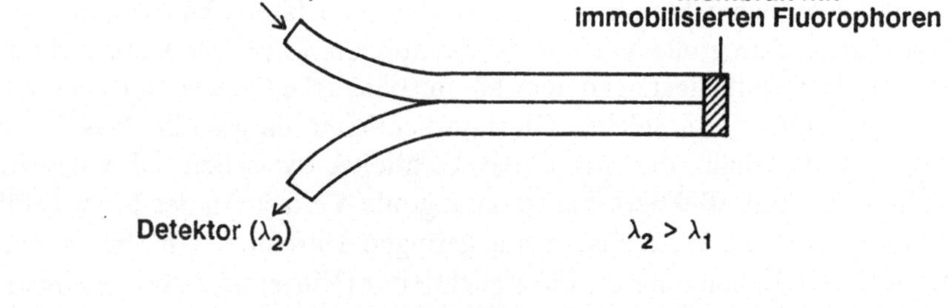

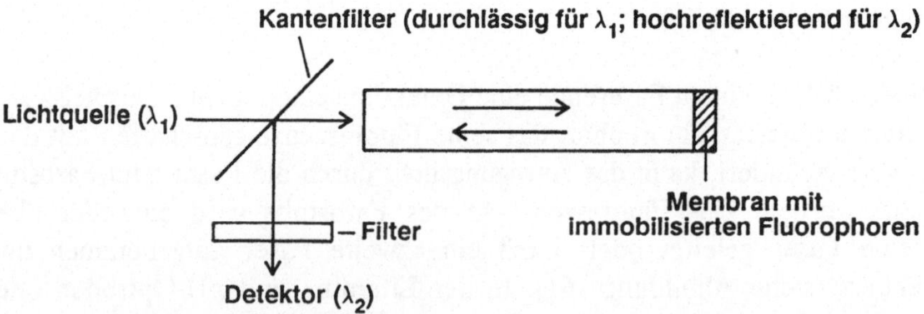

Abb. 161 Anordnungen für Fluoreszenzoptroden

Tabelle 18 Optrodenbeispiele für die Bestimmung relevanter Analyten in der Biotechnologie (Plötz, 1989)

Analyt	Meßart	Referenz
Ammonium	Absorption	Arnold und Ostler, 1986
	Fluoreszenz	Wolfbeis und Posch, 1986
Kohlendioxid	Fluoreszenz	Kawabata *et al.*, 1989; Munkholm *et al.*, 1988
Sauerstoff	Fluoreszenz	Lippitsch *et al.*, 1988; Peterson *et al.*, 1984; Vaughan und Weber, 1970; Wolfbeis *et al.*, 1988
	Energietransfer	Sharama und Wolfbeis, 1988
Iodid	Fluoreszenz	Wyatt *et al.*, 1987
Calcium	Fluoreszenz	Kawabata *et al.*, 1988
Glukose	Fluoreszenz	Trettnak *et al.*, 1988a und b
	Energie-Transfer	Meadows und Schultz, 1988
Ethanol	Fluoreszenz	Walters *et al.*, 1988
Penicillin	Fluoreszenz	Kulp *et al.*, 1987; Luo und Walt, 1989

Tabelle 19 Beispiele für pH-Optroden (FITC: Fluoresceinisothiocyanat; HPTS: 1-Hydroxypyren-3,6,8-trisulfonat; HCC: 7-Hydroxycumarin-3-carbonsäure) (Plötz, 1989)

Farbstoff	Detektionsmethode	Referenz
FITC	Fluoreszenz	Fuh, 1987; Kawabata *et al.*, 1986; Kawabata *et al.*, 1987
HPTS	Fluoreszenz	Opitz, 1984; Wolfbeis, 1985; Zhujun und Seitz, 1984
Eosin	Fluoreszenz	Yuan und Walt, 1987
HPTS und Eosin	Fluoreszenz	Luo und Walt, 1989
FITC und Eosin	Fluoreszenz	Posch *et al.*, 1989
Aminofluorescein	Fluoreszenz	Saari und Seitz, 1982; Zhujun *et al.*, 1989; Munkholm *et al.*, 1986
Fluorescein	Fluoreszenz	Milanovich *et al.*, 1984
Cumarine	Fluoreszenz	Wolfbeis und Marhold, 1987
HCC	Fluoreszenz	Wolfbeis und Offenbacher, 1986
Phenolrot	Absorption	Attridge *et al.*, 1987; Benaim *et al.*, 1986; Grattan *et al.*, 1987/88; Grattan *et al.*, 1987; Monici *et al.*, 1987; Peterson *et al.*, 1980
Bromphenol Blau	Absorption	Boisdé und Peréz, 1987
Bromthymol Blau	Absorption	Edmonds und Ross, 1985
Bromcresol Blau	Absorption	Edmonds *et al.*, 1988
Cresol Rot	Absorption	Moreno *et al.*, 1986
Kongo Rot	Absorption	Jones und Porter, 1988

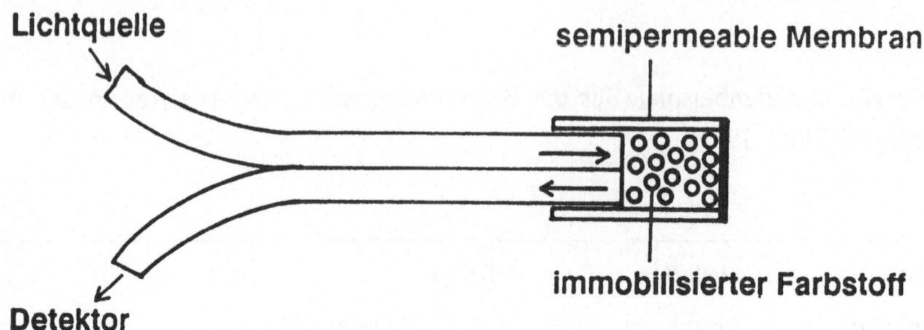

Abb. 162 Absorptionslichtleiter mit immobilisierten Farbstoffen (ein Teil des einfallenden Lichts gelangt nach Passieren einer bestimmten optischen Strecke wieder in den Empfängerlichtleiter)

sind Beispiele für pH-Optroden zusammengestellt, die als Absorptions- oder Fluoreszenzoptrode funktionieren (Plötz, 1989). Die Detektionsfarbstoffe sind meistens immobilisiert, können aber gelöst sein. Solche Sensorprinzipien sind für die On-line-Messung an Hefefermentationen (Messung des pH- und des pO_2-Werts) beschrieben (Junker *et al.*, 1988).

Optischen Sensoren haben folgende Vorteile:
- kein störender Einfluß elektromagnetischer Felder
- keine Referenzelektrode ist nötig
- keine Probleme mit elektrischen Kontakten (wie z.B. bei Elektroden) beim Eintauchen in die Probelösung.
- für viele Analyten sind optische Detektionsverfahren vorhanden
- Simultanmessung mehrerer Komponenten ist möglich
- geringe Kosten

Diesen Vorteilen stehen auch einige Nachteile gegenüber:
- Probleme der Langzeitstabilität (Ausbleichen der Detektions-farbstoffe)
- Ansprechzeit wird oft durch Diffusionsvorgänge verlängert
- begrenzte Dynamik
- Störungen durch Fremdlichteinfluß (dieses Problem kann durch Choppertechnik vermindert werden)

Prinzipiell sind auf der Basis von den in den Tabellen 18 und 19 aufgeführten Optroden alle Enzymelektroden aufbaubar, die schon in Kapitel 3.1.5. beschrieben wurden. Dabei muß aber bedacht werden, daß der Einsatzbereich von Optroden oftmals beschränkt ist. pH-Optroden zeigen nur in einem begrenzten pH-Bereich ein lineares Verhalten, das stark von dem verwendeten Farbstoff abhängt (Wolfbeis, 1989).

Einige Beispiele für optische Enzymelektroden werden hier kurz aufgeführt. Wird Penicillinase auf einem pH-Sensor aufgebracht, kann Penicillin über den bei der enzymatischen Zersetzung entstehenden pH-Shift detektiert werden (Goldfinch und Lowe, 1984; Kulp *et al.*, 1987; Fuh *et al.*, 1988). In der Abbildung 163 ist der Aufbau eines solchen Sensors zu sehen (Fuh *et al.*, 1988). Vor einer 125 μm Faser ist eine Latexkugel fixiert, an der FITC und Penicillinase gebunden sind. FITC dient als pH-sensitiver Farbstoff. Die Anregung erfolgt mit einem Argonionenlaser bei 488 nm, und die Fluoreszenzänderung des FITCs durch die pH-Wertänderung beim enzymatischen Penicillinumsatz wird mit derselben Faser erfaßt. Änderungen in der Fluoreszenzintensität der Zugabe verschiedener Mengen Penicillin-G sind in Abbildung 164 dargestellt.

Ein von Trettnak *et al.* (1988) beschriebener Glucosesensor ist in Abbildung 165 zu sehen. Die bei der Glucoseumsetzung durch die Glucoseoxidase entstehende pH-Wertänderung wird durch den Farbstoff 1-Hydroxpyren-3,6,8-trisulphonat (HPTS) detektiert. Der Glasfasersensor wurde an eine Durchflußzelle gekoppelt, um eine kontinuierliche Messung zu gewährleisten. Die Antwortzeiten liegen bei ca. 15 Minuten (siehe Abbildung 166). Dünnere Membranen würden kürzere Antwortzeiten ermöglichen. Der Einfluß der Ionenkonzentration auf das Meßsignal - typisch für optische Sensoren - wird aus den Kalibrierkurven in Abbildung 167 deutlich.

Anstelle der Indikatorfarbstoffe können auch Coenzyme verwendet werden. Wangsa und Seitz (1988) haben eine Enzymoptrode beschrieben (siehe Abbildung 168), die die Fluoreszenzeigenschaften des NADHs nutzt. Vor der Sensorspitze ist das Enzym Lactatdehydogenase immobilisiert, das Lactat in Pyruvat umsetzt. Bei dieser Reaktion wird das Coenzym NAD^+ zu NADH reduziert. Wird die Fluoreszenz des gebildeten NADHs gemessen, kann über die Fluoreszenzintensität auf die Lactatkonzentration in der Probe geschlossen werden. Eine Kalibrierkurve für dieses System ist in Abbildung 169 zu sehen. Auch die Rückreaktion - also der Umsatz von Pyruvat unter gleichzeitiger Oxidation des NADHs - kann mit dieser Optrode gemessen werden (Kalibrierkurve siehe Abbildung 170). Bei jeder Messung muß das Coenzym neu zugegeben werden. Auf die Probleme dieses Lactat/Pyruvat-Systems wird in Kapitel 3.2.3.2. noch näher eingegangen.

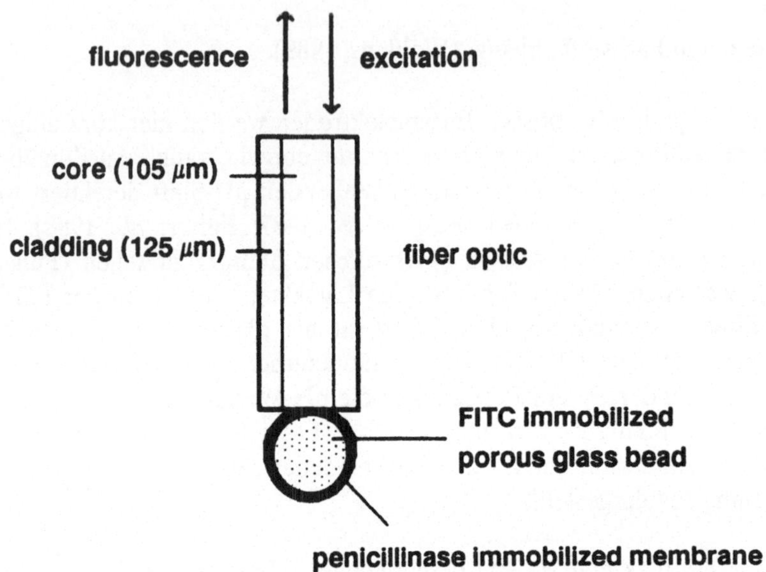

Abb. 163 Aufbau eines optischen Penicillinsensors (Fuh *et al.*, 1988)

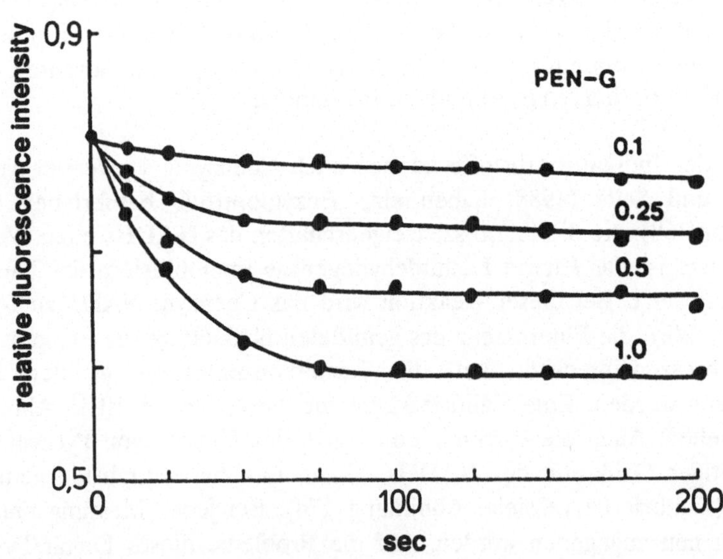

Abb. 164 Signaländerung bei Zugabe von Penicillin G in verschiedenen Konzentrationen (Fuh *et al.*, 1988)

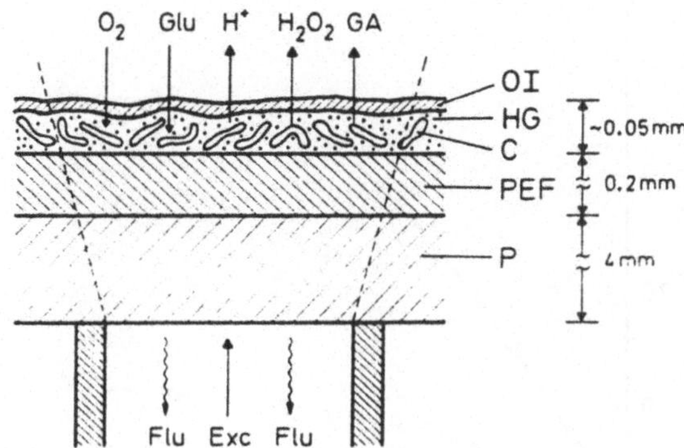

Abb. 165 Aufbau eines optischen Glucosesensors (Trettnak *et al.*, 1988)

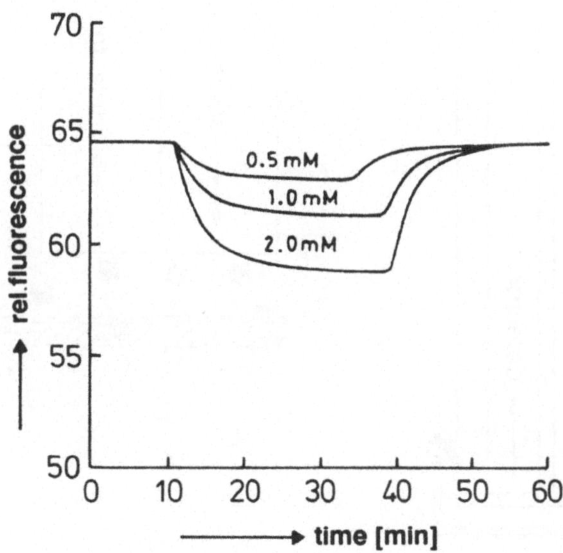

Abb. 166 Zeitlicher Signalverlauf bei unterschiedlichen Glucosekonzentrationen (Trettnak *et al.*, 1988)

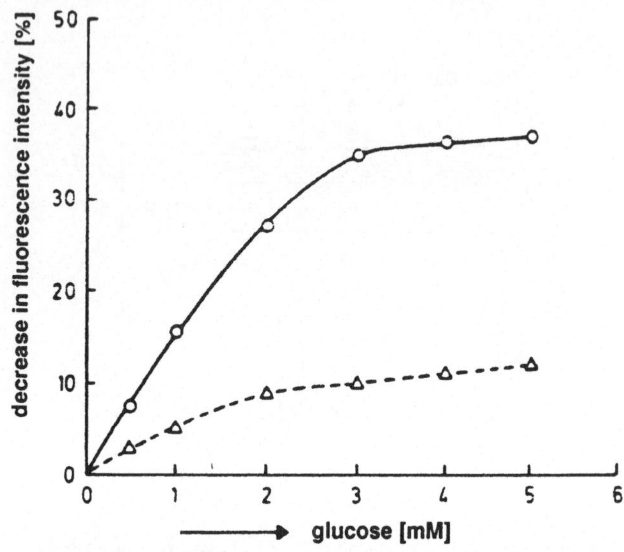

Abb. 167 Einfluß der Ionenstärke auf das Meßsignal der Glucose-Optrode (Trettnak *et al.*, 1988)

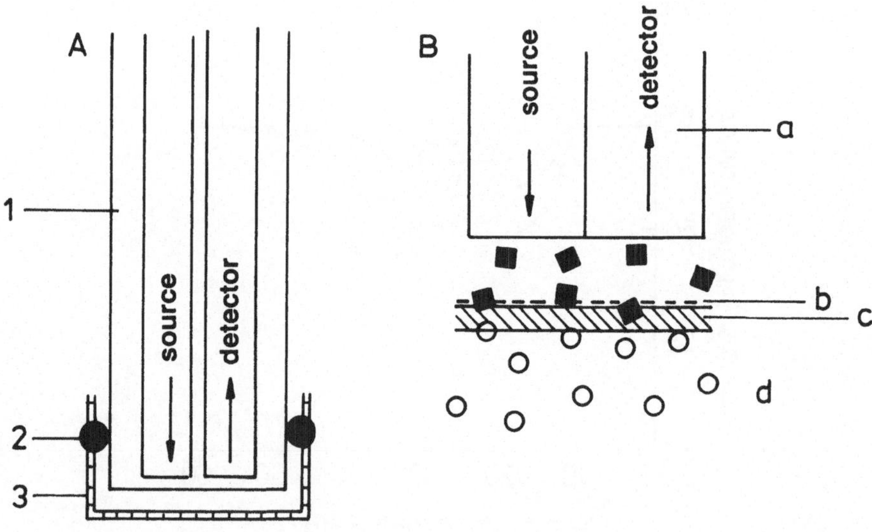

Abb. 168 Aufbau eines optischen Sensors zur Bestimmung coenzymabhängiger Reaktionen am Beispiel eines Lactat-/Pyruvat-Sensors (Wangsa und Arnold, 1988)

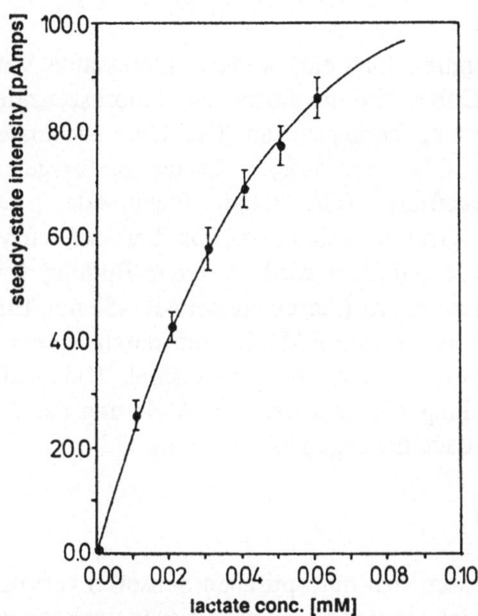

Abb. 169 Lactatkalibrierkurve (Wangsa und Arnold, 1988)

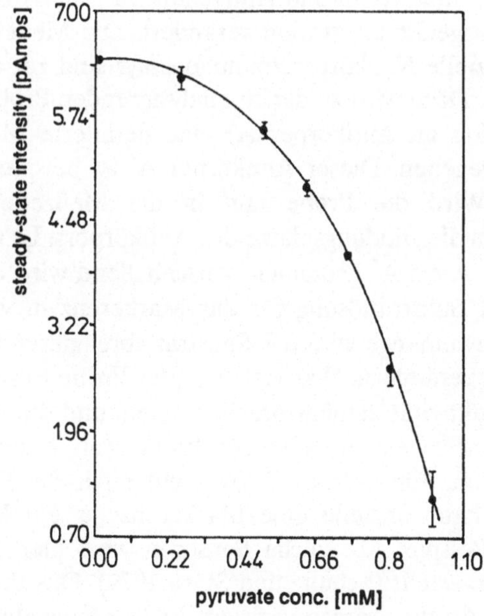

Abb. 170 Pyruvatkalibrierkurve (Wangsa und Arnold, 1988)

Wolfbeis und Trettnak konnten 1989 eine weitere interessante Variante von Enzymelektroden zeigen. Dabei wird die intrinsische Fluoreszenz der Enzyme selbst zur Substratbestimmung herangezogen. Die Untersuchungen wurden mit den Enzymen Glucoseoxidase, Lactatmonooxygenase und Cholesteroloxidase durchgeführt. Alle haben Flavin-Adenin-Dinucleotid (FAD) als prosthetische Gruppe gebunden, das bei der enzymatischen Reaktion mit dem Substrat reduziert wird. Auf der Bildung von $FADH_2$ beruht die intrinsischen Fluoreszenz (Anregung bei 410-450 nm, Emission bei 500 nm) der Enzyme. Das gebundene $FADH_2$ kann durch Sauerstoff wieder oxidiert werden, der Sensor ist also völlig reversibel. Der Aufbau eines Lactatsensors ist in Abbildung 171 zu sehen, die Änderung der Fluoreszenz bei Zugabe luftgesättigter Lactatlösungen in Abbildung 172.

3.1.9.1. Immuno-Optroden

Viele Immunreaktionen lassen sich mit optischen Sensoren verfolgen. Dabei ist eine der Immunkomponenten an die Faser gekoppelt. Einige Möglichkeiten sind in Abbildung 173 zu sehen. Im oberen Beispiel wird ein Absorptionsensor gezeigt. Der Antikörper ist immobilisiert, und die Probe mit den zu detektierenden Antigenen wird in die Meßzellen gebracht. Durch die Immunreaktion zwischen Antikörpern und Antigenen wird die Absorption in Abhängigkeit von der Antigenkonzentration verändert. Die Meßeffekte sind meist sehr klein, und spezielle Konkurrenzimmunoassays sind zur Steigerung der Empfindlichkeit nötig. Dazu wird zu der zu analysierenden Probe (mit der unbekannten Konzentration an Antikörper A) eine definierte Menge markierter Antikörper (A*) gegeben. Dieser Antikörper A* ist beispielsweise an ein Enzym gekoppelt. Wird die Probe nun in die Meßzelle gegeben, konkurrieren A und A* um die Bindungsplätze des Antikörpers. Ist mehr A als A* vorhanden, wird mehr A als A* gebunden. Anschließend wird der Sensor gewaschen und mit einer Substratlösung für das Markerenzym versetzt. Je nach der gebundenen Enzymmenge wird das Substrat abreagieren und so die Absorptionseigenschaften verändern. War viel A in der Probe (also wenig A* gebunden), ist die Enzymaktivität dementsprechend klein und die Absorption ändert sich nur langsam. Je weniger A in der Probe war, desto schneller ändert sich die Absorption. Ein solches Prinzip gilt auch für Fluoreszenzimmunooptroden. Hier kann anstelle eine Markerenzyms ein Fluorophor verwendet werden. Als Beispiel für solche Sensoren wird hier ein Affinitätssensor für Glucose vorgestellt (Schultz und Sims, 1979). Das Prinzip ist in Abbildung 174 zu sehen. An die Anregungsfasern ist Concanavalin A fixiert. Die Empfängerfasern ragen tiefer in den Meßraum, der durch eine

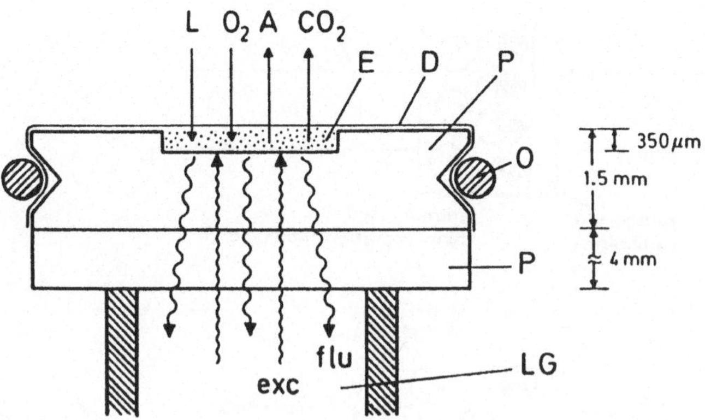

Abb. 171 Aufbau des optischen Lactat-Sensors (P: Plexiglaskörper; D: Dialysemembran; E: Enzymlösung; O: O-Ring; LG: Lichtführung; L: Lactat; A: Acetat) (Wolfbeis und Trettnak, 1989)

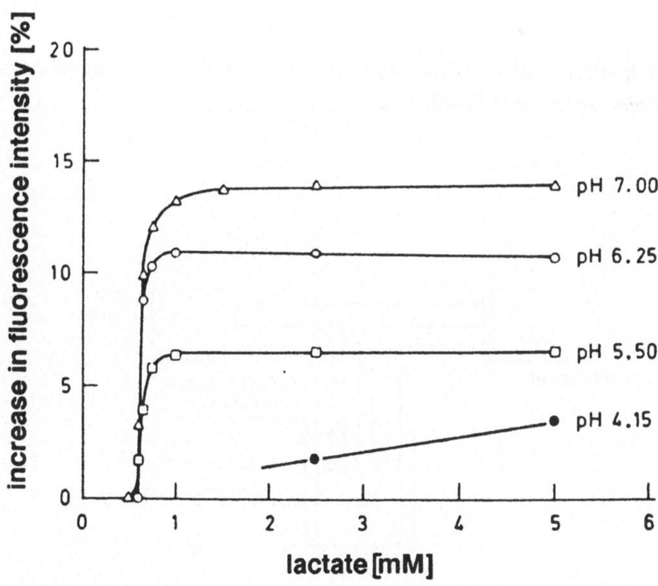

Abb. 172 Kalibrierkurven bei verschiedenen pH-Werten (luftgesättigte Lösungen) (Wolfbeis und Trettnak, 1989)

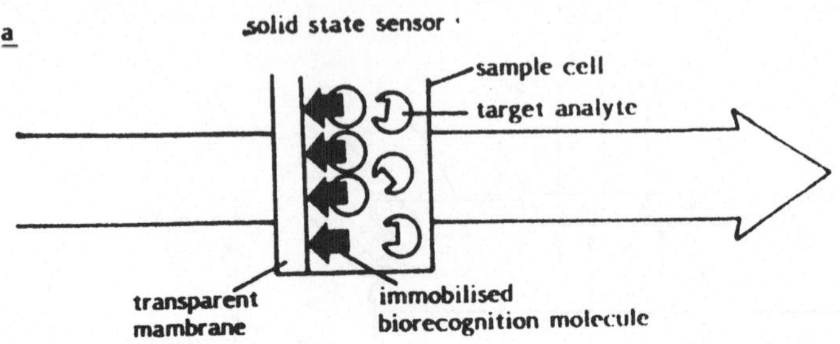

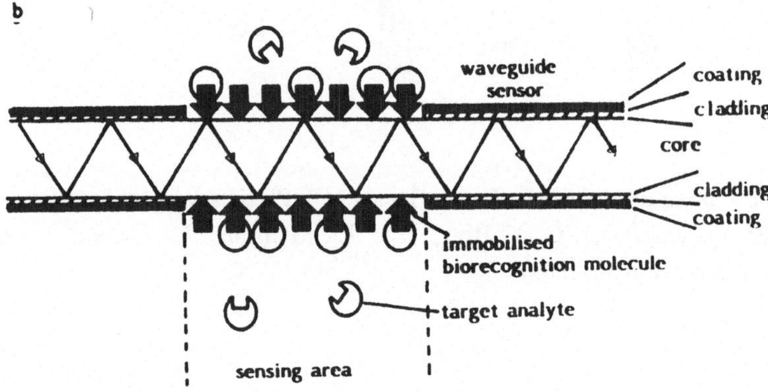

Abb. 173 Prinzipieller Aufbau zweier Immunosensoren (a: Durchlichtsensor; b: oberflächenmodifizierter Sensor) (Hall, 1988)

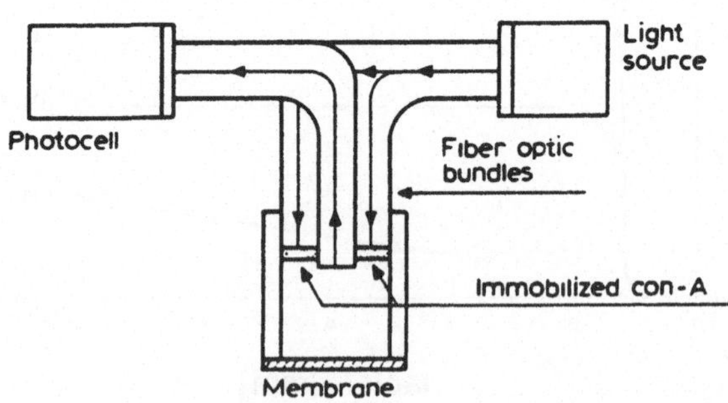

Abb. 174 Bioaffinitätssenor zur Glucosebestimmung (Schultz und Sims, 1979)

Dialysemembran vom Probenraum abgegrenzt ist, als die Anregungsfasern. Im Meßraum befindet sich ein Dextran, das mit dem Fluorophor Fluoresceinisothiocyanat (FITC) markiert ist. Das Molekulargewicht des FITC-Dextran ist so groß, daß es die Dialysemembran nicht passieren kann. Es koppelt an die Concanavalinbindungsplätze, so daß von den Empfängerfasers kein Fluoreszenzlicht des FITCs aufgenommen werden kann. Kommt nun niedermolekulare Glucose durch die Dialysemembran in den Meßraum, konkurriert sie mit dem FITC-Dextran um die Bindungsplätze. FITC-Dextran wird je nach Glucosekonzentration in den Meßraum freigesetzt, die Fluoreszenz des FITCs von den Empfängerfasern detektiert. Der Sensor arbeitete bis zu Glucosekonzentrationen von 125 mg/l linear. Die Antwortzeit hängt nur von der Diffusionsgeschwindigkeit durch die Dialysemembran ab. Die eigentliche Konkurrenzreaktion ist innerhalb von einer Sekunde abgelaufen. Arbeiten, die sich mit ähnlichen Sensoren beschäftigen, sind von Schultz (1987) zusammengefaßt worden.

3.1.9.2. Innere Reflektionstechniken

Inneren Reflektionstechniken (internal reflectance techniques, IRS) spielen bei der Entwicklung optischer Biosensoren ein große Rolle (Place *et al.*, 1985; Sutherland und Dähne, 1987; Hall, 1988; Turner, 1989) - speziell bei Sensoren für die Immunanalytik.

Sutherland und Dähne zählen zu den IRS-Methoden die abgeschwächte Totalreflektion (attenuated total reflection, ATR), die totale interne Reflektionsfluoreszenz (total internal refection fluorescence, TIRF), die Oberflächen-Plasmon-Resonanz (surface plasmon resonance, SPR) und die Ellipsometrie. In Abbildung 175 sind prinzipielle Aufbauten für verschiedene Reflektionsmessungen gezeigt. An der Grenze Reflektionsprisma/Probe tritt eine Änderung im Brechungsindex auf, der zu einer Totalreflektion führt. Der Einstrahlwinkel des Lichts muß so gewählt sein, daß die Totalreflektion stattfinden kann, also muß α_{ein} kleiner als α_{krit} sein. α_{krit} ist der größte Einfallswinkel bei dem noch Totalreflektion erfolgen kann. In Abbildung 176 ist die Totalreflektion an der Schicht Reflektionsprisma/Probe noch einmal genauer aufgezeigt. In der gleichen Abbildung ist rechts auch die Amplitude des elektrischen Feldes, der aus dem einfallenden und reflektierten Strahl durch Interferenz entstehenden stehenden Welle, zu sehen. Eine räumlich gedämpfte Welle (evanescent wave) besteht im rechten Winkel zur Prisma-oberfläche in die Probe hinein. Dabei wird keine Energie in ein nicht absorbierendes Medium abgegeben. (Sutherland und Dähne, 1987). Als

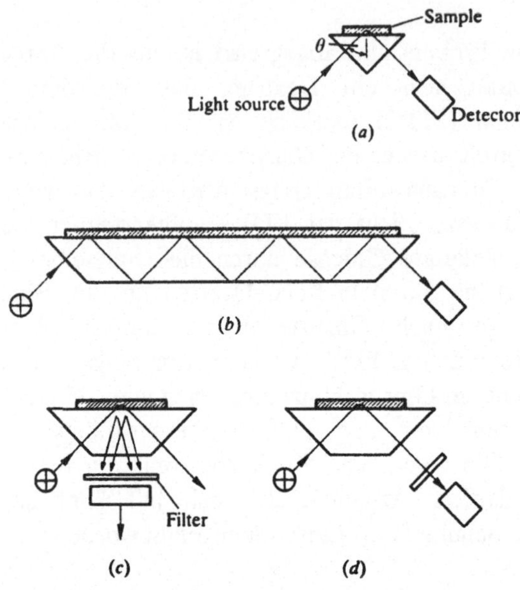

Abb. 175 Darstellung verschiedener IRS-Aufbauten (a: einfaches Reflektionsprisma; b: Mehrfachreflektionsprisma; c: Messung der Rechtwinkelfluoreszenz; d: Messung der In-line-Fluoreszenz) (Sutherland und Dähne, 1987)

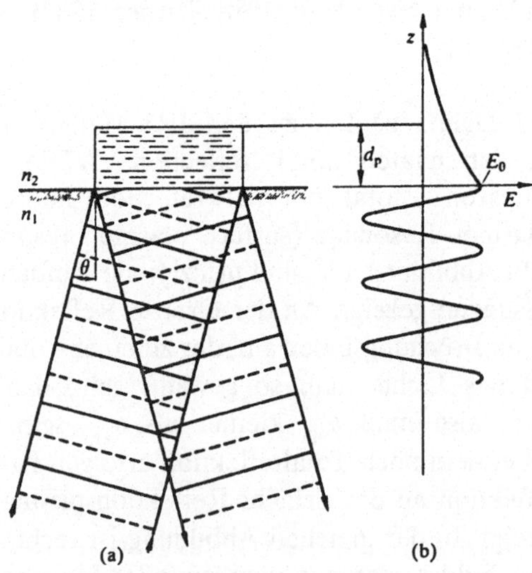

Abb. 176 Ausbildung einer räumlich gedämpften Welle. In b.) ist die Amplitude des elektrischen Felds zu a.) dargestellt ($n_1 > n_2$; d_p: charakteristische Eindringtiefe der dedämpften Welle) (Sutherland und Dähne, 1987)

charaktieristische Eintauchtiefe dieser Welle wird die Eindringtiefe d_p bezeichnet. Die meßbaren Effekte sind auf die direkte Umgebung des Prismas beschränkt und werden von Änderungen in der Hauptlösung nicht beeinflußt (Andrade *et al.*, 1985). Die Eindringtiefe von Licht der Wellenlänge 500 nm (α = 70°) an einer Quarz/wäßrigen Probe-Phasengrenze liegt in der Größenordnung von 250 nm. Wird innerhalb einer gewissen Tiefe d_e Licht absorbiert, wird aus der stehenden Wellen Energie abgezogen. Diese Effekte sind klein, summieren sich aber bei mehrfacher Reflektion. Wird die Intensität des einfach oder mehrfach reflektierten Lichtstrahls im Verhältnis zur Energie des einfallenden Lichts gemessen, spricht man von einer ATR-Messung. Wenn an jeder Reflektionsstelle ein Teil der Energie der "evansecent wave" benutzt wird, um eine Fluoreszenz zu erzeugen, kann der Fluorezenzlichtanteil am einfach oder mehrfach reflektierten Lichtstrahl bestimmt werden (TIRF). In Abbildung 177 ist ein Aufbau gezeigt, an dem solche mehrfachen Reflektionen erzeugt werden und mit dem ATR- und TIRF-Messungen möglich sind. Für TIRF-Messungen muß das Exzitationslicht vor dem Empfängerphotomultiplier ausgekoppelt werden. Sutherland *et al.* (1984a) beschrieben ATR-Messungen im UV-Bereich (310 nm) zur Bestimmung von Anti-Methotrexat (MTX). An der Quarzoberflächen waren entsprechende Antikörper immobilisiert. Nach der Zugabe der MTX-haltigen Lösung wird Energie aus der stehenden Welle absorbiert. Das ATR-Signal fällt ab, wie in der Abbildung 178 zu erkennen ist.

Auch die TIRF-Messung von Immunreaktionen wurde von Sutherland *et al.* (1984b) beschrieben. Der Aufbau wird in Abbildung 179 gezeigt. Im rechten Winkel zur Gas/Flüssigkeits-Phasengrenze ist die bei der mehrfachen Reflektion entstehende Fluoreszenz erfaßt. Die Änderungen der beobachteten Fluoreszenz bei der Zugabe von FITC-markiertem Maus-IgG an immobilisiertes Anti-Maus-IgG ist in Abbildung 180 zu sehen.

Die Ellipsometrie ist eine sehr empfindliche Meßtechnik zur Bestimmung dünner Schichten. Dabei wird ausgenutzt, daß beim Durchgang von polarisiertem Licht durch eine Schicht und bei der Reflektion an einer Grenze Schicht/Unterlage die Polarisationsrichtung des Lichts geändert wird. In Abbildung 181 ist eine von Cuypers *et al.* (1978) beschriebene Meßanordnung zu sehen. In der Probenzelle befindet sich eine Reflektionsschicht, an der Antikörper oder Rezeptoren angebracht sind. Kommt es zur erwünschten Reaktion mit den Affinitätspartnern, tritt eine Schichtdickenänderung auf, die mit dem Ellipsometer detektiert werden kann. Mandenius *et al.* (1984) konnten so empfindlich *S. aureus*, *S. albus oder S. cerevisiae*

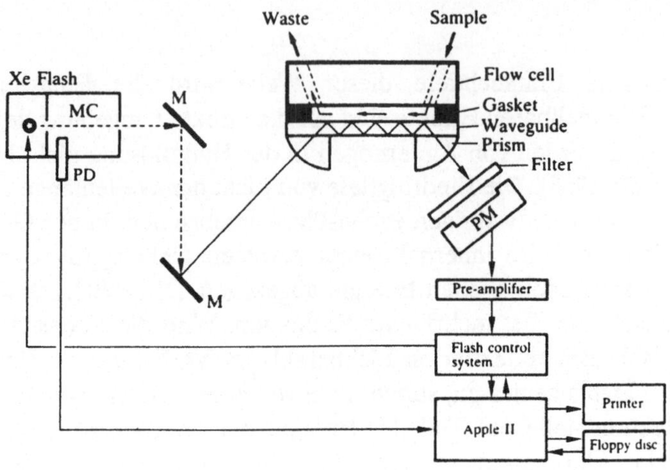

Abb. 177 Versuchsaufbau für IRS-Messungen (PM: Photomultiplier; PD: Photodiode; MC: Monochromator; M: Spiegel)

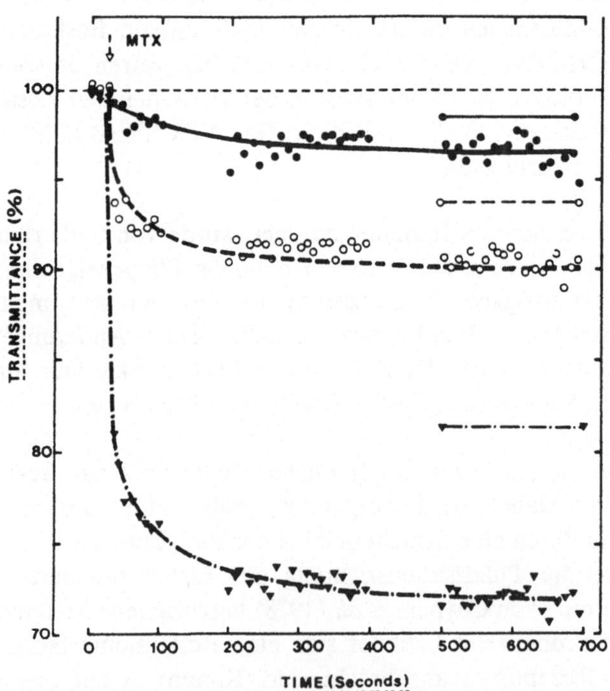

Abb. 178 Änderung der Transmission bei der IRS-Messung nach Zugabe von Anti-Methotrexat (Sutherland *et al.*, 1984a)

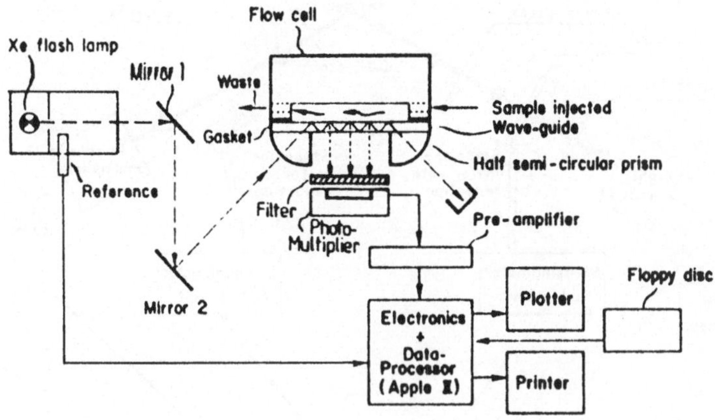

Abb. 179 Apparativier Aufbau zur Durchführung von Fluoreszenz-Immunoassays nach IRS-Methoden (Sutherland *et al.*, 1984b)

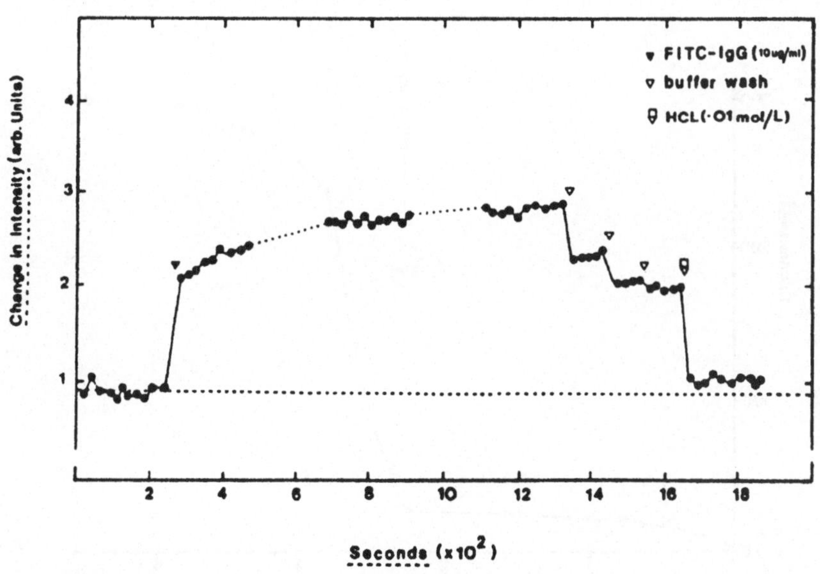

Abb. 180 Änderung des Fluoreszenzsignals nach Zugabe von FITC-IgG (Sutherland *et al.*, 1984b)

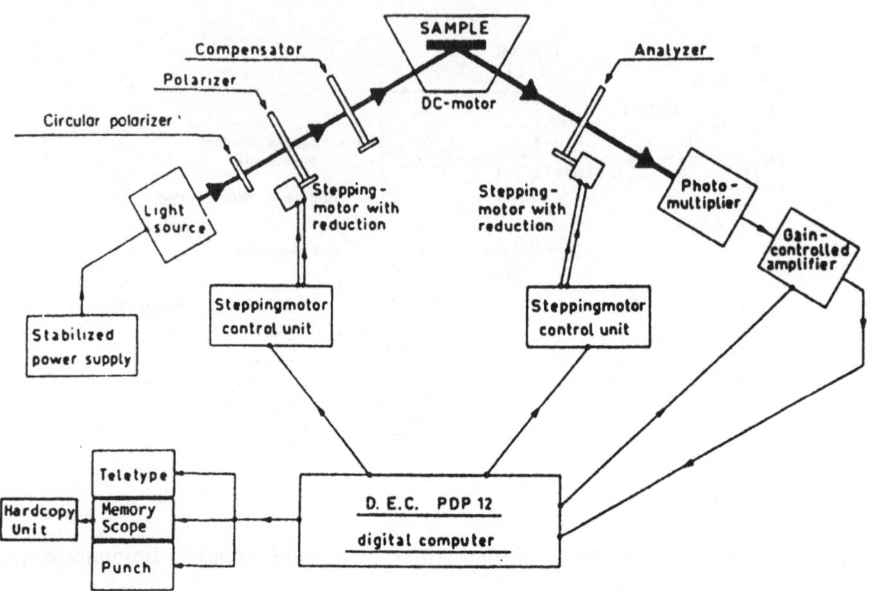

Abb. 181 Aufbau eines Ellipsometers zur Durchführung von Immunoassays (Cuypers *et al.*, 1978)

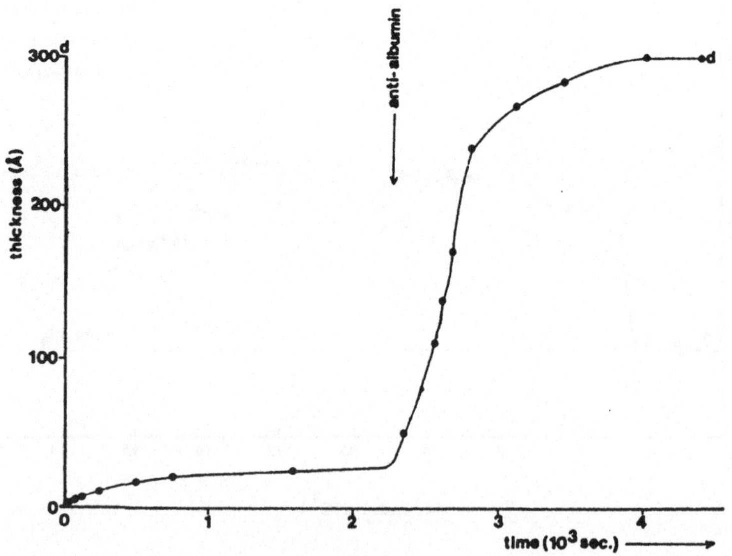

Abb. 182 Änderung der Schichtdicke während einer Immunreaktion (Cuypers *et al.*, 1978)

Zellen über immobilisiertes Concanavalin A oder Immunoglobin G nachweisen. Die Detektionszeiten lagen zwischen 4 und 30 Stunden. Kürzere Detektionszeiten erhält man bei der Bestimmung von Antikörper-Antigenreaktionen. In Abbildung 182 ist der Aufbau der Antikörper-Antigenschicht bei der Reaktion zwischen Albumin und Anti-Albumin an Hand der Sensorsignale zu sehen (Cuypers *et al.*, 1978).
Eine noch in der Entwicklung befindliche Methode ist die SPR-Messung. Dabei wird ausgenutzt, daß eine Plasmon-Resonanz auftritt, wenn Licht einer bestimmten Wellenlänge unter einem bestimmten Einfallswinkel auf eine dünne Metallschicht fällt. Diese Plasmon-Resonanz wird als Minimum im reflektierten Licht deutlich. Wichtig ist der Einfallwinkel der Photonen. Erst wenn der Einfallswinkel einen Wert erreicht, bei dem der Impuls der einfallenden Photonen denen der Plasmonen entspricht, kann Licht in die Elektronenwolke (Elektronenplasma) des Metalls einkoppeln (Plasmon-Resonanz) (nähere Hinweise: Raether, 1977 und 1980). Der damit verbundene Lichtverlust wird in der Transmissionsmessung (Meßaufbau ähnlich dem der ATR-Messung) deutlich.

Wählt man eine sehr dünne metallische Schicht, hängt die Resonanz auch von der dielektrischen Konstante eines Probemediums ab, das sich hinter der metallischen Schicht befindet. Der Meßaufbau ist in Abbildung 183 dargestellt. Hier wird ein Zuwachs der Schichtdicke in der Änderung des zur Plasmon-Resonanz nötigen Einfallswinkels deutlich. Man kann so beispielsweise gut den Aufbau der für Immunreaktionen typischen Schichtdicken von 15-40 Å nachweisen (Place *et al.*, 1985). Liedberg (1983) beschrieb Versuche zur Messung des Anti-IgG-Gehalts in Proben mit immobilisierten IgGs. Die Änderungen des Resonanzwinkels durch die Immunreaktion und der damit verbundenen Schichtdickenänderung an der Metalloberfläche sind in Abbildung 184 zu sehen. Die Empfindlichkeit lag im Bereich von 2-200 µg/ml Anti-IgG, die Ansprechzeit im Bereich von wenigen Sekunden.

Beispiele von Immunosensoren, die auf diesen verschiedenen Techniken beruhen, sind in Tabelle 20 zu entnehmen. Nähere Literatur zu den ATR-, TIRF-, SPR- und Ellipsometrie-Methoden für die Biosensortechnik sind in zwei Übersichtsartikeln von Place *et al.* (1985) sowie Sutherland und Dähne (1987) zu finden.

3.1.10. Zusammenfassung

Die Zahl der beschriebenen Biosensoren ist groß und ihr Potential gewaltig (Guilbault und Luong, 1989). Interessant sind diese Sensoren, da sie einfach zu miniaturisieren sind, die Fülle von optischen Analysenmethoden ausnutzen können und in ihnen Erkennungsreaktion und Signalübertragung in Glasfasern kombiniert erfolgen. Bisher sind aber Anwendungen dieser Sensoren für die Prozeßanalytik in der Biotechnologie kaum beschrieben. Die meisten Sensoren sind für den Einsatz in der Medizin gedacht.

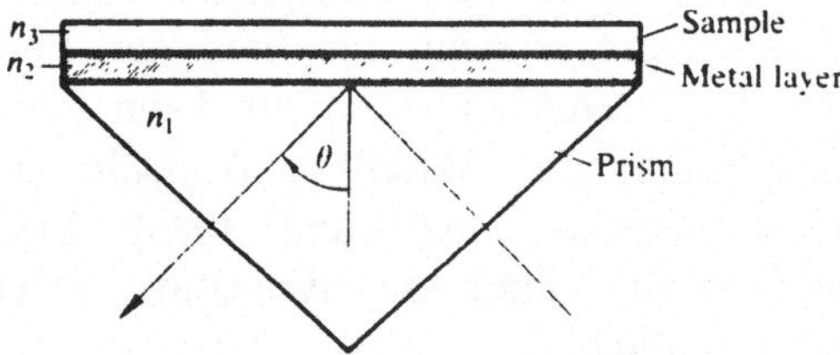

Abb. 183 Meßaufbau nach Kretschmann zur Bestimmung der Plasmonresonanz an dünnen Schichten (Sutherland und Dähne, 1987)

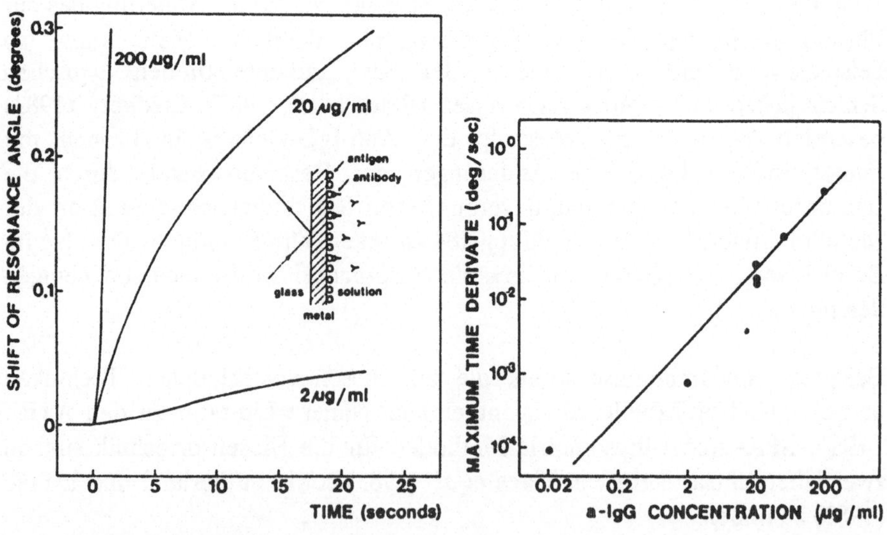

Abb. 184 links: Veränderung des Resonanzwinkels bei der Ausbildung von Antigen/Antikörperschichten; rechts: Kalibrierkurve

Tabelle 20 Beispiele für Immunosensoren (Place *et al.*, 1987)

	Optical measurement technique	Dielectric support	Reference
Protein antigens			
Bovine serum albumin	Ellipsometry	Cr-plated glass slide	Rothen, 1947*a*
	Ellipsometry	Silica plate	McGavin & Iball, 1953
	Ellipsometry	Au-coated glass slide	Azzam *et al.*, 1977
	Ellipsometry	Cr-plated glass slide	Moss (in Poste & Moss, 1972)
	Ellipsometry	Silica plate	Elwing & Stenberg, 1981
	Interference	Ti/Bi-sputtered plates	Giaever, 1976*a*
	ATR spectroscopy	Ge crystal	Ockman, 1978
Human serum albumin	Ellipsometry	Siliconized glass slide	Vroman *et al.*, 1971
	Ellipsometry	Cr-plated glass slide	Cuypers *et al.*, 1978
Horse serum albumin	Interference	Cr-plated glass slide	Rothen & Landsteiner, 1942
Ovalbumin	Interference	Cr-plated glass slide	Schaefer & Dingle, 1938
	Interference	Cr-plated glass slide	Rothen & Landsteiner, 1942
	Ellipsometry	Silica plate	Rothen, 1950
Human IgG	Ellipsometry	Siliconized glass slide	Vroman *et al.*, 1971
	TIRF	Quartz slide and optical fibre	Sutherland *et al.*, 1984*c*
	Light scattering	Quartz slide	Sutherland *et al.*, 1984*b*
Human globulin	Ellipsometry	Cr-plated glass slide	Rothen & Mathot, 1971
Horse globulin	Interference	Cr-plated glass slide	Rothen & Landsteiner, 1942
Fibrinogen	Ellipsometry	Cr-plated glass slide	Cuypers *et al.*, 1978
	Ellipsometry	Ta-sputtered glass slide	Vroman & Adams, 1969*b*
	Ellipsometry	Silica plate	Vroman & Adams, 1969*a*; Vroman *et al.*, 1971
Factor VIII	Ellipsometry	Au-plated glass slide	Davis *et al.*, 1980
Fibronectin	Ellipsometry	Silica plate	Jönsson *et al.*, 1981
Lactoglobulin	Ellipsometry	Gold particles	Horrisberger & Vauthey, 1984
Growth hormone	Ellipsometry	Cr-plated glass slide	Rothen *et al.*, 1969
Catalase	Interference	Cr-plated glass slide	Harkins *et al.*, 1940

(continued)

	Optical measurement technique	*Dielectric support*	*Reference*
CEA	Scattered light	In-coated glass slide	Giaever, 1976*b*
Rheumatoid factor	Scattered light	In-coated glass slide	Giaever *et al.*, 1984
Microbial antigens			
Streptococcal proteins	Interference	Cr-plated glass slide	Chambers *et al.*, 1941
Pneumococcal polysaccharides	Interference	Cr-plated glass slide	Porter & Pappenheimer, 1939
	Interference	Cr-plated glass slide	Rothen & Landsteiner, 1942
	Ellipsometry	Cr-plated glass slide	Rothen, 1947*b*
	Ellipsometry	Cr-plated glass slide	Rothen & Mathot, 1971
Schistosoma mansoni	Ellipsometry	Cr-plated glass slide	Mathot & Rothen, 1968
Diphtheria toxin	Interference	Cr-plated glass slide	Porter & Pappenheimer, 1939
	Interference	Cr-plated glass slide	Langmuir & Schaefer, 1937*a*
Leishmaniasis	Ellipsometry	Cr-plated glass slide	Mathot *et al.*, 1967
Friends virus	Ellipsometry	Cr-plated glass slide	Mathot & Rothen, 1965
Arthropod-borne viruses	Ellipsometry	Cr-plated glass slide	Mathot *et al.*, 1964
Haptens			
Morphine	TIRF	Quartz slide	Kronick & Little, 1975
Phenyl arsonic acid	TIRF	Quartz slide	Kronick & Little, 1975
Dinitrophenol	Fluorescence correlation spectroscopy	Quartz slide	Thompson & Axelrod, 1983
Methotrexate	Absorptiometry	Quartz slide	Sutherland *et al.*, 1984*a*

3.2. Experimenteller Teil - Biosensoren

Im folgenden Abschnitt werden die Biosensorarbeiten der eigenen Arbeitsgruppe vorgestellt. Neben der Entwicklung einzelner Sensoren ging es um den Bau eigenständiger Analysensysteme, die langzeitstabil zur Beobachtung realer Bioprozesse eingesetzt werden sollten. Dazu waren Tests an Modellmedien und schließlich an realen Prozessen nötig, um die Tauglichkeit der Biosensoren zu überprüfen. Das Hauptgewicht der Arbeiten lag auf der Entwicklung optischer Biosensoren auf der Basis eines Fluoreszenzsensors, der Weiterentwicklung eines biokalorimetrischen Sensors (Enzymthermistor) sowie verschiedener Bio-Feldeffektransistoren und eines automatischen Immunoassaysystems.

3.2.1. Die Fließinjektionsanalyse

Schon in Kapitel 3.1.4. wurde der Wert der FIA für den Einsatz von Biosensoren beschrieben. Durch die Kopplung von BioFIA-Systemen an Fermentationsprozesse kann der Bioreaktor vor Infektionen durch den Biosensor geschützt werden. Eine Sterilisation der Biosensoren ist nicht nötig, der Sensor kann jederzeit kalibriert werden, und die biologische Komponente läßt sich problemlos austauschen, wenn sie erschöpft ist.

Wichtig für eine funktionierende BioFIA ist die kontinuierliche zellfreie Probenahme. Die Antwortzeit zwischen Probenahme und Messung darf nicht zu groß sein. Da die Fließinjektionsanalyse ein Probesegment sofort der Analyse zuführt, kommen lange Antwortzeiten meist nur durch die großen Totvolumina der Probenahmemodule zustande. Eine Antwortzeit von wenigen Minuten (beispielsweise bezogen auf einen Konzentrationssprung im Reaktor) ist bei den meisten biotechnologischen Prozessen ausreichend, da die Veränderungen in Bioprozessen langsam ablaufen.

Für viele Arbeiten wurden verschiedene am Institut für Technische Chemie entwickelte Probenahmemodule verwendet. Außerdem stand das Probenahmemodul BIOPEM der Firma B. Braun Diessel zur Verfügung. Die Probenahmesonden sind in Abbildung 185 gezeigt. Die Antwortzeiten für die beiden In-line-Module betragen ca. 15 min (Schügerl *et al.*, 1987). Das BIOPEM-Modul wird in einen externen Bypass zum Fermenter installiert. Die Antwortzeiten liegen beispielsweise (für einen 90% Endwert) bei 160 sec (Tracer: Kaliumchlorid, Flußrate: 0,24 ml/min). Die Antwortzeiten wurden unter verschiedenen Bedingungen bestimmt (Kuhlmann und Kroner, 1986).

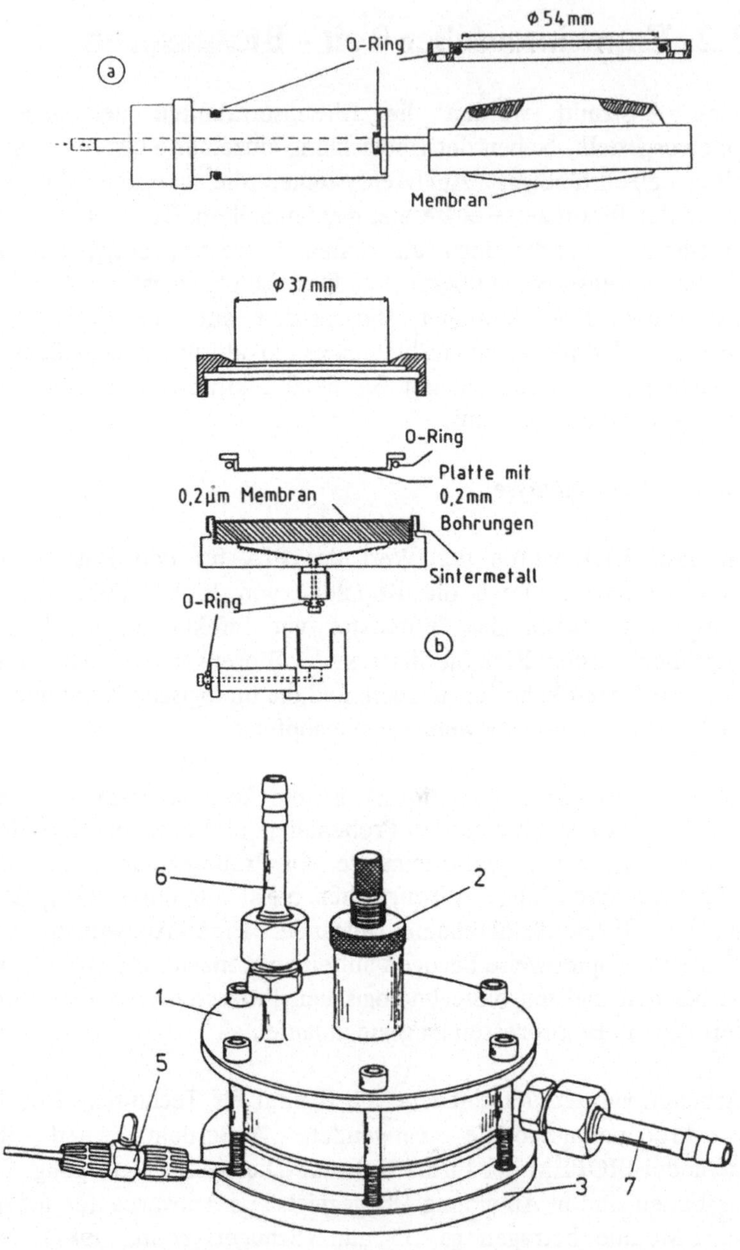

Abb. 185 Unterschiedliche Filtrationssonden (oben: Filtrationssonde für Säulenreaktoren; mitte: Filtrationssonde für Rührkessel, unten: BIOPEM (B.Braun Diessel) (Schügerl *et al.*, 1987)

Abb. 186 Filtrationsmodul für tubuläre Membranen (Graf, 1989)

Bei den Modulen, die Flachmembranen verwenden, ist der Vorteil in der Verfügbarkeit verschiedenster Filtrationsmembranen zu sehen. Sie können direkt für die Probenahmebedingungen ausgewählt werden.

Für den Fermentationseinsatz eignet sich besonders ein In-line-Filtrationsmodul (siehe Abbildung 186), das über einen Standardstutzen in den Reaktor gebracht werden kann (Graf, 1989). Darin werden tubuläre Membrane (z.B. Enka Polypropylen-Membran) verwendet. Das Totvolumen (filtratseitiges Totvolumen des Probenahmesystems) liegt bei 8 ml, und die Anwortzeit beträgt bei einer Probenahmemenge von 1 ml/min ca. 8 Minuten (Graf, 1989).

Der Aufbau der einzelnen FIA-Systeme unterschied sich jeweils von Biosensor zu Biosensor. In den einzelnen Kapiteln werden die Unterschiede beschrieben.

3.2.2. Meßdatenerfassung

Die Meßdatenerfassung erfolgte über Rechner mit eigen entwickelter Software oder mit dem Programmsystem Micro-MFCS (Multi Fermenter Control System der B. Braun Diessel Biotech GmbH Melsungen). Das Programmsystem MOSES (Modulares Meßdaten Erfassungs System) (Anders, 1989, Hundeck, 1989) wurde speziell für den Einsatz des Vierkanalenzymthermistors für ATARI-Rechner entwickelt (siehe Kapitel 3.1.5.). Das kommerziell erhältliche Micro MFCS-System ist speziell für den Fermentationseinsatz vorgesehen und kann simultan die Datenerfassung und

Prozeßkontrolle von bis zu acht Fermentern übernehmen. Off-line Daten können problemlos eingegeben und mit anderen Daten verrechnet und visualisiert werden. Für dieses Programmsystem lassen sich Standard PCs benutzt. Die entwickelten Sensoren konnten an dieses System - speziell beim Fermentationseinsatz - angekoppelt werden. Damit ließen sich die Sensoren in Prozeßleitsysteme eingliedern.

3.2.3. Bio-Optroden auf der Basis des Fluorosensors

Mit den in Kapitel 2.1.7.2. und 2.3.1. beschriebenen Fluoreszenzsonden standen für den Bau von Bio-Optroden leistungsfähige Transducersysteme zur Verfügung. Eine Miniaturisierung ist ohne Schwierigkeiten möglich, da die Fluoreszenzsensoren über Glasfaseroptiken verfügen, die durch kleinere Faserbündel ersetzt werden können. Für die Untersuchungen an der im folgenden beschriebenen mikrobiellen Optrode und der Enzym-Optrode wurden die Ingold-Fluoreszenzsensoren verwendet.

3.2.3.1. Die mikrobielle Optrode

Der Begriff "mikrobielle Optrode" wird hier in Anlehnung an die im englischen Sprachgebrauch übliche Bezeichung "microbial sensor" benutzt. Bezeichnet wird damit ein Biosensor, der sich aus lebenden Mikroorganismen und einer Transducereinheit, hier einer Optrode, zusammensetzt. Prinzipiell ist der Aufbau des Meßsystems schon in Kapitel 2.3.3.2.6.2. beschrieben. Hefezellen dienen als biologische Komponente, die vor dem Beobachtungsfenster des Fluorosensors fixiert ist. Mit dem Fluorosensor wird der intrazelluläre NADH-Pool der Testzellen beobachtet. Damit ist der Zellzustand der Testzellen die Meßgröße des Biosensors. Substanzen, die den Zellzustand der immobilisierten Mikroorganismen beeinflussen, können detektiert werden (Anders *et al*, 1989).

Diese Art von Giftwächtern ist für die Trinkwasser- und Abwasserüberwachung oder die Kontrolle des Zulaufs von Bioreaktoren von Interesse. Bei der Trinkwasseraufbereitung werden beispielsweise Fische oder Algen als Indikator für Gifte verwendet (Besch *et al.*, 1988), für die Abwasserkontrolle stehen erste Prototypen zur Verfügung, die die Sauerstoffzehrung von Testkulturen (Gesellschaft Berliner Ingenieure, 1988) oder die Chlorophyllfluoreszenz von Testalgen (Noack *et al.*, 1989) beobachten. Der Zulauf von Bioreaktoren, speziell in der biologischen Abwasserreinigung, ist besonders kritisch. Wenn durch eine giftige Substanz die "gesamte Biologie" der biologischen Reinigungsanlage "umkippt", dauert es lange, ehe wieder eine genügend hohe Biomassekonzentration herangezüchtet ist, um die Reinigung fortzuführen. Giftwächtersysteme sollen deshalb empfindlich und schnell eventuell vorhandene Gifte aufspüren. Es sind "globale Sensoren", die toxische Substanzen aufspüren, ohne sie genau zu analysieren.

Ein Kriterium für Giftwächersysteme (z.B. Toxalarm der Gesellschaft Berliner Ingenieure) ist der biologische Sauerstoffbedarf (BSB) von Testkulturen. Dazu wird der Kultur eine definierte Menge der zu testenden Probe zugesetzt und der Sauerstoffbedarf beim Abbau von Substraten bestimmt. Ist dieser geringer als in einer Kontrollkultur, sind die Zellen in ihrer Stoffwechselaktivität beeinträchtigt worden. Das Biosens-System (Noack *et al.*, 1989) beruht auf der Messung der Chlorophyllfluoreszenz von Algen. Werden die Algen durch die Zugabe der zu testenden Probe geschädigt, ändert sich ihr Fluoreszenzverhalten.

Mit dem in Kapitel 2.3.3.2.6.2. beschriebenen System ließen sich noch direktere Messungen durchführen. Über die Beobachtung des NADH-Pools der Zellen kann deren Stoffwechselaktivität direkt erfaßt werden. Störungen sind also sofort zu ermitteln und nicht erst über den indirekteren Weg der Sauerstoffzehrung oder der Photosyntheseleistung.

Verschiedene Giftwächteranordnungen wurden getestet. Immer waren Hefezellen vor dem Beobachtungsfenster immobilisiert. Diese Zellen sind zwar nicht die empfindlichsten Mikroorganismen für Gifttests im Abwasserbereich, doch lagen große Erfahrungen mit Kulturfluoreszenzmessugnen an Hefen vor, wie dem Kapitel 2.3 zu entnehmen ist. Die Abbildung 187 zeigt den prinzipiellen Aufbau. Der Trägerpuffer wird ständig begast, um einen ausreichenden Sauerstoffgehalt für die Messungen zu haben. Mit einer Strömungsgeschwindigkeit von 9 ml/min wird der Puffer durch die Meßzelle gepumpt. Je nach Stellung der Ventile kann ein definiertes Volumen einer Glucoselösung (3 g/l; 0,2 ml) in den Strom injiziert werden, oder es wird vom Pufferstrom auf den zu testenden Probestrom umgeschaltet. Die zu testende Probe kann zirkulierend durch das Meßsystem geführt oder dem Abfluß zugeführt werden. Damit ergeben sich zwei Aufbauten, die näher getestet wurden (Busch, 1989).

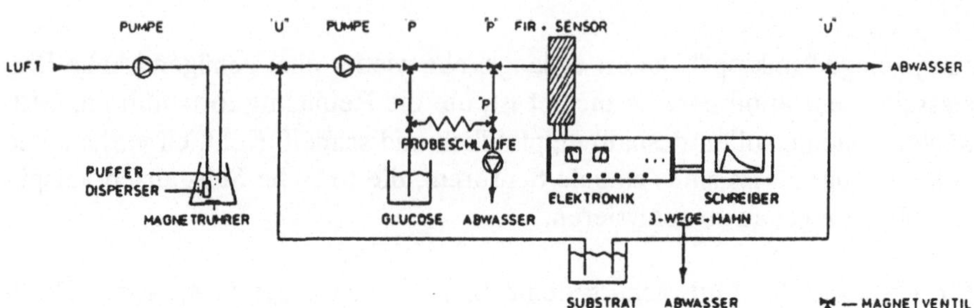

Abb. 187 Meßaufbau für wechselnde Glucose- und Toxinpulse (Busch, 1989)

3.2.3.1.1. Glucosetestpulse während der Gifteinwirkung

Bei diesem Aufbau setzte sich ein Meßzyklus aus folgenden Schritten zusammen:

1.) Glucosetestpuls in den Pufferträgerstrom
2.) Umschalten auf zirkulierenden Giftstrom
3.) Glucosetestpuls in den Giftstrom, der nach dem Puls dem Abfluß zugeführt wird
4.) Umschalten auf Pufferstrom
5.) Glucosetestpuls in den Pufferträgertrom

In Abbildung 188 ist der Ablauf noch einmal an Hand des Fluoreszenzsignals aufgezeichnet. Ein Labtimer übernahm die Steuerung der Magnetventile. Vor jedem Umschalten mußte ein konstantes Signal erreicht sein, deshalb wurden die Zeitspannen für jeden Zyklusabschnitt hoch gewählt. Bei a.) wird der Glucosetestpuls aufgegeben. So kann die Stoffwechselaktivität der Zellen bestimmt werden. Zehn Minuten später wird auf den zirkulierenden Giftstrom umgeschaltet. Für fünf Minuten können die zu testenden Substanzen (hier ein in der Extraktionstechnik verwendeter Emulgator) auf die Testzellen einwirken. Nach dieser Zeit wird ein neuer Glucosepuls aufgegeben und der Giftstrom dem Abfluß zugeführt. Die Verweilzeit der Glucose in der Meßzelle ist mit 40 Sekunden genauso groß wie beim Glucosetestpuls a.). Nach weiteren zehn Minuten wird wieder auf den Trägerpuffer umgeschaltet und erneut die Stoffwechselaktivität der Zellen bestimmt. Dieser Puls kann als Vorpuls für den nächsten Testpuls benutzt werden. Damit ergibt sich eine Meßzykluszeit für eine Probe von 35 Minuten: das Vorhandensein toxischer Substanzen kann aber schon nach 15 Minuten erkannt werden.

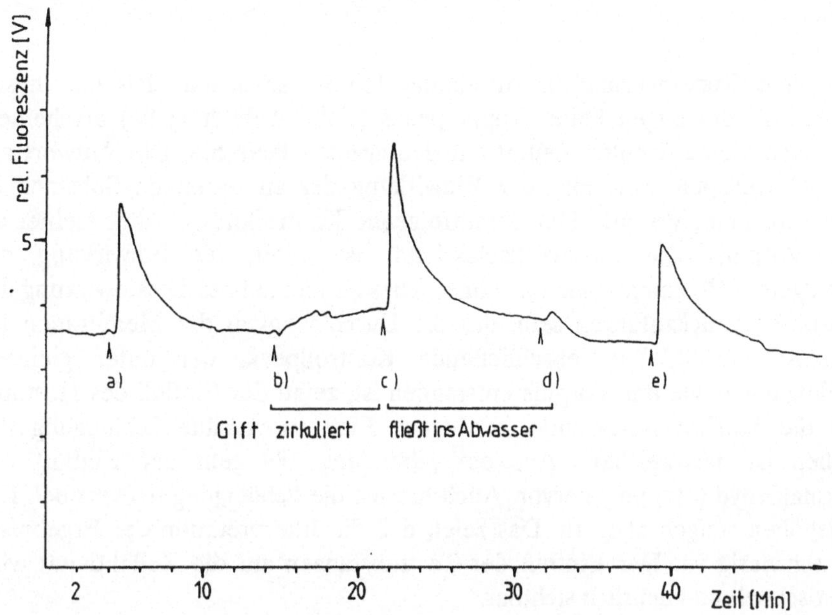

Abb. 188 Meßzyklus für Untersuchungen zur Toxizität von Hostarex A 327 (a: Glucosepuls, 3 g/l; b: Umschalten auf Testsubstanz; c: Glucosepuls, 3 g/l; d: Umschalten auf Trägerpuffer; e: Glucosepuls, 3 g/l) (Busch, 1989)

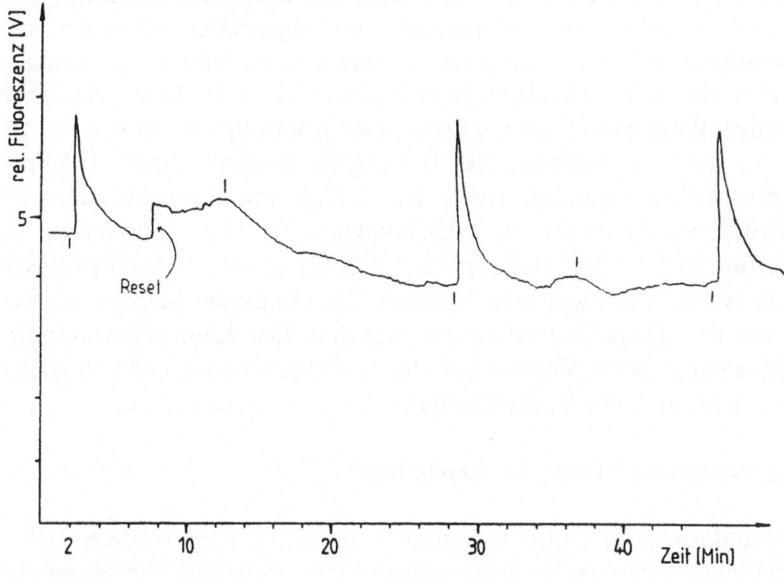

Abb. 189 Meßzyklus für Formaldehyduntersuchungen (100 pppm; analog zu Abbildung 188) (Busch, 1989)

Aus dem Kurvenverlauf in Abbildung 188 ist zu sehen, daß bei diesen Versuchsbedingungen keine Doppelpeaks (siehe Abbildung 92) erscheinen. Nur eine kleine Schulter deutet auf den zweiten Peak hin. Die Antwort auf den Glucosepuls wäh-rend der Einwirkung der zu testenden Substanz ist höher als beim Vorpuls. Der darauffolgende Kontrollpuls ist aber kleiner als der Vorpuls. Die Stoffwechselaktivität ist unter der Einwirkung des Emulgators Hostarex scheinbar höher. Dies könnte auf die Tensidwirkung des Hostarex zurückzuführen sein, das die Durchlässigkeit der Membranen für Glucose erhöht. Der abschließende Kontrollpeak, der unter gleichen Bedingungen wie der Vorpuls entstanden ist, zeigt: der Einfluß des Hostarex hat die Stoffwechselaktivität verringert. Eine irreversible Schädigung der Zellen ist nachweisbar. Aus der Abbildung 189 geht der Einfluß von Formaldehyd (10 ppm) hervor. Auch hier ist die Schädigung irreversibel. Die Pulshöhen steigen aber an. Das zeigt, daß die Interpretation der Ergebnisse oft schwierig ist. Der Einfluß der Testsubstanzen auf die Zellaktivität wird aber schnell und deutlich sichtbar.

3.2.3.1.2. Glucosetestpulse nach der Gifteinwirkung

Die Magnetventilschaltung kann auch so erfolgen, daß nach dem Vorpuls die zu testende Probe für einen gewissen Zeitraum durch die Meßzelle geführt wird. Anschließend erfolgt ein Wechsel zum Trägerpuffer, vor einem neuen Glucosotestpuls. Mit dieser Analysenführung werden Substanzen erfaßt, die irreversibel die Zellen schädigen. In Abbildung 190 ist der Meßzyklus für 2,4-Dinitrophenollösungen (1 ppm) gezeigt. Der Kontrollpunkt ist um ca. 10 % kleiner als der Ausgangspuls. Die Dinitrophenollösung wurde 10 Minuten durch die Meßzelle geführt. Auch der Einfluß von Formaldehyd auf die Zellaktivität ist zu erkennen (Abbildung 191). Das Umschalten vom Trägerstrom auf die 100 ppm Formaldehydlösung ist mit einem unspezifischen Meßpeak verbunden. Nach zehn Minuten (25. Minute im Meßzyklus) wurde wieder auf den Trägerpufferstom umgeschaltet. Der Kontrollglucosepuls ist erheblich kleiner als der Vorpuls. Mit dieser Meßanordnung ließ sich noch der Einfluß von Formaldehydkonzentrationen von 1 ppm nachweisen.

3.2.3.1.3. Zusammenfassung der Ergebnisse

Mit der mikrobiellen Optrode konnte erstmalig gezeigt werden, daß die Stoffwechselaktivität von Mikroorganismen als Meßgröße für Biosensoren verwendet werden kann. Die Beobachtung des intrazellulären NADH-Pools fixierter Zellen macht es möglich, toxische Substanzen global zu erkennen.

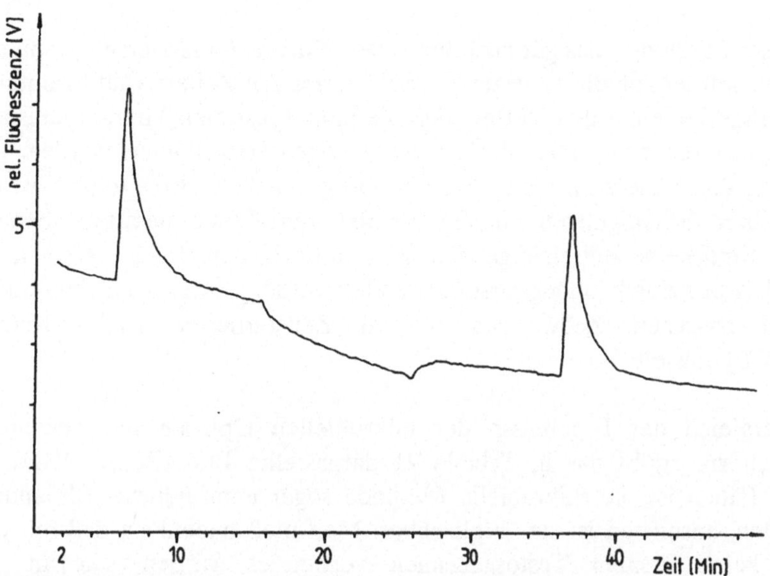

Abb. 190 Meßzyklus für die 2,4-Dinitrophenol Untersuchung (1ppm; 0-15 min: Vorpuls; 15-25 min: Einwirken des Toxins; 25-45 min: Testpuls)

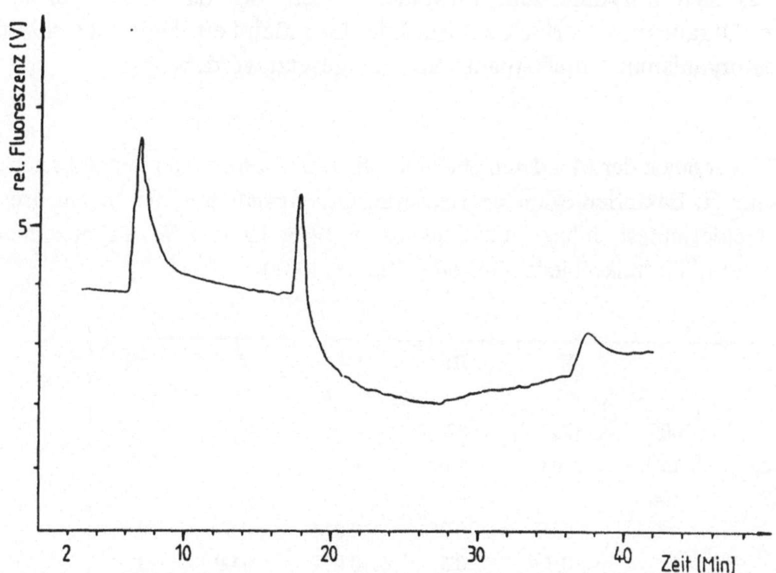

Abb. 191 Meßzyklus für die Formaldehyduntersuchung (100 ppm; analog zu Abbildung 190) (Busch, 1989)

Mit dieser Methode - das gilt auch für andere Giftwächtersysteme - kann nur bestimmt werden, ob die zu testenden Substanzen die Zellaktivität beeinflußt. Die Meßmethode hat den Vorteil, daß die immobilisierten Mikroorganismen im Trägerpufferstrom unter idealen Bedingungen konditioniert werden. Die Belastung durch die zu testende Proben erfolgt nur kurzfristig, und selbst bei irreversiblen Schädigungen können die fixierten Zellen mehrfach benutzt werden. Sind keine zellschädigenden Substanzen in den Proben, können die Testzellen prinzipiell unbegrenzt verwendet werden, da sich ein konstanter Zustand zwischen Zellwachstums- und Zellsterberate (siehe Kapitel 2.3.3.2.6.2.) einstellt.

Ein Vergleich der Ergebnisse der mikrobiellen Optrode mit bekannten Giftwächtern, ergibt das in Tabelle 21 dargestellte Bild (Busch, 1989). In einigen Fällen ist die mikrobielle Methode sogar empfindlicher als andere Methoden, ansonsten ist sie vergleichbar. Man muß bedenken, daß mit den Hefen keine idealen Testorganismen verwendet wurden. Die in der Abwassertechnik üblichen Organismen wie z.B. Algen würden empfindlichere Werte liefern. Die Meßzeit liegt mit 15 Minuten (Zykluszeit ca. 35 Minuten) im Bereich der schnellsten "toxin-guard" Systeme (Toxalarm). Die Messungen können auch unter anaeroben Bedingungen durchgeführt werden. Insgesamt handelt es sich um eine sehr universelle Methode, da NADH in allen lebenden Organismen vorhanden ist. Die Grundeinheit kann deshalb für jeden Testorganismus - auch Anaerobier - eingesetzt werden.

Tabelle 21 Vergleich der Meßdaten der "mikrobiellen" Optrode mit denen bestehender Systeme (I: Bakterientoximeter Toxalarm, Gesellschaft Berliner Ingenieure; II und III: Goldorfentest, Juhnke und Lüdemann, 1978; IV und V: Algentoximeter, Boenisch, 1987; VI: "mikrobielle" Optrode) (Busch, 1989)

Stoff	I	II	III	IV	V	VI
Benzol	600	33	82	-	-	1800
Formald.	15	108	50	-	-	<10
2,4-DNP	100	-	-	-	-	<1
KCN	<0.5	0.07	0.05	0.014	0.31	1
$HgCl_2$	1	0.5	0.5	0.037	0.09	1
$K_2Cr_2O_7$	70	224	386	-	-	1
Aceton	-	1000	7000	1.2	7500	10

3.2.3.2. Die Enzymoptrode

Enzymreaktionen, bei denen dissoziierbare Adenin-Dinucleotide (z.B. NAD(P)$^+$, NAD(P)H) eingesetzt werden, eignen sich besonders für die biochemische Analytik. Es gibt eine Fülle spezifischer Nachweisreaktionen in der Medizin, Biologie und Biotechnoloige, an denen diese Coenzyme beteiligt sind (Bergmeyer, 1974). Der Ablauf der Reaktionen läßt sich einfach über die Bestimmung der Coenzymkonzentration (z.B. photometrisch, fluorometrisch, elektrochemisch) verfolgen.

Bisher sind off-line-Bestimmungen (also Einzelbestimmungen) bekannt oder Analysensysteme, in denen diese Einzelbestimmungen automatisiert ablaufen. Bei beiden Methoden werden Enzym und Coenzym nach der Analyse verworfen. Es gibt die in Kapitel 3.1.3. beschriebenen Ansätze, wenigstens die Enzyme durch Immobilisierung mehrfach einzusetzen. Dabei werden die immobilisierten Enzyme vor der Detektionseinheit angebracht, die zu analysierenden Probe mit dem nötigen Coenzym vermischt und nach dem FIA-Prinzip in einen Pufferträgerstrom injiziert, der das Gemisch an den immobilisierten Enzymen vorbeiführt. Als Detektionseinheiten wurden benutzt: Elektroden oder Fluorometer von Kittstein-Eberle *et al.*, 1989; eine Fluoreszenz-Fiberoptik von Wangsa und Arnold, 1988; ein Enzymthermistor von Danielsson *et al.*, 1981). Nach der enzymatischen Reaktion wird die Coenzymkonzentration bestimmt. Daraus läßt sich die Konzentration der zu analysierenden Substanz bestimmen.

Zwei große Nachteile gibt es jedoch: Das Enzym wird zwar mehrmals verwendet, aber das teure Coenzym muß ständig neu zugegeben werden, und die Methode ist in der Empfindlichkeit limitiert, da kein Aufkonzentrierungsschritt involviert werden kann.

Dieses Kapitel beschreibt Untersuchungen, die zur Entwicklung eines optischen Sensors führten, bei dem die Enzyme und das Coenzym immobilisiert sind. Beide Reaktionspartner werden dazu in einem Reaktionsraum vor dem Beobachtungsfenster der Optrode "eingeschlossen". Die Proben werden nach dem FIA-Prinzip in das Analysensystem injiziert. Der Sensor kann als akkumulativer Sensor bezeichnet werden, da alle Substratmoleküle im Reaktionsraum umgesetzt werden und dort ein verändertes Coenzymmolekül hinterlassen (Scheper und Bückmann, 1990).

3.2.3.2.1. Sensoraufbau

Das Meßprinzip ist in Abbildung 192 dargestellt. In eine Meßkammer ragt eine Glasfaseroptik (Sensorstutzen des Ingold Fluorosensors). In dem Reaktionsraum befinden sich Enzyme und molekulargewichtsvergrößertes Coenzym. Das Molekulargewicht des Coenzyms wurde durch Kopplung an Polyethylenglykol (PEG) des Molekulargewichts 20.000 vergrößert (PEG(MW 20.000)-N^6-(2-aminoethyl)-NAD^+; Bückmann, 1987). An 1 mg PEG sind 0,024 μmol NAD^+ gebunden. Am Boden ist eine Ultrafiltrationsmembran (Omega-Membran, Filtron; cut off: 5.000 Dalton) angebracht. Wird ein Puffer durch die Meßzelle gepumpt, können die Enzyme und das Polyethylenglycol-NAD^+ (PEG-NAD^+) den Reaktionsraum nicht verlassen, da ihr Molekulargewicht größer als der Porendurchmesser der Ultrafiltrationsmembran ist. Enzyme und Coenzym sind in der Meßzelle in homogener Lösung eingeschlossen, also immobilisiert. Niedermolekulare Substanzen passieren die Membran ohne Schwierigkeiten. Das Prinzip der Meßzelle entspricht dem des Enzymmembranreaktors (Wichmann *et al.*, 1981). In den Meßraum wird Licht der Wellenlänge 360 nm eingestrahlt und über die Fluoreszenz bei 460 nm die Konzentration der NADHs oder NADPHs erfaßt.

Die Abbildung 193 zeigt den Aufbau der Meßzelle, die für die Experimente verwendet wurde. Das Volumen der Meßkammer betrug 1 ml. Dieses geringe Volumen bei einer gleichzeitig großen Filterfläche von 3 cm^2 konnte durch einen speziellen Rührer erreicht werden, der das Totvolumen aber nicht die Eindringtiefe des Lichts (0,8 mm) verringerte. Luftblasen können durch einen Auslaß den Reaktionsraum verlassen. Die Enzyme und das Coenzym werden durch eine Aufgabeschleife in den Pufferträgerstom injiziert und zur Meßzelle transportiert.

Der gesamte Meßaufbau ist in Abbildung 194 gezeigt. Aus einem Pufferreservoir wird der Trägerpuffer durch das System gefördert. Hierzu sind keine Pumpen nötig. Um die Barriere durch die Ultrafiltrationsmembran zu überwinden, wird auf das Puffergefäß ein Druck von 3·10^5 Pa angelegt. Der Puffer strömt pulsationsfrei durch die Meßzelle. In den Trägerstrom wird die zu analysierende Probe injiziert. Die enzymatische Reaktion findet in der Meßzelle statt, wenn die Probe den Reaktionsraum erreicht. Bei dieser Reaktion wird entweder NAD(P)H gebildet oder oxidiert. Ensprechend ändert sich die Fluoreszenz. Das Fluoreszenzniveau erreicht ein neues Plateau, wenn die zu analysierende Substanz in der Probe abreagiert ist oder die Probe die Meßzelle verlassen hat. Um den Sensor vor der nächsten Ana-

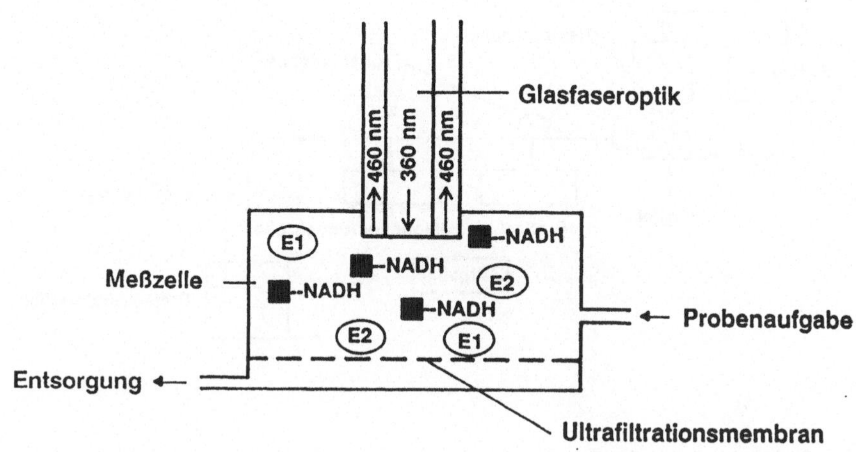

Abb. 192 Prinzip der Enzymoptrode mit immobilisierten Enzymen und Coenzymen

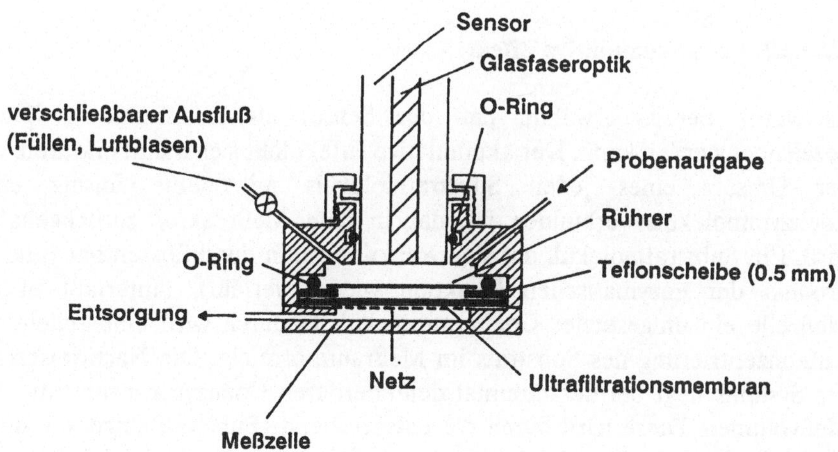

Abb. 193 Aufbau der Meßzelle

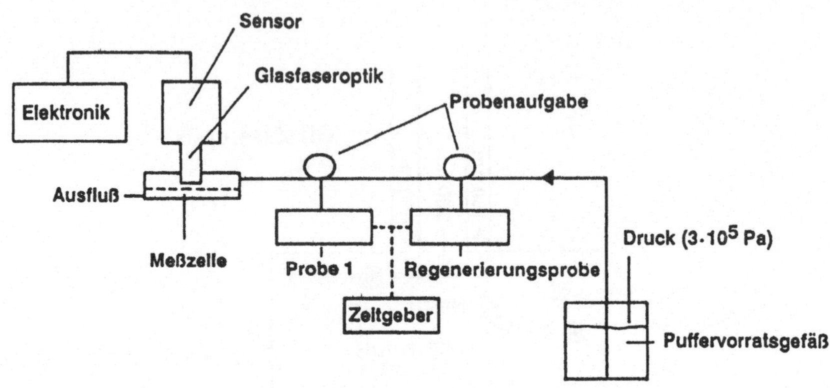

Abb. 194 Das gesamte Analysensystem mit Enzymoptrode

lyse wieder in den Ausgangszustand zurückzubringen, muß über einen Regenerierungsschritt die Rückreaktion durchgeführt werden. Hat das Fluoreszenzsignal nach der Regeneration den Ausgangszustand erreicht, kann die nächste Analyse erfolgen. Das gesamte Analysensystem arbeitet automatisch, da die Probeaufgabeventile von einem Labtimer gesteuert werden.

3.2.3.2.2. Der akkumulative Effekt

Es wurde bereits erwähnt, daß der Sensor als akkumulativer Sensor bezeichnet werden kann. Der akumulative Effekt läßt sich damit erklären, daß der Umsatz eines jeden Substratmoleküls mit dem Umsatz eines Coenzymmoleküls verbunden ist, das in dem Meßreaktor zurückgehalten wird. Ein Substratmolekül, das den Reaktionsraum durchflossen hat (und als Produkt der enzymatischen Reaktion wieder verläßt), hinterläßt in der Meßzelle ein umgesetztes Coenzymmolekül. Dadurch wird eine scheinbare Aufkonzentrierung des Substrats im Meßraum erreicht. Die Nachweisgrenze des Systems liegt bei der minimal detektierbaren Coenzymkonzentration im Meßvolumen. Diese wird durch die entsprechende Substratmenge, die durch die Meßzelle geflossen ist, bestimmt. Die Substratmenge kann sich in einem kleinem Probevolumen mit hoher Substratkonzentration oder in einem großen Probevolumen mit kleiner Substratmenge befunden haben. Liegt zum Beispiel die untere Nachweisgrenze von NADH im Sensor bei 0,01 μmol/ml, kann dies durch eine Probeaufgabe von 100 μl einer Konzentration von 100

μmol/l Substrat oder mit 10 ml Probe einer Substratkonzentration von 1 μmol/l erreicht werden. Der Sensor erfaßt akkumulativ geringste Substratmengen (z.B. Gewässerüberwachung). Eine untere Konzentrationsgrenze für die durch die Meßzelle fließende Probe ist durch die Michaelis-Menten-Konstante (k_M-Wert) des Enzyms und die minimal detektierbare Coenzymmenge gegeben. Unterhalb der durch den k_M-Wert definierten Konzentrationsgrenze ist die Reaktionsgeschwindigkeit für die Messung bei vernünftigen Analysenzeiten zu gering.

3.2.3.2.3. Experimentelles

Verschiedene Enzyme (Lactatdehydrogenase, Alkoholdehydrogenase, Glutamat-Pyruvat-Transaminase, Phenylalanindehydrogenase, D-Mannitoldehydrogenase, Glucosedehydrogenase und Formiatdehydrogenase) konnten erfolgreich zur Analyse von Lactat, Pyruvat, Ethanol, Formiat, D-Mannit, Phenylpyruvat und Glucose eingesetzt werden (Scheper und Bückmann, 1990; Scheper *et al.*, 1989; Schelp, 1989). Bei allen Versuchen wurden 30 mg des Coenzyms in dem Meßraum eingeschlossen (30 mg PEG-NAD^+ entsprechen 0,72 μmol NAD(H)). Verschiedene Kaliumpuffersysteme kamen als Trägerpuffer zum Einsatz, wobei darauf geachtet wurde, daß der pH-Wert möglichst über pH=8 lag, um die Stabilität des Coenzyms zu erhöhen (Wong und Whitesides, 1981). Alle Versuche verliefen bei Raumtemperatur. Ein Meßzyklus bestand aus der abwechselnden Injektion der zu analysierenden Probelösung und der Regenerierungslösung.

3.2.3.2.3.1. Lactat-/Pyruvatnachweis

Das Analysenprinzip soll am Beispiel der Lactat-/Pyruvatanalyse näher vorgestellt werden. Für die Analyse dieser Substanzen sind zwei enzymatische Reaktionen wichtig:

$$\text{a.) LACTAT + NAD}^+ \xrightarrow{\text{Lactatdehydrogenase (LDH)}} \text{PYRUVAT + NADH + H}^+$$

$$\text{b.) PYRUVAT + L-GLUTAMAT} \xrightarrow{\substack{\text{Glutamat-Pyruvat-} \\ \text{Transaminase (GPT)}}} \text{L-ALANIN + }\alpha\text{-KETOGLUTARAT}$$

Die Assaybedingungen waren wie folgt. Trägerpuffer: 50 mM Kaliumphosphatpuffer (pH=8,5); Probevolumen: 0,3 ml; Enzyme in der Meßkammer (1 ml Volumen): 55 Units LDH (0,1 mg Protein), 16 Units GPT (0,2 mg Protein); Pufferdurchflußrate: ca. 0,15 ml/min (Scheper und Bückmann, 1990).

Lactat wird in der Reaktion a.) von der LDH unter der Bildung von NADH zu Pyruvat umgesetzt. Da das Gleichgewicht auf der Seite des Lactats liegt, muß das gebildete Pyruvat über die GPT-Reaktion (b.)) in Gegenwart von Glutaminsäure zu Alanin umgesetzt werden, um die Reaktion quantitativ ablaufen zu lassen. Deshalb wurde den Lactatproben Glutamat (Endkonzentration 20 g/l) zugesetzt. Als Regenerierungreaktion kann Pyruvatlösung (80 mg/l, glutamatfrei) verwendet werden. Über die Reaktion wird das vorher gebildete NADH dann oxidiert, der Sensor erreicht wieder seinen Ausgangszustand.

In Abbildung 195 sind mehrere Analysenzyklen zu sehen. Verschiedene Lactatkonzentrationen wurden injiziert, während die Konzentration der Regnerationslösung konstant blieb (c_1=5 g/l; c_2=2,5 g/l; c_3= 1,25 g/l; c_4= 0,625 g/l; c_5=0,3125 g/l; c_6=0,106 g/l). Nach jeder Probeninjektion nahm das Fluoreszenzsignal durch die NADH-Bildung schnell zu und erreichte nach ca. 5 Minuten ein Plateau. Nach weiteren 5 Minuten wurde durch die Injektion der reinen Pyruvatlösung der Sensor regeneriert und stand dann für eine weitere Analyse zur Verfügung. Der gesamte Analysenzyklus dauerte ca. 20 Minuten. Dieser Zeitraum mag hoch erscheinen, ist aber bedingt durch das große Reaktionsvolumen von 1 ml und die geringen Durchflußraten (das gesamte Glutamat muß die Meßzelle vor der Regenerierung verlassen haben). Bei den ersten Lactatproben ging das Sensorsignal nicht wieder auf das Ausgangsniveau zurück. Die Konzentration der Regenerierungslösung war so gewählt, daß nur ein gewisser Betrag des NADHs oxidiert wurde. Das wird aus Abbildung 195 ersichtlich. Nach drei Injektionen erreicht das Signal wieder den Ausgangswert, da die injizierten Lactatkonzentrationen geringer waren und weniger NADH gebildet wurde als wieder oxidiert werden konnte. Die Kalibrierkurve für Lactat ist in Abbildung 196 zu sehen. Deutlich wird: Der lineare Meßbereich des Sensors liegt bei Konzentrationen bis zu etwa 200 mg/l Lactat. Es sei noch einmal darauf hingewiesen, daß eine Probemenge von 0,3 ml injiziert wurde, bei einer Probemenge von 0,03 ml ginge der lineare Bereich dann bis zu 2 g/l.

Um die Langzeitstabilität zu charakterisieren, wurden die in Abbildung 197 dargestellten Dauertests durchgeführt. Abwechselnd wurden eine Lactat-/Glutamat- und eine Pyruvatprobe injiziert (Probe 1: Lactatlösung, c= 100 mg/l; Probe 2: Pyruvatlösung, c= 500 mg/l). Dabei war über einen Zeitraum von 24 Stunden eine Abnahme der Steigung der Lactatreaktion von unter 5 % festzustellen. Die Signalhöhe verringerte sich dadurch um 3 %. Der Sensor kann durch Injektion frischer Enzym- und Coenzymlösung wieder in seinen

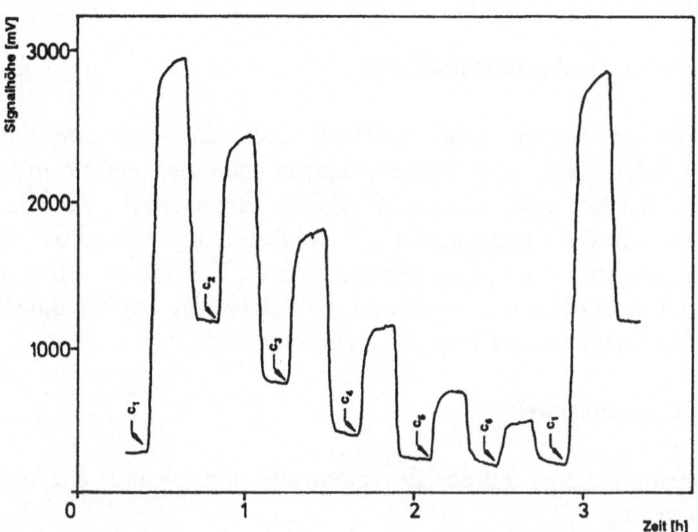

Abb. 195 Meßzyklus mit verschiedenen Lactatkonzentrationen (Konzentration der Regenerierungslösung ist konstant)

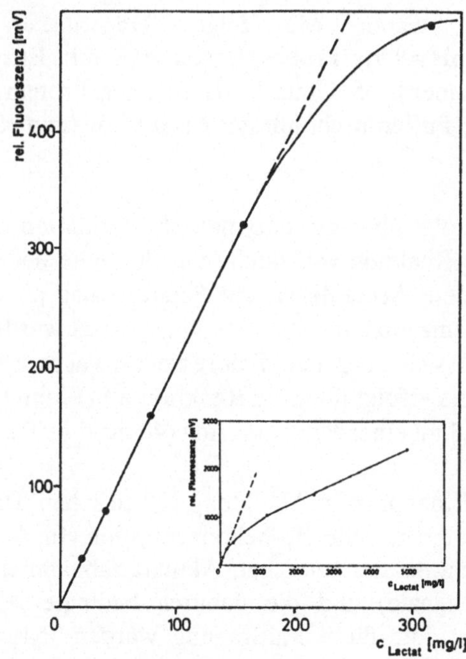

Abb. 196 Kalibrierkurve für Lactat

ursprünglichen Zustand gebracht werden.

Das beschriebene System kann natürlich auch zur Pyruvatbestimmung verwendet werden. Nach der Probeninjektion muß der Sensor mit einer Lösung aus Lactat und Glutamat wieder regeneriert werden. Die Kalibrierkurve für die Pyruvatanalyse ist in Abbildung 198 zu sehen. Mit dieser Meßanordnung lassen sich theoretisch zwei Substanzen - hier Lactat und Pyruvat - nebeneinander nachweisen. Welche der beiden Substanzen analysiert wird, hängt von der Zugabe von Glutamat ab.

3.2.3.2.3.2. Ethanolnachweis

Zur Analyse von Ethanol mit der Enzymoptrode sind folgende enzymatische Reaktionen wichtig:

$$\text{c.) ETHANOL} + \text{NAD}^+ \xrightarrow{\text{Alkoholdehydrogenase (ADH)}} \text{ACETALDEHYD} + \text{NADH} + \text{H}^+$$

$$\text{d.) ACETALDEHYD} + \text{SEMICARBAZID} \longrightarrow \text{SEMICARBAZON DES ACETALDEHYDS}$$

Die Assaybedingungen waren wie folgt. Trägerpuffer: 50 mM Kaliumphosphatpuffer (pH=8,5); Probevolumen: 0,3 ml; Enzyme in der Meßkammer (1 ml Volumen): 55 Units LDH (0,1 mg Protein), 132 Units ADH (0,43 mg Protein); Pufferdurchflußrate: ca. 0,15 ml/min (Scheper und Bückmamnn, 1989).

Der Alkoholnachweis erfolgt über die enzymatische Oxidation des Ethanols zu Acetaldehyd. Um die Reaktion vollständig auf die Seite der Produkte zu ziehen, wurde das gebildete Acetaldehyd mit Semicarbazid abgefangen, das der Probe in einer Konzentration von 20 mmol/l zugesetzt wurde. Das dabei entstehende NADH ließ sich über den Fluoreszenzzuwachs erfassen. Eine Regenerierung des Sensors erfolgt über die Reaktion a.) (Kapitel 3.2.3.2.3.1.), durch die Aufgabe von 0,3 ml einer Pyruvatlösung (40 mg/l in Trägerpuffer).

Eine Kalibrierkurve für Ethanol ist in Abbildung 199 zu sehen. Die angegebenen Konzentrationen gelten für die Probekonzentration. In Abbildung 200 sind für den Ethanolnachweis die zeitlichen Aktivitätsabnahmen (berechnet aus der Steigung der Signale) und die dadurch bedingte Abnahme der Signalhöhen aufgetragen. Für diese Auftragung wurden Pyruvat/Ethanol-Proben im 15minütigen Wechsel über 20 Stunden injiziert. Man erkennt, daß

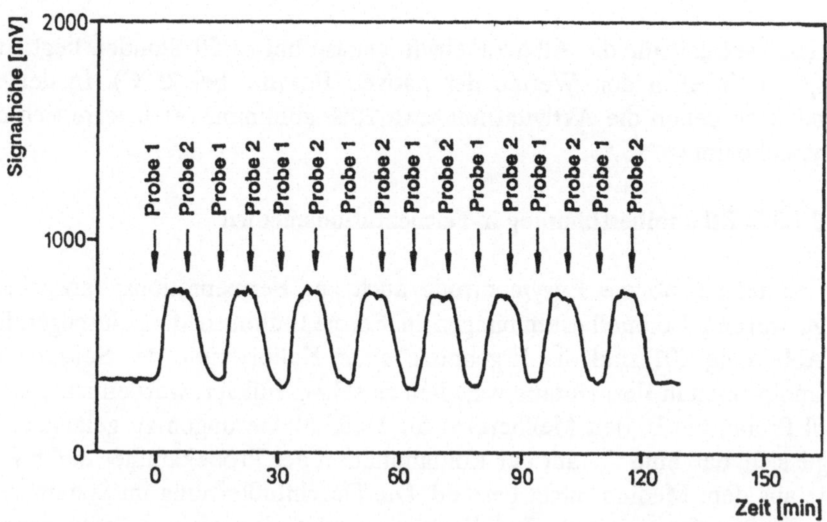

Abb. 197 Langzeituntersuchung (alternierende Aufgabe von Pyruvat und Lactat)

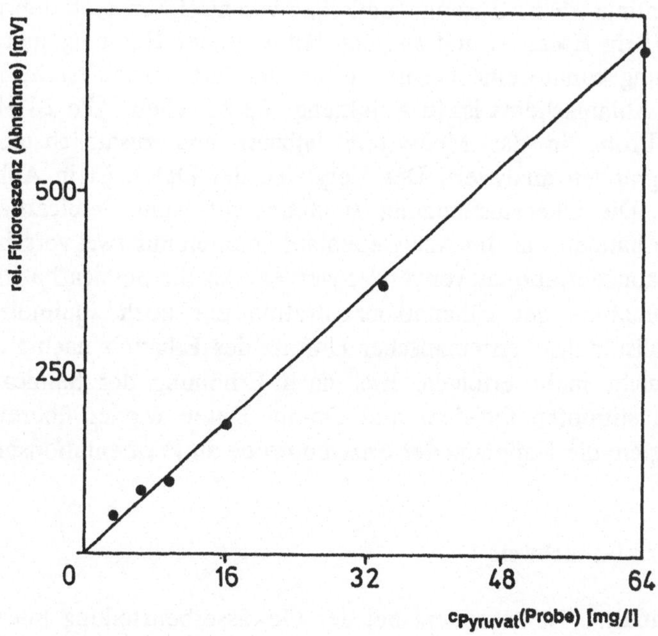

Abb. 198 Kalibrierkurve für Pyruvat

die Halbwertzeit für die Alkoholdehydrogenase bei ca 50 Stunden liegt (das
entspricht in etwa den Werten der nativen Enzyme bei 25°C). In den 20
Stunden, in denen die Aktivität um etwa 20% abnimmt, verringerte sich die
Signalhöhe um ca. 15 %.

3.2.3.2.3.3. Ethanolbestimmung in Fermentationsmedien

Um zu testen, ob die Enzymoptrode auch zur Fermentationsüberwachung
taugt, wurden Ethanolbestimmungen in Fermentationsmedien durchgeführt.
In Abbildung 201 sind die Ergebnisse einer Kalibrierung des Sensors mit
Ethanolproben in Fermentationsmedien zu sehen. Injiziert wurden nur jeweils
20 μl Probe, um in den Meßbereich für Hefekultivierungen zu gelangen. Es
zeigte sich, daß eine Gefahr der Kontamination der Probekammer durch Proteine aus dem Medium nicht bestand. Die Durchflußleistung im System sank
über 24 Stunden nicht ab. Das liegt daran, daß nur geringe Probemengen
injiziert wurden und die Durchflußrate hauptsächlich durch die hohe PEG-
Coenzymkonzentration, nicht aber durch die Proteinkonzentration, beeinflußt
wird.

Durch das kontinuierliche Zusammenmischen von zwei Fermentationsproben
vom Beginn (kein Ethanol) und aus der Mitte (hoher Ethanolgehalt) einer
Hefekultivierung konnte eine Fermentation simuliert werden (siehe Kapitel
3.2.6.5.). Das Ablaufschema ist in Abbildung 202 zu sehen. Alle 20 Minuten
wurde eine Probe in das Meßsystem injiziert und zusätzlich noch im
Gaschromatographen analysiert. Der Vergleich der Daten ist in Abbildung
203 zu sehen. Die Übereinstimmung ist immer gut, wenn Semicarbazid im
Überschuß vorhanden war. Im Analysenablauf konnten nur zwei verschiedene
Semicarbazidkonzentrationen verwendet werden. Als die Semicarbazidmenge
durch die Zunahme der Ethanolkonzentration nur noch äquimolar war,
konnte ein vollständiger enzymatischer Umsatz des Ethanols nach Reaktion
c.) und d.) nicht mehr erfolgen. Erst nach Erhöhung der Semicarbazid-
konzentration stimmten Off-line- und On-line-Daten wieder überein. Die
Versuche zeigten: die Kopplung der Enzymoptrode an Fermentationsprozesse
ist möglich.

3.2.3.2.3.4. Formiatnachweis

Die Formiatanalyse ist besonders bei der Gewässerbeurteilung interessant.
Über sie können mikrobielle Verunreinigungen schon frühzeitig nachgewiesen
werden (Kieber *et al.*, 1988). Für die Formiatanalyse wurde die folgende

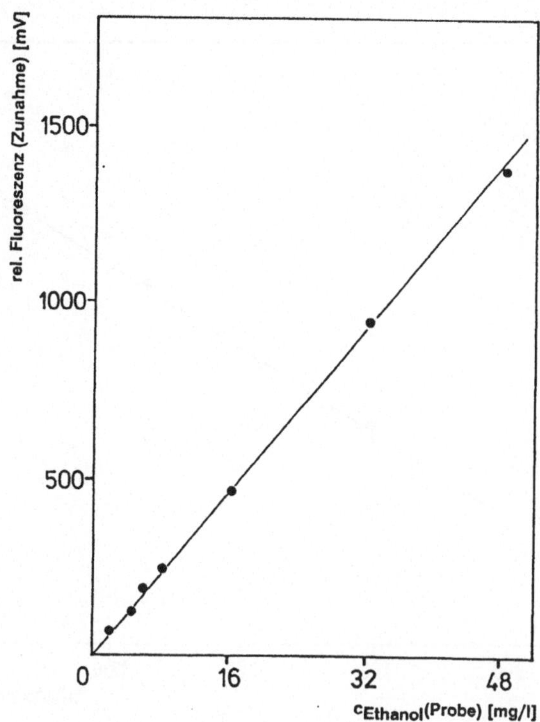

Abb. 199 Kalibrierkurve für Ethanol

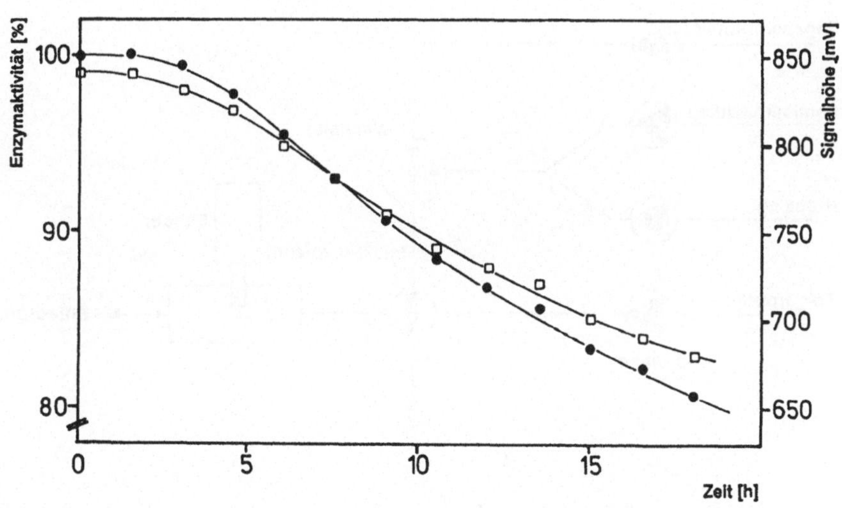

Abb. 200 Abnahme der Enzymaktivität in der Enzymoptrode mit der Zeit

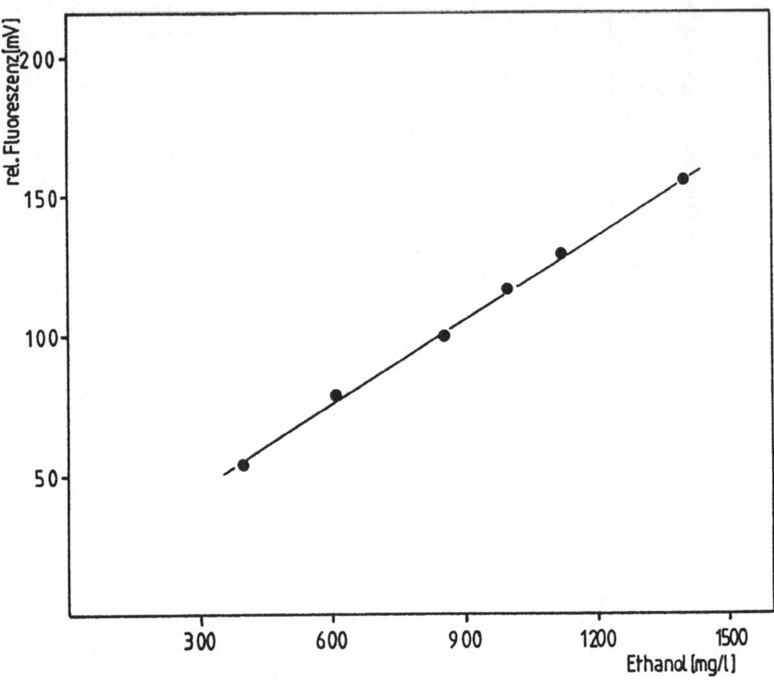

Abb. 201 Kalibrierkurve für Ethanol in Fermentationsmedien (Schelp, 1989)

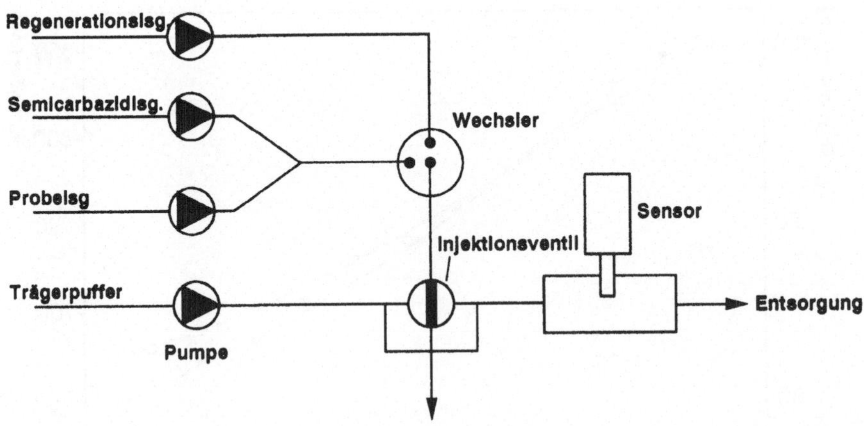

Abb. 202 Aufbau zur On-line-Analyse an simultierten Fermentationen zur Ethanolproduktion (Schelp, 1989)

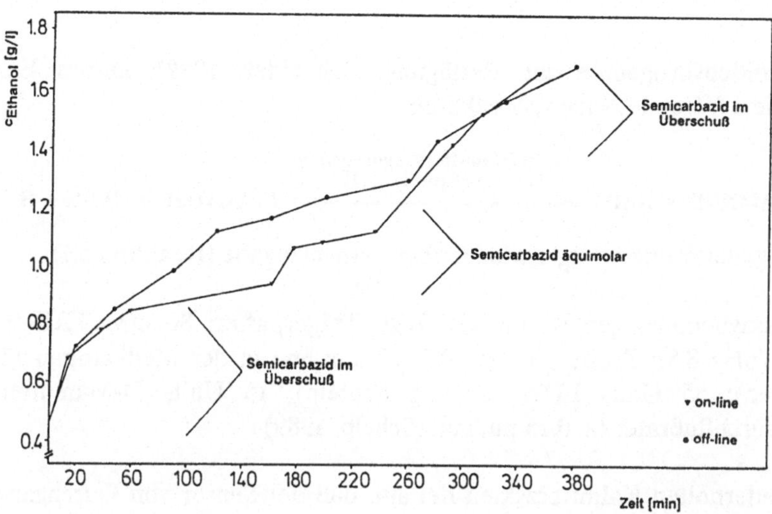

Abb. 203 Vergleich der Off-line- und On-line-Daten. Abweichungen treten immer dann auf, wenn das Semicarbazid nicht in hohem Überschuß vorhanden ist (Schelp, 1989)

Nachweisreaktion benutzt:

$$\text{e.) FORMIAT + NAD}^+ \xrightarrow{\text{Formiatdehydrogenase (FDH)}} \text{KOHLENDIOXID + NADH + H}^+$$

Zur Regenerierung des Sensors ließ sich wieder die schon beschriebene Pyruvatreaktion a.) benutzen (Schelp, 1989).

Die Assaybedingungen waren wie folgt. Trägerpuffer: 80 mM TRIS/HCl-Puffer (pH=7,5); Probevolumen: 0,3 ml; Enzyme in der Meßkammer (1 ml Volumen): 55 Units LDH (0,1 mg Protein), 14 Units FDH (26,6 mg Protein); Pufferdurchflußrate: ca. 0,15 ml/min (Schelp, 1989).

Die Kalibrierkurve (Abbildung 204) zeigt einen linearen Bereich bis zu Formiatkonzentrationen von 19 mg/l. Die untere Nachweisgrenze bei der Probenaufgabe von 0,3 ml lag bei 0,02 mmol/l Formiat. Der Sensor ist sehr empfindlich für diesen Analyten.

3.2.3.2.3.5. D-Mannitnachweis

Für den Nachweis von D-Mannit stand eine im Arbeitskreis von Professor Giffhorn in Göttingen aus *Rhodobacter spheroides* präparierte D-

Mannitoldehydrogenase zur Verfügung (Schneider, 1989). Dieses Enzym katalysiert folgende Nachweisreaktion:

$$\text{f.)} \quad \text{MANNIT} + \text{NAD}^+ \xrightarrow{\substack{\text{D-Mannitoldehydrogenase} \\ \text{(D-MannitolDH)}}} \text{FRUCTOSE} + \text{NADH} + \text{H}^+$$

Die Regenerierung erfolgte wieder über Pyruvatzugabe (Reaktion a.)).

Die Assaybedingungen waren wie folgt. Trägerpuffer: 80 mM TRIS/HCl-Puffer (pH = 8,5); Probevolumen: 0,3 ml; Enzyme in der Meßkammer (1 ml Volumen): 55 Units LDH (0,1 mg Protein), 15 Units D-MannitolDH; Pufferdurchflußrate: ca. 0,15 ml/min (Schelp, 1989)

Bei wiederholten Kalibrierzyklen fiel auf, daß der Sensor von Durchgang zu Durchgang anscheinend empfindlicher wurde (siehe Abbildung 205). Die entsprechenden Werte steigen an. Da das Enzym nicht hochgereinigt war, wurden niedermolekulare Verunreinigungen während des Gebrauchs langsam ausgewaschen, das Enzym also immer reiner.

3.2.3.2.3.6. Phenylpyruvatnachweis

Mit einer von der GBF-Braunschweig zur Verfügung gestellten Phenylpyruvatdehydrogenase (PheDH aus *Sporosarcena ureae*) konnte auch ein Phenylpyruvatassay für die Enzymoptrode erarbeitet werden. Der Nachweis erfolgte nach:

$$\text{g.)} \text{PHENYLPYRUVAT} + \text{NH}_3 + \text{NADH} \xrightarrow{\substack{\text{Phenylpyruvatdehydrogenase} \\ \text{(PheDH)}}} \text{Phenylalanin} + \text{NAD}^+ + \text{H}_2\text{O}$$

Zur Regenerierung mußte diesmal eine NADH-bildende Reaktion verwendet werden. Die unter c.) und d.) angeführte Reaktion mit der ADH erwies sich dafür als geeignet.

Die Assaybedingungen waren wie folgt. Trägerpuffer: 50 mM Kaliumphosphatpuffer (pH = 8,5); Probevolumen: 0,3 ml; Enzyme in der Meßkammer (1 ml Volumen): 264 Units LDH (1 mg Protein), 32 Units PheDH; Pufferdurchflußrate: ca. 0,15 ml/min (Schelp, 1989)

Die Kalibrierkurve, die aus drei Meßreihen erhalten wurde, zeigt einen linearen Verlauf im Bereich von 25-110 mg/l Phenylpyruvat (Abbildung 206). Ein solcher Sensor könnte auch zur Bestimmung von L-Phenylalanin in Serum

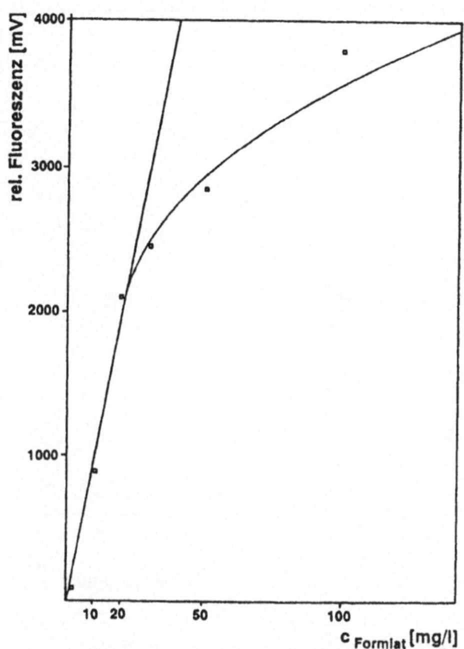

Abb. 204 Kalibrierkurve für Formiat (Schelp, 1989)

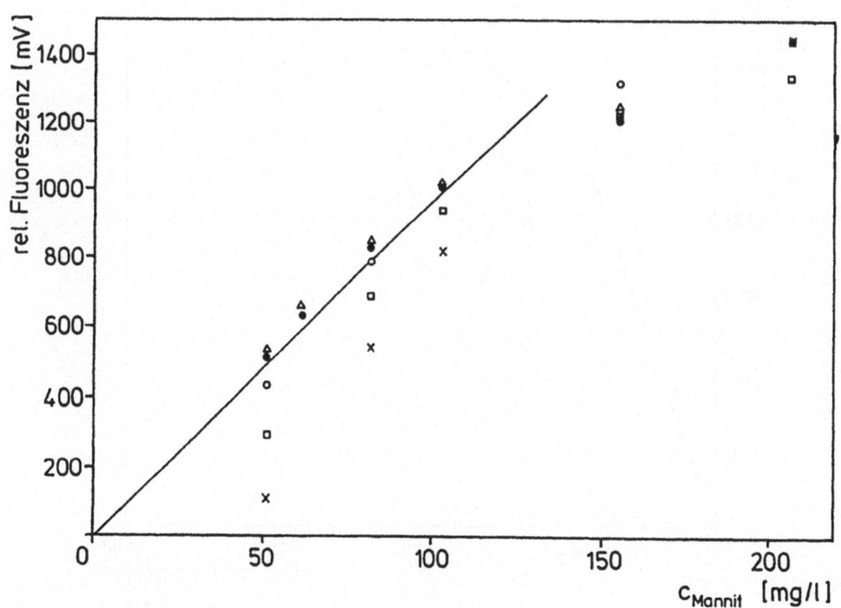

Abb. 205 Kalibrierkurve für D-Mannit (Schelp, 1989)

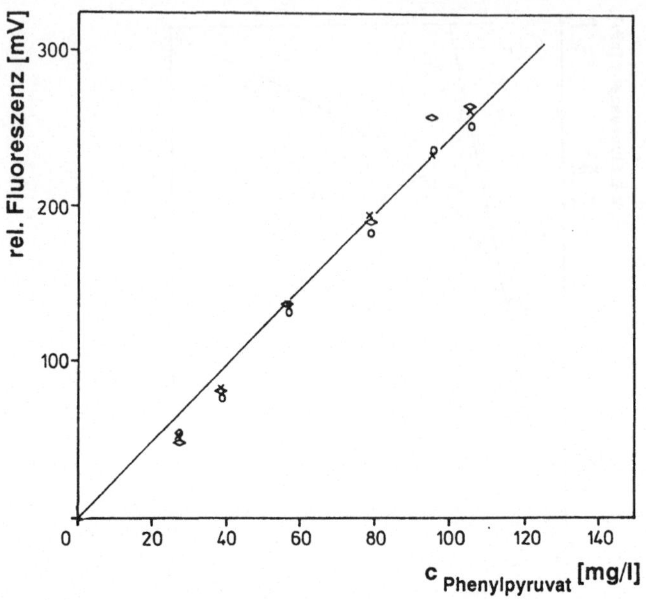

Abb. 206 Kalibrierkurve für Phenylpyruvat (Schelp, 1989)

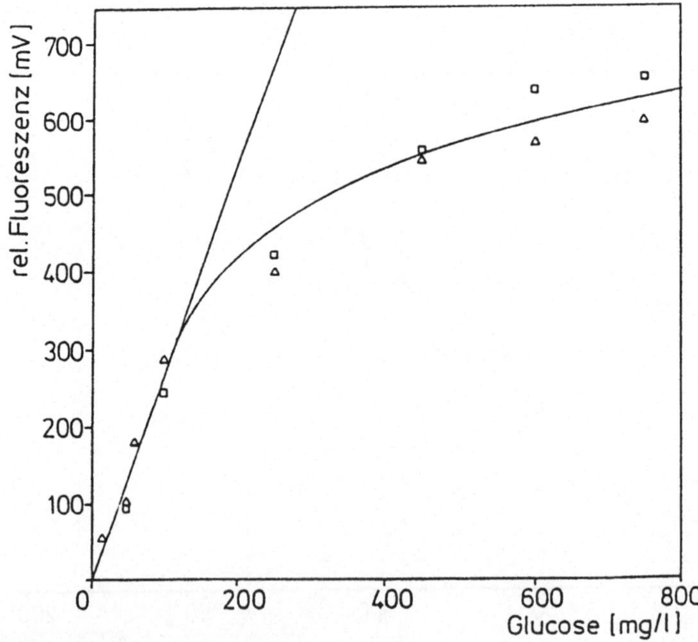

Abb. 207 Kalibrierkurve für Glucose (Schelp, 1989)

verwendet werden. Dieser Nachweis ist bei der Behandlung einer als Phenylketonurie bezeichneten Stoffwechselkrankheit bei Kleinkindern wichtig (Pschyrembel, 1986).

3.2.3.2.3.7. Glucosenachweis

Bisher wurden für die Enzymoptrode nur $NAD^+/NADH$-abhängige Enzymsysteme beschrieben. Schelp (1989) gelang es, mit dem Analysensystem bei der Glucoseanalyse auch NADP+/NADPH-abhängige Nachweisreaktionen zu verwenden. Dazu stand eine von der GBF-Braunschweig (Prof. R.D. Schmid) bereitgestellte Glucosedehydrogenase aus *Criptococes uniguttulatus* zur Verfügung. Die von dem Enzym katalysierte Reaktion läuft wie folgt ab:

$$g.)\text{GLUCOSE} + \text{NADP}^+ \xrightarrow{\text{Glucosedehydrogenase (GluDH)}} \text{GLUCONOLACTON} + \text{NADPH} + \text{H}^+$$

Als Regenerierungsreaktion mußte eine NADPH-abhängige Alkoholdehydrogenase aus *Thermoanaerobium brockii* verwendet werden. Sie katalysiert die Umsetzung von Aceton zu 2-Propanol:

$$h.)\quad \text{ACETON} + \text{NADPH} + \text{H}^+ \xrightarrow{\text{Alkoholdehydrogenase (TBADH)}} \text{2-PROPANOL} + \text{NADP}^+$$

Die Assaybedinungen waren wie folgt. Coenzym: 30 mg PEG-NADPH; Trägerpuffer: 100 mM TRIS/HCl-Puffer (0,1 mM EDTA, pH=7,3); Probevolumen: 0,3 ml; Enzyme in der Meßkammer (1 ml Volumen): 6 Units TBADH (0,2 mg Protein), 6 Units GluDH (0,2 mg Protein); Pufferdurchflußrate: ca. 0,15 ml/min; Regenerierungslösung: 70mg/l Aceton (Schelp, 1989).

In der Abbildung 207 ist die Kalibrierkurve für das Substrat Glucose zu sehen. Sie wurde aus zwei Meßzyklen erhalten, die gut miteinander übereinstimmen. Die geringen Abweichnungen kamen dadurch zustande, daß die Proben mit einem Handventil - und nicht mit dem automatisch arbeitenden Probeaufgabeventil - injiziert wurden.

3.2.3.2.4. Die Flüssigmembran-Enzymoptrode

Da der Einsatz der oben beschriebenen Enzymoptrode nur mit molekulargewichtsvergrößerten Coenzymen möglich ist, wurde nach anderen Wegen zur Enzym- und Coenzymimmobilisierung vor der Optrode gesucht. So bestünde die Möglichkeit, auch Enzymsysteme einzusetzen, die nicht mit dem PEG-Coenzymen reagieren können. Die Untersuchungen wurden auf der Basis der reichhaltigen Erfahrungen zur Immobilisierung coenzymabhängiger Enzymsysteme in Flüssigmembranemulsionen gemacht (Mohan und Li, 1974; Scheper *et al.*, 1984; Scheper *et al.*, 1987a und b; Meyer *et al.*, 1988; Scheper, 1989). Flüssigmembranen sind organische Phasen, die zwei wäßrige Phasen voneinander trennen. Die Flüssigmembran kann für bestimmte Substanzen durchgängig sein, die darin löslich sind. Andernfalls muß die Flüssigmembran mit einem Carriersystem zum Transport dieser Substanzen ausgestattet werden. So können mit Kerosinmembranen, die einen flüssigen Anionenaustauscher (ADOGEN 464) enthalten, in der einen Phase Enzym und Coenzym (nicht molekulargewichtsvergrößert) zurückgehalten werden. Die Substrate und Produkte für die enzymatische Reaktion werden durch den Ionenaustauscher transportiert (Scheper *et al.*, 1987a und b; Scheper, 1989).

Das Prinzip einer Flüssigmembran-Enzymoptrode ist in Abbildung 208 und 209 zu sehen. In der Meßzelle befindet sich jetzt statt der Ultrafiltrationsmembran eine hydrophobe Cellulosemembran, die mit einer Kerosinlösung (5% TOMAC) benetzt ist. Die Poren der Membran sind mit der organischen Phase gefüllt. Enzyme und Coenzyme können die Membran nicht passieren, da sie sich darin nicht lösen und das quartäre Ammoniumsalz Trioctylammoniumchlorid (TOMAC) nur ein geeignetes Carriersystem für niedermolekulare Substanzen ist. In dem oberen Teil der Meßkammer, die von der Optrode vermessen wird, befinden sich die Enzyme und Coenzyme. Das Substratanion, das mit dem Trägerstrom in die untere Meßkammer gelangt, kann an der Phasengrenze mit dem quartären Ammoniumsalz im Austausch gegen das Gegenion reagieren und so in den oberen Meßbereich gelangen. Dort wird es im Austausch mit einem Anion freigesetzt und reagiert mit dem Enzym und Coenzym. Das Produkt gelangt über denselben Weg wieder aus der oberen Meßkammer hinaus. Die Änderung im Gehalt des reduzierten Coenzyms wird von der Optrode erfaßt. Nach einer Analyse muß der Sensor wieder regeneriert werden. Das System wurde am Beispiel des in Kapitel 3.2.3.2.3.1 beschriebenen Lactat-/Pyruvatnachweis getestet. Als Membranphase wurde Kerosin mit dem Emulgator Span 80 (5 %) und dem flüssigen Anionenaustauscher Adogen 464 (1 %) verwendet. Für die Bestimmung der Leckrate der trägergestützten Flüssigmembran kann der Transport von Metallkationen herangezogen werden. Für die Kationen steht - genauso wie für die Coenzyme - kein geeignetes Carriersystem zur Verfügung. Aus Abbildung 210 erkennt man, daß nur ein äußerst geringer Anteil der Kalium-

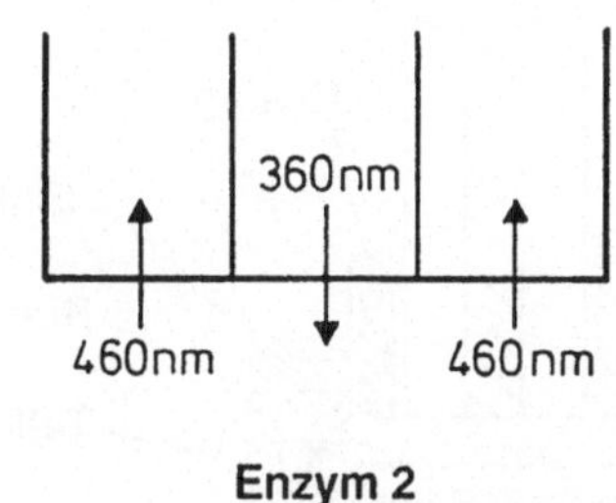

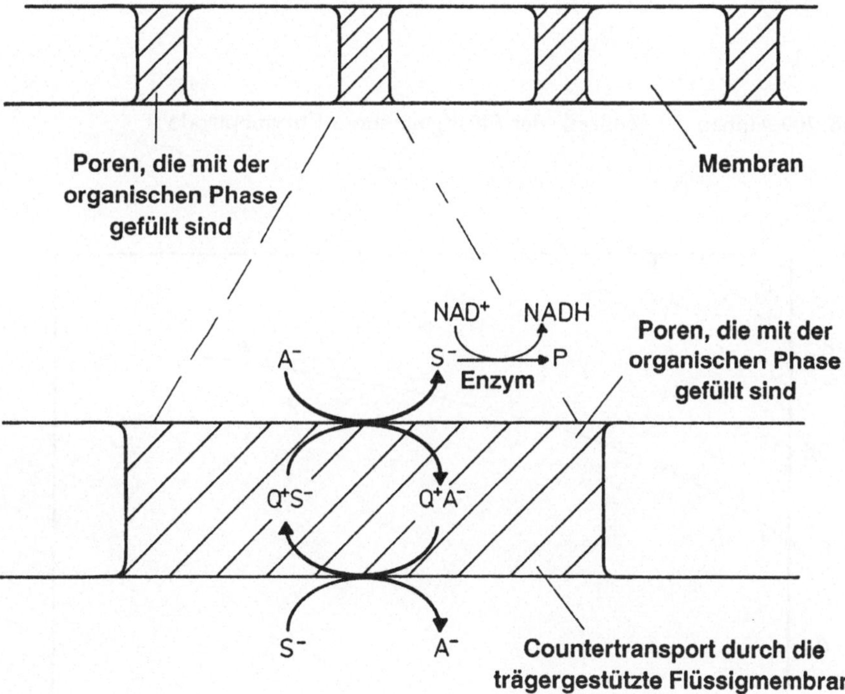

Abb. 208 Prinzip der Flüssigmembran-Enzymoptrode

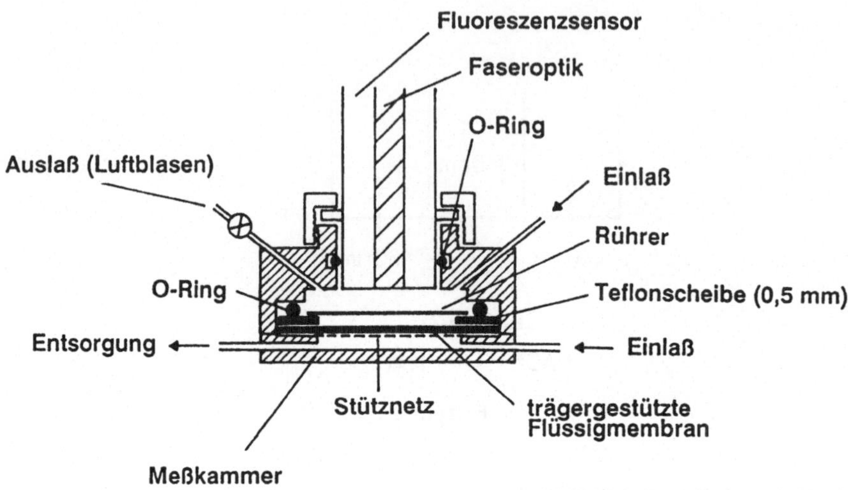

Abb. 209 Aufbau der Meßzelle der Flüssigmembran-Enzymoptrode

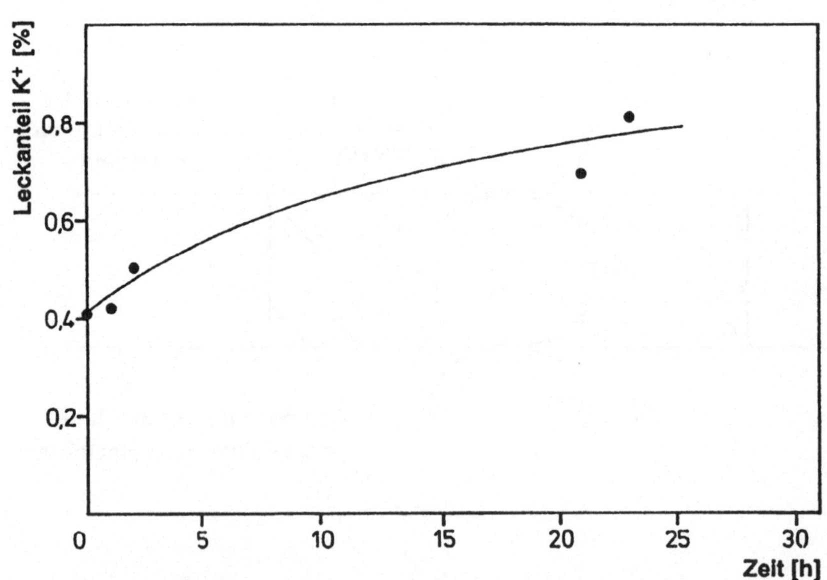

Abb. 210 Untersuchungen zur Durchlässigkeit der trägergestützten Flüssigmembran für Kaliumtracerionen

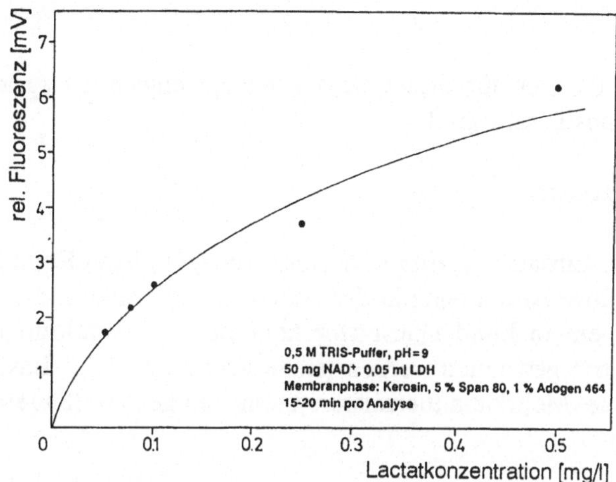

Abb. 211 Kalibrierkurve für den Lactatnachweis mit der Flüssigmembran-Enzymoptrode

ionen, die in der oberen Meßkammer eingeschlossen waren, während des Versuchs in die untere Meßkammer gelangten.

Bei den Versuchen wurde mit kaliumfreien Puffersystemen gearbeitet. Kaliumionen, die in die untere Meßkammer gelangten, konnten mit Hilfe der Atomabsorptionsspektroskopie nachgewiesen werden (Scheper, 1989; Scheper *et al.*, 1989).

Die Kalibrierkurve für den Lactatnachweis mit der Flüssigmembran-Enzymoptrode ist in Abbildung 211 zu sehen. Die Versuche zeigen, daß auch Coenzyme ohne Molekulargewichtsvergrößerung mit Enzymen immobilisiert werden können und als Biodetektionskomponente für Biosensoren zur Verfügung stehen.

3.2.3.2.5. Zusammenfassung

Mit diesen Arbeiten konnte erstmalig ein funktionstüchtiger Sensor präsentiert werden, bei dem Enzyme und Coenzyme mit zwei verschiedenen Techniken immobilisiert sind. Sein Einsatz war bei vielen enzymatischen Nachweisreaktionen möglich, auch zur Kontrolle von Fermentationsprozessen. Die Untersuchungen sind als Grundlage für weitere Arbeiten zu sehen, um schnellere und flexiblere optische Biosensoren zu entwickeln. Die Zahl der photometrischen oder spektralfluorometrischen Analysen mit coenzymabhängigen Enzymreaktionen, die sich für dieses Sensorkonzept eignen, ist speziell in der klinischen Diagnostik sehr groß.

3.2.4. Enzymthermistor

Der Aufbau und Einsatz von Enzymthermistoren (ET) ist in Kapitel 3.1.5. zusammengefaßt. Ihre Anwendung in der Biotechnologie sind in der Tabelle 11 aufgeführt. Mit einem Lund-Thermistor konnten erste Erfahrungen mit der Enzymkalorimetrie gewonnen werden (siehe Kapitel 2.3.5.1.). Basierend darauf wurden neue Mehrkanalthermistorsysteme aufgebaut (Sauerbrei, 1987; Hundeck, 1989).

3.2.4.1. Aufbau der neuentwickelten Enzymthermistortypen

Der von Danielsson entwickelte Enzymthermistor (Lundtyp) wurde schon in Kapitel 3.1.5. eingehend beschrieben. Dieser Zwei-Kanal-Typ ist nicht flexibel genug für den Einsatz zur Prozeßkontrolle. Aus diesem Grund wurde von Sauerbrei (1987) ein Vier-Kanal-Biokalorimeter gebaut (siehe Abbildung 212). Vier einzelne Meßkanäle stehen hier zur Verfügung. Eine Säule/Kartusche diente in den meisten Fällen als Referenzsäule zur Bestimmung unspezifscher Wärmeeffekte (Mischungswärmen). Die anderen drei Säulen können zur Bestimmung verschiedener Substrate oder auch eines einzelnen Substrats mit hoher Meßfrequenz (Aufgabe der Proben nacheinander auf die einzelnen Säulen) verwendet werden. Durch Austausch der Durchflußweichen kann eine Probe auch nacheinander durch die einzelnen Säulen geführt oder zwei Probenströme können vor der Meßsäule (Bestimmung der Aktivität gelöster Enzyme) zusammengeführt werden.

Als Meßfühler wurden NTC-Widerstände benutzt (Sauerbrei, 1987). Das gesamte Biokalorimeter ließ sich auf 25, 30 und 37° C thermostatisieren. Dabei wurde darauf geachtet, daß das Analysensystem schneller eine konstante Arbeitstemperatur erreichte als der Lundtyp. Dazu wurde die gewünschte Arbeitstemperatur über einen Zweipunktregler erst grob erreicht und dann mit einem Proportional-Integral-Regler temperaturkonstant gehalten. Dadurch war die Arbeitstemperatur innerhalb einer Stunde erreicht.

Die NTC-Widerstände sind zusammen mit einem Referenzfühler Bestandteil einer Wheatstonschen Mehrfachbrückenschaltung (siehe Abbildung 213). Eine Meßsäule wird als Referenz benutzt. Als Meßsignal treten Differenzspannungen auf, die an die A/D-Wandler eines Mikroprozessors

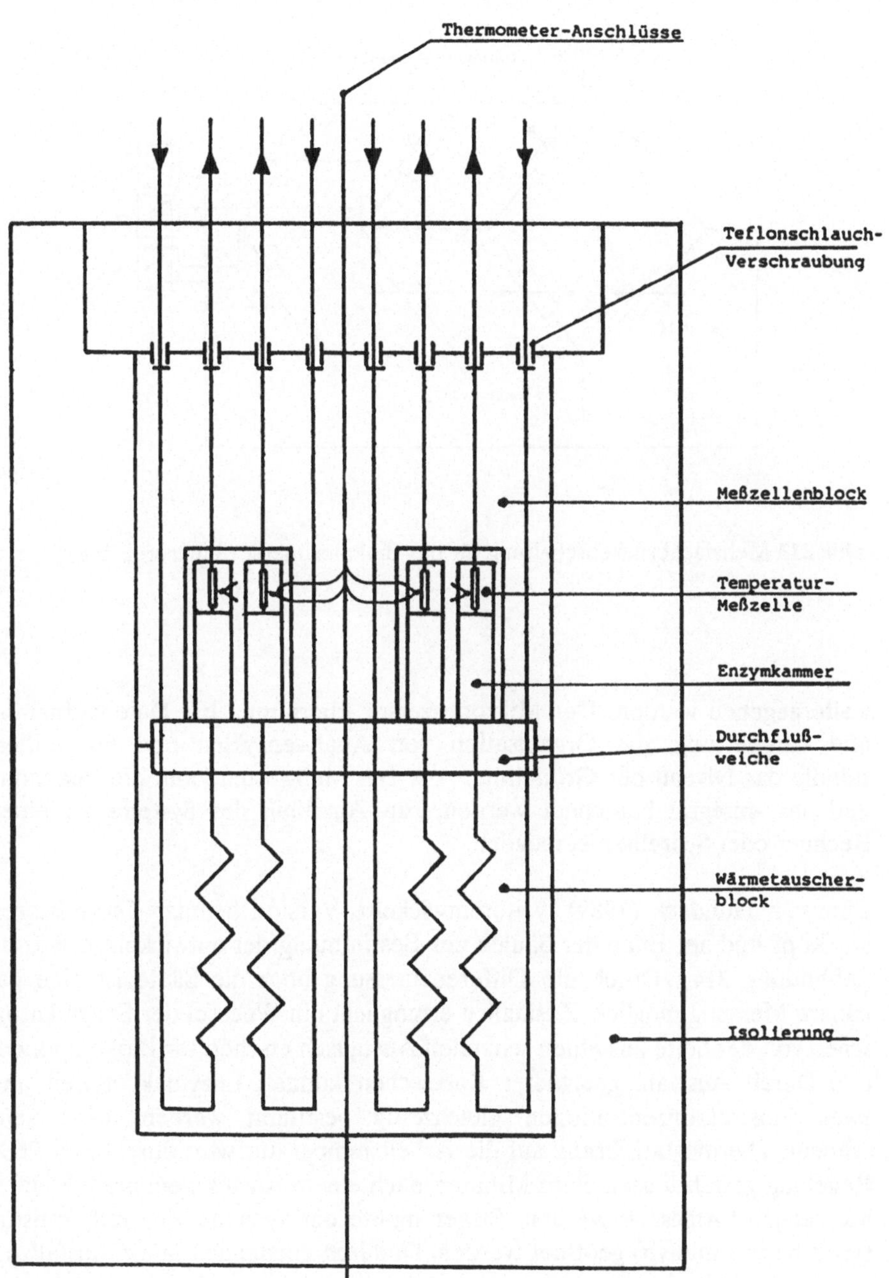

Abb. 212 Aufbau des Biokalorimeters nach Sauerbrei

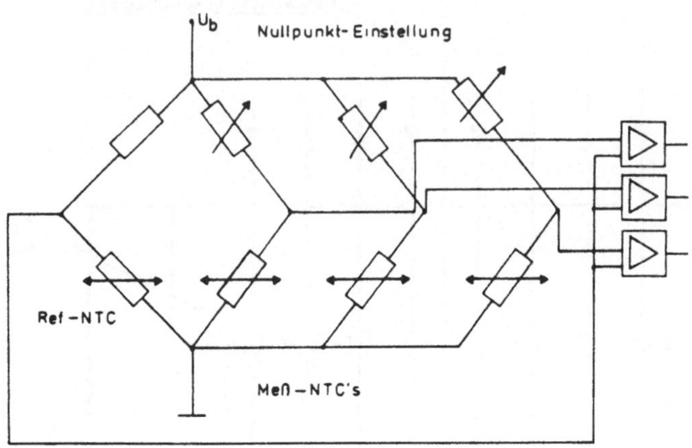

Abb. 213 Mehrfachbrückenschaltung für das Biokalorimeter (Sauerbrei, 1987)

weitergegeben werden. Der Mikroprozessor übernimmt die Datenaufnahme und -auswertung, die Organisation von Analysenzyklen und kontrolliert ständig das Niveau der Grundlinie. Aus den Meßwerten kann die Peakhöhe und das -integral berechnet werden. Ein Anschluß des Systems an einen Rechner oder Schreiber ist möglich.

Eine von Hundeck (1989) weiterentwickelte Version benutzt Thermistoren am Kopf und am Ende der Säulen zur Bestimmung der entwickelten Wärme (Abbildung 214). Durch die Differenzmessung über die Säule ist eine genauere Messung möglich. Zusätzlich ermöglicht ein Wechsel der Enzymkartuschen von der Seite aus einen schnellen Austausch erschöpfter Biokomponenten. Durch Auswahl geeigneter Kartuschen können Enzymaktivitäten und zwei Substratkonzentrationen gleichzeitig bestimmt werden. Eine sehr schnelle Thermostatisierung auf die Arbeitstemperatur wird durch eine PID-Regelung gewährleistet. Fünf Minuten nach einem Kartuschentausch können Messungen fortgesetzt werden. Bisher mußte der gesamte Enzymthermistor (auch beim Lundtyp) geöffnet werden. Dadurch entstanden lange Ausfallzeiten speziell beim Lundtyp.

Die von Hundeck (1989) entwickelte Elektronik- und Rechnereinheit macht den Einsatzbereich des Mehrkanalthermistors flexibler. Ein 22-Bit A/D-

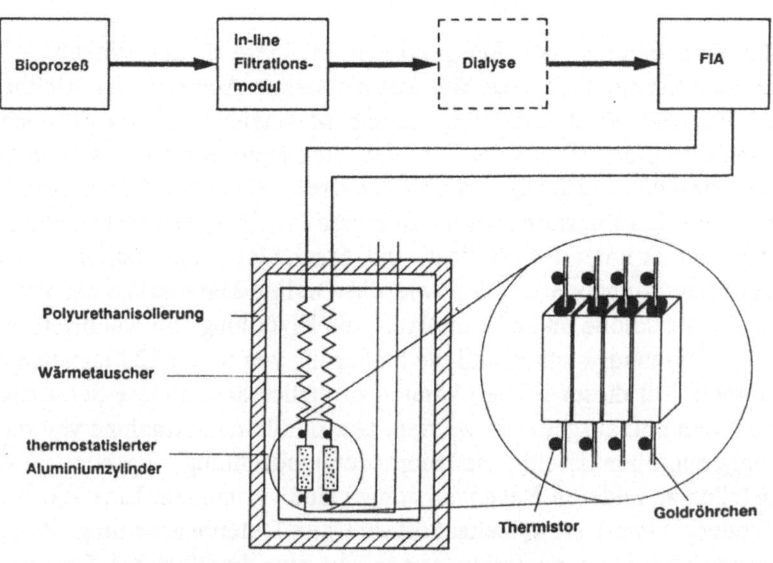

Abb. 214 Aufbau des Vierkanalsystems (Hundeck, 1989)

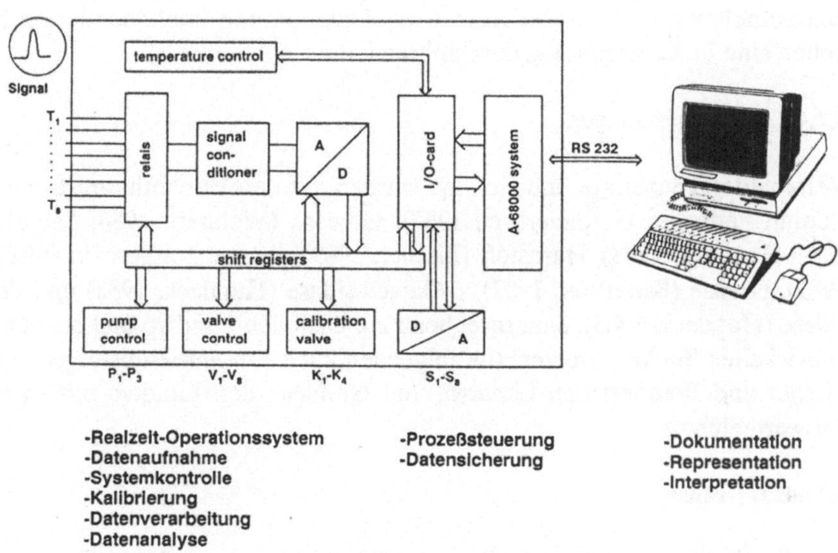

-Realzeit-Operationssystem   -Prozeßsteuerung   -Dokumentation
-Datenaufnahme   -Datensicherung   -Representation
-Systemkontrolle   -Interpretation
-Kalibrierung
-Datenverarbeitung
-Datenanalyse

Abb. 215 Aufbau und Aufgaben des Subsystems (Hundeck, 1989)

Wandler wird benutzt, um den gesamten Meßbereich der Wheatstonschen Brücke zu erfassen. Damit entfällt ein manueller Abgleich der Meßbrücke und die Vorwahl der Verstärkung. Kleine Meßsignale können dennoch mit hoher Auflösung erfaßt werden. Die Meß- und Referenzsäulen sind über die Software anwählbar. Ein prozessorgesteuertes Subsystem (siehe Abbildung 215) erweitert den Enzymthermistor zu einem "intelligenten Meßsystem". Dieses Subsystem ist unter RTOS/Pearl und Assembler programmiert und kann verschiedenste Aufgaben erfüllen, wie die On-line-Datenerfassung mit Auswertung der Peakhöhe und des -integrals, die Erstellung von Kalibrierfunktionen, die Analysenauswertung und die Steuerung von bis zu 12 Magnetventilen und Pumpen. Mit dieser Einheit können zusätzlich acht andere Sensorsignale aufgenommen und ausgewertet werden. Die simultane Aufnahme von mehreren Analysengrößen ist für die Bioprozeßbeobachtung besonders wichtig. Schnittstellen zu anderen Rechnersystemen sind vorhanden. Eine von Anders und Hundeck (1989) entwickelte Software zur Datenbearbeitung, Prozeßvisualisierung und Dokumentation ermöglicht eine komfortable On-line-Prozeßverwaltung. Die Rechnerkapazität des Subsystems ist so gewählt, daß einfache modellgestützte Regler implementiert werden können, die sich zur Prozeßregelung verwenden lassen. Damit ergibt sich eine leistungsfähige stand-alone-Version eines intelligenten Biosensors, der eine vollautomatische Analysensteuerung und -auswertung ermöglicht, zusätzlich andere Prozeßgrößen aufnehmen und auf der Basis von Meßdaten und implementierten Modellen eine Prozeßsteuerung durchführen kann.

3.2.4.2. Einzelmessungen

Verschiedene Substrate und Enzyme wurden mit den Enzymthermistoren bestimmt: Penicillin G (Sauerbrei, 1987), Glucose (Wehnert, 1986; Sauerbrei, 1987; Hundeck, 1988), Harnstoff (Fischer, 1989), Wasserstoffperoxid (Fischer, 1989), Urease (Sauerbrei, 1987), β-Galactosidase (Hundeck, 1988) und Peroxidase (Hundeck, 1988). Sauerbrei benutzte dazu den Lundtyp und ein von ihr entwickeltes "Biokalorimeter" (im folgenden auch Enzymthermistor genannt), Fischer und Wehnert den Lundtyp, und Hundeck den Lundtyp mit eigener Auswerteeinheit.

3.2.4.2.1. Urease

Zur Bestimmung der Enzymaktivität gelöster Enzyme müssen Enzym und Substrat in der Meßsäule miteinander reagieren (siehe Kapitel 2.3.5.1.). Dazu wird vor der Kartusche ein Substratstrom mit einem Pufferstrom vermischt, in den die Probe mit dem gelösten Enzym injiziert wird. In dem von Sauerbrei entwickelten System kann dies durch Austausch der Durchflußweiche (siehe Abbildung 212) geschehen.

In Abbildung 216 ist die Kalibrierkurve für gelöste Urease zu sehen. Zur Messung wurde kontinuierlich eine Harnstofflösung (6,3 g/l) durch den Enzymthermistor (ET) gepumpt. Die Lösung enthält also einen hohen Substratüberschuß (ca. 10facher k_M-Wert). Der pH-Wert des Trägerpuffers (Kaliumphosphatpuffer) und der Substratlösung betrug 7. Der Einfluß der Reaktionstemperatur ist aus Abbildung 217 ersichtlich. Die Pufferkonzentration spielt bei der Analyse mit dem Enzymthermistor keine Rolle, wie die Abbildung 218 zeigt.

3.2.4.2.2. β-Galactosidase, Peroxidase

Zur Bestimmung der Enzymaktivität von β-Galactosidase und Peroxidase wurde ein Lundtyp benutzt. Die Bestimmung von β-Galactosidaseaktivitäten ist zur Beobachtung von Kultivierungen rekombinanter Mikroorganismen interessant, da Fusionsproteine häufig eine Galactosidasemarkierung aufweisen. Vor der Meßsäule mußten Substrat- und Pufferstrom zusammengeführt werden. Die Säule selbst war mit Glaskugeln gefüllt, damit eine bessere Durchmischung erreicht würde. Die Durchflußrate betrug 0,8-1,3 ml/min.

In Abbildung 219 sind die Meßwerte für die Bestimmung der Galactosidaseaktivität zu sehen. Als Substratstrom wurde eine Lösung von Lactose (20 g/l) benutzt. Sie reagiert mit der gelösten β-Galactosidase, wobei Glucose entsteht. Da die Wärmebildung dieser Reaktion zu gering ist, wird die Mischung weiter über eine Glucosebestimmungssäule (siehe Kapitel 3.2.4.2.3.4.) geführt, in der die Glucosekonzentration analysiert wird. Die Galactosidaseaktivität wird folglich indirekt bestimmt. Abbildung 219 zeigt, daß geringe Aktivitäten nachgewiesen werden können.

Peroxidase ist ein geläufiges Markerenzym bei Immunassays. Zur Durchführung von Enzymassays mit dem Enzymthermistor könnte die Peroxidaseaktivitätsmessung herangezogen werden. Aus diesem Grund wurden Messungen zur Aktivitätsbestimmung der Peroxidase im ET durchgeführt (Hundeck, 1988). Bei der Umsetzung von H_2O_2 durch Peroxidase werden Elektronen von einem Elektronendonor auf das H_2O_2 übertragen. Als Elektronendonor wurde 2-Antiaminopyrin (AAP) eingesetzt, das dem Substratstrom (2 mM H_2O_2 und 14 mM Phenol als Stabilisa-

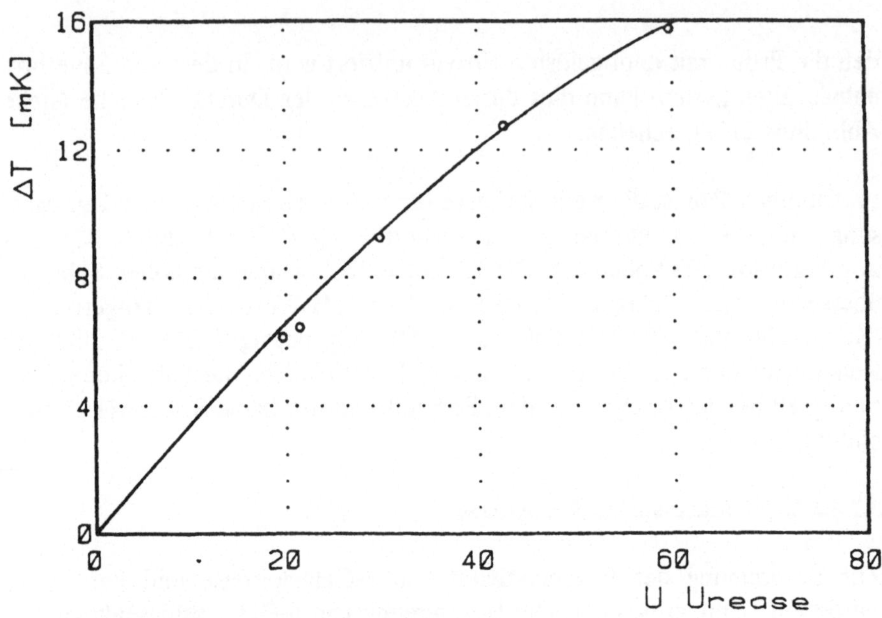

Abb. 216 Kalibrierkurve zur Urease-Aktivitätsbestimmung (Sauerbrei, 1987)

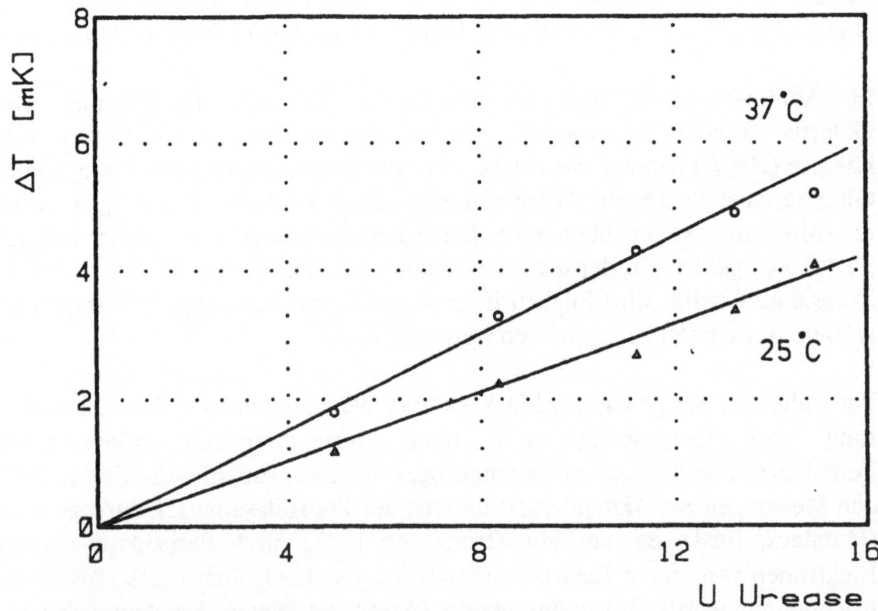

Abb. 217 Einfluß der Temperatur auf die Signale (Sauerbrei, 1987)

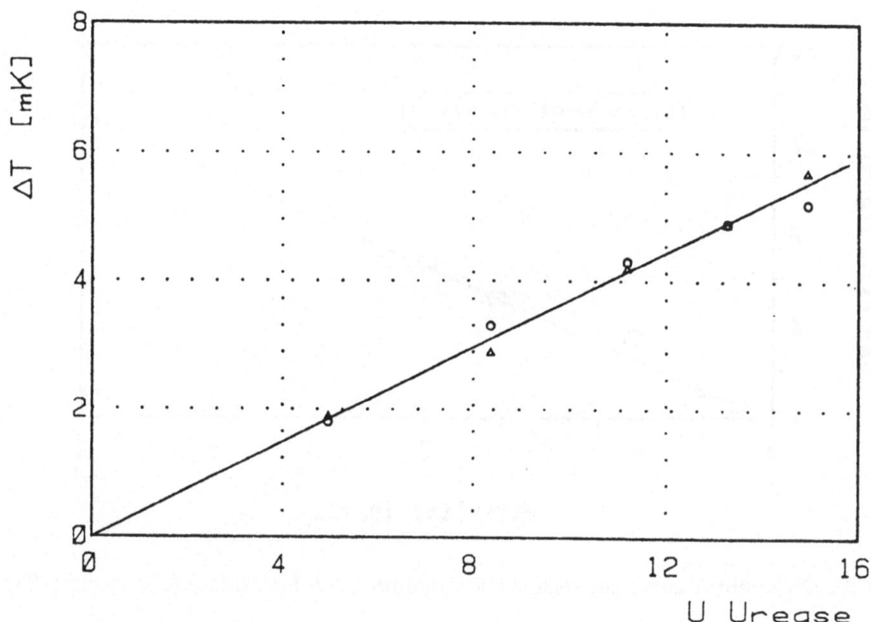

Abb. 218 Einfluß der Pufferkonzentration auf die Signale (o : 0,05 M Kaliumphosphatpuffer; ∇ : 0,1 M Kaliumphosphatpuffer) (Sauerbrei, 1987)

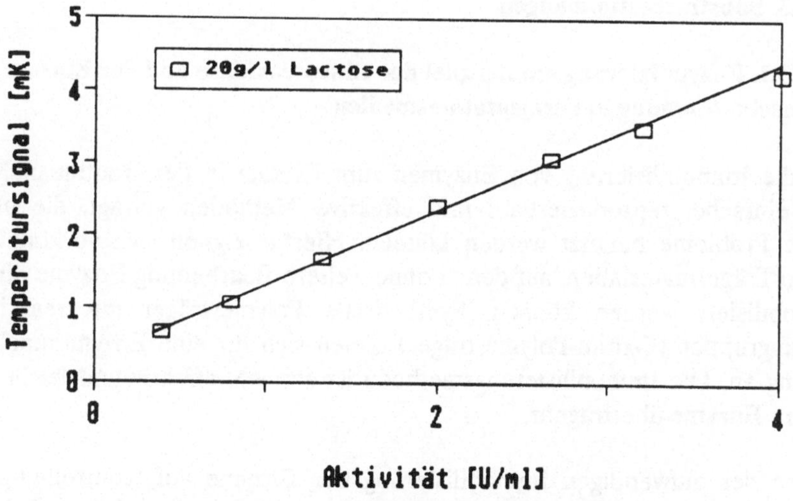

Abb. 219 Kalibrierkurve bei der Enzymaktivitätsbestimmung von β-Galactosidase über immobilisierte Glucoseoxidase (Hundeck, 1988)

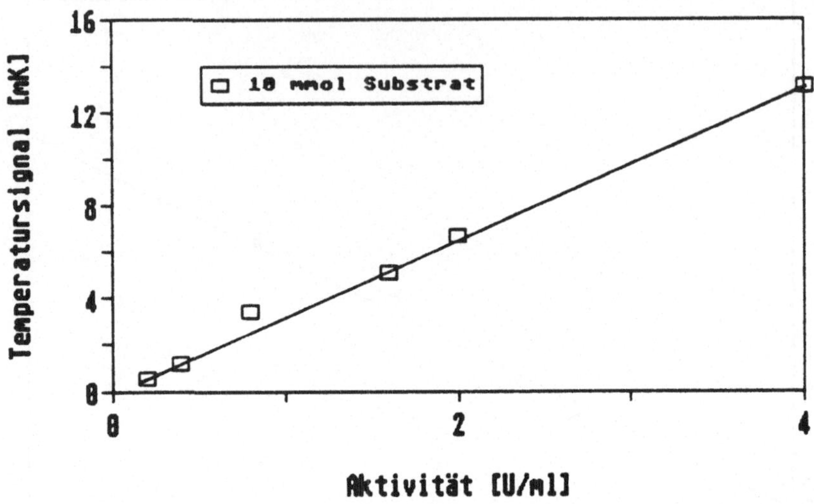

Abb. 220 Kalibrierkurve zur Aktivitätsbestimmung von Peroxidase (Hundeck, 1988)

tor) zugegeben wurde. Der Nachweis von Peroxidaseaktivität ist sehr empfindlich, wie der Abbildung 220 zu entnehmen ist.

3.2.4.3. Substratbestimmungen

3.2.4.3.1. Enzymfixierung am Beispiel der Glucoseoxidase und der Einsatz zur Glucosebestimmung in Fermentationsmedien

Für die Immobilisierung von Enzymen zum Einsatz in der Routineanalytik sind einfache, reproduzierbare und effektive Methoden gefragt, die ohne große Probleme benutzt werden können. Hierfür eignen sich vorkonditionierte Trägermaterialien, auf denen ohne weitere Bearbeitung Enzyme direkt immobilisiert werden können. Synthetische Polymerträger mit reaktiven Oxirangruppen (Oxiran-Polymerträger) bieten sich für eine Enzymimmobilisierung an. Die Immobilisierungsmethode ist einfach, effektiv und leicht auf andere Enzyme übertragbar.

Neben der aufwendigen Immobilisierung der Enzyme auf "controlled-pore glass" (CPG-Glas) wurden hauptsächlich Polymerträger mit reaktiven Oxirangruppen verwendet (Sauerbrei, 1983; Wehnert *et al.*, 1985; Scheper *et al.*, 1989). Zwei kommerziell erhältliche makroporöse Oxiran-Harztypen

(Eupergit C, Röhm Pharma und VA-Epoxy Biosynth, Riedel-de Haen) kamen dabei zum Einsatz. Die Tabelle 9 zeigt einzelne Erkennungsmerkmale beider Harze. Neben der 50-200 μm Fraktion vom VA-Epoxy Biosynth sind auch Einzelfraktionen in der Größenordnung 20-45 μm, 50-80 μm, 80-125 μm und 125-200 μm untersucht worden. Außer Eupergit C und Eupergit C 30N wird von Röhm Pharma noch ein "C 1 Z"-Typ (kompakte Harzkugeln) und ein "C-250 L"-Typ (größere Porenweite) vertrieben.

3.2.4.3.2. Immobilisierung

Abbildung 130 (Kapitel 3.1.3.) zeigt, wie Proteine an die endständigen Epoxidgruppen gebunden werden können. Es ist wichtig, daß diese Bindung auch in den Poren erfolgt. Die Ausschlußgrenzen geben an, bis zu welchen Größen globuläre Proteine in die Poren eindringen können. Die Substrate müssen auch nach der Enzymbeladung noch zum Enzym gelangen können. Die Kohlenstoffkettenlänge zwischen Polymer und Epoxidgruppe kann für die Enzymbeweglichkeit wichtig sein. Der von Riedel de-Haen lieferbare VA-Hydroxyträger (aus dem der in Tabelle 9 angeführte Epoxidträger hervorgeht) kann mit verschiedenen Epoxiden beladen oder nach anderen Methoden aktiviert werden (z.B. Bromcyanaktivierung). Darauf soll hier aber nicht näher eingegangen werden.

Prinzipiell spielt die Zahl der freien Epoxidgruppen eine wichtige Rolle bei der Immobilisierung. Wird jedes Proteinmolekül an mehreren Epoxidgruppen gebunden, kann die Tertiärstruktur der Enzyme verändert und die Aktivität beeinträchtigt werden. Eine zu geringe Anzahl von Bindungsplätzen führt hingegen zu unzureichenden Immobilisierungsausbeuten. Sind nach der Immobilisierung noch freie Epoxidgruppen vorhanden, müssen diese durch Zugabe von starken Nucleophilen abgesättigt werden. Bei dem VA-Epoxy Biosynth Träger ist dies aufgrund der geringeren Anzahl von Epoxidgruppen nicht immer nötig.

Allgemein ist aus der Literatur bekannt, daß durch Immobilisierung die Aktivität der gebundenen Enzyme länger erhalten bleibt, da die Tertiärstruktur stabilisiert wird (Mosbach, 1976, 1987 und 1988). Dieser Effekt ist auch bei der Immobilisierung auf Oxiran-Trägern bekannt (Wehnert *et al.*, 1985). Natürlich geht ein Teil der Aktivität bei der Immobilisierung verloren. Probleme können bei der Immobilisierung von Enzymen auftreten, die aus mehreren Untereinheiten bestehen, wenn diese durch die Immobilisierung räumlich voneinander getrennt werden.

Die Bestimmung der Aktivität des Trägers ist problematisch. Zwar kann während der Immobilisierung die Aktivitätsabnahme in der zum festen Träger gegebenen wäßrigen Enzymlösung gemessen werden - doch darf daraus nicht abgeleitet werden, daß diese Enzymmenge der Aktivität des Trägers entspricht. Ein Teil davon ist durch Konformationsänderungen oder geometrisch ungünstige Immobilisierung (die aktive Tasche des Enzyms befindet sich für das Substrat unerreichbar auf der Polymeroberfläche) in seiner Aktivität beeinträchtigt worden. Die Trägeraktivität wird von der wahren Aktivität der gebundenen Enzyme, aber auch von anderen Effekten, z.B. der Diffusionshemmung für das Substrat in den Poren, bestimmt. Meist wird bei der Bestimmung der Trägeraktivität die Summe dieser Effekte gemessen.

Die immobilisierten Enzyme werden zum Gebrauch im Enzymthermistor in Kartuschen gefüllt. Dies ist besonders wichtig, da große Enzymmengen in der Kartusche untergebracht werden können und so hohe Standzeiten erreicht werden. Bei den Durchflußsystemen hängt der Umsatz der enzymatische Reaktion bei konstanter Durchflußgeschwindigkeit und Temperatur von der Enzymmenge mit der die Probe in Kontakt kommt, ab. Diese kann in Kartuschen so hoch gewählt werden, daß selbst bei stets vorhandenem Aktivitätsverlust der Umsatz in der Kartusche gemäß den Reaktionsbedingungen maximal ist. Erst wenn eine kritische Kartuschenaktivität unterschritten wird, macht sich der Aktivitätsverlust auf die Umsätze und damit auf die Analyse bemerkbar. Dann muß das System den jeweiligen Bedingungen durch Kalibration angepaßt werden.

Für die hier vorgestellten Untersuchungen wurde Glucoseoxidase aus *Aspergillus niger* (Boehringer Mannheim) mit und ohne coimmobilisierte Katalase aus Rinderleber (Sigma Chemie) verwendet. Die Immobilisierung erfolgte jeweils in Kaliumphosphatpuffer. Dazu wurden 5 mg Glucoseoxidase (1000 Units) in 1 ml Puffer (1 M, pH 7,4) zu 150 mg Eupergit bzw. 200 mg VA-Epoxy Biosynth gegeben. Die Gemische wurden zwischen 14 und 20 Stunden bei Raumtemperatur geschüttelt, anschließend gewaschen (Kaliumphosphatpuffer, 0,1 M, pH 7) und in die entsprechenden Kartuschen für die Enzymthermistoren eingefüllt.

3.2.4.3.3. Druckstabilität der Enzymkartuschen

Ein wichtiger Parameter für den Betrieb von Enzymkartuschen ist die Druckstabilität. Reinhardt (1987) stellte fest, daß der VA-Epoxy Biosynth Träger sehr druckstabil ist und der Druckabfall über eine Kartuschenschüttung für Korndurchmesser oberhalb von 125 μm gering ist. In Abbildung 221 sind Untersuchungen zur Langzeitstabilität der Enzymsäulen zu sehen. Der Druckabfall wurde in einer Meßapparatur über ein parallel geschaltetes Manometer bestimmt. Die Kartuschen mit der Partikelfraktion im Bereich von 125-200 μm sind besonders langzeitstabil. Innerhalb von 60 Tagen treten keine Druckverluste auf. Der Träger Eupergit C wies unter den Bedingungen keine so hohe mechanische Stabilität auf.

3.2.4.3.4. Die Glucosebestimmung

Für den Glucosenachweis wurden die Enzyme Glucoseoxidase und Katalase coimmobilisiert. Das bei der Reaktion von Glucose mit Glucoseoxidase entstehende H_2O_2 wird von der Katalase zersetzt. Die Wärmetönung beider Reaktionen wird zur Messung herangezogen. Die Gesamtreaktion läuft nach folgendem Schema ab:

$$Glucose + O_2 \xrightarrow{\text{Glucoseoxidase}} Gluconsäure + H_2O_2$$

$$H_2O_2 \xrightarrow{\text{Katalase}} 1/2\,O_2 + H_2O$$

Der prinzipielle Aufbau der Analysensysteme ist in Abbildung 222 zu sehen. Sowohl der Lundtyp als auch die Eigenbauversionen konnten darin eingesetzt werden. Nur der von Hundeck entwickelte "intelligente Enzymthermistor" konnte alle Steuerungs- und Auswertefunktionen eigenständig übernehmen. Eine Kopplung des Lundthermistors an das von Hundeck entwickelte Rechnerauswerte- und Steuerungssystem war möglich. Ansonsten wurden die Sensoren an das System CASFA (Hiddessen, 1977; Wehnert *et al.*, 1987; Sauerbrei, 1987) gekoppelt. Für die Analyse wird einem Fermenter über eine Filtrationssonde kontinuierlich eine zellfreie Probe entnommen. Sie wird einem Probeaufgabesystem zugeführt, das vom Rechner gesteuert definierte Probevolumina in den Probestrom zur Meß- und Referenzsäule injiziert. Der Rechner übernimmt die Datenerfassung, -auswertung und Systemsteuerung. Von ihm können Kalibrierlösungen verschiedener Konzentrationen aufgegeben und feste Verdünnungsschritte eingeleitet werden.

In Abbildung 223 sind die Kalibrierkurven für beide Oxiranharze zu sehen (Hundeck, 1988). Die Meßempfindlichkeit ist für die Eupergit-Immobilisate größer. Deutlich wird, daß für beide Systeme nach drei Wochen (Systemtemperatur: 37°C) noch ausreichend hohe Meßsignale vorhanden sind. In der Annahme, daß Schwankungen im Bereich von 0,1 mK möglich

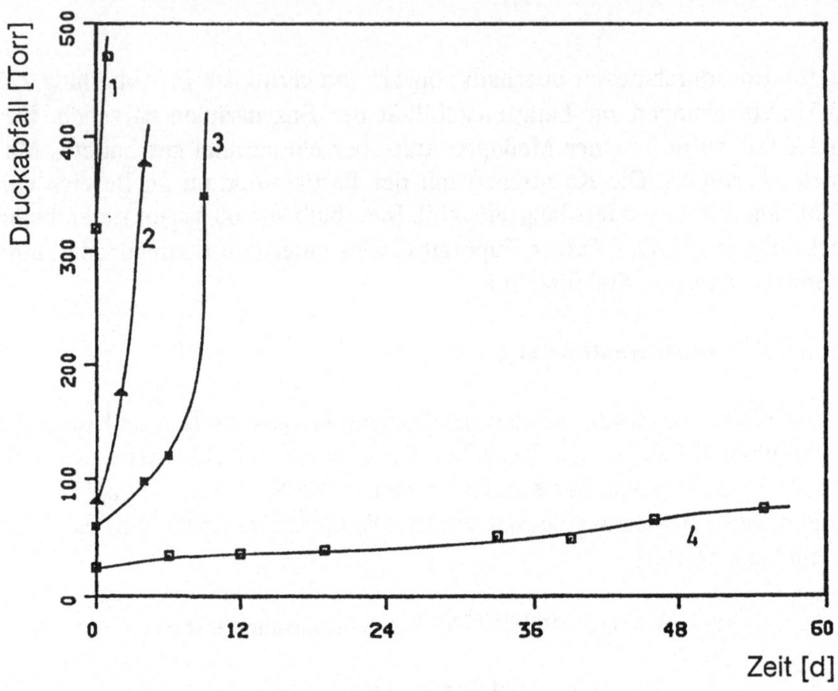

Abb. 221 Druckabfall über die Enzymkartusche bei Verwendung unterschiedlicher Kornfraktionen des trägers (1: 20-45 μm; 2: 50-80 μm; 3: 80-125 μm; 4: 125-200 μm) (Reinhardt, 19....)

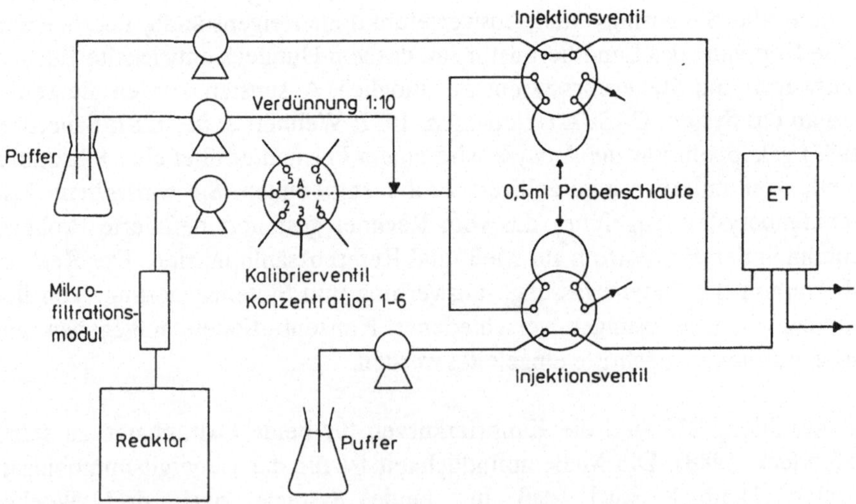

Abb. 222 Aufbau des rechnergesteuerten Analysensystems (Sauerbrei, 1987; Hundeck, 1988 und 1989)

sind, wurden Fehlerberechnungen auf Basis der einzelnen Kalibrierfunktionen gemacht. Abbildung 224 zeigt die Ergebnisse für die Berechnungen. Es sind die - bei einer Temperaturschwankung von 0,1 mK - maximalen Konzentrationsbweichungen (y-Achse) von den wahren Glucosekonzentrationen (x-Achse) aufgetragen. Die Eupergit-Immobilisate erreichen große Fehler (hier als 0,5 g/l Abweichung angegeben) viel früher als die VA-Epoxy-Immobilisate. Letztere sind für die Messung über große Konzentrationsbereiche vorzuziehen.

3.2.4.3.5. Einsatz zur Fermentationsüberwachung

Verschiedene Fermentationen wurden mit den Enzymthermistorsystemen überwacht, und der Glucosegehalt wurde kontinuierlich bestimmt. Die Kultivierungszeiten lagen dabei bis zu 300 Stunden, in denen das Analysensystem selbstständig und zuverlässig alle 10-15 Minuten eine Probe analysierte.

In Abbildung 225 und 226 sind die Ergebnisse für zwei Fed-batch-Kultivierungen von *Cephalosporium acremonium* zu sehen (Sauerbrei, 1987). Die Fermentationen wurden auf einem technischen Medium mit hohen Erdnußmehlbestandteilen (siehe Kapitel 2.3.2.5.) durchgeführt (Bayer, 1987). Die On-line Thermistordaten sind zusammen mit off line Glucosedaten aufgetragen. Während der Kultivierung wurde Glucose verbraucht. Wenn die Glucosekonzentration im Medium einen gewissen Wert unterschritten hatte, konnte erneut Glucose zugefüttert werden, wodurch die Glucosekonzentration kurzfristig wieder anstieg. Bei der Analysenführung zu der in Abbildung 225 dargestellten Fermentation wurde die mikrofiltrierte Zellprobe dem Enzymthermistor direkt zugeführt. Die Abweichungen sind erheblich, da störende Komponenten zusätzliche Wärmeeffekte erzeugen. Wird der Probestrom vor der Analyse durch eine Dialysezelle geführt, ist die Übereinstimmung beider Meßmethoden hervorragend (Abbildung 226). Durch die Dialyse werden störende Mediumkomponenten abgetrennt.

Sauerbrei (1988) konnte den Enzymthermistor auch erfolgreich zur Glucosemessung an Penicillinfermentationen einsetzen. Die Abbildung 227 zeigt die Glucosewerte während einer Kultivierung von *P. chrysogenum* auf einem technischen Medium. Die Übereinstimmung der ET-Daten mit den Glucosewerten, die mit einer Off-line-Methode bestimmt wurden, ist sehr gut (Finkeldey, 1987). Zu Beginn der Kultivierung wurden hohe Lactose- und geringe Glucosekonzentrationen vorgelegt. Die Glucose wird zum schnellen Anwachsen der Kultur benötigt. Hohe Konzentrationen reprimieren die Pro-

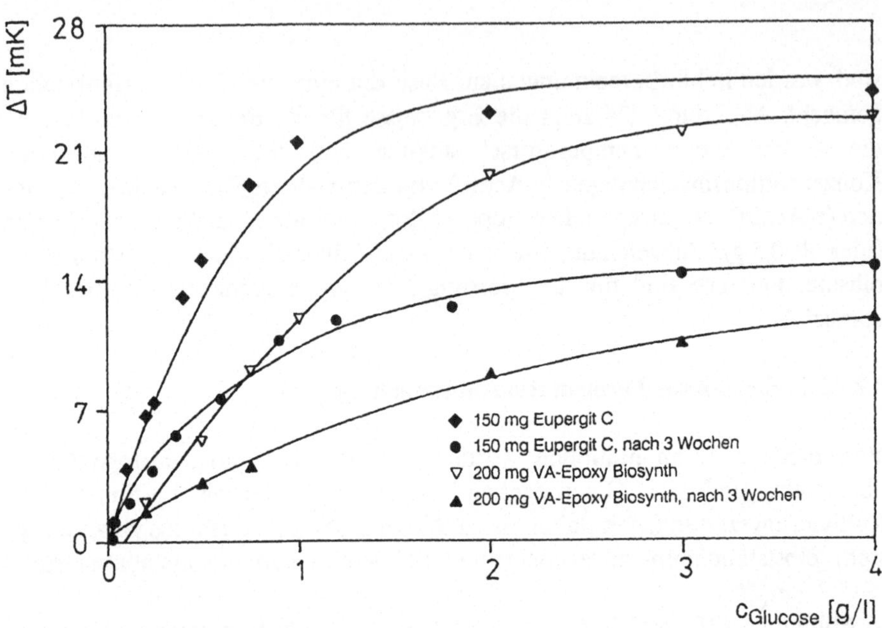

Abb. 223 Kalibrierkurven für die Glucosebestimmung mit zwei verschiedenen Enzymimmmobilistaen (Hundeck, 1988)

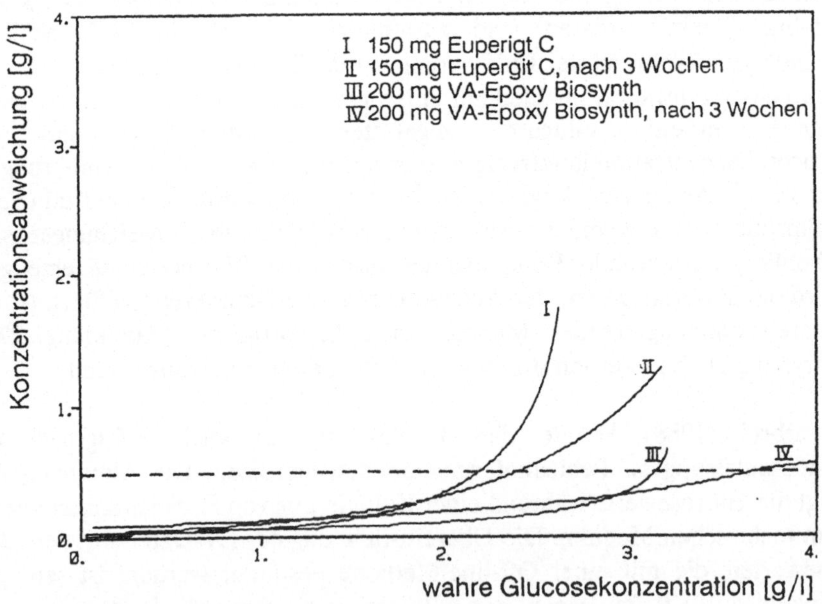

Abb. 224 Maximal mögliche Fehler bei der Verwendung der beiden Enzymimmmobilisate (Hundeck, 1988)

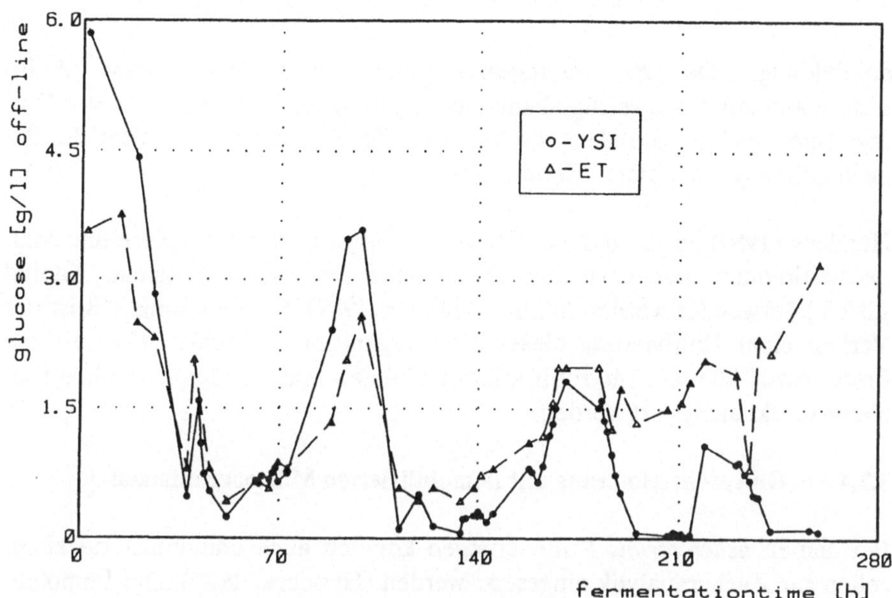

Abb. 225 Verlauf der Glucosekonzentration bei einer *Cephalosporium acremonium* Kultivierung (Zufütterungsbetrieb, nicht dialysierte Proben) (Sauerbrei, 1987)

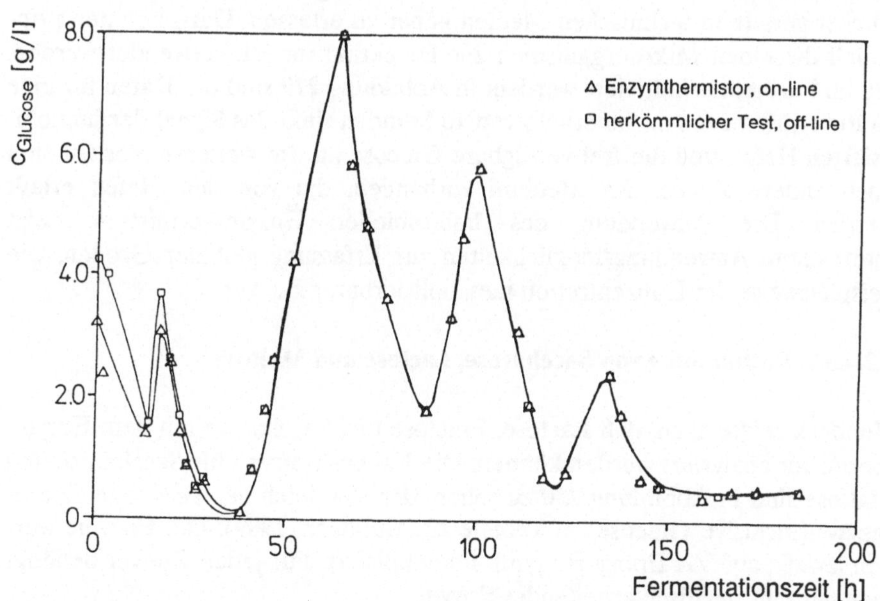

Abb. 226 Verlauf der Glucosekonzentration bei einer *Cephalosporium acremonium* Kultivierung (Zufütterungsbetrieb, dialysierte Proben) (Sauerbrei, 1987)

duktbildung. Da *P. chrysogenum* über ausreichend hohe β-Galactosidaseaktivitäten verfügt, kann die Lactose nach dem Verbrauch der Glucose (hier nach 25 Stunden) als Kohlenstoffquelle dienen, die nicht die Penicillinbildung reprimiert (Möller, 1987).

Hundeck (1989) zeigte, daß der Enzymthermistor auch zur Glucose-und Maltosebestimmung bei Fermentationen von *B. licheniformis* (siehe Kapitel 2.3.2.3.) verwendet werden konnte (Hübner, 1989). In Abbildung 228 ist der Verlauf einer Kultivierung dieses Mikroorganismus zu sehen. Die zellfreie Probe wurde über ein Mikrofiltrationsmodul gewonnen und konnte ohne Probleme direkt analysiert werden.

3.2.4.3.6. Glucosebestimmung mit immobilisierten Mikroorganismen

Bei den *B. licheniformis* Kultivierungen konnten auch immobilisierte Hefezellen zur Zuckeranalytik eingesetzt werden (Hundeck, 1989). Die Immobilisierung erfolgte in Calciumalginat (siehe Kapitel 2.3.3.1.1.). Die Reaktionswärme wird durch die Metabolisierung der Zuckerkomponenten im Medium erzeugt. Diese Reaktion ist sicher nicht so spezifisch wie die Glucoseumsetzung mit Glucoseoxidase, doch zeigt sie einen Weg auf, die metabolisierbaren Zucker gerade in technischen Medien näher zu erfassen. Dazu könnten prinzipiell dieselben Mikroorganismen zur Detektion im ET verwendet werden, die im Fermenter kultiviert werden. In Abbildung 229 sind die Daten für eine Kultivierung zu sehen. Innerhalb von 10 Stunden sinkt das Signal der immobilisierten Hefen und die frei verfügbare Glucose ab. Im weiteren Verlauf sind noch andere Zucker im Medium vorhanden, die von den Hefen erfaßt werden. Die Anwendung des "mikrobiellen Enzymthermistors" zeigt interessante Anwendungsmöglichkeiten zur Erfassung globaler Größen, wie beispielsweise der Konzentration metabolisierbarer Zucker.

3.2.4.3.7. Bestimmung von Saccharose, Lactose und Maltose

Hundeck zeigte auch, daß Lactose, Fructose und Saccharose mit dem Enzymthermistor analysiert werden können. Die Kalibrierkurven für Saccharose und Maltose sind in Abbildung 230 zu sehen, der Vergleich der einzelnen Zuckerassays (inclusive Glucose) in Tabelle 22 (Hundeck, 1989). Die Enzyme wurden jeweils auf VA-Epoxy Biosynth immobilisiert. Für jeden Zucker benötigt man nur ein spezifisch arbeitendes Enzym.

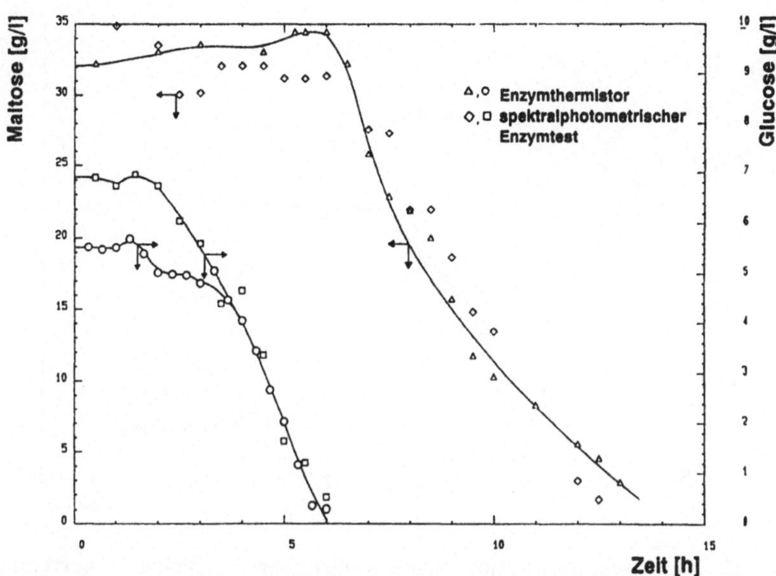

Abb. 227 Verlauf der Glucosekonzentration bei einer *Penicillium chrysogenum* Kultivierung (Sauerbrei, 1987)

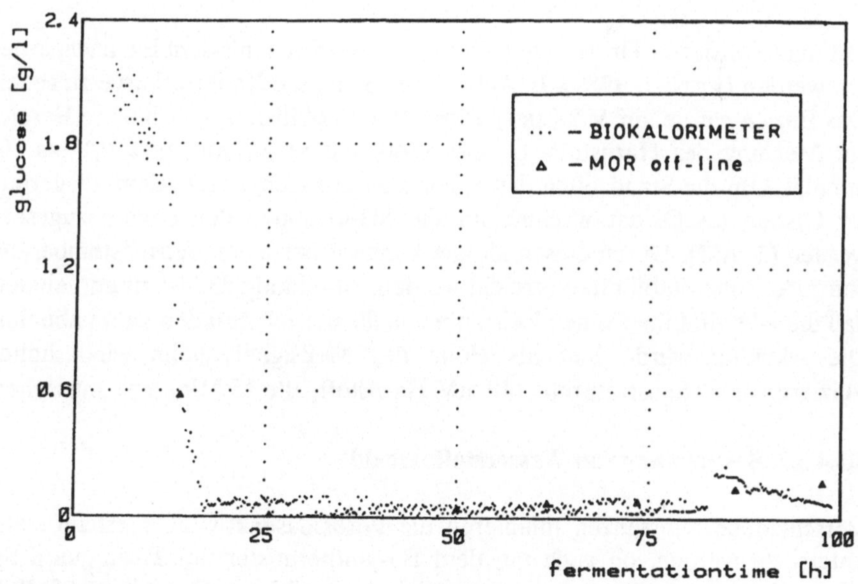

Abb. 228 Verlauf der Glucose- und Maltosekonzentration während der Kultivierung von *Bacillus licheniformis* (Hundeck, 1989; Hübner, 1989)

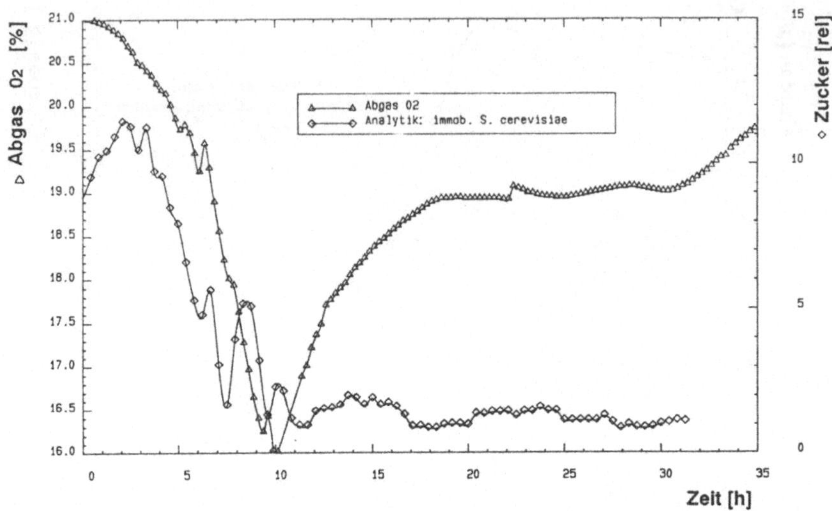

Abb. 229 Glucosekonzentration ("metabolisierbarer Zucker") bestimmt mit immobilisierten Hefezellen während der Kultivierung von *Bacillus licheniformis* (Hundeck, 1989; Hübner, 1989)

3.2.4.3.8. Bestimmung von Harnstoff

Mit immobilisierter Urease kann Harnstoff spezifisch mit dem ET nachgewie sen werden (Fischer, 1989). In Abbildung 231 ist die Kalibrierkurve zu sehen. Das Enzym wurde auf VA-Epoxy Biosynth immobilisiert. Der lineare Bereich zur Messung des Harnstoffs ist sehr groß und reicht von etwa 0,1 bis 100 mmol/l. Um die Standzeiten des Systems zu erhöhen, mußte dem Trägerpuffer Cystein als Oxidationschutz für die SH-Gruppen der Urease zugesetzt werden (1 mM). Durch diesen Zusatz konnten bei einer Betriebstemperatur von 37°C hohe Stabilitäten erreicht werden. Abbildung 232 ist zu entnehmen, daß die Aktivität über einen Zeitraum von 90 Betriebsstunden kaum abnahm. Die Aktivität wurde hier als Höhe des Meßsignals beim wiederholten Injizieren einer Substratprobe (40 mM Harnstoff, alle 15 Minuten) angesehen.

3.2.4.3.9. Bestimmung von Wasserstoffperoxid

Verschiedene Substanzen inhibieren die Peroxidaseaktivität. Deshalb sollte untersucht werden, ob auch mit dem Enzymthermistor ein Toxin-guard System aufgebaut werden konnte. Beispielsweise inhibieren Cyanide und Sulfide in Konzentrationen ab 10^{-6} mol/l die Aktivität der Peroxidase reversibel. Die

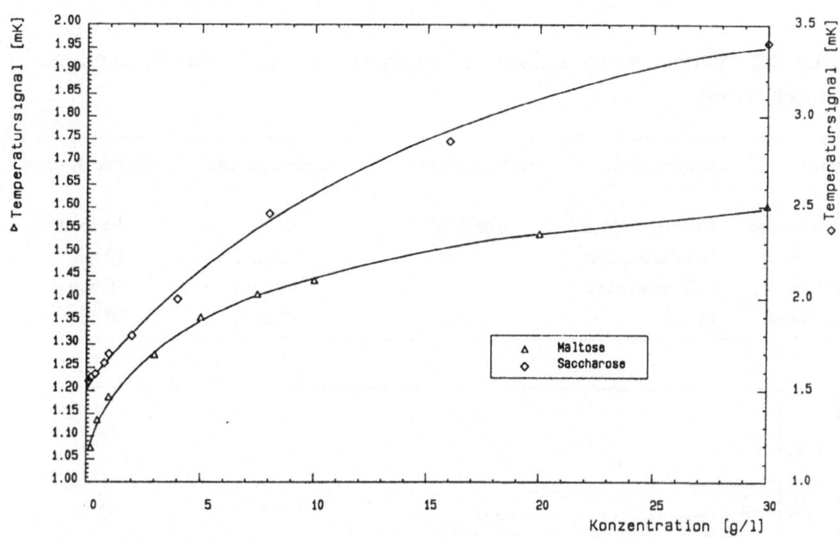

Abb. 230 Kalibrierkurven für Maltose und Saccharose (Hundeck, 1989)

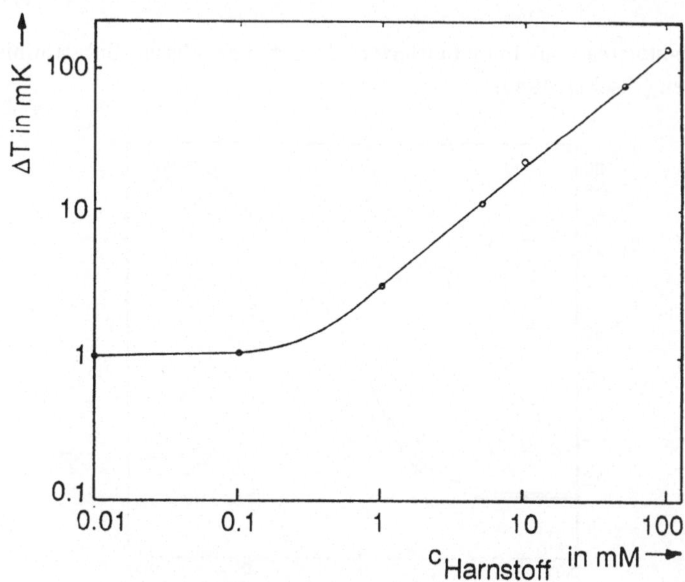

Abb. 231 Kalibrierkurve für Harnstoff (Fischer, 1989)

Tabelle 22 Vergleich verschiedener Zuckerassays für den Enzymthermistor (Hundeck, 1989)

Analyt	Enzymsystem	Nachweisgrenzen	Analysendauer	Analysenfrequenz
β-D-Glucose	Glucoseoxidase	0,05-4 g/l	<3 min	10-15 min
Lactose	β-Galactosidase	0,05-2 g/l	<2 min	10 min
Maltose	α-Glucosidase	0,2-40 g/l	<2 min	10 min
Saccharose	Invertase	0,1-25 g/l	<3 min	10 min

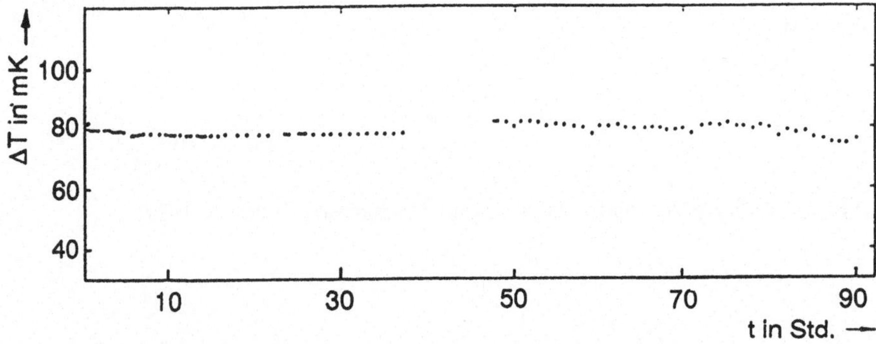

Abb. 232 Stabilitätstests an immobilisierter Urease. Periodische Substratinjektion über 90 Stunden (Fischer, 1989)

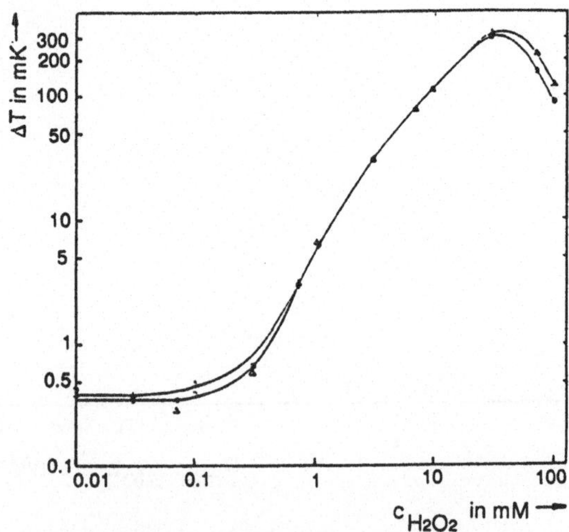

Abb. 233 Wasserstoffperoxidbestimmung mit immobilisierter Peroxidase (Fischer, 1989)

Abbildung 233 zeigt die Kalibrierkurve für H_2O_2, das mit dem ET bestimmt wurde.

In Abbildung 234 ist die Langzeitstabilität des Systems (immobilisierte Peroxidase, 5 mM H_2O_2, 0,8 mM AAP, 14 mM Phenol, 0,1 M Kaliumphosphatpuffer pH=7) zu sehen. Auffällig ist, daß nach acht Stunden das Meßsignal bei gleicher Probekonzentration stark abfällt. Bis zu dem Zeitpunkt nimmt es sogar noch leicht zu, was bei vielen Biosensoren zu beobachten ist. Man nimmt an, daß die Meßsignale durch eine bessere Konditionierung des gesamten Systems ansteigen. Der abrupte Abfall in den Signalhöhen nach acht Stunden deutet auf einen starken Aktivitätsverlust des immobilisierten Enzyms hin. Anscheinend wird die Aktivität der immobilisierten Peroxidase stark durch das Substrat inhibiert. Bei geringeren Substratkonzentrationen (2,5 mM) sind die Standzeiten größer (siehe Abbildung 235). Diese Erscheinung läßt sich mit folgenden Überlegungen (siehe auch Abbildung 236) erklären. Zu Beginn ist Enzymaktivität in der Enzymsäule in hohem Überschuß vorhanden. Unter den Versuchsbedingungen (Temperatur, Pumpgeschwindigkeit) wird das aufgegebene H_2O_2 vollständig umgesetzt. Auch wenn mit jeder Messung ein Teil der Enzymaktivität verlorengeht, wird bei der folgenden Probeaufgabe immer noch das Substrat vollständig umgesetzt. In Abbildung 236 ist die für den vollständigen Umsatz (auch Gleichgewichtsumsatz) nötige Enzymaktivität eingetragen. Solange die Gesamtaktivität der Enzymkartusche über diesem Wert liegt, sind die Temperatursignale des ET bei gleicher Substratkonzentration gleich hoch. Dennoch kann ab einer kritischen Enzymaktivität kein vollständiger Umsatz mehr erfolgen, das Wärmesignal nimmt nun von Injektion zu Injektion ab.

In der Abbildung 237 sind Experimente zum Einfluß von Cyanid auf die Aktivität zu sehen. Dazu wurde in einer Meßreihe nur Substrat (5 mM), in einer zweiten Meßreihe unter sonst gleichen Bedingungen Substrat (5 mM) mit 50 ppm Cyanid aufgegeben. Für die reine Substratlösung ergibt sich der schon beschriebene Verlauf. Ist der Inhibitor anwesend, wird schon zu Beginn die kritische Kartuschenaktivität unterschritten, das Meßsignal ist kleiner. Der weitere Verlauf entspricht dem in Abbildung 236 vorhergesagten. Die Kartuschenaktivität liegt durch die Inhibitorwirkung unterhalb der kritischen Aktivität. Interessant ist, daß sich beide Kurven nach 15 schneiden, also die Aktivität des ET unter Inhibitoreinfluß weniger stark abfällt. Cyanid erniedrigt reversibel die Enzymaktivität und schützt das immobilisierte Enzym in gewissem Maße vor dem irreversiblen Angriff des Substrats H_2O_2. Aus den Versuchen ist zu sehen: das System kann zwar bisher nicht sinnvoll für einen

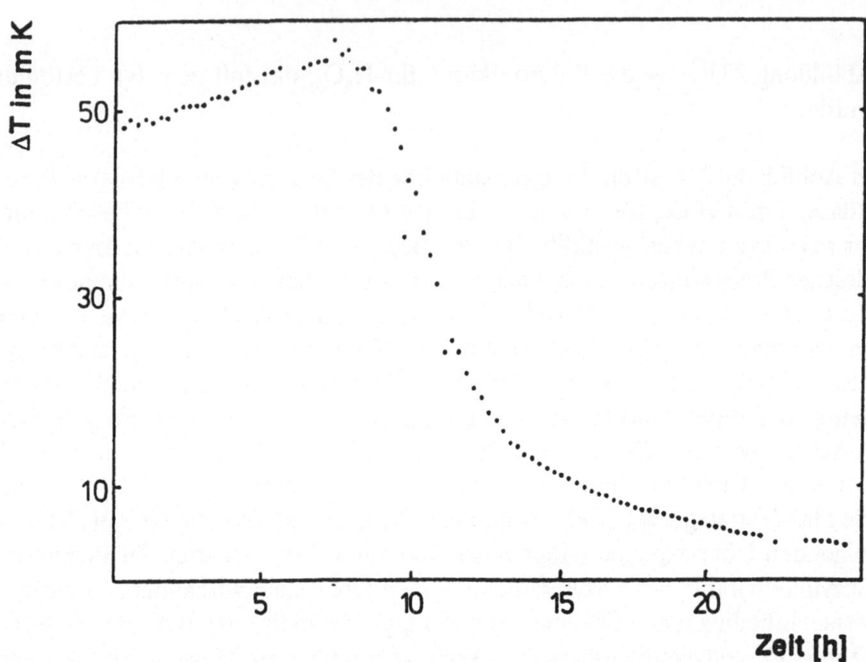

Abb. 234 Langzeittests an immobilisierter Peroxidase. Periodische Substratinjektion (5mM) (Fischer, 1989)

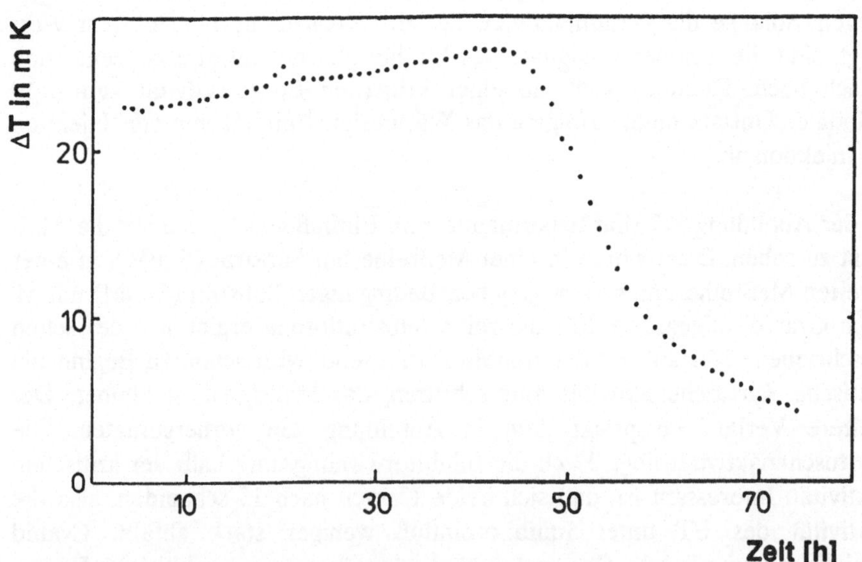

Abb. 235 Langzeittests an immobilisierter Peroxidase. Periodische Substratinjektion (2,5mM) (Fischer, 1989)

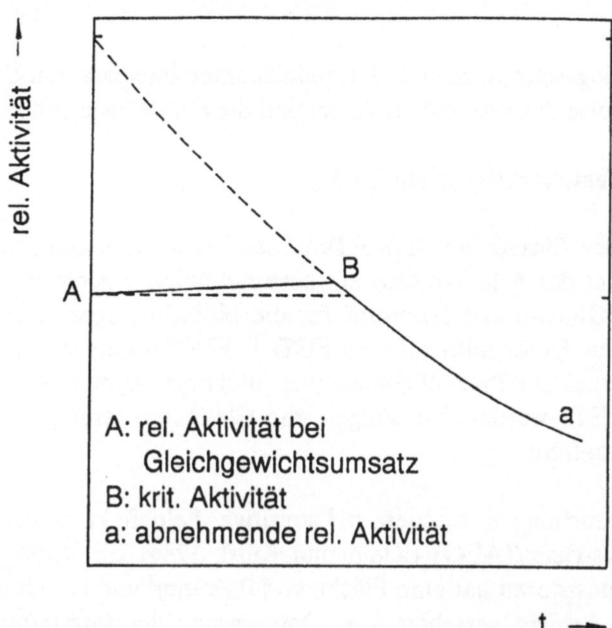

Abb. 236 Modell zur Aktivitätsabnahme und zum Signalverhalten (Fischer, 1989)

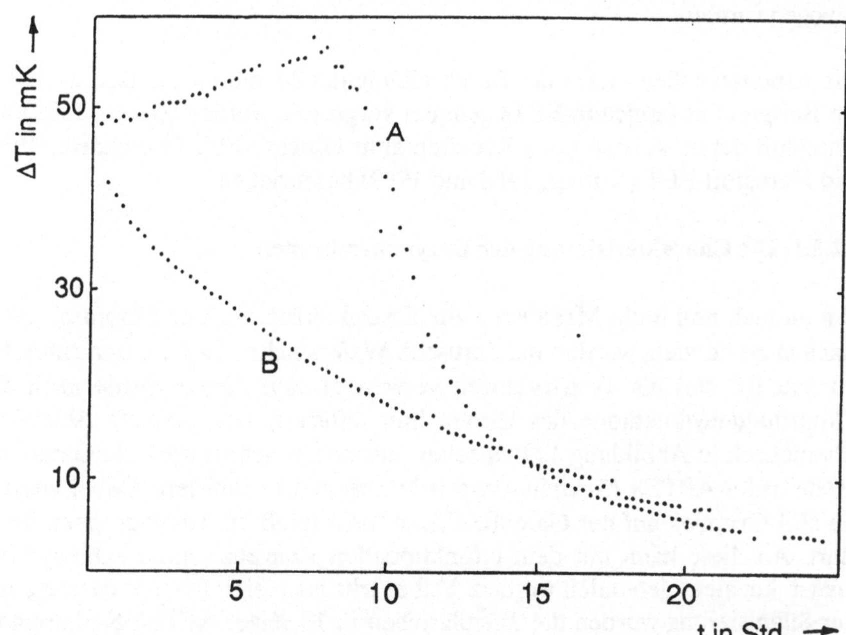

Abb. 237 Langzeittests an immobilisierter Peroxidase. Periodische Substratinjektion (5mM) mit (A) und ohne (B) Cyanidzusatz (50 ppm) (Fischer, 1989)

"Giftwächter" eingesetzt werden, liefert jedoch einen interessanten Einblick in die Funktionsweise des Enzymthermistors und die immobilisierten Enzyme.

3.2.5. Biofeldeffekttransistoren (BioFETs)

Bisher wurde der Einsatz von BioFETs in der Fermentationskontrolle nicht beschrieben. Ziel der Arbeiten war, ein leistungsfähiges System zur Messung von Penicillin, Glucose und Harnstoff für die biotechnologische Prozeßkontrolle aufzubauen. Dafür sollten die BioFETs in FIA-Systeme zur Analyse von Modellmedien und zur Prozeßbeobachtung integriert werden. Zur Optimierung der BioFETs wurden Messungen zur Charakterisierung der Enzymschichten durchgeführt.

Für die Untersuchungen standen pH-sensitive Feldeffekttransistoren der Firma Mercedes-Benz/(AEG) (Klein und Kuisl, 1984) zur Verfügung. Das Gate dieser Transistoren hat eine Fläche von 0,25 mm^2 und ist mit einer pH-sensitive Ta_2O_5-Schicht versehen. Zur Optimierung der Enzymimmobilisierung wurden Testwaferplättchen aus verschiedenen Gatematerialien benutzt, die vom Institut für Halbleitertechnologie und Werkstoffe der Elektrotechnik bezogen wurden.

Die Arbeiten sollen - nach der Beschreibung der Membrancharakterisierung - am Beispiel des Penicillin-FETs genauer vorgestellt werden (Brand, 1989). Im Anschluß daran werden noch Arbeiten zum Glucose-FET (Reinhardt, 1989) und Harnstoff-FET (Rüther, 1988 und 1989) beschrieben.

3.2.5.1. Die Charakterisierung der Enzymmembranen

Um einfach und billig Messungen zur Charakterisierung der Enzymschichten machen zu können, wurden quadratische Waferstücke (Ta_2O_5-beschichtet, 0,8 cm mal 0,8 cm) als Teststrukturen verwendet. Auf diesen wurde nach der Glutardialdehydmethode das Enzym immobilisiert. Der gesamte Ablauf ist schematisch in Abbildung 129 zu sehen. Im ersten Schritt wird die Gateoberfläche mit γ-APTES (3-Aminopropyltriethoxysilan) silanisiert. Dabei werden die HO-Gruppen auf der Gateoberfläche "prinzipiell" in Aminogruppen überführt. An diese kann mit dem bifunktionellen Reagenz Glutardialdehyd das Enzym kovalent gebunden werden. Dabei tritt auch eine Quervernetzung auf. Zur Silanisierung wurden die Testplättchen in 10 %iger APTES-Kaliumphosphatpuffer (pH=7) bei 50°C über Nacht aufbewahrt, anschließend gewaschen und getrocknet. Auf diese Schicht wurden etwa 0,1 ml einer 25 %igen Glutardialdehydlösung gegeben, der zur Verringerung der Oberflächenspannung 5 % Triton X-100 zugesetzt waren. Um dünne Schichten zu erhalten, wurden die Teststrukturen auf einer Miniaturbohrmaschine befestigt und rotiert, um überschüssige Lösung abzuzentrifugiern ("spinning-off" Verfahren). Auf den Glutardialdehydfilm wurde anschließend die jeweilige Enzymlösung zur Immobilisierung der Enzyme gegeben. Nach ca. zehn Minuten folgte ein Waschschritt, und die Testmembran stand für Messungen zur Verfügung. Rüther (1988) untersuchte Ureasemembranen, die mit dieser Methode hergestellt worden waren.

Für die Bestimmung der Enzymaktivität in der Membran wurde ein empfindlicher photometrischer Enzymassay benutzt, bei dem das bei der Ureasereaktion mit Harnstoff gebildete Ammonium mit α-Ketoglutarat von der Glutamatdehydrogenase unter NADH-Verbauch umgesetzt wird. Zur Aktivitätsbestimmung kamen die Testplättchen in eine Küvette, in der der Test ablief. In Abbildung 238 sind die Meßwerte für verschiedene Enzymmembranen aufgetragen. Je höher die Enzymaktivität in der auf die Glutaraldehydmembran aufgegebenen Probe, desto höher auch die gebundene Enzymaktivität. Die höchste Aktivität wurde mit 30 mU/cm^2 erreicht (Rüther, 1988).

Zur Schichtdickenbestimmung wurden die Testplättchen in einem Ellipsometer vermessen. Abbildung 239 zeigt das Schichtdickenprofil einer Enzymmembran. Bei der Messung wurde nur ein Randbereich mit erfaßt. In diesem liegt die Schichtdicke höher als im mittleren Bereich, was durch die "spinning-off" Methode zu erklären ist. Die Dicke dieser Membran liegt im Mittel bei 80 nm. Der Einfluß der Rotationsgeschwindigkeit wird aus Abbildung 240 ersichtlich. Je größer die Umdrehungsgeschwindigkeit, desto dünner die Membran. Die idealen Rotationswerte müssen für jeden Anwendungsfall einzeln ermittelt werden. Auch die Tritonkonzentration hat einen Einfluß auf die Schichtdicke der Membranen. In Abbildung 241 sind die Schichtdicken bei fester Rotationsgeschindigkeit und unterschiedlicher Tritonkonzentration zu sehen. Aus den Messungen ergab sich: Mit einer Tritonkonzentration von 5 % erhält man die besten Membranen bezüglich Dicke und Homogenität.

Rüther zeigte auch, daß die Silanisierung nicht unbedingt nötig ist und die Glutardialdehydmembranen auch ohne Silanisierung oftmals eine gute mechanische Haftung auf den Gatematerialien aufwiesen. Es muß von Fall zu Fall entschieden werden, ob eine Silanisierung nötig ist.

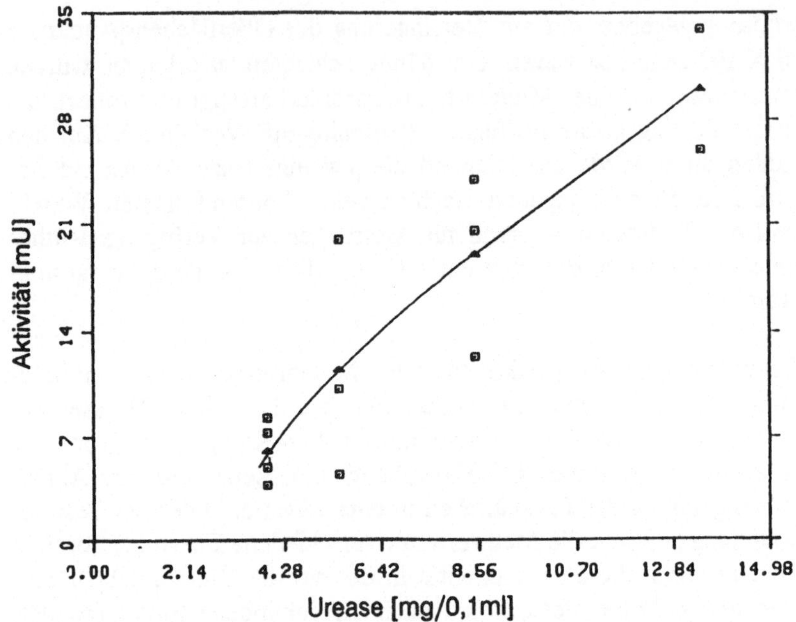

Abb. 238 Aktivität verschiedener Ureasemembranen (Rüther, 1988)

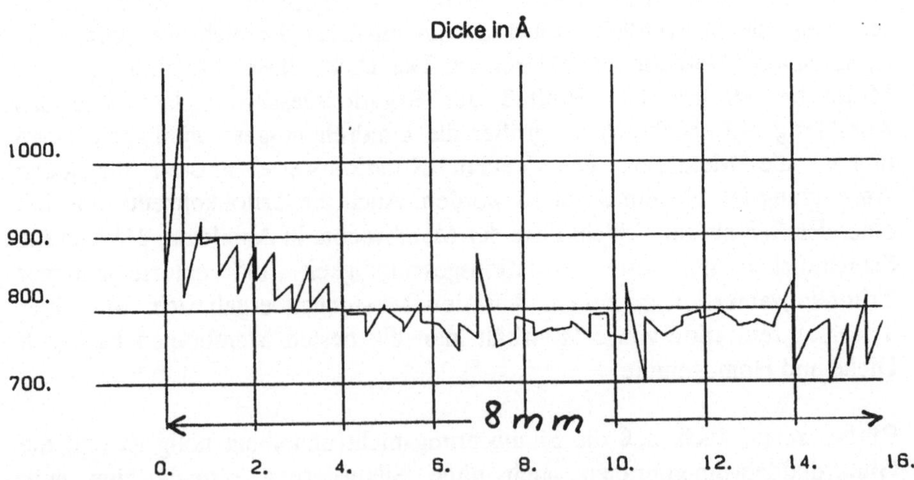

Abb. 239 Schichtdicke einer Ureasemembran auf einem Testwaferplättchen (Rüther, 1988)

3.2.5.2. Der Penicillin-FET

Für den Penicillin-FET wurde Penicillin-G-amidase verwendet, die Penicillin G spaltet. Durch die Reaktionsprodukte wird der pH-Wert abgesenkt. Die Immobilsierung des Enzyms erfolgte prinzipiell wie oben beschrieben. Da der Aufbau des FET-Sensors (im folgenden als FET bezeichnet) nicht so ideal planar war wie bei den Testplättchen, entstanden dickere Schichten (siehe Abbildung 242). Diese konnten - bedingt durch den FET-Aufbau - nicht im Ellipsometer vermessen werden.

Auf die Gatefläche wurden ohne Silanisierung direkt 0,2 μl einer 25 %igen Glutardialdehydlösung mit 5 % Triton X-100 gegeben. Anschließend wurde der FET mit 6000 Umdrehungen pro Minute rotiert und zehn Minuten an der Luft getrocknet. Auf diese Membran wurden 0,5 μl der Enzymlösung (c = 130 U/ml bezogen auf NIPAB als Substrat; siehe Kapitel 2.3.5.2.) gegeben und nach weiteren zehn Minuten mit Puffer gewaschen. Für die genaue Dosierung und Plazierung der geringen Volumina war ein Mikroinjektor mit Mikromanipulator nötig (Brand *et al.*, 1989).

Die ersten Messungen wurden in einem kleinen thermostatisierten und gerührten Rührkessel durchgeführt, der in Abbildung 243 zu sehen ist. Der FET wurde im von Klein und Kuisl (1984) beschriebenen "constant charge mode" betrieben. Damit ergibt sich, daß die Änderung des pH-Werts um eine Einheit mit einer Spannungsänderung am Gateausgang von 58 mV verbunden ist. Als Referenz wurde ein Silberdraht, der elektrolytisch mit Silberchlorid beschichtet war, benutzt. Um eine Auflösung des Silberchlorids zu vermeiden, wurde bei allen Versuchen eine Chloridkonzentration von 0,1 mol/l aufrechterhalten. Die Zugabe von Penicillin G in den Reaktor ist mit den in Abbildung 244 gezeigten Signalen verbunden (25°C, Puffer: 10 mM Kaliumphosphatpuffer, pH = 7,5). Innerhalb von 90 Sekunden wird der neue Meßwert erreicht. Aus den Werten ergibt sich die in Abbildung 245 dargestellte Kalibrierkurve. Bis zu Penicillinkonzentrationen von 4 g/l ist der Anstieg linear, bei höheren Konzentrationen knickt die Kurve stark ab. Das ist unter anderem auf zwei Punkte zurückzuführen: Einerseits die starke pH-Verschiebung in der Membran, die die Enzymaktivität beeinträchtigt - zum anderen die Tatsache, daß bei niedrigeren pH-Werten mehr Protonen für eine pH-Wertveränderung (um eine Einheit) gebildet werden müssen als bei pH = 7 (logarithmischen Verhaltens des pH-Werts). Auch der pH-Wert des Puffers spielt bei der Messung eine große Rolle, wie Abbildung 246 zu entnehmen ist. Bei niedrigeren pH-Werten sind die Antwortsignale kleiner, da

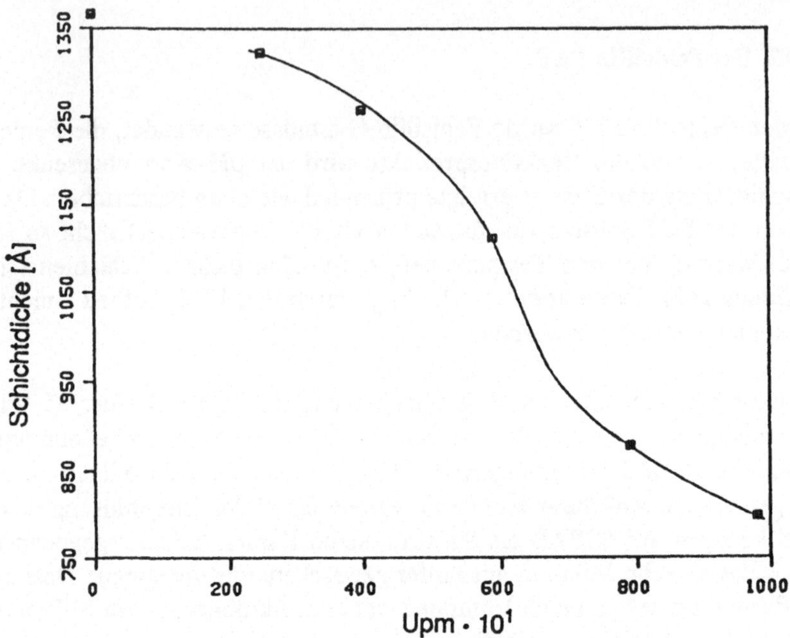

Abb. 240 Schichtdicke als Funktion der Rotationsgeschwindigkeit (Rüther, 1988)

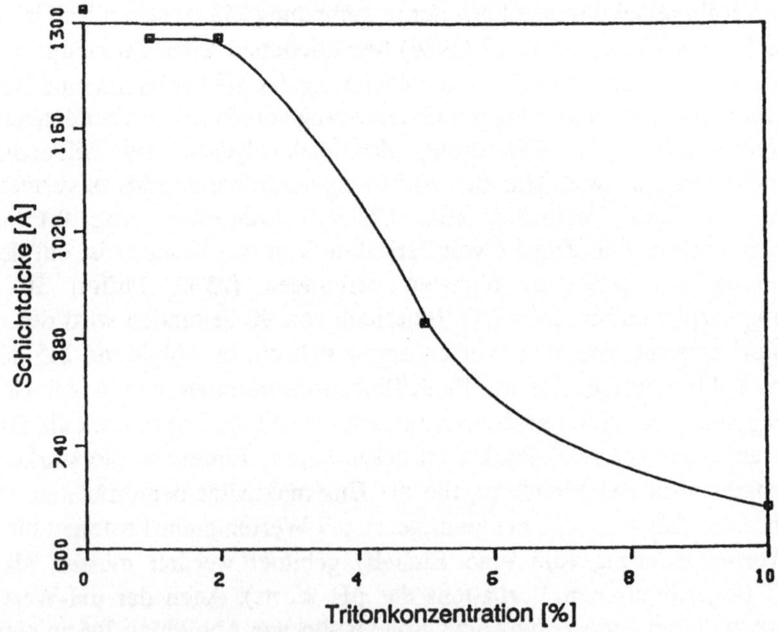

Abb. 241 Schichtdicke in Abhängigkeit der Tensidkonzentration (Rüther, 1988)

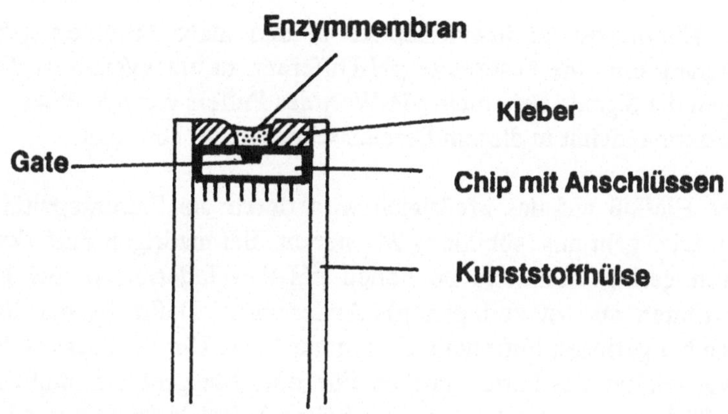

Abb. 242 Aufbau des FET-Sensorstifts (AEG-Typ)

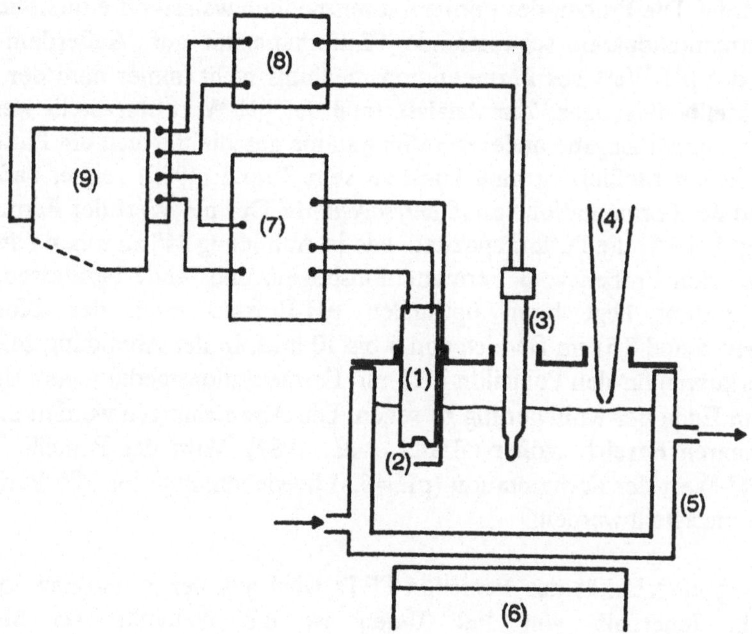

Abb. 243 Aufbau der Meßapparatur (1: Penicillin-FET; 2: Referenzelektrode; 3: pH-Elektrode; 4: Einfüllstutzen für Penicillinproben; 5: thermostatisierter Kessel; 6: Magnetrührer; 7: FET-Signalauswertung; 8: pH-Meter; 9: Schreiber) (Brand, 1989; Brand *et al.*, 1989)

erneut die Enzymaktivität beeinträchtigt ist und mehr Protonen gebildet werden müssen, um eine bestimmte pH-Differenz zu erzeugen. Aus diesem Grund liegen die Signale bei einem pH-Wert des Puffers von 8,5 höher - auch wenn die Enzymaktivität in diesem Bereich schon wieder abnimmt.

Ein starker Einfluß auf das Meßsignal wird durch die Pufferkapzität hervorgerufen. Dies geht aus Abbildung 247 hervor. Bei niedrigen Pufferkapazitäten führen geringe Umsätze zu hohen pH-Wertänderungen, bei hohen Pufferkapazitäten nur zu geringen pH-Änderungen. Dafür ist der lineare Meßbereich bei geringen Pufferkapazitäten nur klein. Der Meßbereich ist bei höheren Kapazitäten des Puffers größer. Für jedes Meßproblem muß der geeignete Pufferbereich gefunden werden. Sollen beispielsweise geringe Konzentrationen genau nachgewiesen werden, sollten niedrige Pufferkapazitäten verwendet werden.

Der Einfluß der Pufferkapazität spielt bei der Fermentationskontrolle eine große Rolle. Die Proben des Fermentationsmedium weisen oft eine hohe, mit der Fermentationszeit schwankende Pfufferkapazität auf. Außerdem entspricht der pH-Wert des Fermentationsmediums nicht immer dem der optimalen Meßbedingungen. Zur Analyse muß der pH-Wert eingestellt werden, was meist durch Zugabe anderer Puffersysteme geschieht. Auch die Pufferkapazität in der Meßlösung muß konstant sein. Brand (1989) zeigte, daß sich während der Fermentation von *P. chrysogenum* (Der pH-Wert der Fermentation liegt bei 6,5) die Pufferkapazität - wie in Abbildung 248 zu sehen - ändert. Dazu wurden Proben vom Fermentationsbeginn und -ende vermessen. Die Pufferkapazität liegt beim optimalen pH-Einsatzbereich der BioFETs (zwischen 5 und 8,5) im Bereich von 5 bis 10 mM. In der Abbildung 249 sind Kalibierkurven für den Penicillin-FET mit Fermentationsmedium vom Beginn und vom Ende der Kultivierung zu sehen. Die Abweichungen werden erst im nichtlinearen Bereich größer (Brand *et al.*, 1989). Wird der Penicillin-FET beim pH-Wert der Fermentation (pH=6,5) betrieben, muß nur die Pufferkapazität eingestellt werden.

Die Langzeitstabilität des Penicillin-FETs wird aus der Abbildung 250 ersichtlich. Innerhalb von 100 Tagen ist die Aktivität des Sensors (Aufbewahrung bei Raumtemperatur) hoch genug, um ihn für Messungen einzusetzen. Brand (1989) konnte zeigen, daß die Herstellung von Penicillin-FETs reproduzierbar ist. In der Abbildung 251 sind die Kalibrierkurven für fünf verschiedene Sensoren, die nach der oben beschriebenen Methode hergestellt wurden, zu sehen. Die Übereinstimmung ist gut.

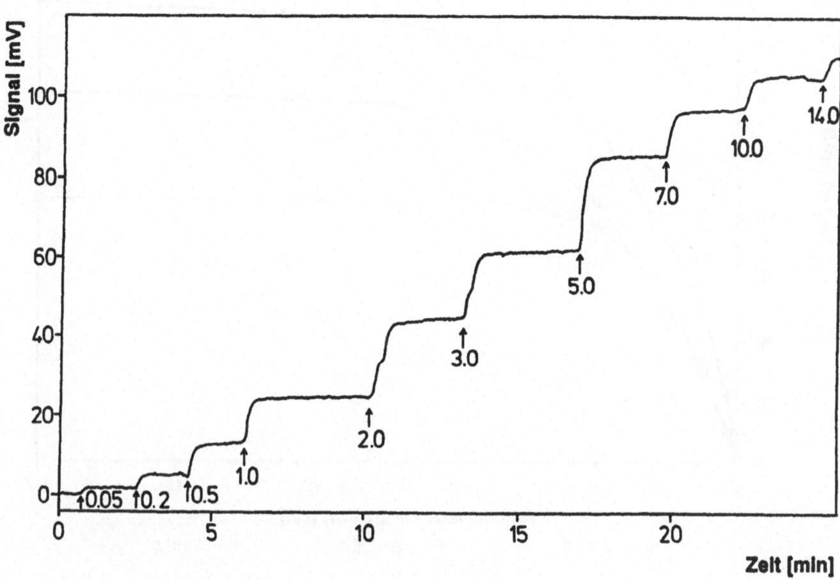

Abb. 244 Signalverlauf des Penicillin-FETs bei Penicillinzugabe (Brand, 1989)

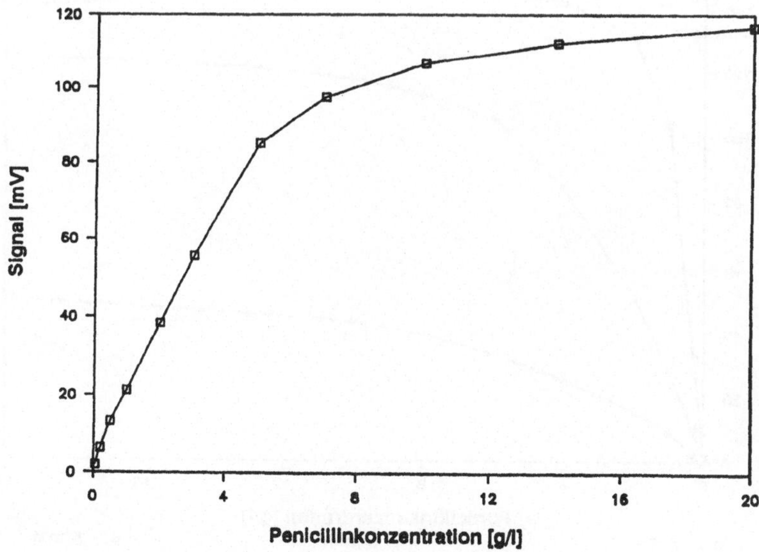

Abb. 245 Kalibrierkurve für den Penicillin-FET (Brand, 1989)

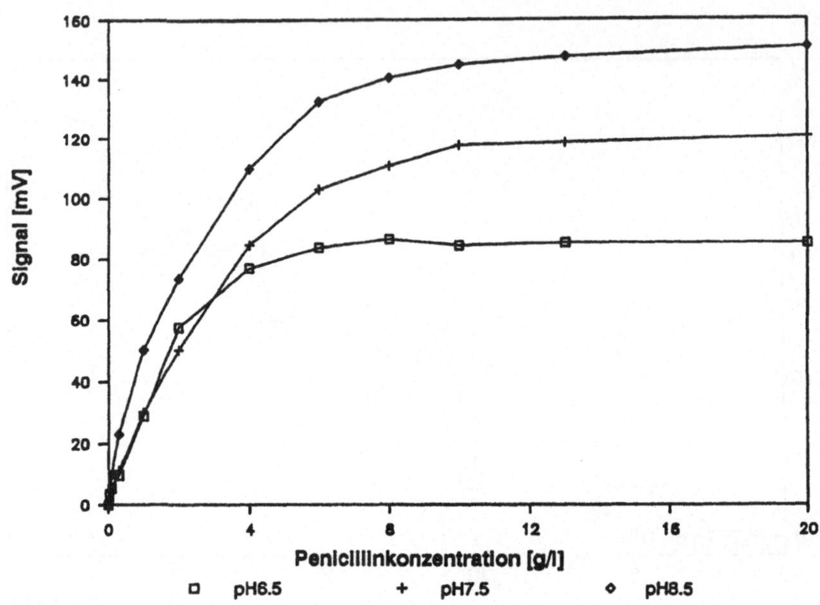

Abb. 246 Einfluß des Puffer-pH-Werts auf die Meßsignale (Brand, 1989)

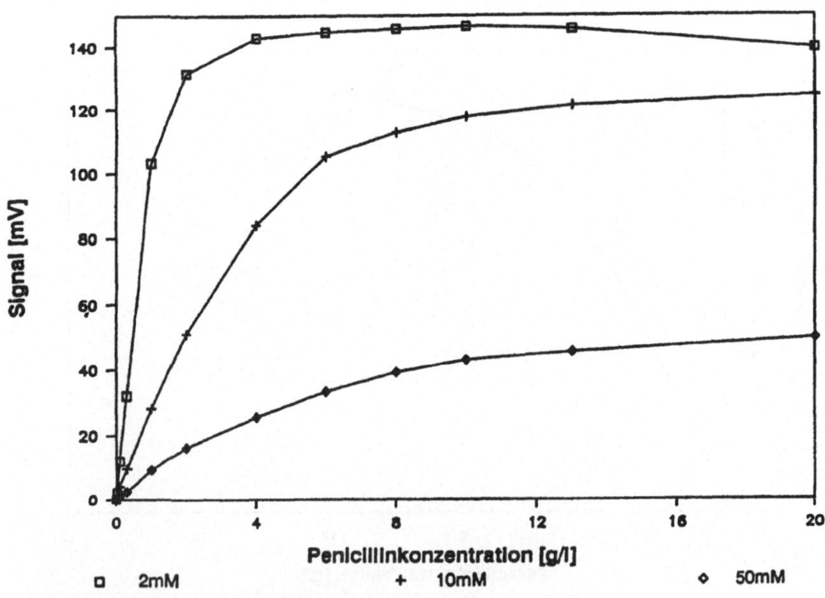

Abb. 247 Einfluß der Pufferkapazität auf die Meßsignale (Brand, 1989)

Die Penicillin-FETs kamen auch in der FIA-Analytik zum Einsatz. Dazu wurden EVA-Systemteile (EVA-FIA-System der Firma Eppendorf) benutzt (Brand, 1989). Der Aufbau ist in Abbildung 252 zu sehen. Das Kontroll-Mastermodul, das die Analysenzyklen regelt, war an einen Personalcomputer gekoppelt, der für die Datenaufnahme und -auswertung benutzt wurde. Die Durchflußrate des Trägerpuffers betrug 2-4 ml/min. Von der Probe wurden 0,6 ml zur Analyse in den Pufferstrom injiziert. Zur Kalibrierung stehen verschiedene Penicillinstandards zur Verfügung. In Abbildung 253 sind FIA-Meßdaten für Fermentationsproben zu sehen, in Abbildung 254 die daraus berechneten Kalibrierkurven. Jede Probe wurde zweimal analysiert. Zur Analyse wurden die Fermentationsproben mit 10 mM Kaliumphosphatpuffer (pH = 7,5) verdünnt. Die Standzeiten waren sehr hoch und erlaubten den Einsatz eines BioFETs über einen Zeitraum von über hundert Tagen. Die Analysendauer betrug ca. drei Minuten. Durch die ständig mögliche Kalibrierung in dem FIA-System konnten Drifterscheinungen des Sensors oder Aktivitätsverluste ohne Probleme ausgeglichen werden. Der Biosensor wird in FIA-Systemen nur kurzfristig mit der Probe belastet. Störende Einflüsse, wie z.B. Proteinablagerung oder Desaktivierung durch Proteasen, werden minimiert. Dadurch eignet sich das BioFET-FIA-System hervorragend für die Fermentationskontrolle.

3.2.5.3. Der Harnstoff-FET

Durch die Immobilisierung von Urease auf dem Gate des FETs konnten Harnstoffsensoren hergestellt werden (Rüther, 1989). In den Abbildungen 255 und 256 sind die FIA-Signale und die entsprechenden Kalibrierkurven dargestellt. Im Bereich bis zu 0,4 g/l Harsntoff arbeitete der Sensor linear. Auch Fermentationsmedien von *C. acremonium* konnten analysiert werden. Die dabei auftretenden Probleme (z.B. pH-Wert, Pufferkapazität) entsprachen denen des Penicillin-FETs. Die Langzeitstabilität lag mit zehn Tagen erheblich unter der des Penicillin-FETs. Dies hängt mit der Oxidationsempfindlichkeit der SH-Gruppen der Urease zusammen. Dem Trägerpuffer mußten EDTA und Cystein als Oxidationsschutz zugesetzt werden, damit die Standzeiten von zehn Tagen erreicht werden konnten.

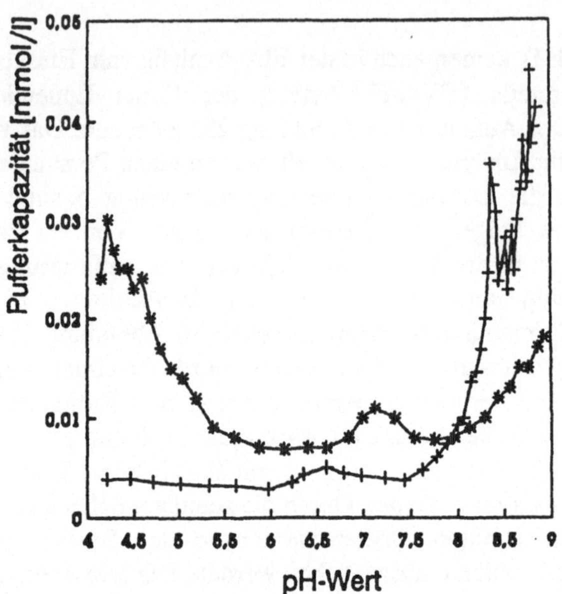

Abb. 248 Verlauf der Pufferkapazität im Fermentationsmedium einer Penicillium chrysogenum Kultivierung als Funktion des pH-Werts (+: Fermentationsbeginn; * Fermentationsende) (Brand, 1989)

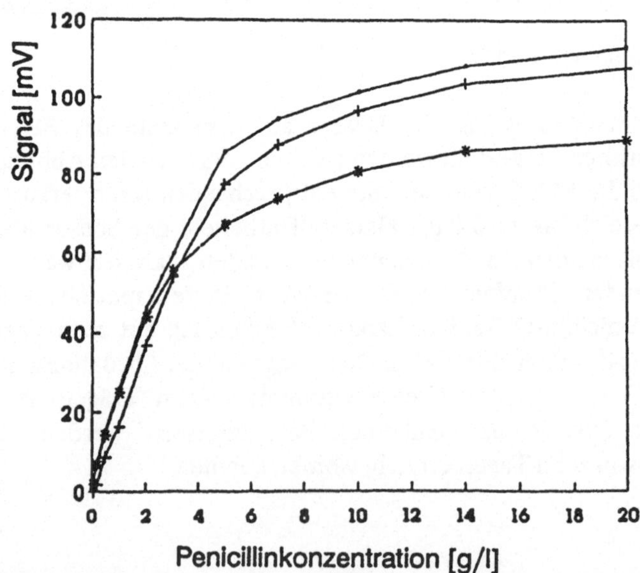

Abb. 249 Kalibrierkurven des Penicillin-FETs in Fermentationsmedien (●: 10mM Kaliumphosphatpuffer; +: Fermentationsbeginn; *: Fermentationsende) (Brand, 1989)

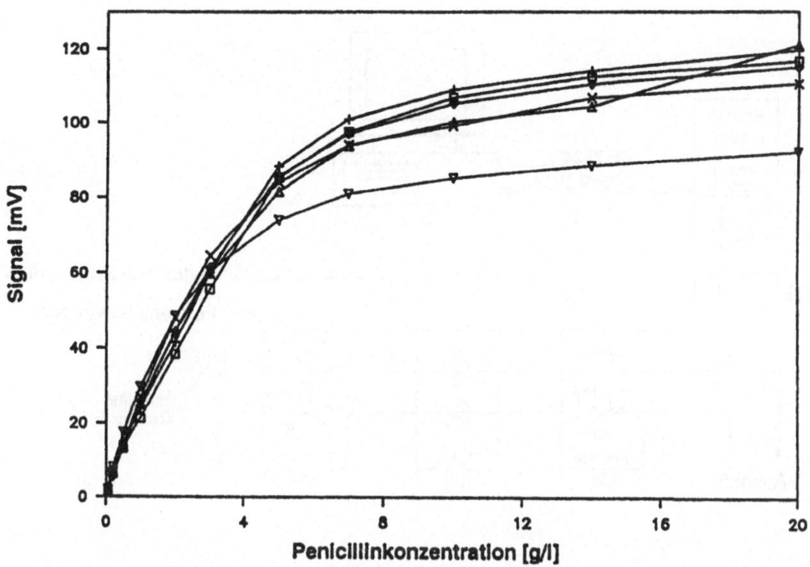

Abb. 250 Langzeitstabilität des Penicillin-FETs (□: 1. Tag; +: 3. Tag; ◊: 22. Tag; Δ: 48. Tag; x: 73. Tag; ∇: 100. Tag) (Brand, 1989)

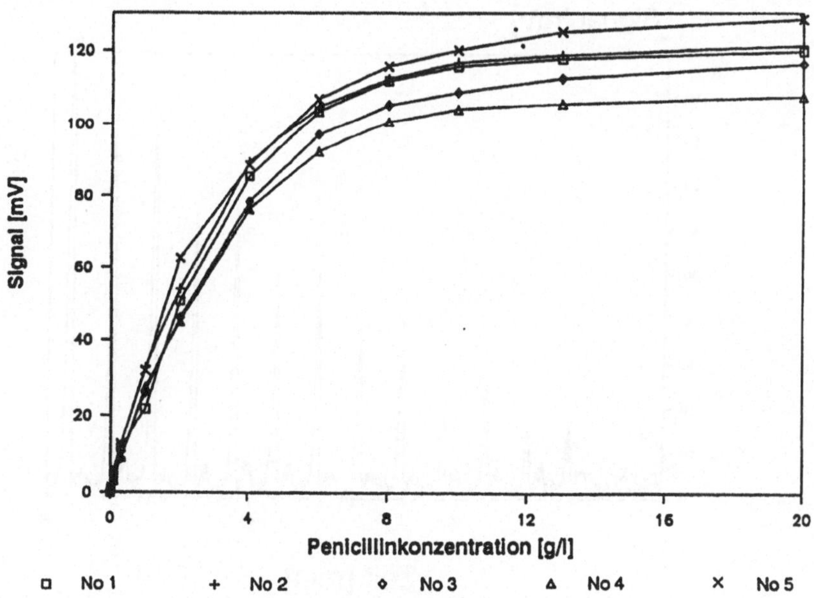

Abb. 251 Reproduzierbarkeit der Penicillin-FET-Herstellung (Brand, 1989)

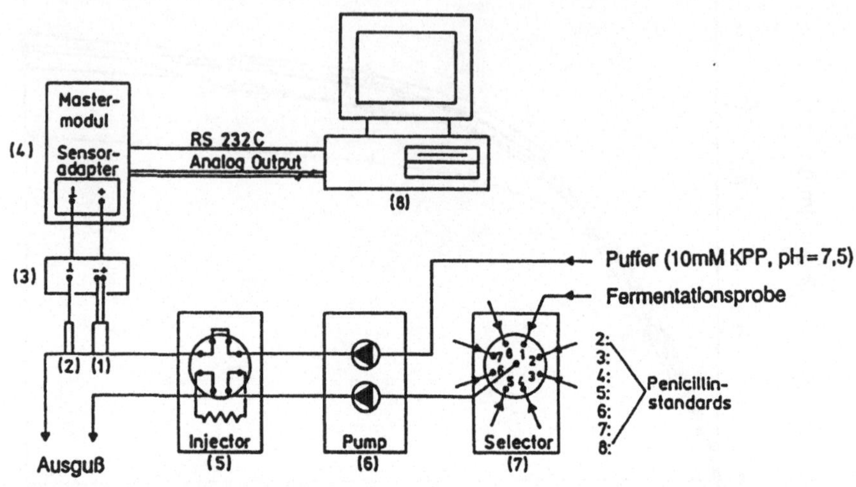

Abb. 252 Aufbau der FIA-Linie für den Einsatz des Penicillin-FETs (Brand, 1989)

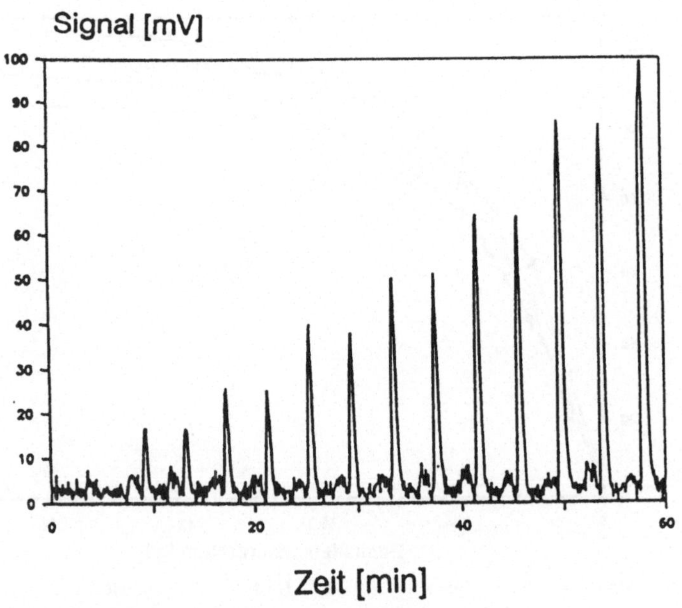

Abb. 253 FIA-Meßsignale (Brand, 1989)

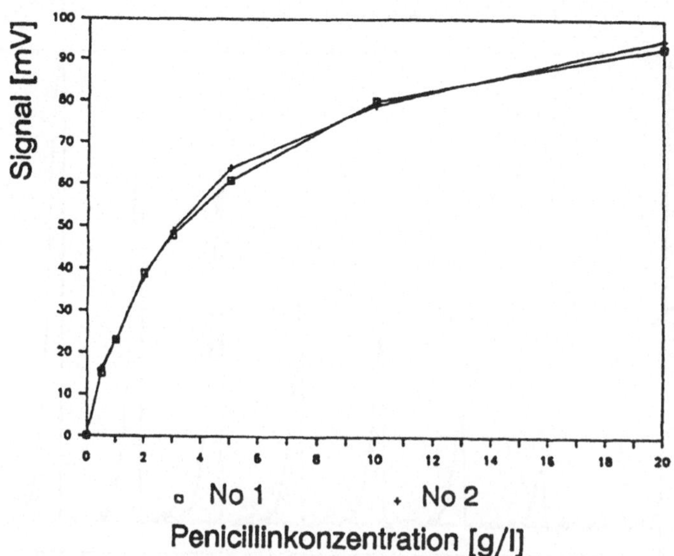

Abb. 254 Kalibrierkurve für das BioFET-FIA-System (Brand, 1989)

3.2.5.4. Glucose-FET

Durch die Immobilisierung von Glucoseoxidase (GOD) auf dem Gate des Feldeffekttransistors konnten Glucose-FETs hergestellt werden (Reinhardt, 1989). Problematisch bei dieser Reaktion sind die Zeitkonstanten. Die Glucoseoxidase katalysiert nur die Umwandlung von Glucose zu Gluconolacton. Aber erst die nicht durch die GOD katalysierte Zersetzung des Gluconolactons zur Gluconsäure ruft eine meßbare pH-Wertänderung hervor. Diese Umwandlung kann entweder durch Fremdaktivitäten oder durch die Reaktionsbedingungen (nicht enzymatisch) hervorgerufen werden. Abbildung 257 zeigt eine Kalibrierkurve mit immobilisierter GOD (Boehringer) und die Antwortzeiten. Die Messungen wurden in der oben beschriebenen Rührzelle durchgeführt. Die Antwortzeiten liegen bei ca. 4-5 Minuten, bei einer Reaktionstemperatur von 37°C und in einem 1 mM Kaliumphosphatpuffer (pH=8, $MgCl_2$-Zusatz). In der FIA-Analytik ergeben sich die in Abbildung 258 gezeigten Signale, wenn die Glucoselösungen für jeweils eine Minute durch das System gepumpt werden. Das entspricht einem Probenvolumen von 2-4 ml bei den erwähnten Pumpgeschwindigkeiten von 2-4 ml/min. Aufallend ist, daß die Sensorsignale für die höheren Glucosekonzentrationen bei mehrmaliger Injektion abnehmen. Das deutet auf einen Aktivitätsverlust durch Proteindenaturierung, Enzymauswaschung oder Coenzymverlust (FAD) hin (Reinhardt, 1989).

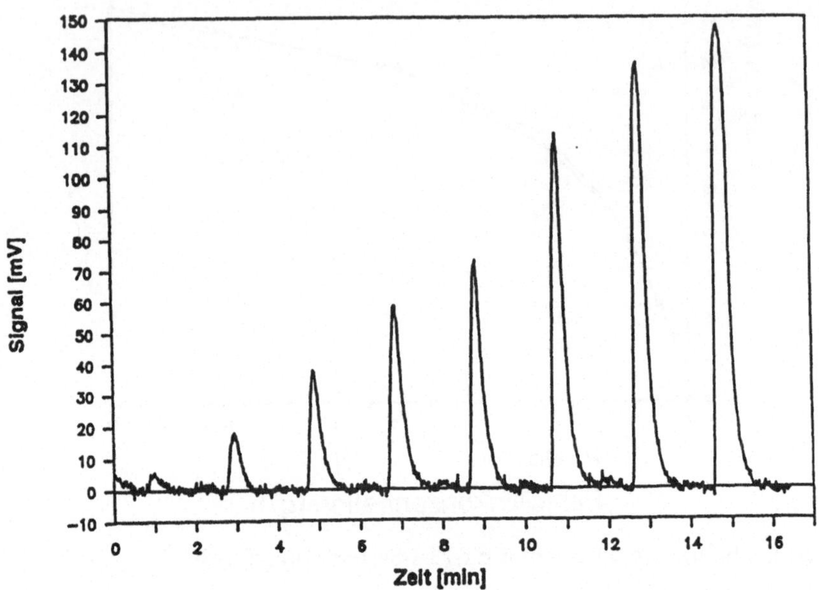

Abb. 255 FIA-Meßsignale für einen Urease-FET (Rüther, 1989)

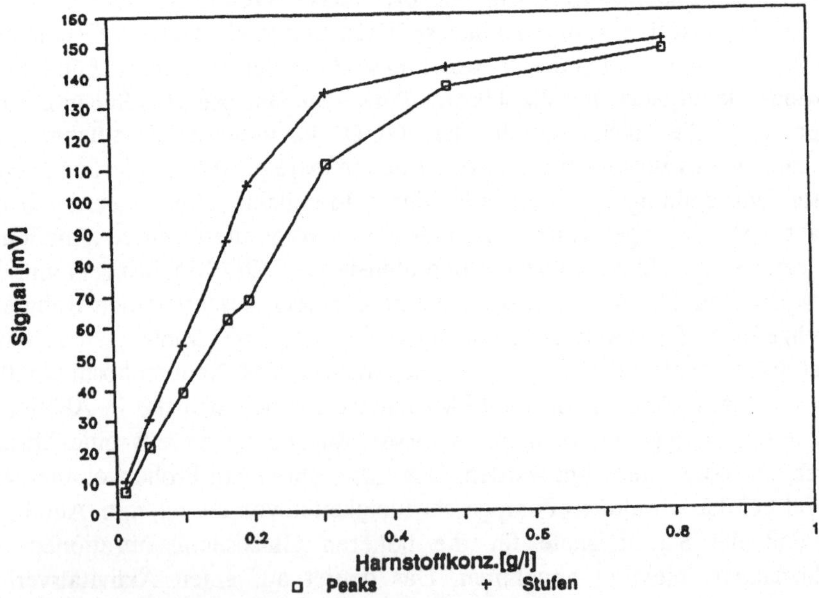

Abb. 256 Kalibrierkurve für den Urease-FET (Rüther, 1989)

3.2.5.5. Einsatz von Metalloxidhalbleiterschichten als Sensorelement

Bestimmte Halbleiterschichtstrukturen können direkt als Sensorelemente verwendet werden (Quack, 1989). In Abbildung 259 ist eine solche Schichtstruktur zu sehen, die prinzipiell einen Schnitt durch einen Feldeffekttransistor im Gatebereich darstellt (bis auf die Aluminiumkontaktierung). An diesen Testschichten (im folgenden Plättchen genannt) kann der Effekt zusätzlicher Schichten (z.B. Enzymmembranen) auf der Ta_2O_5-Gatefläche untersucht werden. Auch die durch pH-Wertänderungen an der pH-sensitiven Ta_2O_5-Schicht auftretenden Protonierungsreaktionen und die damit verbundenen Potentialänderungen lassen sich an den Plättchen nachweisen. Da solche Halbleiterschichtsysteme als Plattenkondensator aufgefaßt werden können, führen die oben beschriebenen Änderungen zu einer Verschiebung der Kapazität der Plättchen. Diese Kapazitätsänderungen lassen sich einfach mit einem am Institut für Halbleitertechnologie und Werkstoffe der Elektrotechnik entwickelten Kapazitätsmeßgerät bestimmen.

In dem in Abbildung 260 dargestellten Versuchsaufbau wurden die Plättchen getestet. Als Referenz diente eine Silber/Silberchloridelektrode. Die Untersuchungen werden mit dem Kapazitätsmeßgerät im sogenannten "constant charge mode" gemacht. Von dem Plättchen werden Kapazitäts-/Spannungkennlinien aufgenommen, die in Abbildung 261 zu sehen sind. Tritt nun eine Kapazitätsänderung auf, verschiebt sich die Kennlinie. Im "constant charge mode" regelt das Meßgerät die an dem Plättchen angelegte Spannung nach, die Kennlinien fallen wieder übereinander. Die dazu nötige Kompensationsspannung dient als Meßsignal. Das Meßprinzip hat den Vorteil, daß der Betrag des elektrischen Feldes in dem Plättchen und in der Ta_2O_5-Schicht konstant bleibt (Quack, 1989; Wilhelm, 1989).

In Abbildung 262 sind die Kompensationsspannungen gegen den pH-Wert aufgetragen. Alle Messungen wurden in der in Abbildung 260 gezeigten Apparatur durchgeführt. Die Steigung entspricht mit 59,1 mV pro pH-Einheit nahezu der theoretischen Nernstschen Steigung. Quack (1989) konnte zeigen, daß diese Testplättchen auch mit immobilisierten Enzymen gute Meßergebnisse liefern. In Abbildung 263 ist ein Penicillin-Sensor zu sehen. Nach der in Kapitel 3.2.5.2. beschriebenen Methode wurde Penicillin-G-Amidase auf den Halbleiterplättchen immobilisiert und Kalibrierkurven bei verschiedenen Pufferkapazitätem aufgenommen. Der Meßbereich ist auch hier bis zu 4 g/l Penicillin G linear. Die Ansprechzeiten mit einem auf den Halbleiterplättchen basierenden Sensor (siehe Abbildung 264) sind in Abbildung 265 zu sehen. Der

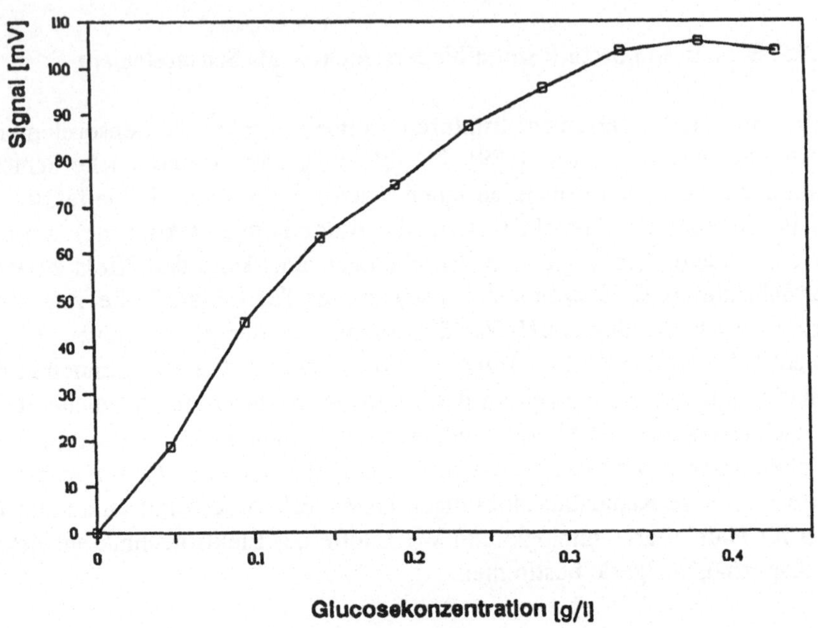

Abb. 257 Kalibrierkurve für einen Glucose-FET (Reinhardt, 1989)

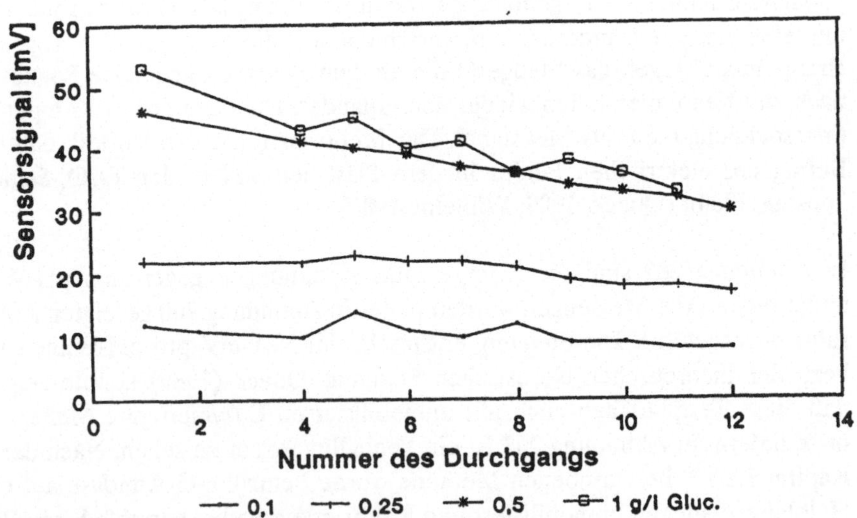

Abb. 258 Langzeitstabilität des Glucose-FETs (Reinhardt, 1989)

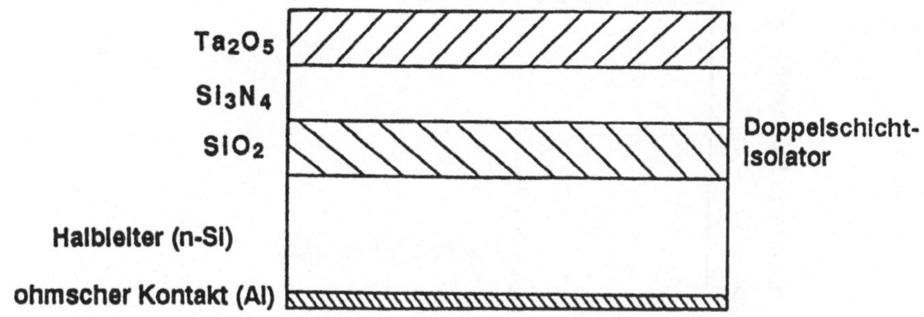

Abb. 259 Schichtaufbau der Halbleiterstrukturen (Quack, 1989)

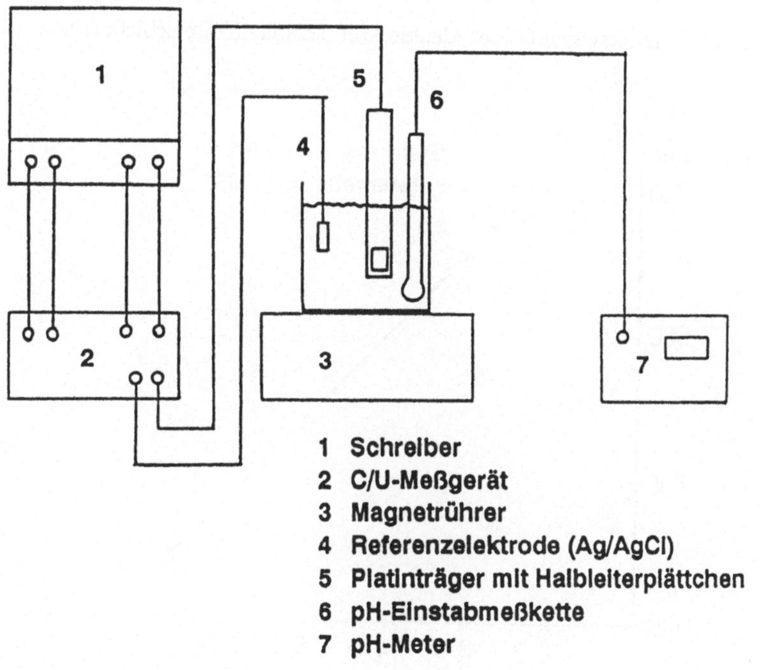

Abb. 260 Meßaufbau für Messungen an Halbleiterstrukturen (Quack, 1989)

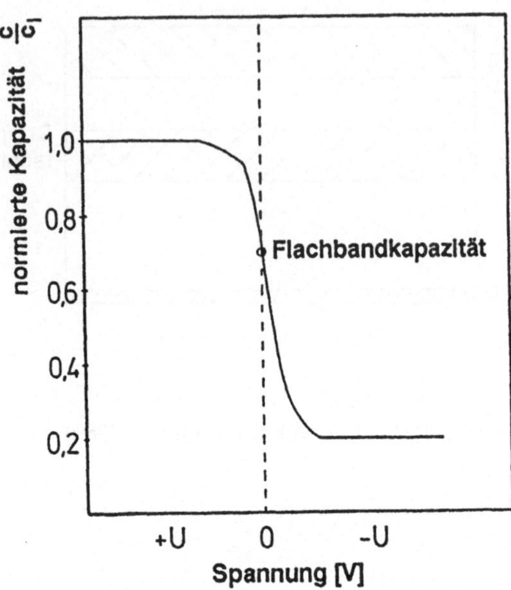

Abb. 261 Kapazitätsverlauf einer idealen Metalloxidhalbleiterschicht (Quack, 1989)

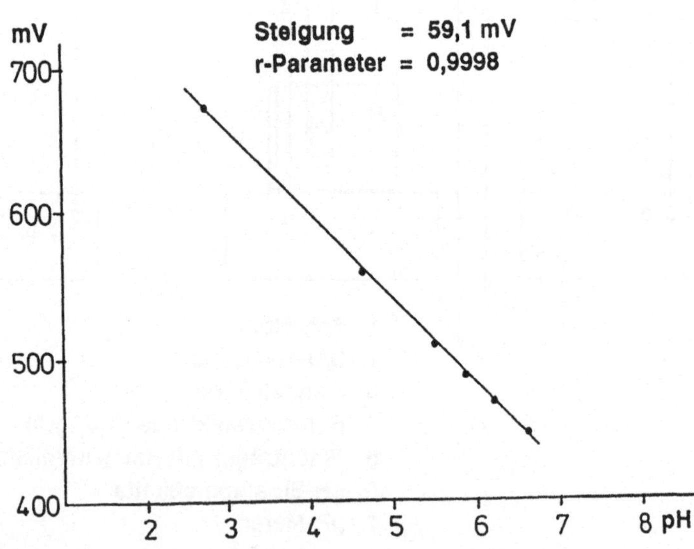

Abb. 262 Verhalten des Sensors gegen pH-Wertänderungen (Quack, 1989)

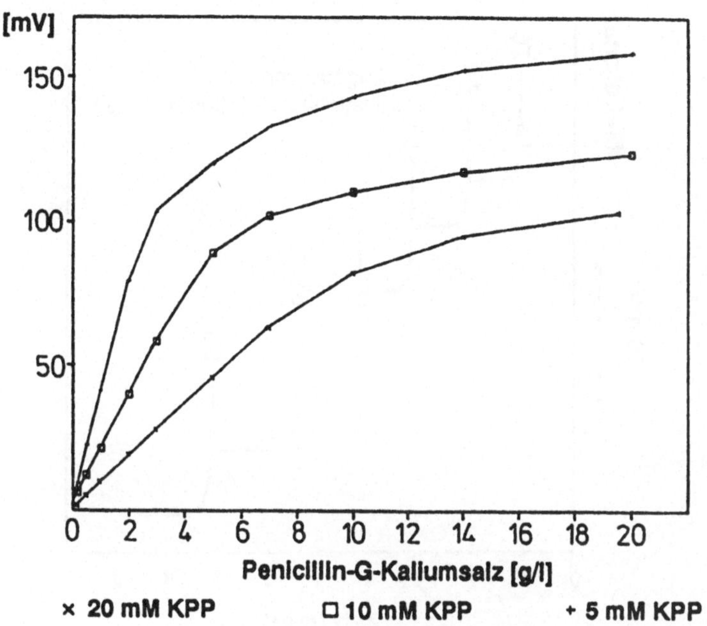

Abb. 263 Kalibrierkurven für den Penicillinsensor (Quack, 1989)

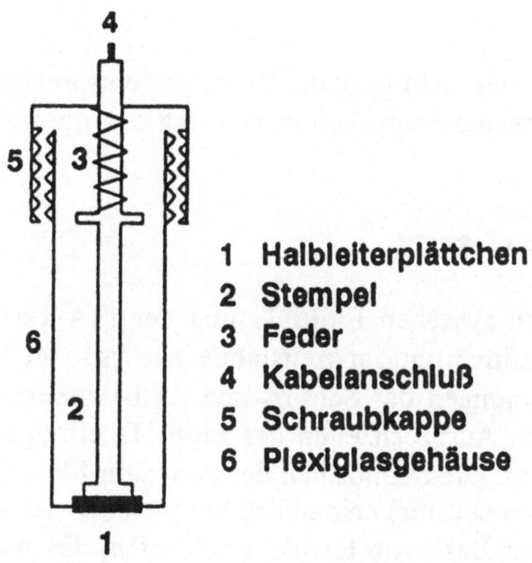

Abb. 264 Aufbau eines stiftförmigen Sensors mit Halbleiterstrukturen (Quack, 1989)

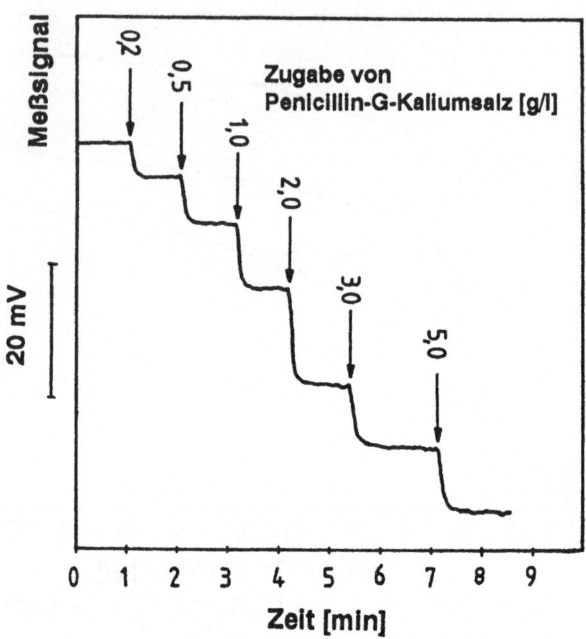

Abb. 265 Zeitlicher Signalverlauf bei Penicillinzugabe (Quack, 1989)

Sensor erreicht zwar nicht ganz die Werte der entsprechenden BioFETs, stellt aber eine interessante Sensorneuentwicklung dar, die weiter erforscht werden sollte.

3.2.5.6. Zusammenfassung

Die Kombination zwischen BioFETs und der FIA-Technik ermöglicht eine zuverlässige, sensitive und langzeitstabile Analyse von Fermentationsprozessen. Drifterscheinungen des Sensors und Aktivitätsverluste werden ausgeglichen. Die kurzen Ansprechzeiten der BioFETs ermöglichen Analysenzyklen von ca. 3 Minuten. Die Standzeiten des Penicillin-FETs sind mit über 100 Tagen (bei Raumtemperatur) erstaunlich hoch. Neue, vielversprechende Sensorprinzipien auf der Basis von Halbleiterschichten, die mit einer Ta_2O_5-Schicht versehen sind, konnten erarbeitet werden.

3.2.6. Immunosysteme

Die Immunoanalytik bietet die Möglichkeit, einzelne Proteine auch in hochkomplexen Proteingemischen sicher und empfindlich zu erkennen. Zwar sind einige biotechnologisches Produkte (speziell pharmakologisch wichtige Proteine) nur mit Immunotechniken sicher zu analysieren, doch sind kaum Ansätze für automatisierte Systeme bekannt. Für eine geeignete Prozeßbeobachtung und eine darauf basierende Prozeßführung ist eine On-line-Analytik - speziell der Zielprodukte - unbedingt nötig. Mit automatisierten Immunoanalysensystemen können die Analysenkosten gesenkt, die Schnelligkeit und Genauigkeit erhöht werden. Viele sonst per Hand durchgeführte Analysenschritte lassen sich automatisiert besser und reproduzierbarer durchführen. Die Empfindlichkeit der immunologischen Assays muß bei der Fermentationskontrolle nicht so extrem wie im diagnostischen Bereich sein, da bei Fermentationsprozessen die Analytkonzentration recht hoch ist und die Prozesse auf hohe Produktkonzentrationen hin optimiert werden.

3.2.6.1. Die Analysensysteme

Drei verschiedene Immunoanalysensysteme wurden aufgebaut und ihre Funktionsweise an drei verschiedenen Proteinen getestet (Freitag, 1989). Zu diesen Proteinen gehörten: Antithrombin III (AT III), ein Maus-IgG (monoklonaler Antikörper) und eine thermostabile Pullulanase. AT III wirkt als sogenannter Heparincofaktor gerinnungshemmend und wird im medizinischen Bereich eingesetzt. Für die Untersuchungen standen Fermentationsmedien aus animalen Zellkulturen zur Verfügung (Behring-Werke, Marburg). Das Maus-IgG wurde als Modell für die große Zahl zellkulturtechnisch hergestellter monoklonaler Antikörper (B.Braun Melsungen AG, Melsungen) benutzt, und die thermostabile Pullulanase diente als Beispiel für ein in einer Bakterienkultur produziertes Protein (Institut für Mikrobiologie, Universität Göttingen).

Bei der Entwicklung der Systeme wurden erst Modellmedien verwendet, anschließend Fermentationsproben. Erst danach war die direkte Fermentationsbeobachtung möglich. Die drei Immunosysteme werden hier jeweils am Beispiel eines Proteins vorgestellt, auch wenn sie alle für die Bestimmung der drei Proteine getestet wurden (Freitag, 1989).

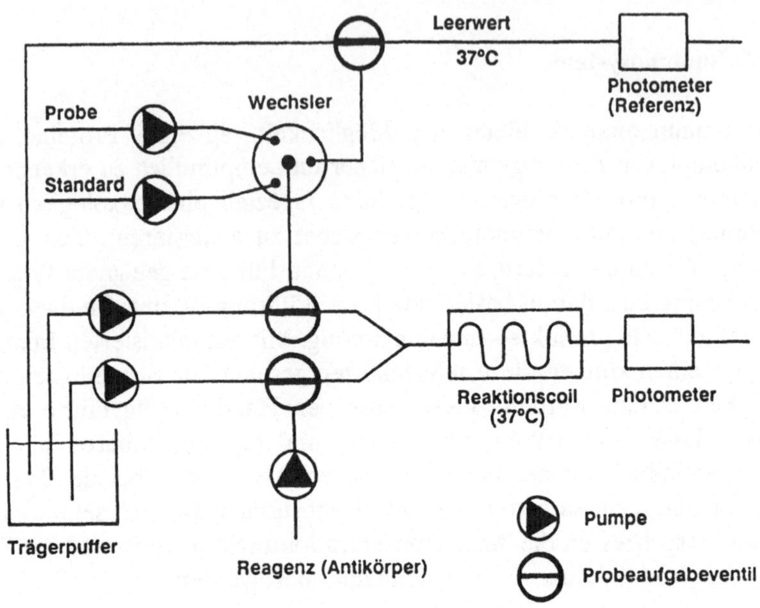

Abb. 266 Prinzip des automatisierten turbidometrischen Immunoassays (TIA) (Freitag, 1989)

Abb. 267 Prinzip des Latex-verstärkten turbidometrischen Assays

3.2.6.2. Turbidometrischer Assay (TIA)

In der Abbildung 266 ist die Prinzipskizze des turbidometrischen Systems aufgezeigt. Aus der Abbildung kann man entnehmen, daß es sich um eine FIA-Analysentechnik handelt. Durch das System werden zwei Pufferströme gepumpt, in die Probe (oder ein Standard) und Reagenz injiziert werden. In der Probelösung befindet sich das nachzuweisende Protein, in der Reagenzlösung der entsprechende Antikörper. Beide reagieren miteinander und es kommt in der thermostatisierten Verweilzeitstrecke zu einer Ausbildung von verzweigten Immunkomplexen, die das Streulichtverhalten im Detektor (340 nm) stark beeinflussen. Der turbidometrische Nachweis kann noch verstärkt werden, wenn die Antikörper an Latexpartikel gebunden vorliegen (siehe Abbildung 267). Die Änderung des Streulichtverhaltens läßt sich auch direkt in der Meßzelle bestimmen. Nach der Methode der "stopped-flow-FIA" wird die Pumpe für eine gewisse Zeit gestoppt, bevor das Reaktionsgemisch in die Küvette gelangt. Je nach Auslegung des Tests können Proteine mit einer unteren Nachweisgrenze von 1 μg/ml nachgewiesen werden. Eine Kalibrierkurve für den turbidometrischen Assay am Beispiel des Maus IgGs ist in Abbildung 268 zu sehen. Jede Analyse dauerte ca. 150 Sekunden. Für eine Analyse wurden benötigt: 50 μl Probe und 50 μl Anti-Maus IgG Lösung (1,8 mg/ml).

3.2.6.3. Fluoreszenzenergietransfer-Immunoassay (FETIA)

Auf einem Energietransfer beruht das zweite Immunosystem. In der Abbildung 269 sind die Grundlagen des Assays zu sehen. Zwei Fluoreszenzfarbstoffe werden in dem Assay verwendet: FITC (siehe Kapitel 2.3.6.) und Tetramethylrhodaminisothiocyanat (TMRITC). Das Emissionsspektrum des FITCs überlappt sich mit dem Exzitationsspektrum des TMRITCs. Wird das FITC mit Licht der Wellenlänge 490 nm angeregt, kann ein Energietransfer durch Dipol-Dipolwechselwirkungen auf das TMRITC erfolgen, wenn der Abstand beider Fluorophore kleiner als 5 nm ist.

Beim Test wird die zu analysierende Probe mit einer definierten Menge markiertem Antigen, das dem zu analysierenden entspricht, versetzt. Als Marker wird das Fluorophor FITC (siehe Kapitel 2.3.6.) verwendet. Zu der Reaktionsmischung werden anschließend mit TMRITC markierte Antikörper gegeben. Bei der dann erfolgenden konkurrierenden Immunreaktion werden zwei Arten von Immunokomplexen gebildet. War der Anteil des zu analysierenden freien Antigens klein gegenüber dem markierten Antigen, liegen viele Komplexe vor, die dem Typ B (Abbildung 269) entsprechen. In diesen ist der Abstand zwischen den beiden Fluorophoren gering, und es kann zu einem Energietransfer zwischen FITC und TMRITC kommen. Aus der Zunahme der Fluoreszenz bei 520 nm (bei Bestrahlung mit 490 nm) beziehungsweise der Abnahme der Fluoreszenz bei 580 nm können Rückschlüsse auf eine steigende Antigenkonzentration in der Probe gezogen werden.

In Abbildung 270 ist der Aufbau des Energietransfersystems zu sehen. Wieder beruht die Analysenführung auf der FIA-Technik. Probe und Reagenz II (markiertes Antigen) werden vermischt und in definierten Volumina in den Pufferträgerstrom aufgegeben. In den zweiten Pufferträgerstrom wird der markierte Antikörper injiziert. Die Konkurrenzreaktion findet in der thermostatisierten Verweilzeitstrecke statt, der ein Fluoreszenzdetektor angeschlossen ist.

Eine Kalibrierkurve für den Energietransfer Assay am Beispiel des AT III Nachweis ist in Abbildung 271 zu sehen. Jede Analyse dauerte ca. sieben Minuten. Für eine Analyse wurden 60 μl FITC-AT III (c=64 μg/ml) und 60 μl TMRITC-Antikörper (26,7 μg/ml) benötigt.

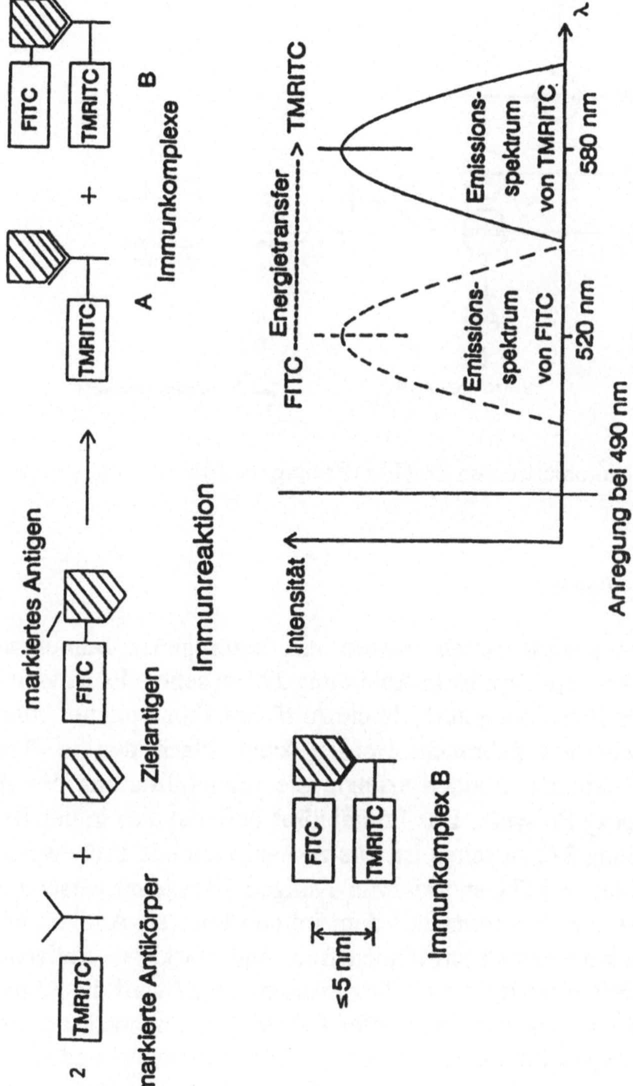

Abb. 269 Grundprinzipien des Fluoreszenzenergietransfer-Immunoassays (FETIA)

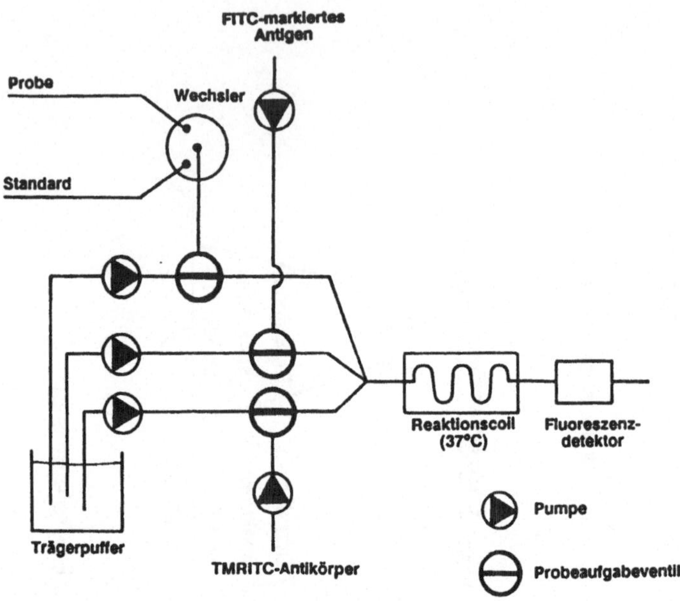

Abb. 270 Prinzip des automatisierten FETIAs (Freitag, 1989)

3.2.6.4. Heterogener Assay

Als drittes Immunoanalysensystem wurde ein heterogener Immunoassay
automatisiert. Die Prinzipskizze ist in Abbildung 272 zu sehen. Es handelt sich
dabei um ein echtes Biosensorsystem, da die Antikörperkomponente immobilisiert ist und wiederholt gebraucht werden kann. Nach den in Kapitel
3.2.4.2.3.2. beschriebenen Methoden erfolgte die Immobilisierung des Antikörpers auf VA-Epoxy Biosynth. Das Immobilisat befindet sich in der Kartusche, die in Abbildung 272 zu sehen ist. Die zu analysierende Probe wird mit
einer definierten Menge FITC-markiertem Antigen (Reagenz) versetzt. Das
Gemisch wird über die Schüttung mit dem immobilisierten Antikörper geführt. In einer Konkurrenzreaktion binden freie und markierte Antigene an
die verfügbaren Antikörper-Bindungsplätze. Anschließend wird die Säule gewaschen und dann mit einem Elutionpuffer (0,1 M Kaliumphosphatpuffer, 1
M an NaCl, pH = 10) gespült. Dabei werden die Antigene eluiert und im Fluoreszenzdetektor analysiert. Je höher die meßbare FITC-Fluoreszenz, desto
mehr markiertes Antigen war gebunden. Folglich war nur wenig freies Antigen in der Probe. Nach der Elution wird die Säule equilibriert und konditioniert, bevor sie für eine neue Analyse zur Verfügung steht. Durch die vielen

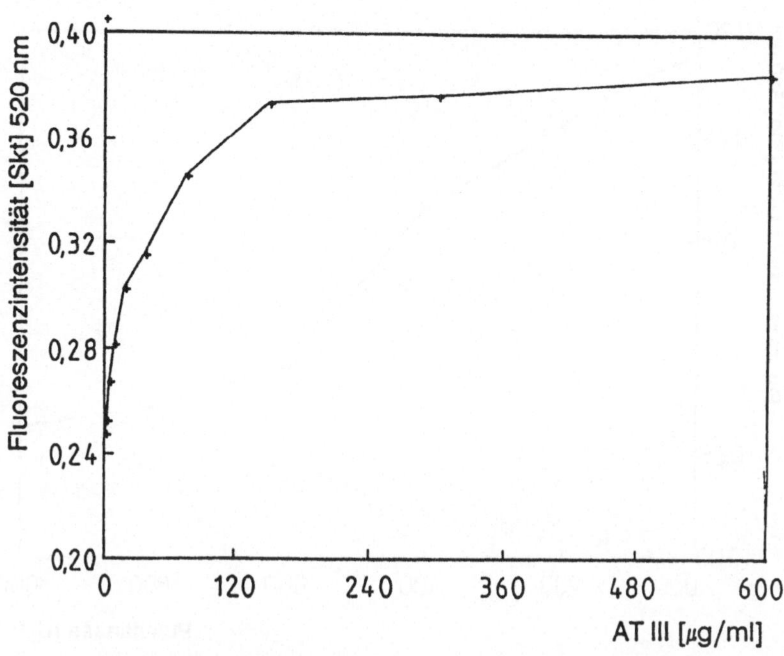

Abb. 271 Kalibrierkurve für die AT-III-Bestimmung mit dem FETIA (Freitag, 1989)

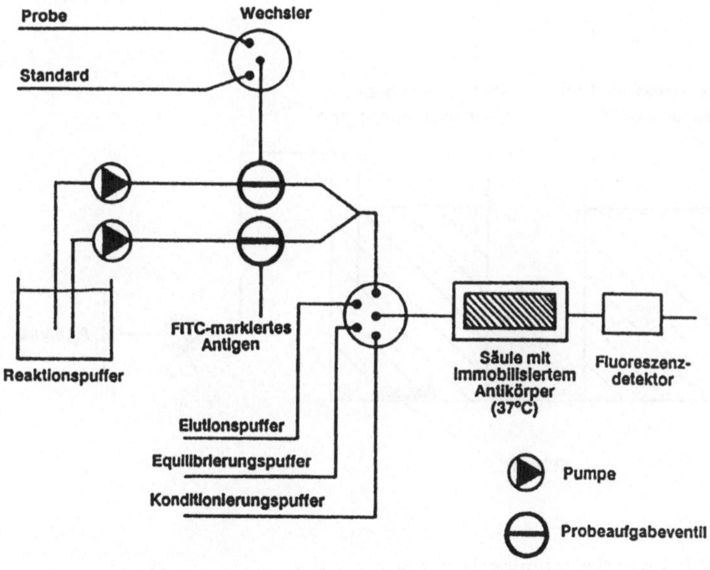

Abb. 272 Prinzip des automatisierten heterogenen Immunoassays (Freitag, 1989)

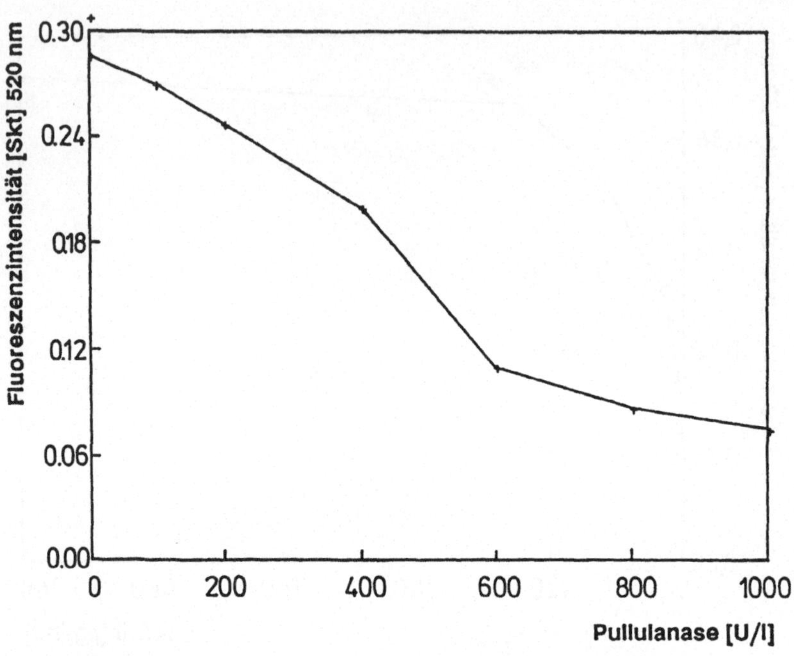

Abb. 273 Kalibrierkurve für Pullulanse (Freitag, 1989)

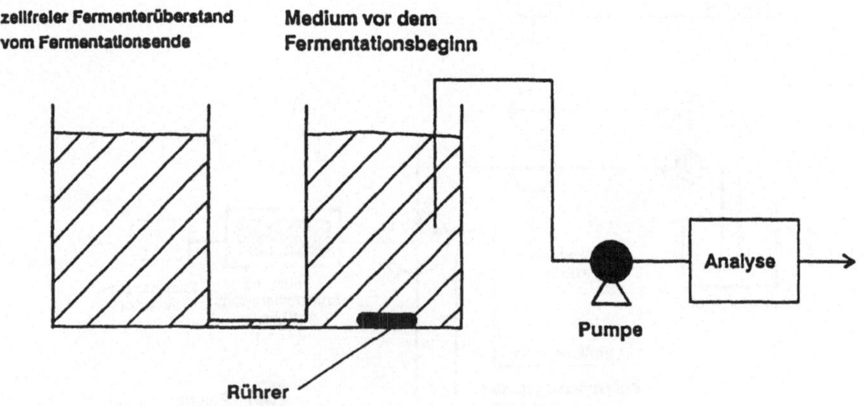

Abb. 274 Prinzip der "simulierten" Fermentation

Wasch- und Spülschritte ist die Analysenfrequenz niedriger als bei den vorherigen Systemen (Analysenzeit: ca. 15-20 min). Man muß aber bedenken, daß der teure Antikörper mehrmals genutzt werden kann. Die Analysenfrequenz ist für eine sinnvolle Prozeßbeobachtung immer noch hoch genug. Je nach Auslegung des Tests können Proteine mit einer unteren Nachweisgrenze von 1 ng/ml bzw. 1 mg/ml nachgewiesen werden. In Abbildung 273 ist eine Kalibrierkurve für den Pullulanasenachweis zu sehen. Pro Probe wurden nur 100 μl einer FITC-markierten Pullulanase (100 U/ml) benötigt (Freitag, 1989).

3.2.6.5. Die simulierte Fermentation

Ein Problem bei der Entwicklung von Analysensystemen für die Biotechnologie stellt immer wieder die Kopplung der an Modellmedien optimierten Systeme an den realen Bioprozeß dar. Störende Komponenten existieren in den als Modellmedien verwendeten Pufferlösungen nicht, und das Analysensystem kann schnell gute Ergebnisse liefern. Reale Fermentationsproben, speziell die von Kultivierungen in technischen Medien, haben eine große Menge störender Komponenten. Proteine, Stoffwechselprodukte, Zelltrümmer oder andere Mediumsbestandteile können die Analysen verfälschen. Dabei spielen Querempfindlichkeiten bei der Erkennungsreaktion oder der Abbau (Protease) der biologischen Komponente eine Rolle. Mediumsbestandteile können sich auch einfach auf dem Sensoren ablagern und das biologische System inaktivieren. Vielfach werden diese Komplikationen in der Fachliteratur nicht beachtet.

Um die Schwierigkeiten bei der Entwicklung zu beachten, wurden die Biosensorsysteme jeweils mit realen Fermentationsproben getestet. Damit man bei der Entwicklung von On-line-Systemen noch näher an der realen Fermenation sein konnte, wurden die Analysensysteme dann an sogenannten simulierten Fermentationen getestet. Abbildung 274 zeigt das Prinzip. Die gesamte Apparatur ist sterilisierbar und Probenahmemodule können implementiert werden. Zwei Vorratsbehälter sind miteinander über einen engen Schlauch verbunden. In dem linken Behälter befindet sich Fermentationmedium vom Ende der zu untersuchenden Kultivierung, in der sich alle eventuell störenden Komponenten und das zu analysierende Produkt in hoher Konzentration befinden. In dem rechten Behälter ist Medium vom Beginn der Fermentation. Wird aus dem rechten Behälter ständig eine Probe entnommen, fließt aus dem linken Behälter Medium nach. Insgesamt steigt in dieser aus der Chromatographie bekannten Gradientenmischkammer die Konzentration des Produkts und eventuell störender Komponenten ständig an. In dem be-

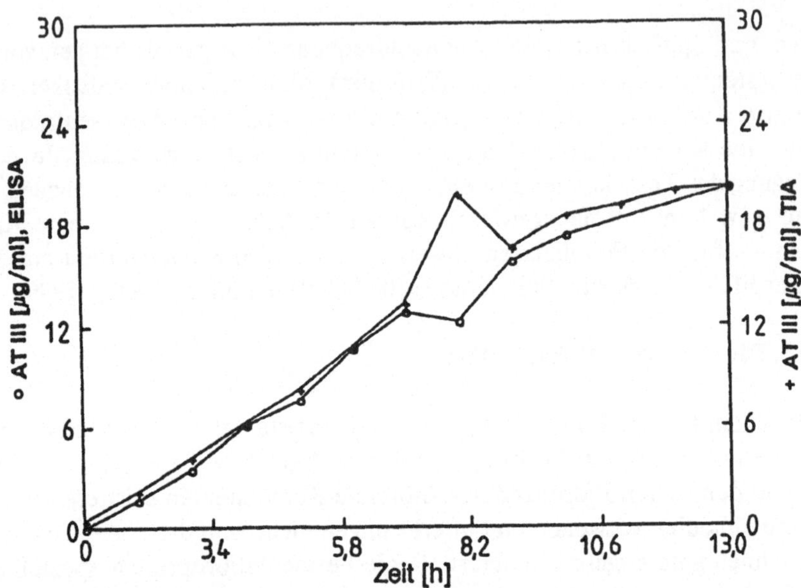

Abb. 275 Fermentationssimulation mit linearem Gradienten am Beispiel der AT-III-Bestimmung (Freitag, 1989)

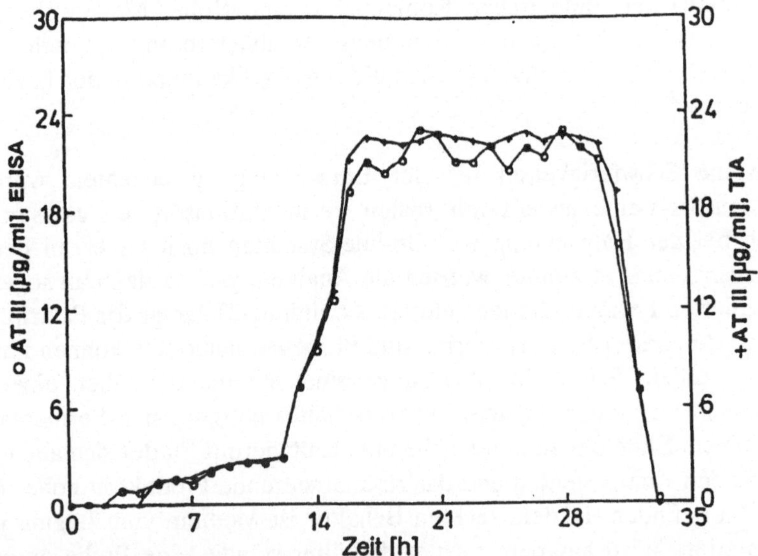

Abb. 276 Fermentationssimulation mit verschiedenen Gradienten am Beispiel der AT-III-Bestimmung (Freitag, 1989)

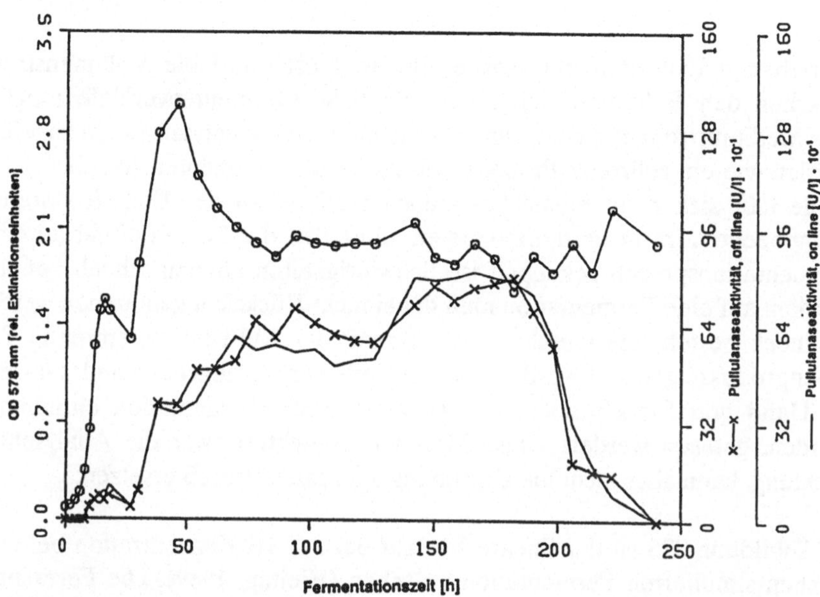

Abb. 277 Verlauf der Fermentation von *Clostridium thermosulfurogenes* (Freitag, 1989; Spreinat, 1989)

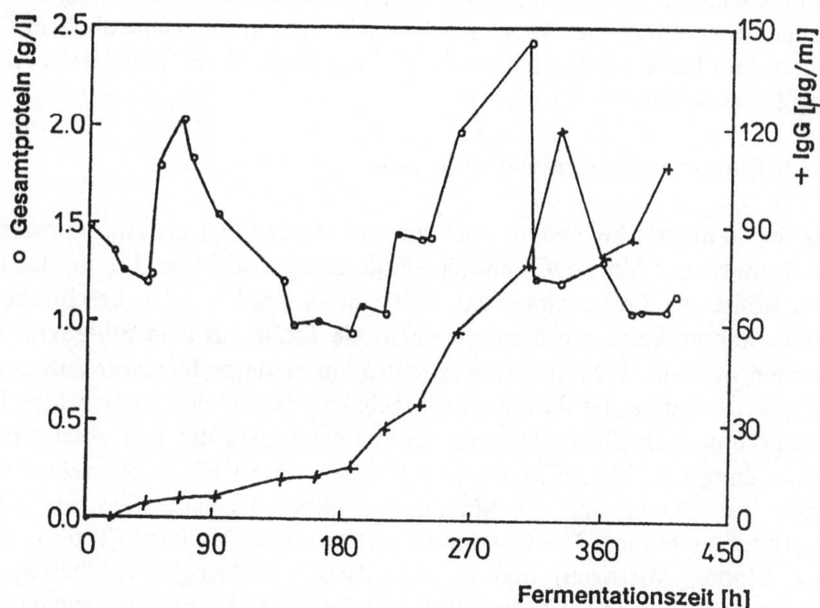

Abb. 278 Verlauf der Kultivierung von Hybridomzellen zur Produktion eines Maus-IgGs (Freitag, 1989; Fenge, 1989)

schriebenen Fall ist dieser Anstieg linear. Durch variable Volumenströme zwischen den Behältern sind unterschiedliche Gradientenverläufe möglich. Der Mediumstrom, der entnommen wird, kann dem Analysensystem zugeführt werden wie ein zellfreier Probenstrom aus einem Fermenter. Mit dieser Methode läßt sich recht einfach und doch realitätsnah der Einfluß störender Komponenten im Dauerbetrieb testen, ohne daß das System direkt an einen Fermentationsprozeß gekoppelt ist. Schwierigkeiten können schnell behoben werden: auf eine Fermentation muß dabei nicht Rücksicht genommen werden. Dennoch besteht die Gefahr, daß während der Kultivierung störende Zwischenprodukte gebildet werden, die am Ende wieder abgebaut sind. Das muß an Hand von Einzelproben, die während einer Fermentation entnommen wurden, getestet werden. Diese Methode erleichtert zwar die Analysenentwicklung, kann aber nicht die Erprobung am realen Prozeß ersetzen.

In Abbildung 275 ist der lineare Verlauf der AT III Konzentration bei einer solchen simulierten Fermentation zu sehen (Freitag, 1989). Die Fermentationsmedien wurden von den Behringwerken aus realen Tierzellkultivierungen zur Verfügung gestellt. Die On-line-Werte sind mit Off-line-Werten (ELISA-Test) verglichen. Die Genauigkeit des automatisierten Systems ist höher. Die Off-line-Werte streuen mehr, da der Analysenablauf recht aufwendig ist. Der Verlauf einer simulierten Fermentation (AT III) mit unterschiedlichem Gradienten (am Ende wurde wieder mit frischem Medium verdünnt) ist in Abbildung 276 zu sehen.

3.2.6.6. Einsatz an Fermentationsprozessen.

Das turbidometrische System kam an zwei realen Fermentationsprozessen zum Einsatz: der Maus-IgG- und der Pullulanaseproduktion. Ein großes Problem stellte die Probenahme dar. Mit den in Kapitel 3.2.1. beschriebenen Sonden konnte keine repräsentative zellfreie Probe aus dem Bioreaktor entnommen werden. Während die Konzentration niedermolekularer Substanzen im Probenstrom der im Reaktor entsprach, war das bei den untersuchten Proteinen schon nach einigen Stunden Einsatz nicht mehr der Fall. Auch bei der Verwendung von Mikrofiltrationsmembranen waren die Poren schon nach kurzer Zeit belegt, und die Membranen hatten Eigenschaften von Ultrafiltrationsmembranen. Mit verschiedenen Cross-flow-Modulen (Typ Minikros Flow Modul, Microgen) und dem B. Braun Melsungen BioPem-System (Flachmembranen mit 0,22 μm Porendurchmesser) konnten im bypass über den gesamten Fermentationsverlauf annähernd repräsentative Proben entnommen werden.

In der Abbildung 277 sind die Resultate für eine Fermentation des thermo-
philen Bakteriums *Clostridium thermosulfurogenes* EM1 (DSM 3896) zur Produktion thermostabiler Pullulanasen zu sehen (Freitag, 1989; Spreinat, 198)).
Über 250 Stunden lief die On-line-Analyse mit dem turbidometrischen Immunosystem. Proben wurden nur alle 6-8 Stunden analysiert (Dreifachmessung),
obwohl höhere Analysenfrequenzen möglich waren. In Abbildung 277 sind die
optische Dichte, die mit einem herkömmlichen Aktivitätstest und die mit dem
On-line-TIA-System bestimmten Pullulanasekonzentrationen während der
Fermentation dargestellt. Dem Fermenter wurde mit einem Minikros Flow
Modul kontinuierlich ein zellfreier Probestrom entnommen und dem On-
Line-Immunoassaysystem (TIA) zugeführt. Die Übereinstimmung zwischen
den Off-line- und On-line-Werten ist sehr gut.

Auch der Einsatz des TIA-Systems an einer Zellkultivierung von Hybridomzellen zur Produktion eines Maus-IgGs (Perfusionskultur) war erfolgreich.
Hier konnte das System über 450 Stunden eingesetzt werden
(Analysenfrequenz: Mehrfachbestimmungen alle acht Stunden). Der Verlauf
der Kultivierungsdaten ist in Abbildung 278 zu sehen (Fenge, 1989; Freitag;
1989). Der IgG-Gehalt wurde mit dem vollautomatisch arbeitenden TIA-Sy-
stem bestimmt. Hier ergaben sich Probleme bei der Entnahme einer zellfreien
Probe, die im Proteingehalt genau dem Medium im Fermenter entsprach. Alle
Membranen zeigten gewisse Ultrafiltrationseffekte (Freitag, 1989; Fenge,
1989). Die Übereinstimmung der On-line und Off-line-Analyse des zellfreien
Probestroms war immer sehr gut.

3.2.6.7. Zusammenfassung

Die Ergebnisse dieser Untersuchungen zeigen, daß schon die Entwicklung von
Analysensystemen realiätsnah erfolgen kann. Damit können rechtzeitig Probleme, die bei der Kopplung an reale Fermentationsprozesse auftreten, berücksichtigt werden. Gerade das Beispiel der Immunoanalysensysteme zeigt,
daß eine Automatisierung komplizierter Analysenabläufe die Genauigkeit erhöht. Die Immunanalytik kann on line an Fermentationsprozessen erfolgen
und bietet eine hervorragende Möglichkeit, hochselektiv und empfindlich
hochwertige Produkte in komplexen Medien zu analysieren. Damit bilden sie
die Grundlage für die Beobachtung und Optimierung solcher Prozesse, speziell der Zellkulturtechnik zur Produktion pharmazeutisch interessanter Proteine.

4. Zusammenfassung

Die Beobachtung des Zellzustands und der Zellumgebung bei biotechnologischen Prozessen kann einen detaillierten Einblick in das Prozeßgeschehen liefern. Die in dieser Arbeit beschriebenen Sensoren und Analyseverfahren bieten eine Fülle von Möglichkeiten, die Vorgänge in Bioreaktoren genauer zu beobachten und zu beschreiben. Anhand vieler Beispiele konnten die Einsatzmöglichkeiten der einzelnen Meßverfahren aufgezeigt und Ausblicke auf weitere Entwicklungsmöglichkeiten gegeben werden.

Zur Biomassebestimmung und -charakterisierung sind die On-line- und In-situ-Messungen der NAD(P)H-abhängigen Kulturfluoreszenz besonders wertvoll. Neben der Sensorentwicklung standen Applikationsbeispiele im Vordergrund. Kulturfluoreszenzmessungen sind nicht nur an suspendierten sondern auch an immobilisierten Mikroorganismen möglich. Das dynamische Verhalten immobilisierter Zellen auf definierte Substratpulse läßt sich so bestimmen. Eine Fülle von Einsatzmöglichkeiten zur Prozeßbeobachtung und -interpretation konnte an verschiedenen Kultivierungsbeispielen - auch an technischen Prozessen - gezeigt werden.

Ein Großteil der beschriebenen Arbeiten beschäftigte sich mit Biosensoren, die bisher kaum zur On-line-Analyse bei Bioprozessen eingesetzt wurden. Neben der Entwicklung einer großen Zahl verschiedener Sensoren wurden Konzepte für die Kopplung der Biomeßfühler an Fermentationsprozesse erarbeitet. Es zeigte sich, daß die Bio-FIA dafür hervorragend geeignet ist. Basierend auf dem Bio-FIA-Prinzip konnten neuentwickelte Enzymthermistoren über lange Zeiträume (bis zu 250 Stunden) an Fermentationsprozesse gekoppelt, und BioFETs langzeitstabil eingesetzt werden. Automatisierte Immunoassays (bis zu 450 Stunden) waren an realen Zellkultivierungen möglich.

Alle hier beschrieben Arbeiten zeigen, daß die Prozeßanalytik für eine moderne Biotechnologie unerläßlich ist. Bisher wurden die optimalen Bioprozeßbedingungen oft empirisch ermittelt, durch die Beobachtung des Zellzustands und der Zellumgebung kann das auf einer wissenschaftlichen Grundlage erfolgen. On-line-Meßverfahren sind vorzuziehen, da sie das dynamische Verhalten des Bioprozesses auf Änderungen verfolgen und zu jeder Zeit einen Einblick in das Reaktorgeschehen geben. Der Prozeßanalytik kommt in der Biotechnologie der Zukunft eine Schlüsselstellung bei der Prozeßentwicklung, -optimierung und -kontrolle zu, nur sie kann gewährleisten, daß qualitativ hochwertige Produkte unter sicheren Bedingungen erzeugt werden können.

5. Symbol-/Abkürzungverzeichnis

Symbole

c	Konzentration
d	Durchmesser/Schichdicke
ΔE	Potentialdifferenz
ΔF	relative Fluoreszenzänderung
λ	Wellenlänge
n	Brechungsindex
α	Öffnungswinkel
pO_2	Sauerstoffpartialdruck
Q	Gesamtwärmemenge
q	Wärmefluß
S	Substratkonzentration
T	Temperatur
t	Zeit
X	Biomassekonzentration
z	Ortskoordinate

Abkürzungen

ADH	Alkoholdehydrogenase
EB	Ethidiumbromid
ET	Enzymthermistor
$FAD(H_2)$	Flavin-Adenin-dinucleotid (oxidiert und reduziert)
FDA	Fluoresceindiacetat
FDH	Formiatdehydrogenase
FET	Feldeffekttransistor
FIA	Fließinjektionsanalyse
FITC	Fluoresceinisothiocyanat
GluDH	Glucosedehydrogenase
GOD	Glucoseoxidase
GPT	Glutamat-Pyruvattransaminase
IgG	Immunglobulin G
ISFET	ionenselektiver Feldeffekttransistor
LDH	Lactatdehydrogenase
MW	Molekulargewicht
NAD(H)	Nicotin-adenin-dinucleotid (odixiert und reduziert)

6. Literaturverzeichnis

Abel, C. (1989) Laufende Dissertation, Universität Hannover

Aeschbacher, M.; Reinhardt, C.A.; Zbinden, G. (1986) A rapid cell membrane permeability test using fluorescent dyes and flow cytometry, Cell. Biol. Toxicol. 2(2), pp.: 247-255

Agar, D.W.; Bailey, J.E. (1981) Continuous cultivation of fission yeast: classical and flow microfluorometry observations, Biotechnol. Bioeng., 23, pp.: 2217-2229

Agar, D.W.; Bailey, J.E. (1982) Measurements and models of synchronous growth of fission yeast induced by temperature oscillations, Biotechnol. Bioeng., 24, pp.: 217-236

Ahlmann N. (1985) Entwicklung eines On-line-Meßverfahrens für intrazelluläre Penicillin-G-acylase des *E. coli* 5K(pHM12)-Hybridstammes, Dissertation, Universität Hannover

Ahlmann, N., Niehoff, A., Rinas, U., Scheper, T., Schügerl, K. (1986) Continuous on-line monitoring of intracellular enzyme activity, Anal. Chim. Acta, 190, pp.: 221-226

Aizawa, M.; Kato, S.; Suzuki, S. (1977) Immunoresponsive membrane. I. Membrane potential change associated with an immunochemical reaction between membrane-bound antigen and free antibody; J. Membr. Sci., 2, pp.: 125-132

Aizawa, M.; Watanabe, Y.; Suzuki, S. (1979) Biospecific thermal analyzer coupled with a flowthrough immobilized enzyme column, J. Solid Phase Biochem., 4, pp.: 131-141ET

Alberghina, L.; Mariani, L.; Martegani, E.; Vanoni, M. (1983) Analysis of protein distribution in budding yeast, Biotechnol. Bioeng., 25, pp.: 1295-1310

Albery, W.J.; Bartlett, P.N. (1984) Anorganic conductor electrode for the oxidation of NADH, J. Chem. Soc., Chem. Commun., pp.: 234-236

Albery, W.J.; Craston, D.H. (1987) Amperometric enzyme electrodes: theory and experiments in: Biosensors - Fundamentals and Applications (eds.: A.P.F. Turner, I. Karube, G.S. Wilson, Oxford Science Publication, Oxford, pp.: 180-210)

Alford, J.S. (1978) Modelling Cell Concentration in Complex Media, Biotechnol. Bioeng., 20, pp.: 1873-1881

Anders, K.-D. (1988) Kulturfluoreszenzmessungen an immobilisierten Zellen, Diplomarbeit, Universität Hannover

Anders, K.D. (1989) Laufende Dissertation, Universität Hannover

Anders, K.D.; Müller, W.; Scheper, T. (1989) Messung der NADH-abhängigen Kulturfluoreszenz zur Detektion toxischer Verbindungen, GWF Wasser-Abwasser, 130,(3), Biotechnologie pp.: 15-20

Andrade, J.D.; Vanwagenen, R.A.; Gregonis, D.E.; Newby, K.; Lin, J.-N. (1985) Remote fiberoptic biosensors based on evanescent-excited fluoro-immunoassay: concept and progress, IEEE Transactions on Electon. Dev., 32(7), pp.: 1175-1179

Anonymus (1988) Die sensiblen Schnüffler; Wirtschaftswoche, 35, pp.: 82-85

Anzai, J.; Ohki, Y.; Osa, T.; Nakajima, H.; Matsuo, T. (1985) Urea sensor based on an ion sensitive field effect transistor. II. Effects of buffer concentration and pH on the potentiometric response; Chem. Pharm. Bull., 33(6), 2556-59

Anzai, J.; Tezuka, S.; Nakjima, H.; Osa, T.; Matsuo, T. (1987) Urea sensor based on an ion sensitive field effect transistor. IV. Determination of urea in human blood; Chem. Pharm. Bull., 35(2), 693-98

Anzai, J.; Tezuka, S.; Osa, T.; Nakajima, H.; Matsuo, T. (1986) Urea sensor based on an ion sensitive field effect transistor. III. Effects of enzyme load and ionic strength on the potentiometric response; Chem. Pharm. Bull., 34(10), 4373-76

Arminger, W.B.; Forro, J.R.; Montalvo, L.M.; Lee, J.F. (1986) The interpretation of on-line process measurements of intracellular NADH in fermentation processes, Chem. Eng. Commun. 45, pp. 197-206

Arminger, W.B.; Lee, J.F.; Montalvo, L.M.; Forro, J.R. (1985) Fed batch control based upon the measurement of intracellular NADH, Proceedings: 190th ACS Meeting, Chicago, MBTD 40

Arnold, M.A., Meyerhoff, M.E. (1988) Recent Advances in the Development and Analytical Applications of Biosensing Probes, CRC Crit. Rev. Anal. Chem. 20(3), pp.: 149-196

Arnold, M.A.; Meyerhoff, M.E. (1984) Ion-Selective Electrodes, Anal. Chem., 56, 20R-48R

Arnold, M.A.; Meyerhoff. M.E. (1988) Recent advances in the development and analytical application of biosensing probes, CRC Crit. Rev. Anal. Chem., 20(3), pp.: 149-196

Arnold, M.A.; Ostler, T.J. (1986) Fiber optic ammonia gas sensing probe, Anal. Chem. 58, pp.: 1137-1140

Arnold, M.A.; Rechnitz, G.A. (1987) Biosensors based on plant und animal tissue, in: Biosensors - Fundamentals and Applications (eds.: A.P.F. Turner, I. Karube, G.S. Wilson, Oxford Science Publication, Oxford, pp.: 30-59

Arnold, M.A.; Solsky, R.L. (1986) Ion-Selective Electrodes, Anal. Chem., 58, 84R-101R

Arthur, C.L.; Dhaliwai, G.K.; Thompson, M. (1986) Liquid phase piezoelectric and acoustic transmission studies of interfacial immunochemistry. Nal. Chem. 58, pp.: 1206-1209

Arwin, H.; Lundström, I.; Palmquist, A. (1982) Electrode adsorption method for determination of enzymatic activity, Med. Biol. Eng. Comput., 20, pp.: 362-374

Attridge, J.W.; Leaver, K.D.; Cozens, J.R. (1987) Design of a fibre-optic sensor with rapid response, J. Phys. E. Sci. Inst., 20(5), pp.: 548

Axe, D.D.; Bailey, J.E. (1987) Application of ^{31}P nuclear magnetic resonance spectroscopy to investigate plasmid effects on *Escherichia coli* metabolism, Biotechnol. Lett. 9(2), pp.: 83-88

Bailey, J.E.; Fazel-Madjlessi, J.; McQuitty, D.N.; Lee, L.Y.; Oro, J.A. (1978) Measurement of structured microbial population dynamics by flow microfluorometry, AIChE J., 24 (4), pp.: 570-577

Bailey, J.E.; Ollis, D.F. (1986) Biochemical Engineering Fundamentals, 2nd ed., McGraw Hill, New York

Ballarin-Denti, A.; den Hollander, J.A.; Sanders, D.; Slayman, C.W. (1984) Kinetics and pH-Dependence of Glycine-Proton Symport in *Saccharomyces cerevisiae*, Biochim. Biophys. Acta, 778, pp.: 1-16

Barker, A.S. (1987) Immobilization of biological components of biosensors, in: Biosensors - Fundamentals and Applications (eds.: A.P.F. Turner, I. Karube, G.S. Wilson, Oxford Science Publication, Oxford, pp.: 85-99

Barker, S.A. (1987) Immobilization of the biological component of biosensors in: Biosensors - Fundamentals and Applications (eds.: A.P.F. Turner, I. Karube, G.S. Wilson, Oxford Science Publication, Oxford, pp.: 85-99

Battye, F.L.; Darling, W.; Beall, J. (1985) A Fast Cell Sampler for Flow Cytometry, Cytometry, 6, pp.: 492-495

Bayer, T. (1987) Reaktionstechnische Untersuchungen zur Produktion von Cephalosporin C im Mammutschlaufenreaktor, Dissertation, Universität Hannover

Beisker, W. (1984) Selbstkorrigierende Fluoreszenzdepolarisationsmessung zur Strukturuntersuchung von Nukleinsäuren, Disseration, Universität Hannover, GSF-Bericht AO-415

Belghith, H.; Romette, J.-L.; Thomas, D. (1987) An Enzyme electrode for on-line determination of ethanol and methanol, Biotecchnol. Bioeng., 30, 1001-1005

Benaim, N.; Grattan, K.T.V.; Palmer, A.W. (1986) Simple fibre optic pH sensor for use in liquid titrations, Analyst 111, pp.: 1095-1097

Bennetto, H.P.; Box, J.; Delaney, G.M.; Mason, J.R.; Roller, S.D.; Stirling, J.L.; Thurston, C.F. (1987) Redox-Mediated Electrochemistry of Whole Micro-Organisms: From Fuel Cells to Biosensors, in: Biosensors (eds. Turner, A.P.F.; Karube, I.; Wilson, G.S.) pp.: 291-314, Oxford Science Publications, Oxford

Berg, P.; Näbauer, T.; Weinauer, T. (1988) Biosensoren, Sensor Magazin, 5, pp.: 16-19

Berglund, D.L.; Taffs, R.E.; Robertson, N.P. (1987) A Rapid Analytical Technique for Flow

Cytometric Anlysis of Cell Viability Using Calcofluor White M2R, Cytometry 8, pp.: 421-426

Bergmeyer, H.U. (1974) Methoden der enzymatischen Analyse (I und II), Verlag Chemie, Weinheim

Bergveld, P. (1989) Exploiting the dynamic properties of FET-based chemical sensors, J. Phys. E: Sci. Instr., 22, pp.: 678-683

Besch, W.K.; Schmidt, B.W.; Mayer, E. (1987) Toxizitätstest mit Goldorfe und Zebrabärbling zu Durchführung zur Aussagekraft von Toxizitätstests mit der Goldorfe (*Levciscus Idus*) und dem Zebrabärbling (*Brachydanio rerio*), Wassergefährdende Stoffe, 5, 5. Ergänzung, Kap. 3.1

Betteridge, D.; Courtney, N.G.; Sly, T.J.; Porter, D.G. (1984) Development of a flow injection analyser for post column detection of sugars separated by high performance liquid chromatography, Analyst (London), 109, pp. 19-21

Betz, A.; Chance, B. (1965) Influence of inhibitors on the oscillation of reduced pyridine nucleotides in yeast cells, Arch. Biochem. Biophys. 109, pp.: 759-584

Beyeler, W.; Einsele, A.; Fiechter, A. (1981) On-line measurements of culture fluorescence: method and application, Eur. J. Appl. Microbiol. Biotechnol., 13, pp.: 10-14

Beyeler, W.; Gschwend, K.; Fiechter, A (1983) In-situ Fluorometrie: Eine neue Methode zur Charakterisierung von Bioreaktoren, Chem. Ing. Tech., 55 (5) pp.: 869-871

Bezegh, K.; Petelenz, D.; Bezegh, A.; Janata, J. (1987) Integrated solid state probe for determination of activity of sodium chloride, Anal. Chem., 59, pp.: 1423-1425

Birnbaum, S.; Bülow, L.; Danielsson, B.; Hardy, K.; Mosbach, K. (1986) Rapid automated analysis of human proinsulin produced by *Escherichia coli*, Anal. Biochem., 157

Birou, B.; Marison, I.W.; von Stockar, U. (1987) Calorimetric Investigation of Aerobic Fermentations, Biotechnol. Bioeng. 30, pp.: 650-660

Birou, B.; von Stockar, U. (1989) Application of bench-scale calorimetry to chemostat cultures, Enzyme Microb. Technol., 11, pp.: 12-16

Blackburn, G.F. (1987) Chemically sensitive field effect transistors, in: Biosensors - Fundamentals and Applications (eds.: A.P.F. Turner, I. Karube, G.S. Wilson, Oxford Science Publication, Oxford, pp.: 481-530

Blake-Coleman, B.C.; Calder, M.R.; Carr, R.J.G.; Moody, S.C. (1986) Determination of Reactor Biomass by Acoustic Resonance Densitometry, Biotechnol. Bioeng. 28, pp.: 1241-1249

Blake-Coleman, B.C.; Calder, M.R.; Carr, R.J.G.; Moody, S.C.; Clarke, D.J. (1984) Direct Monitoring of Reactor Biomass in Fermentation Control, Trends in Anal. Chem., 3 (9), pp.: 229-235

Blute, T.; Gillies, R.J.; Dale, B.E. (1988) Cell density measurements in hollow fiber bioreactors, Biotechnol. Prog. 4 (4), pp.: 202-209

Boisdé, G.; Peréz, J.J. (1987) Miniature chemical optical fiber sensors for pH measurements, SPIE-Int. Soc. Opt. Eng., 798, pp.: 238

Borman, S. (1981) Optrodes, Anal. Chem., 53(14), pp. 1616A-1618A

Borman, S. (1987) Optical and piezoelectrical biosensors, Anal. Chem., 59(19), pp.: 1161-1164

Bowers, L.D.; Carr, P.W. (1976) Immobilized-enzyme flow-enthalpimetric analyzer: application to glucose determination by direct phosphorylation catalyzed by hexokinase, Clin. Chem., 22, pp.: 1427-1433

Bowers, L.D.; Carr, P.W.; Canning, L.M.; Sayers, C.N.; Carr, P.W. (1976) Rapid flow-enthalpimetric determination of urea in serum with use of an immobilized urease reactor, Clin. Chem. 22, pp.: 1314-1318

Boyer, P.M.; Humphrey, A.E. (1988) Fluorometric behaviour of phenol fermentation, Biotechnol. Let. 2 (3), pp.: 193-198

Bradley, J.; Kidd, A.J.; Anderson, P.A.; Dear, A.M.; Ashby, R.E.; Turner, A.P.F. (1989a) Rapid determination of the glucose content of molasses using a biosensor, Analyst, 114, pp.: 375-379

Bradley, J.; Turner, A.P.F.; Schmid, R.D. (1989b) An in situ fermenter probe for bakers yeast propagation monitoirng, in: Biosensors - Applications in medicine, environmental protection and process control (eds.: R.D. Schmid, F. Scheller) GBF-Monographs, 13, Verlag Chemie, Weinheim

Brand, U. (1989) Laufende Dissertation, Universität Hannover

Brand, U.; Reinhardt, B.; Rüther, F.; Scheper, T.; Schügerl, K. (1989) Development of sensor systems based on enzyme modified field effect transistors for process control in biotechnology; GBF-Monographien (ed. R.D. Schmid), Vol. 13, VCH-Verlag Weinheim, pp.: 127-136

Brand, U.; Reinhard, B.; Rüther, F.; Scheper, T.; Schügerl, K. (1989) Development of sensor systems based on enzyme-modified field-effect transistors for process control in biotechnology, GBF-Monographien (eds. R.D. Schmid, F. Scheller), Vol. 13, 127-136

Brand, U.; Scheper, T.; Schügerl, K. (1989) A penicillin G sensor based on penicillin amidase coupled to a field effect transistor; Anal. Chim. Acta, 226, pp.: 87-97

Braunegg, G.; Sonnleitner, B.; Lafferty, R.M.; (1978) A rapid gas chromatographic method for the determination of poly-hydroxybutyric acid in microbial biomass, Eur. J. Appl. Microbiol. Biotechnol., 6, pp.: 25

Brodelius, P.; Vogel, H. (1985) A Phosphorus-31 Nuclear Magentic Resonance Study of Phosphate Uptake and Storage in Cultured *Catharanthus roseus* and *Daucus carota* plant cells, J. Biol. Chem. 260(6), pp.: 3556-3560

Brooks, S.L.; Ashby, R.E.; Turner, A.P.F.; Calder, M.R.; Clarke, D.J. (1987/88) Development of an on-line glucose sensor for fermentation monitoring, Biosensors, 3, pp.: 45-56

Brunt, K. (1982) Comparison between the performances of an electrochemical detector flow cell in a potentiometric and an amperometric measuring system using glucose as a test compound, Analyst (London), 107, 1261-1263

Busch, M. (1989) Kulturfluoreszenzmessungen an immobilisierten Zellsystemen, Diplomarbeit, Universität Hannover

Bückmann, A.F. (1987) A new synthesis of ceenzymatically active water-soluble macromolecular NAD and NADP derivatives, Biocatalysis, 1, pp.: 173

Cady, P. (1975) Rapid automated bacterial identification by impedance measurements, in: New approaches to identification of microorganisms (eds.: Hedén, C.-G., Illéni, T.) John Wiley and Sons, New York, pp.: 73-99

Cain, A.J. (1947) The use of Nile Blue in the examination of lipoids, Q.J.M.S., 88(3), pp.: 383-392

Cannings, L.M.; Carr, P.W. (1975) Rapid thermochemical analysis via immobilized enzyme reactors, Anal. Lett., 8(5), pp.: 359-367

Caras, S.; Janata, J. (1980) Field-effect transistor sensitive to penicillin; Anal. Chem., 52, 1935-37

Caras, S.; Janata, J. (1985) pH-based enzyme potentiometric sensors. Part 3. Penicillin-sensitive field effect transistor; Anal. Chem., 57, 1924-25

Caras, S.D.; Petelenz, D.; Janata, J. (1985) pH-based enzyme potentiometric sensors. Part 2. Glucose-sensitive field effect transistor; Anal. Chem., 57, 1920-23

Cass, A.E.G.; Davis, G.; Francis, G.D.; Hill, H.A.O.; Aston, W.J.; Higgins, I.J.; Plotkin, E.V.; Scott, L.D.L., Turner, A.P.F. (1984) Ferrocene-mediated enzyme electrode for amperometric determination of glucose, Anal. Chem., 56, 667-671

Cass, A.E.G.; Ribbons, D.W.; Rossiter, J.T.; Williams, S.R. (1987) Biotransformation of aromatic compounds, FEBS Lett. 220(2), pp. 353-357

Chance, B.; Estabrook, R.W.; Gosh, A. (1964) Damped sinusoidal oscillations of cytoplasmic reduced pyridine nucleotide in yeast cells, Proc. Natl. Acad. Sci. 51, pp.: 1244-1251

Chapman, A.G.; Atkinson, D.E. (1977) Adenine Nucleotide Concentrations and Turnover Rates. Their Correlation with Biological Activity in Bacteria and Yeast, in: Advances in Microbial Physiology (eds. Rose, A.H.; Tempest, D.W.), Vol. 15, Academic Press, London, pp.: 253-306

Cheung, P.W.; Fleming, D.G.; Neuman, M.R.; Wen, H.K. (1977) Theory, design and biochmical applications of solid state chemical sensors, CRC Press, Palm Beach

Chotani, G.; Constantinides, A. (1982) On-line glucose analyzer for fermentation applications, Biotechnol. Bioeng. 24, pp.: 2743-2745

Clark, L.L.; Lyons, C. (1962) Electrode system for continuous monitoring in cardiovascular surgery, N.Y. Acad. Sci. 102, pp.: 29-45

Clarke, D.J.; Blake-Coleman, B.C.; Carr, R.J.G.; Calder, M.R.; Atkinson, T. (1986) Monitoring Reactor Biomass, Trends Biotechnol., 4 (7) pp.: 173-178

Clarke, D.J.; Blake-Coleman, B:C.; Calder, M.R. (1987) Principles and potential of piezo-electric transducers and acoustical techniques, in: Biosensors - Fundamentals and Applications (eds.: A.P.F. Turner, I. Karube, G.S. Wilson, Oxford Science Publication, Oxford, pp.: 551-571

Clarke, D.J.; Calder, M.R.; Carr, R.J.G.; Blake-Coleman, B.C.; Moody, S.C.; Collinge, T.A. (1985) The development and application of biosensing devices for bioreactor monitoring and control, Biosensors, 1, pp.: 213-320

Clarke, D.J.; Kell, D.B.; Morris, J.G.; Burns, A. (1982) The role of ion-selective electrodes in microbial process control, Ion-selective Electorde Rev., 4, pp.: 75-131

Cleland, N.; Enfors, S.O. (1983) Control of glucose-fed batch cultivations of *E. coli* by means of an oxygen stabilized enzyme electrode, Eur. J. Appl. Microbiol. Biotechnol., 18, pp.: 141-147

Cleland, N.; Enfors, S.O. (1984) Externaly buffered enzyme electrode for determination of glucose, Anal. Chem., 56, pp.: 1880-1884

Collins, S.; Janata, J. (1982) A critical evaluation of the mechanism of potential response of antigen polymer membranes to the corresponding antiserum; Anal. Chim. Acta, 136, pp.: 93-99

Cooney, C.L. (1981) Growth of Microorganisms, in: Biotechnology (eds.: Rehm, H.J.; Reed, G.), Vol. 1, pp.: 73-112, Verlag Chemie, Weinheim

Cooney, C.L.; Wang, H.Y.; Wang, D.I.C. (1977) Computer-aided Material Balancing for Prediction of Fermentation Parameters, Biotechnol. Bioeng., 19, pp.: 55-67

Cooney, C.L.; Weaver, J.C.; Tannenbaum, S.R.; Faller, D.V.; Shields, A.; Jahnke, M. (1974) The thermal enzyme probe - a novel approach to chemical analysis, in: Enzyme Engineering (eds: E.K. Pye, L.B. Wingard, Jr.), 2, pp.: 411-417, Plenum, New York

Coonrod, J.D.; Kunz, L.J.; Ferraro, M.J. (eds.) (1983) The Direct Detection of Microorganisms in Clinical Samples, Academic Press, London

Crissman, H.A.; Steinkamp, J.A. (1982) Rapid, one step staining procedures for analysis of cellular DNA and protein by single and dual laser flow cytometry, Cytometry, 3 (2), pp.: 84-90

Cryer, D.R.; Eccleshall, R.; Marmur, J. (1975) Isolation of Yeast RNA, Meth. Cell. Biol. 12, pp.: 39-40

Cuypers, P.A.; Hermens, W.Th, Hemker, H.C. (1978) Ellipsometry as a tool to study protein films at liwuid-solid interfaces, Anal. Biochem. 84, pp.:56-67

Czaban, J.D. (1985) Electrochemical sensors in clinical chemistry: Yesterday, today, tomorrow, Anal. Chem., 57(2), pp.: 345A-356A

Danielsson, B. (1976) Determination of urea with an enzyme thermistor using immobilized urease. Anal. Lett. 9,pp.: 987-1001

Danielsson, B.; Gadd, K.; Mattiasson, B.; Mosbach, K. (1977) Enzyme thermistor determination of glucose in serum using immobilized glucose oxidase, Clin. Chim. Acta. 81, pp.: 163-175

Danielsson, B.; Mandenius, C.F.; Winquist, F.; Mattiasson, B.; Mosbach, K. (1980) Fermentation monitoring and control by enzyme thermistor, Proc 5th Internat. Fermen. Symp., London, Canada, July 20-25

Danielsson, B.; Mattiasson, B.; Mosbach, K. (1981) Enzyme thermistor devices and their analytical applications, Appl. Biochem. Bioeng., 3, pp. 97-143

Danielsson, B.; Mattiasson, B.; Karlsson, R.; Winquist, F. (1979) Use of an enzyme thermistor in continuous measurements and enzyme reactor control, Biotechnol. Bioeng. 21, pp.: 1749-1766

Danielsson, B.; Mosbach, K. (1979) Determination of enzyme activities with the enzyme thermistor unit, FEBS Lett., 101, pp.47-50

Danielsson, B.; Mosbach, K. (1987) Theory and applications of calorimetric sensors, in: Biosensors - Fundamentals and Applications (eds. A.P.F: Turner, I. Karube, G.S. Wilson), Oxford Science Publications, Oxford, pp.: 575-597

Danielsson, B.; Rieke, E.; Mattiasson, B.; Winquist, F.; Mosbach, K. (1981) Determiantion by the enzyme thermistor of cellobiose formed on degradation of cellulose, Appl. Biochem. Biotechnol., 6, pp.: 207-222

Danielsson, B.; Winquist, F. (1987) Biosensors based on semiconductor gas sensors in: Biosensors - Fundamentals and Applications (eds.: A.P.F. Turner, I. Karube, G.S. Wilson, Oxford Science Publication, Oxford, pp.: 531-548

de Mola, A.H.; Marx-Figini, M.; Figini, R.V.I. (1975) Molecular weight distribution of native poly-hydroxybutyric acid, Makromol. Chemie, 176, pp.: 1469-1475

Decristoforo, G.; Danielsson, B. (1984) Flow injection analysis with enzyme thermistor detector for automated determination of beta-lactams, Anal. Chem. 56, pp.: 263-268

Decristoforo, H. (1988) Flow-injection analysis for automated determination of ß-lactams using immobilized enzyme reactors with thermistor or ultraviolet spectrophotometric detection in Immobilized enzymes and cells. Part D, Methodes in Enzymology (eds.: S.P. Colowick, N.O. Kaplan), 137, Academic Press, Orlando

den Hollander, J.A.; Ugurbil, K.; Brown, T.R.; Shulman, R.G. (1981) Phosphorus-31 nuclear magnetic resonance studies of the effect of oxygen upon glycolysis in yeast, Biochemistry 20, pp.: 5871-5880

Dennis, K.; Srienc, F.; Bailey, J.E. (1983) Flow Cytometry Analysis of Plasmid Heterogeneity in *Escherichia coli* Populations, Biotechnol. Bioeng. 25, pp.: 2485-2490

Dennis, K.; Srienc, F.; Bailey, J.E. (1985) Ampicillin Effects on Five Recombinant *Escherichia coli* Strains: Implications for Selection Pressure Design, Biotechnol. Bioeng. 27, pp.: 1490-1494

Dermoun, Z.; Belaich, J.P. (1979) Microcalorimetric study of *Escherichia coli* aerobic growth: kinetics and experimental enthalpy associated with growth on succinic acid, J. Bacteriol., 140 (2) pp.: 377-380

Djavan, A.; James, A.M. (1980) Determination of the maintenance energy of *Klebsiella aerogenes* growing in contiuous culture, Biotechnol. Let., 2, pp.: 303-308

Doelle, H.W. (1978) Fermentation, in: Bacterial metabolism, 2nd edition, Academic Press, New York

Doran, P.M.; Bailey, J.E. (1987) Effects of immobilization on the nature of glycolytic oscillations in yeast, Biotechnol. Bioeng., 29, pp.: 892-897

Drake, J.F.; Tsuchiya, H.M. (1973) Differential Counting in Mixed Cultures with Coulter Counters, Appl. Microbiol., 26 (1), pp.: 9-13

Drury, D.D. (1988) Oxygen Transfer Properties of a Bioreactor for use within a nuclear magnetic resonance spectrometer, Biotechnol. Bioeng. 32, pp.: 966-974

Dullau, T. (1989) Laufende Doktorarbeit, Universität Hannover

Duysens, L.N.M., Amesz, J. (1957) Fluorescence spectrophotometry of reduced phosphopyridine nucleotide in intact cell in the near-ultraviolet and visible region, Biochim. Biophys. Acta, 24, pp.: 19-26

Eddowes, M.J.; Pedley, D.G.; Webb, B.C. (1985) Response of an enzyme-modified pH-sensitive ion-selective device. Experimental study of a glucose oxidase-modified ion-sensitive field effect tranistor in buffered and unbuffered aqueous solution; Sensors and Actuators 7, pp.: 233-244

Edmonds, T.E.; Flatters, N.J.; Jones, C.F.; Miller, J.N. (1988) Determination of pH with acid-base indicators: implications for optical fibre probes, Talanta, 35(2), pp.: 103-107

Edmonds, T.E.; Ross, I.D. (1985) Low-cost fibre optic chemical sensors, Anal. Proc., 22, pp.: 206

Eghtessadi, Fariba (1989) Laufende Diplomarbeit, Universität Hannover

Einsele, A.; Ristroph, D.L.; Humphrey, A.E. (1978) Mixing times and glucose uptake measured with a fluorometer, Biotechnol. Bioeng., 20, pp.: 1487-1492

Einsele, A.; Ristroph, D.L.; Humphrey, A.E. (1979) Substrate uptake mechanisms for yeast cells. A new approach utilizing a fluorometer, Eur. J. Appl. Microbiol. Biotechnol., 6. pp.: 335-339

Eisert, W.G. (1980) Automatische Cytometrie, Habilitationsschrift, GSF-Bericht BT-537

Enfors, S.O. (1987) Compensated enzyme-electrodes for *in situ* process control, in: Biosensors - Fundamentals and Applications (eds.: A.P.F. Turner, I. Karube, G.S. Wilson, Oxford Science Publication, Oxford, pp.: 347-355

Enfors, S.O.; Molin, N.L.; Mosbach, K.H.; Nilsson, H.J. (1977) Enzyme electrode, US-Patent, No. 4,024,042, 17. May

Enfors, S.O.; Nilsson, H. (1979) Design and response characteristics of an enzyme electrode for measurement of penicillin in fermentation broth, Enzyme Microb. Technol., 1, pp.: 260-264

Fazel-Madjlessi, J.; Bailey, J.E. (1979) Analysis of fermentation processes using flow microfluorometry: single parameter observations of batch bacterial growth, Biotechnol. Bioeng., 21, pp.: 1995-2010

Fazel-Madjlessi, J.; Bailey, J.E. (1980) Analysis of fermentation processes using flow microfluorometry: amylase and protease activities in *Bacillus subtilis* batch cultures, Biotechnol. Bioeng., 22, pp.: 1657-1669

Fazel-Madjlessi, J.; Bailey, J.E.; McQuitty, D.N.; (1980) Flow microfluorometry measurements of multicomponent cell composition during batch bacterial growth, Biotechnol. Bioeng., 22, pp.: 457-462

Fenge, C. (1989) Laufende Dissertation, Universität Hannover

Fernandez, E.J.; Clark, D.S. (1987) N.M.R. Spectroscopy: a Non-invasive Tool for Studying Intracellular Processes, Enzyme Microb. Technol., 9, pp.: 259-271

Fernandez, E.J.; Mancuso, A.; Clark, D.S. (1988) NMR spectroscopy studies of hybridoma metabolism in a simple membrane reactor, Biotechnol. Prog. 4(3), pp.: 173-183

Fiechter, A. (1981) Regulatory aspects in yeast metabolism, Adv. biotechnol (eds.: Moo-Young, Campbell und Vezina), Pergamon Press, Toronto, Vol. 1, pp.: 261-266

Fiechter, A.; Fuhrmann, G.F.; Kaeppeli, O. (1981) Regulation of glucose metabolism in growing yeast cells, Adv. Microb. Physiol., 22, pp.: 123-184

Finguerut, J.; Guarda, E.T.L.; Camargo, E. (1978) Influence of the Growth on the Spectrophotometric Determination of the Yeast Concentration in Liquid Hydrocarbon Fermentations, Biotechnol. Bioeng., 20, pp.: 1285-1286

Finkeldey, T. (1987) Entwicklung eines Fließinjektionssystems zur Analyse biotechnologischer Medien, Diplomarbeit, Universität Hannover

Firley, A. (1983) Kultivierung von *Escherichia coli* 5K (pHM12) zur Bildung von Penicillin-G-acylase, Diplomarbeit, Universität Hannover

Fischer, W. (1989) Entwicklung eines Toxin-Guard-Systems auf der Basis eines Enzymthermistors, Diplomarbeit, Universität Hannover

Fleischaker, R.J.; Weaver, J.C.; Sinskey, A.J. (1981) Instrumentation for Process Control in Cell Culture, Advances in Applied Microbiol., 27, pp.: 137-167

Forro, J.R.; Maenner, G.F.; Armiger, W.B. (1984) Monitoring cell activity by use of the culture fluorescence, Proceedings: 188th ACS National Meeting, Philadelphia, MBTD 79

Forsberg, C.W.; Lam, K. (1977) Use of Adenosine 5'-Triphosphate as an Indicator of Microbiota Biomass in Rumen Contents, Appl. Env. Microbiol., 33 (3) pp.: 528-537

Fowler, S.D.; Greenspan, P. (1985) Application of Nile Red, a fluorescent hydrophobic probe for the detection of neutral lipid deposits in tissue sections, J. Histochem. Cytochm., 33, pp.: 833-836

Foxall, D.L.; Cohen, J.S. (1983) NMR studies of perfused cells, J. Mag. Res. 52, pp. 346-349

Freitag, R. (1989) Entwicklung und Automatisierung immunchemischer Nachweisverfahren zur On-line-Detektion hochmolekularer Medienkomponenten in Fermentationsprozessen, Dissertation, Universität Hannover

Fuh, M.R.S. (1987) Single fibre optic fluorescence pH probe, Analyst 112, pp.: 1159-1162

Fuh, M.R.S.; Burgess, L.W.; Christian, G.D. (1988) Single Fiber-optic fluorescence enzyme-based sensor, Anal. Chem. 60, pp.: 433-435

Fulton, S.P.; Cooney, C.L. Weaver, J.C. (1980) Thermal enzyme probe differential temperature measurements in a laminar flow-through cell. Anal. Chem, 52, pp.: 505-508

Gadian, D.G. (1982) Nuclear Magnetic Resonance and Its Applications to Living Systems, Oxford University Press, London

Galazzo, J.L.; Shanks, J.V.; Bailey, J.E. (1987) Comparison of Suspended and Immobilized Yeast Metabolism using ^{31}P Nuclear Magnetic Resonance Spectroscopy, Biotechnol. Techniques, 1 (1), pp.: 1-6

Gallazzo, J.L.; Bailey, J.E. (1989) *In vivo* nuclear magnetic resonance analysis of immobilization effects on glucose metabolism of yeast *Saccharomyces cerevisiae*, Biotechnol. Bioeng. 33, pp. 1283-1289

Garn, M.; Gisin, M.; Thommen, C.; Cevey, P. (1989) A flow injection analysis system for fermentation monitoring and control, Biotechnol. Bioeng., 34, pp.: 423-428

Gebauer, A.; Scheper, T.; Schügerl, K. (1987) Growth of *E. coli* in a stirred tank in an airlift tower reactor with an outer loop, Bioprocess Eng., 2. pp.: 13-23

Gencer, M.A.; Mutharasan, R. (1979) Determination of Biomass Concentration by Capacity Measurement, Biotechnol. Bioeng., 21, pp.: 1097-1103

Geppert, G.; Asperger, L. (1987a) Automatic on-line measurement of substrates in fermentation liquids with enzyme electrodes, Studia Biophys., 119 (1-3), pp.: 159-162

Geppert, G.; Asperger, L. (1987b) Automatic on-line measurement of substrates in fermentation liquids with enzyme electrodes, Bioelectrochem. Bioenerg. (a section of J. Electroanal. Chem.,231) 17, pp.: 399-407

Gesellschaft Berliner Ingenieure (1988) Toxalarm-Bakterientoximeter, Firmenprospekt

Gilbert, M.F.; McQuitty, D.N.; Bailey, J.E. (1978) Flow microfluorometry study of diauxic batch growth of *Saccharomyces cerevisiae*, Appl. Environ. Microbiol., 36 (4), pp.: 615-617

Gillies, R.J.; MacKenzie, N.E.; Dale, B.E. (1989) Analyses of Bioreactor Performance by Nuclear Magnetic Resonance Spectroscopy, Bio/Technology, 7, pp.: 50-54

Gillies, R.J.; Ogino, T.; Shulman, R.G.; Ward, D.C. (1982) ^{31}P Nuclear Magnetic Evidence for the Regulation of Intracellular pH by Ehrlich Ascites Tumor Cells, J. Cell Biol., 95 (10), pp.: 24-28

Gnanasekaran, R.; Mottola, H.A. (1985) Flow injection determination of penicillins using immobilized penicillinase in a single bead string reactor, Anal. Chem., 57, pp.: 1005-1009

Goldfinch, M.J.; Lowe, C.R. Solid phase optoelectronic sensors for biochemical analysis. Anal. biochem., 138, pp.: 430

Gonzalez-Mendez, R.; Wemmer, G.; Hahn, G.; Wade-Jardetzky, N.; Jardetzky, O. (1982) Continuous-Flow NMR Culture System for Mammalian Cells, Biochim. Biophys. Acta, 720, pp.: 274-280

Gosmann, B.; Rehm,H.J. (1986) Oxygen uptake of microorganisms entrapped in Ca-alginate, Appl. Microbiol. Biotechnol., 23, pp.: 163-167

Gotoh, M.; Tamiya, E.; Karube, J.; Kagawa, Y. (1986) A microsensor for adenosine-5-triphosphate based on pH-sensitive field effect transistors; Anal. Chem. Acta, 187, 287-91

Gottschalk, G. (1979) Bacterial Metabolism, Springer Verlag, Berlin

Gottschalk, G. (1986) Bacterial Fermentations, in: Bacterial Metabolism, 2nd Edition, Springer Verlag, Berlin, New York, pp.: 208-282

Graf, H. (1989) Untersuchungen zur Automatisierung eines Perfusionssystems zur Kultivierung von tierischen Zellen, Dissertation, Universität Hannover

Graham, A.; Moo-Young, M. (1985) Biosensors: recent trends, Biotech. Advs.,3 , pp.: 209-218

Grattan, K.T.V.; Mouaziz, Z.; Palmer, A.W. (1987/88) Dual wavelength optical fibre sensor for pH measurement, Biosensors, 3, pp.: 17-25

Grattan, K.T.V.; Mouaziz, Z.; Selli, R.K. (1987) pH sensor using a LED source in a fibre optic device, Proc. SPIE-Int. Soc. Opt. Eng., 798, pp.: 230

Green, M.J. (1987) New approaches to electrochemical immunoassay, in: Biosensors - Fundamentals and Applications (eds.: A.P.F. Turner, I. Karube, G.S. Wilson, Oxford Science Publication, Oxford, pp.: 61-70

Greenspan, P.; Fowler, S.D. (1985) Biological applications of the fluorescent lipid probe Nile Red, Kodak Bulletin, 56(3), pp.: 1-8

Greenspan, P.; Mayer, E.P.; Fowler, S.D. (1985) Nile Red: A selective fluorescent stain for intracellular lipid droplets, J. Cell Biol., 100, pp.: 965-973

Groom, C.A.; Luong, J.H.T.; Mulchandani, A. (1988) On-line culture fluorescence measuring during the batch cultivation of poly-hydroxybutyrate producing *Alcaligenes eutrophus*, J. Biotechnol., 8, pp.: 271-278

Gründig, B.; Krabisch, Ch. (1989) Electron mediator-modified electrode for the determination of glucose in fermentation media, Anal. Chim. Acta, 222, pp.: 75-81

Gschwend, K.; Beyeler, W.; Fiechter, A. (1983) Detection of reactor nonhomogenities by measuring culture fluorescence, Biotechnol. Bioeng., 25, pp.: 2789-2793

Guilbault, G. G.; Lubrano, G.J. (1973) An enzyme electrode for amperometric determination of glucose. Anal.Chim. Acta, 64, pp.: 439-455

Guilbault, G.G. (1980) Use of the piezoelectric crystal detector in analytical chemistry, Ion. Selec. Elc. Rev., 2(1), pp.: 3-17

Guilbault, G.G. (1982) Determination of formaldehyde with an enzyme-coated piezoelectric crystal detector. ANal. Chem., 55, pp.: 1682-1684

Guilbault, G.G. (1982) Immobilized enzymes as analytical reagents, Appl. Biochem. and Biotechnol., 7, pp.: 85-98

Guilbault, G.G. (1982) Ion-selective electrodes applied to enzyme systems, Ion-selective Electrode Rev. (1982), 4, pp.: 187-231

Guilbault, G.G.; Danielsson, B.; Mandenius, C.F.; Mosbach, K. (1983) A comparison of enzyme electrode and thermistor probes for assay of alcohols using alcohol oxidase, Anal. Chem., 55, pp.: 1582-1585

Guilbault, G.G.; Luong, J.H. (1988) Gas phase biosensors, J. of Biotechnol., 9, pp.: 1-10

Guilbault, G.G.; Luong, J.H. (1989) Biosensors: current status and future possibilities, Selctive Electrode Rev., 11, pp.: 3-16

Guilbault, G.G.; Mascini, M. (eds.) (1988) Analytical uses of immobilized biological compounds for detection, medical and industrial uses, NATO ASI Series, Vol. 226, Reidel Publishing Company, Dordrecht

Guilbault, G.G.; Ngeh-Ngwainbi, J. (1987) Use of protein coatings on piezoelectric crystals for assay of gaseous pollutants in: Analytical uses of immobilized biological compounds for detection, medical and industrial uses (eds.: G.G. Guilbault, M. Mascini), NATO ASI Series, Vol. 226, Reidel Publishing Company, Dordrecht, pp.: 187-194

Gupta, R.K.; Gupta, P.; Moore, R.D. (1984) NMR Studies of Intracellular metal ions in intact cells and tissues, Ann. Rev. Biophys. Bioeng. 13, pp.: 221-246

Guske, C. (1989) Laufende Dissertation, California Institute of Technology, Pasadena

Hall, E. (1986) The developing biosensor arena, Enzyme Microb. Technol. 8(11), pp.: 651-658

Hall, E. (1988) Entwicklungen in der Biosensor-Technologie, BioEngineering, 1/88, pp.: 21-28

Hamori, E.; Arndt-Jovin, D.J.; Grimwade, B.G.; Jovin, T.M. (1980) Selection of Viable Cells with Known DNA Content, Cytometry, 1 (2), pp.: 132-135

Hanazato, Y.; Nakako, M.; Maeda, M.; Shiono, S. (1987) Glucose sensor based on a field-effect tranistor with a photolithographically patterned glucose oxidase membrane; Anal. Chim. Acta, 193, 87-96

Hanazato, Y.; Nakako, M.; Shiono, S. (1986) Multi-enzyme electrode using hydrogen-ion-sensitive field-effect transistors; IEEE Trans. Electron Dev., Vol ED-33, No.1

Hanazato, Y.; Shino, S (1983) Bioelectrode using two hydrogen ion sensitive field effect transistors and a platinium wire pseudo reference electrode, in: Chemical sensors. Proceedings of international meeting on chemical sensors. (eds.: Seiyama, K.; Fueki, K.; Shiokawa, J.; Suzuki, S.) Fukuoda, Japan, September 19-22, 1983; Anal. Chem. Sym. Ser., 17, Elsevier, Amsterdam, pp.: 513-518

Hancher, C.W.; Thacker, L.H.; Phares, E.F. (1974) A Fiber-Optic Retroreflective Turbidimeter for Continuously Monitoring Cell Concentration During Fermentation, Biotechnol. Bioeng., 16, pp.: 475-484

Haran, N.; Kahana, Z.E.; Lapidot, A. (1983) *In vivo* ^{15}N NMR studies of regulation of nitrogen assimilation and amino acid production by Brevibacterium lactofermentum, J. Biol. Chem. 258(21), pp. 12929-12933

Harima, T.; Humphrey, A.E. (1980) Estimation of *Trichoderma* QM 9414 Biomass and Growth Rate by Indirect Means, Biotechnol. Bioeng., 22, pp.: 821-831

Harris, C.M.; Kell, D.B. (1985) The Estimation of Microbial Biomass, Biosensors, 1, pp.: 17-84

Harris, C.M.; Todd, R.W.; Bungard, S.J.; Lovitt, R.W.; Morris, J.G.; Kell, D.B. (1987) Dielectric Permittivity of Microbial Suspensions at Radio Frequencies: a Novel Method for the Real-time Estimation of Microbial Biomass, Enzyme Microbiol. Technol., 9, pp.: 181-186

Harris, R.K. (1986) Nuclear Magnetic Resonance: A Physiochemical View, Longman House, Harlow, England

Harrison, D.E.F.; Chance, B. (1970) Fluorometric technique for monitoring changes in the level of reduced nicotinamide nucleotides in continuous cultures of microorganisms, Appl. Microbiol., 19 (3) pp.: 446-450

Hartmeyer, W. (1986) Immobilisierte Biokatalysatoren, Springer Verlag, Berlin

Hatch, R.T.; Wilder, C.; Cadman, T.W. (1979) Analysis and Control of Mixed Cultures, Biotechnol. Bioeng. Symp., 9, pp.: 25-37

Hedén, C.G.; Illény, T. (1975) (eds.) for: New Approaches to the Identification of Microorganisms, John Wiley and Sons, New York

Heijnen, J.J.; Roels, J.A.; Stouthamer, A.H. (1979) Application of Balancing Methods in Modelling the Penicillin Fermentation, Biotechnol. Bioeng., 21, pp.: 2175-2201

Heinzle, E.; Goldschmidt, B.; Moes, J.; Dunn, I.J. (1986) Modelling of mixing phenomena observed in *Bacillus subtilis* batch cultivations, Proceedings: 5th Yugoslavian-Austrian-Italian Chem. Eng. Conf., Portoroz, Yugoslavia, pp.: 525-534

Heinzle, E.; Lunden, M.; Dunn, I.J. (1985) Analysis of Biomass and Metabolites Using Pyrolysis Mass Spectrometry, Proceedings: Modelling and Control of Biotechnological Processes, Pergamon Press, 1st IFAC Symposium, Noorwijkerhout, The Netherlands, 11-13 December

Hendy, N.A.; Gray, P.P. (1979) Use of ATP as an Indicator of Biomass Concentration in *Trichoderma viride* Fermentation, Biotechnol. Bioeng., 21 pp.: 153-156

Herrero, A.A.; Gomez, R.F.; Roberts, M.F. (1985) ^{31}P NMR studies of *Clostridium thermocellum*, J. Biol. Chem. 260(12), pp.: 7442-7451

Hiddessen, R. (1987) Entwicklung und Einsatz eines Automatisierungssystems zur On-line Überwachung und Steuerung prozeßgekoppelter Bioreaktoren, Dissertation, Universität Hannover

Hikuma, M.; Kubo, T.; Yasuda, T.; Karube, I.; Suzuki, S. (1979) Amperometric determination of acetic acid with immobilized *Trichosporon brassicae*, Anal. Chim. Acta, 109, 33-37

Hikuma, M.; Kubo, T.; Yasuda, T.; Karube, I.; Suzuki, S. (1979) Microbial electrode sensor for alcohols, Biotechnol. Bioeng., 21, pp.: 1845-1853

Hikuma, M.; Obana, H.; Yasuda, T.; Karube, I.; Suzuki, S. (1980a) A potentiometric microbial sensor based on immobilized *Escherichia coli* for glutamic acid, Anal. Chim. Acta, 116, pp.: 61-67

Hikuma, M.; Obana, H.; Yasuda, T.; Karube, I.; Suzuki, S. (1980b) Amperometric determination of total assimilable sugars in fermentation broth with use of immobilized whole cells, Enzyme Microb. Technol., 2, 234-238

Hjortso, M.A.; Dennis, K.E.; Bailey, J.E. (1985) Quantitative Charakterization of Plasmid Instability in *Saccharomyces cerevisiae* Using Flow Cytometry-Cell Sorting, Biotechnol. Lett., 7 (1), pp.: 21-24

Holst, O.; Hankanson, H.; Miyabayashi, A.; Mattiasson, B. (1988) Monitoring of glucose in fermentation processes using a commercial glucose analyzer, Appl. Microbiol. Biotechnol., 28, 32-36

Home, P.D.; Alberti, K.G.M.M. (1987) Biosensors in medicine: the clinician's requirements in: Biosensors - Fundamentals and Applications (eds.: A.P.F. Turner, I. Karube, G.S. Wilson, Oxford Science Publication, Oxford, pp.: 723-736

Hong, K.; Tanner, R.D.; Malaney, G.W.; Wilson, D.J. (1987) A Spectrophotometric Method for Estimating the Yeast Cell Concentration in a Semi-Solid State Fermentation, Process Biochem., pp.: 149-153

Horan, P.K.; Wheeless Jr.; L.L. (1977) Quantitative Single Cell Analysis and Sorting, Science, 198, pp.: 149-157

Huang, T.-L.; Han, Y.W.; Callihan, C.D. (1971) Application of the Lowry Method for Determination of Cell Concentration in Fermentation of Waste Cellulosics, J. Ferment. Technol., 49 (6), pp.: 574-576

Hundeck, H.G. (1987) Untersuchungen über die Einsatzbereiche eines Enzymthermistors als universeller Biosensor, Diplomarbeit, Universität Hannover

Hundeck, H.G. (1989) Laufende Dissertation, Universität Hannover

Hübner, U. (1987) Reaktionstechnische Untersuchungen zum dynamischen Verhalten der Hefe *Saccharomyces cerevisiae* - Einfluß abnehmender Sauerstoffkonzentrationen -, Diplomarbeit, Universität Hannover

Hübner, U. (1989) Laufende Disseration, Universität Hannover

Hysert, D.W.; Knudsen, F.B.; Morrison, N.N.M.; van Gheluwe, G.; Lom, T. (1979) Application of a Bioluminescence ATP Assay, in: Brewery Wastewater Treatment Studies, 21, pp.: 1301-1314

Ishikawa, Y.; Shoda, M. (1983) Calorimetric Analysis of *Escherichia coli* on Continuous Culture, Biotechnol. Bioeng.; 25, pp.: 1817-1827

Ishikawa, Y.; Shoda, M.; Maruyama, H. (1981) Design and performance of a new micro-calorimetric system for aerobic cultivation of microorganisms, Biotechnol. Bioeng., 23, pp.: 2692-2640

Ishimori, Y.; Karube, I.; Suzuki, S. (1981) Determination of Microbial Populations with Piezoelectric Membranes, Appl. Envir. Microbiol., 42 (4), pp.: 632-637

Jakobi, G.; Löhr, A. (1987) Detergents and textile washing, VCH Verlagsgesellschaft, Weinheim

Janata, J.; Huber, R.J. (1985) Solid state chemical sensors, Academic Press, New York

Jämmrich, U. (1988) Mechanische Beanspruchung von Suspensionszellen und ihre Charakterisierung, Diplomarbeit, Universität Hannover

Jenkinson, D.S.; Ladd, J.N. (1981) Microbial Biomass in Soil: Measurement and Turnover, in: Soil Biochemistry (eds.: Paul, E.A., Ladd, J.N.), Vol. 5, pp.: 415-471, Dekker, New York

Jones, T.P.; Porter, M.D. (1988) Optical pH sensor based on the chemical modification of a porous polymer film, Anal. Chem., 60, pp.: 404-406

Juhnke, I.; Lüdemann, H. (1978) Ergebnisse der Untersuchung von 200 chemischen Verbindungen auf akute Fischtoxizität mit der Goldorfe, Z.F. Naturforsch. 5, pp.: 161-169

Junker, B.H.; Wang, D.I.C.; Hatton, T.A. (1988) Fluorescence sensing of fermentation parameters using fiber optics, Biotechnol. Bioeng., 32, pp.: 55-63

Jüttner, R.R.; Lafferty, R.M.; Knackmuss, H.J. (1975) A simple method for the determination of poly-hydroxybutyric acid in microbial biomass, Eur. J. Appl. Microbiol. biotechnol. 1, pp.: 233-237

Kanamori, K.; Roberts, J.D. (1983) N-15 NMR Studies of Biological Systems, Acc. Chem. Res. 16, pp.: 35-41

Kang, S.J.; Pugh, L.B.; Borchardt, J.A. (1983) ATP as a Measure of Active Biomass Concentration and Inhibition in Biological Wastewater Treatment Processes, Proc. Ind. Waste. Conf., pp.: 751-759

Karczmar, G.S.; Kortesky, A.P.; Bissell, M.J.; Klein, M.P.; Wiener, M.W. (1983) A device for maintaining viable cells at high densities for NMR studies, J. Mag. Res. 53, pp. 123-128

Karl, D.M. (1986) Determination of *in situ* Microbial Biomass, Viability, Metabolism, and Growth, in: Poindexter, J.S., Leadbetter, E.R. (Eds.), Bacteria in Nature, Vol. 2, New York: Plenum Press, pp.: 85-176

Karrer, D. (1972) Der total gefüllte Bioreaktor, Dissertation, ETH Zürich, Nr. 6254

Karube, I. (1987) Micro-organism based sensors, in: Biosensors - Fundamentals and Applications (eds.: A.P.F. Turner, I. Karube, G.S. Wilson, Oxford Science Publication, Oxford, pp.: 13-29

Karube, I. (1988) Immunosensors, In: Guilbault, G.G., Mascini, M. (eds.), Analytical Uses of Immobilized Biological Compounds for Detection, Medical and Industrial Uses, Norwell, MA: D. Reidel Pub. Co, pp.: 267-279

Karube, I. Mitsuda, S.; Suzuki, S. (1979) Glucose sensor using immobilized whole cells of *Pseudomonas fluorescence*, Europ.J. Appl. Microbiol. Biotechnol., 7, pp.: 343-351

Karube, I.; Gotoh, M. (1987) Immunosensors in: Analytical uses of immobilized biological compounds for detection, medical and industrial uses, NATO ASI Series, Vol. 226, Reidel Publishing Company, Dordrecht, pp.: 267-280

Karube, I.; Sode, K.; Tamiya, E. (1989) Current trends in microbiosensor development, SwissBiotech, 7(4), pp.:25-32

Karube, I.; Suzuki, S. (1983) Application of biosensor in fermentation processes; Annual Reports on Ferment. Technol., 6, pp.: 203-233

Karube, I.; Tamiya, E.; Dicks, J.M.; Gotoh, M. (1986) A microsensor for urea based on an ion-selective field-effect transistor; Anal. Chim. Acta, 185, 195-200

Karube, J. (1988) Immunosensors, in: Analytical uses of immobilized biological compounds for detection, medical and industrial uses (eds.: G.G. Guilbault; M. Mascini), D. Reidel Pub. Co., pp.: 267-279

Karube, J.; Suzuki, M. (1986) Novel immunosensors, Biosensors, 2(6), pp.: 353-354

Kawabata, Y-; Imasaka, T.; Ishibashi, N. (1986) Fiber optic pH sensor based on laser fluorometry, OFS'86 TOKYO, pp.: 139-142

Kawabata, Y.; Tahara, R.; Imasaka, T.; Ishibashi, N. (1988) Fiber-optic calcium (II) sensor with reversible response, Anal. Chim. Acta 212, pp.: 267-271

Kawabata, Y.; Tsuchida, K.; Imasaka, T.; Ishabashi, N. (1987) Fiber-optic pH sensor with monolayer indicator, Anal. Sci. 3(1), pp.: 7

Kawabata, Y; Kamichika, T.; Imasaka, T.; Nobuhiko, I. (1989) Fiber-optic sensor dor carbon dioxide with a pH indicator dispersed in a poly(ethylene glycol)membrane, Anal. Chim. Acta 219, pp.: 223-229

Keating, M.Y.; Rechnitz, G.A. (1984) Potentiometric digoxin antibody measurements with antigen-ionophore based membrane electrodes. Anal. Chem., 36, pp.: 801-803

Kell, D.B. (1987) Forces, Fluxes and the Control of Microbial Growth and Metabolism, J. of

General Microbiol., 133, p.: 1651-1665

Kernevez, J.P.; Konante, L.; Romette, J.L. (1983) Determination of substrate concentrations by a computerized enzyme electrode, Biotechnol. Bioeng., 25, pp.: 845-855

Kiba, N.; Tomiyasu, T.; Furusawa, M. (1984) Flow enthalpimetric determination of glucose based on oxidation by 1,4-benzoquinone with use of immobilized glucose oxidase column, Tantala, 31, pp.: 131-132

Kieber, D.J.; Vaughan, G.M.; Mopper, K. (1988) Determination of formiate in natural waters by a coupled enzymatic/high-performance liquid chromatographic technique. Aanl. Chem., 60, pp.: 1654

Kilburn, D.G. Fitzpatrick, P.; Blake-Coleman, B.C.; Clarke, D.J.; Griffiths, J.B. (1989) On-line Monitoring of cell mass in mammalian cell cultures by acoustic densitometry, Biotechnol. Bioeng., 33, pp.: 1379-1384

Kimura, J.; Kuriyama, T.; Kawana, Y. (1986) An integrated SOS/FET multi-biosensor; Sensors and Actuators, 9, 373-87

King, W.H. (1964) Piezoelectric surface mass sensor devices, Anal. Chem., 36, pp.: 1735-1739

Kingdon, C.F.M.; Stolzenburg, M. (1988) Biosensoren, Sensormagazin, 4, pp.: 22-24

Kirkbright, G.F.; Narayanaswamy, R.; Welti, N.A. (1984) Studies with immobilized chemical reagents using a flow-cell for the development of chemically sensitive fibre-optic devices, Analyst, 109, pp.: 15

Kittstein-Eberle, R.; Ogbomo, I.; Schmidt, H.-L. (1989) Biosensing devices for the semi-automated control of dehydrogenase substrates in fermentations, Biosensors, 4, pp.: 75-85

Klein, J. (1980) Trägerfixierung von Mikroorganismen in polymerer Matrix, Kontakte, 3, pp.: 24-36

Klein, J. (1981) Heterogene Biokatalyse mit polymerfixierten Mikroorganismen, Nachr. Chem. Tech. Lab., 29(12), pp. 850

Klein, M. (1986) Ionenselektiver Feldeffekttransistor mit Natrium-Aluminium-Silikatschicht zur Messung der Na+-Konzentration in wäßrigen Lösungen NTG FAchberichte, 93, pp.: 66-72

Klein, M.; Kuisl, M. (1984) Ionenselektiver Feldeffekttransistor mit Ta2O5-Schicht für den Einsatz bei pH-Messungen, VDI-Berichte, 509, pp.: 275-279

Klingenberg, M. (1974) in: Methoden der enzymatischen Analyse (ed.: H.U. Bergmeyer), Verlag Chemie, Weinheim, pp.: 2094

Knop, R.H.; Chen, C.-W.; Mitchell, J.B.; Russo, A.; McPherson, S.; Cohen, J.S. (1984) Metabolic studies of mammalian cells by ^{31}P-NMR using a continuous perfusion technique, Biochim. Biophys. Acta, 804, pp.: 275-284

Knöpfel, H.P. (1972) Der Zum Crabtree-Effekt bei *Saccharomyces cerevisiae* und *Candida tropicalis*, Dissertation, ETH Zürich, Nr. 4906

Koch, A.L. (1970) Turbidity measurements of bacterial cultures in some available commercial instruments, Anal. Biochem., pp.: 252-259

Kok, R.; Hogan, P. (1987/88) The development of an *in situ* fermentation electrode calibrator. Biosensors, 3 pp.: 89-100

Koliander, B.; Hampel, W.; Roehr, M. (1984) Indirect Estimation of Biomass by Rapid Ribonucleic Acid Determination, Appl. Microbiol. Biotechnol., 19, pp.: 272-276

Kracke-Helm, H.A. (1989) Kultivierung rekombinanter, temperatursensitiver *Escherichi coli* in einem Air-lift-Schlaufenreaktor

Kretzmer, G. (1989) Entwicklung von Methoden zur kontrollierten mechanischen Belastung adhärenter Zellen am Beispiel der BHK 21c13, Dissertation, Universität Hannover

Kroner, K.-H.; Kula, M.R. (1984) On-line measurement of extracellular enzymes during fermentation by using membrane techniques. Anal. Chim. Acta, 163, pp. 3-11

Kruth, H.S. (1982) Flow Cytometry: rapid biochemical analysis of single cells, Anal. Biochem., 125, pp.: 225-242

Kuan, S.S.; Guilbault, G.G. (1987) Ion-selective electrodes and biosensors based on ISEs, in: Biosensors - Fundamentals and Applications (eds.: A.P.F. Turner, I. Karube, G.S. Wilson, Oxford Science Publication, Oxford, pp.: 135-152

Kubitschek, H.E. (1958) Electronic Counting and Sizing of Bacteria, Nature (London), 182 (4630), pp.: 234-235

Kubitschek, H.E. (1969) Counting and Sizing Micro-organisms with the Coulter Counter, Methods in Microbiology (eds.: Norris, J.R.; Ribbons, D.W.) Academic Press, London and New York, pp.: 593-604

Kuchenbecker, D.; Bley, T.; Schmidt, A. (1981) Short-Periodic oscillations of culture fluorescence in yeast cell populations, Stud. Biophys., 86 (2), pp.: 92-96

Kuhlmann, W.; Kroner, K.H. (1986) Continuous Sampling Device for Bioprocess Control, Eng. Found. Conference, Upsalla, 14-16.05.1986

Kula, M.-R. (1982) Enzyme, in: Handbuch der Biotechnologie (eds.: Präve, P.; Faust, U.; Sittig, W.; Sukatsch, D.A.) , Akademische Verlagsgesellschaft, Wiesbaden

Kulp, T.J.; Camins, I.; Angel, S.M.; Munkholm, C.; Walt, D.R. (1987) Polymer immobilized enzyme optrodes for the detection of penicillin, Anal. Chem. 59, pp.: 2849-2853

Kuriyama, T.; Kimura, J.; Kawana, Y. (1985) Development of biosensrs with immobilized enzyme; Chem. Economy & Eng. Rev., 17(7-8), No. 190

Kutzenbach, C.; Rauenbusch, E. (1974) Preparation and general properties of crystalline penicillin acylase from *Escherichia coli* ATCC 11105, Z. Physiol. Chem., 354, pp.:45-53

Küenzi, M. (1970) Über den Reservekohlenstoffwechsel von *Saccharomyces cerevisiae*, Dissertation, ETH Zürich, Nr. 4544

Laerum, O.D.; Farsund, T. (1981) Clinical Application of Flow Cytometry: A Review, Cytometry, 2 (1), pp.: 1-23

Lauks, I.; Sansen, W. (1985) Transducers 85, Proceedings 3rd International Conference on Solid State Sensors and Actuators, 11-14. June 1985, Philadelphia, IEEE Press, pp.: 125-127

Lee, C.; Lim, H. (1980) New Device for Continuously Monitoring the Optical Density of Concentrated Microbial Cultures, Biotechnol. Bioeng., 22, pp.: 639-642

Lee, L.G.; Berry, G.M.; Chen, C.-H. (1989) Vita Blue: A New 633-nm Excitable Fluorescent Dye for Cell Analysis, Cytometry 10, pp.: 151-164

Lee, Y.H. (1981) Pulsed Light Probe for Cell Density Measurement, Biotechnol. Bioeng., 23, pp.: 1903-1906

Leist, C.; Meyer, H.P.; Fiechter, A. (1986) Process control during the suspension culture of a human melanoma cell line in a mechanically stirred loop bioreactor, J. Biotechnol., 4, pp.: 235-246

Lemoigne, M (1926) Produits de lácide ß-oxybutyrique, Bull. Soc. Chim. Biol., 8, pp.: 770-782

Lenz, R.; Boelcke, C.; Peckman, U.; Reuß, M. (1985) A New Automatic Sampling Device for Determination of Filtration Characteristics and the Coupling of an HPLC to Fermentors, Proceedings: Modelling and Control of Biotechnological Processes, Pergamon Press (ed. Johnson, A.), IFAC-publications, Pergamon Press, 1st IFAC Symposium, Noordwijkerhout, 11-13 December 1985

Li, J.; Humphrey, A.E. (1989) Kinetic and fluorometric behavior of a phenol fermentation, Biotechnol. Let. 11(3), pp. 177-182

Liedberg, B.; Nylander, C.; Lundström, I. (1983) Surface plasmon resonance for gas detection and biosensing. Sens. and Act. 4, pp.: 199-304

Lima Filho, J.L.; Ledingham, W.M. (1987) Continuous Measurement of Biomass Concentration in Laboratory-Scale Fermenters Using a LED-Electrode System, Biotechnol. Techniques, 1 (3), pp.: 145-150

Linek,V; Benes, P.; Sinkula, J.; Holecek, O.; Maly, V. (1980) Oxidation of D-glucose in the presence of glucose oxidase and catalase, Biotechnol. Bioeng., 22, pp.: 2515-2527

Linz, F. (1987) Untersuchungen von Fermentationsproben mit einem Laser-Durchflußcytometer, Diplomarbeit, Universität Hannover

Linz, F. (1989) Durchflußcytometrie zur Prozeßbeobachtung in der Biotechnologie, Dissertation, Universität Hannover

Lippitsch, M.E.; Pustenhofer, J.; Leiner, M.J.P.; Wolfbeis, O.S. (1988) Fibre-optic oxygen sensor with the fluorescence decay time as the information carrier, Anal. Chim. Acta 205, pp.:1-11

London, J.; Knight, M. (1966) Concentrations of nicotinamide nucleotide coenzymes in microorganisms, J.Gen. Microbiol., 44, pp. 241-254

Lowe, C.R. (1984) Biosensors, Trends in Biotechnolgy, 2(3), pp.: 59-65

Luo, S.; Walt, D.R. (1989) Avidin-Biotin coupling as a general method for preparing enzyme-based fibre-optic sensors, Anal. Chem. 61, pp.: 1069-1072

Luo, S.; Walt, D.R. (1989) Fibre-optic sensors based on reagent delivery with controlled-release polymers, Anal. Chem., 61, pp.: 174-177

Luong, J.H.T.; Carrier, D.J.; (1986) On-line measurement of culture fluorescence during cultivation of *Methylomonas mucosa*, Appl. Microbiol. Biotechnol., 24 (1), pp.: 65-70

Luong, J.H.T.; Mulchandani, A.; Guilbault, G.G. (1988) Developments and applications of biosensors, TIBTECH, 6, pp.: 310-316

Luong, J.H.T.; Volesky, B. (1980) Determination of the heat of some aerobic fermentations, Can. J. Chem. Eng., 58, pp.: 497-504

Luong, J.H.T.; Volesky, B. (1982) Indirect Determination of Biomass Concentration in Fermentation Processes, Can. J. Chem. Eng., 60, pp.: 163-167

Luong, J.H.T.; Volesky, B. (1983) Heat evolution during the microbial process-estimation, measurement and applications, Adv. Biochem. Eng. Biotechnol., 28, 1-40

Luong, J.H.T.; Yerushalmi, L.; Volesky, B. (1983) Estimating the Maintenance Energy and Biomass Concentration of *Saccharomyces cerevisiae* by Continuous Calorimetry, Enzyme Microb. Technol., 5, pp.: 291-297

MacBride, W.R.; Magae, J.A.; Armiger, W.B.; Zabriskie, D.W. (1986) Optical apparatus and method for measuring the characteristics of materials by their fluorescence, US-patent, 4577110

MacMichael, G.; Armiger, W.B.; Lee, J.F.; Mutharasan, R. (1987) On-line measurement of hybridoma growth by culture fluorescence, Biotechnol. Techn., 1 (4), pp.: 213-218

Malin-Berdel, J.; Valet, C. (1980) Flow Cytometric Determination of Esterase and Phosphatase Activities and Kinetics in Hematopoietic Cells with Fluorogenic Substrates, Cytometry, 1 (3), pp.: 222-228

Mandenius, C.F.; Welin, S.; Danielsson, B.; Lundström, I.; Mosbach, K. (1984) The interaction of proteins and cells with affinity ligands covalently coupled to silion surfaces as monitored by ellipsometry. Anal. Biochem., 137, pp.: 106-114

Mandenius, C.F. (1988) Controlling fermentation of lignocellulose hydrolysates in a continuous hollow-fiber reactor using biosensors, Biotechnol. Bioeng., 32, pp.: 123-129

Mandenius, C.F.; Bülow, L.; Danielsson, B.; Mosbach, K. (1985) Monitoring and control of enzymic sucrose hydrolysis using on-line biosensors. Appl. Microbiol. Biotechnol. 21, pp.: 135-142

Mandenius, C.F.; Danielsson, B.; Mattiasson, B. (1980) Enzyme thermistor control of the sucrose concentration at a fermentation with immobilized yeast, Acta Chem. Scand. B34(6), pp.: 463-465

Mandenius, C.F.; Danielsson, B.; Mattiasson, B. (1984) Evaluation of a dialysis probe for continuous sampling in fermentors and in complex media, Anal. Chim. Acta, 163, pp.: 135-141

Maneshin, S.K.; Arevshatyan, A.A. (1972) Change in the fluorescence intensity of $NADH_2$ in *Candida guilliermondii* in the transition from an anaerobic to an aerobic state, Appl. Biochem. Microbiol., 8, pp.: 273-275

Marconi, W. (1978) Biomedical applications of enzymatic fibres. in: Enzyme Engineering (eds.:

G.B. Broun, G. Manecke, L.B. Wingard, Jr.) Plenum Press, New York, Vol.4, pp.: 179-186

Marison, I.W.; von Stockar, U. (1986) The Application of a Novel Heat Flux Calorimeter for Studying Growth of *Escherichia coli* W in Aerobic Batch Culture, Biotechnol. Bioeng., 28, pp.: 1780-1793

Marison, I.W.; von Stockar, U. (1987) A Calorimetric Investigation of the Aerobic Cultivation of *Kluyveromyces fragilis* on various substrates, Enzyme Microbiol. Technol., 9, pp.: 33-43

Matsunaga, T.; Karube, I.; Suzuki, S. (1979) Electrode System for the Determination of Microbial Populations, Appl. Env. Microbiol., 37 (1), pp.: 117-121

Matsunaga, T.; Karube, I.; Suzuki, S. (1980) Electrochemical determination of cell populations, European J. Appl. Microbiol. Biotechnol., 10, pp.: 125-132

Mattiasson, B, Danielsson, B.; Winquist, F.; Nilson, H.; Mosbach, K. (1981) Enzyme thermistor analysis of penicillin in standard solutions and in fermentation broths, Appl Environ. Microbiol., 41, pp.: 903-908

Mattiasson, B.; Borrebaeck, C.; Sanfridson, B.; Mosbach, K. (1977) Thermometric enzyme linked immunosorbent assay: TELISA, Biochim. Biophys. Acta, 483, pp.: 221-227

Mattiasson, B.; Danielsson, B. (1982) Calorimetric analysis of sugars and sugar derivatives with aid of an enzyme thermistor. Carbohydr. Res., 102, pp.: 273-282

Mattiasson, B.; Danielsson, B.; Hermansson, C.; Mosbach, K. (1988) Enzyme thermistro analysis of heavy metal ions with immobilized urease, FEBS Lett. 85(2), pp.: 203-220

Mattiasson, B.; Mandenius, C.F.; Axelsson, J.P.; Danielsson, B.; Hagander, P. (1983) Computer control of fermentation with biosensors, Ann. N.Y. Acad. Sci., 413, pp.: 193-196

Mattiasson, B.; Rieke, E.; Mannecke, D. Mosbach, K. (1979) Enzymatic analysis of organophosphate insecticides using an enzyme thermistor, J. Sol. Phase Biochem. 4(4), pp.: 263-270

Mattiasson, B.; Winquist, F.; Nilsson, H.; Mosbach, K. (1981) Enzyme thermistor analysis of penicillin in standard solutions and in fermentation broths, Appl. Environ. Microbiol. 41, pp.: 903-908

Mayer, H.; Collins, J.; Wagner, F. (1980) Cloning of the penicillin-G-acylase gene of *Escherichia coli* ATCC 11105 on multicopy plasmids, Enzyme Engineering, Vol. 5, p. 61, Plenum Press, New York

McCapra, F. (1987) Potential applications of bioluminescence and chemiluminescence in biosensors, in: Biosensors - Fundamentals and Applications (eds.: A.P.F. Turner, I. Karube, G.S. Wilson, Oxford Science Publication, Oxford, pp.: 617-637

McGlothlin, C.D:; Jordan, J. (1975) Enzymatic enthalpimetry, a new approach to clinical analysis: glucose determination by hexokinase catalyzed phosphorlytaion, Anal. Chem. 47, pp.: 786.790

McLaughlin, J.K.; Meyer, C.L.; Papoutsakis, E.T. (1985) Gas chromatography and gateway sensors for on-line state estimation of complex fermentations (butanol-Acetone Fermentatin), Biotechnol. Bioeng., 27, pp.: 1246-1257

Meadows, D.; Schultz, J.S.; Fiber-optic biosensors based on fluorescence energy transfer, Talanta 35(2), pp.: 145-150

Merten, O.-W.; Palfi, G.E.; Stäheli, J.; Steiner, J. (1987) Invasive Infrared Sensor for the Determination of Cell Number in a Continous Fermentation of Hybridomas, Developments in Biological Standardization (eds.: Spier, R., Hennessen, W.), 66, pp.: 357-360

Merten, O.-W.; Palfi, G.E.; Steiner, J. (1986) On-line Determination of Biochemical/Physiological Parameters in the Fermentation of Animal Cells in a Continuous or Discontinuous Mode, Advances in Biotechnological Processes, 6, pp.: 111-178

Metz, H. (1981) Kontinuierliche Trübungsmessung in Bioreaktoren, Chemie-Technik, 10, pp.: 691-696

Meyer, C.; Beyeler, W. (1984) Control strategies for continuous bioprocess based on biological activities, Biotechnol. Bioeng.; 26, pp.: 916-925

Meyer, E.R.; Scheper, T. Hitzmann, B.; Schügerl, K. (1988) Immobilization of enzymes in liquid membranes for enantioselective hydrolysis, Biotechn. Tech., 2, pp.: 127-132

Meyer, H.-P.; Beyeler, W.; Fiechter, A. (1984) Experiences with the on-line measurement of culture fluorescence during cultivation of *Bacillus subtilis, Escherichia coli, Sporotrichum thermophile*, J. Biotechnol., 1. pp.: 341-349

Milanovich, F.P.; Hirschfeld, T.B.; Wang, F.T.; Klainer, S.M.; Walt, D. (1984) Clinical measurement using fiber optics and optrodes, SPIE, 494, pp.: 18-24

Miyahara, Y.; Moriizumi, T. (1985) Monolithic Multifunction EnFET Biosensors; in:Transducers 85. Proc. 3rd International Conference on Solid-state Sensors and Actuators. June 11-14, 1985, Philadelphia; IEEE Press, pp.: 148-151

Miyahara, Y.; Matsu, F.; Morizumi, T. (1983) Micro enzyme sensors using semiconductor and enzyme immobilization techniques; in: Chemical sensors. Proceedings of international meeting on chemical sensors. (eds.: Seiyama, K.; Fueki, K.; Shiokawa, J.; Suzuki, S.) Fukuoda, Japan, September 19-22, 1983; Anal. Chem. Sym. Ser., 17, Elsevier, Amsterdam, pp.: 501-506

Miyahara, Y.; Morizumi, T.; Ichimura, K. (1985) Integrated enzyme FETs for simultaneous detections of urea and glucose; Sensors and Actuators, 7, 1-10

Miyaki, Y; Einaga, Y.; Hirosye, T.; Fujita, H. (1977) Solution properties of PHB. ". Light scattering and viscosity in trifluoroethanol and behaviour of highly expanded polymer coils, Macromolecules, 10, pp.: 1356-1364

Mohan, R.R.; Li, N.N. (1974) Reduction and separation of nitrate and nitrite by liquid membranes-encapsulated enzymes, biotechnol. Bioeng., 16, pp.: 513-523

Monici, M.; Boniforti, R.; Buzzigoli, G.; De Rossi, D.; Nannini, A. (1987) Fibre-optic pH sensor for seawater monitoring, SPIE VOl. 798, pp.: 294-300

Montague, G.A.; Morris, A.J.; Them, M.T. (1988) Adaptive Inferential Estimation and its Application to Biomass Control, Proceedings: 4th Int. Cong. on Computer Appl. in Ferment. Technology (eds. Fish, N.M.; Fox, R.J.)

Moreira, A.R.; Dale, B.E.; Doremus, M.G. (1982) Utilization of the fermentor off-gases from an acetone-butanol fermentation, Biotechnol. Bioeng. Symp. Ser., 12, pp.: 263-277

Moreira, A.R.; Phillips, J.A.; Humphrey, A.E. (1978) Method for Determining the Concentration of Adsorbed Protein and Cell Biomass in Cellulose Fermentations, Biotechnol. Bioeng., 20, pp.: 1501-1505

Moreira, A.R.; Phillips, J.A.; Humphrey, A.E. (1981) Utilization of carbohydrates by *Thermomonospora sp.* grown on glucose, cellobiose, and cellulose, Biotechnol. Bioeng., 23 (6), pp.: 1325-1338

Moreno, M.C.; Martinez, A.; Millan, P.; Camara, C. (1986) Study of a pH sensitive optical fibre sensor based on the use of cresol red, J. Mol. Struct., 143, pp.: 553

Mosbach, K. (ed.) (1987) Immobilized enzymes and cells. Part C, in: Methodes in Enzymology (eds.: S.P. Colowick, N.O. Kaplan), 136, Academic Press, Orlando

Mosbach, K. (ed.) (1988) Immobilized enzymes and cells. Part D, in: Methodes in Enzymology (eds.: S.P. Colowick, N.O. Kaplan), 137, Academic Press, Orlando

Mosbach, K.; Danielsson, B. (1974) An enzyme thermistor, Biochim. Biophys. Acta, 364, pp.: 140-145

Mosbach, K.; Gestrelius, S.; Srere, P.A.; Danielsson, B. (1974) Theoretical and practical aspects of immobilized multi-step enzyme systems, in: Enzyme Engineering (eds. E.K. Pye, L.B. Wingard, Jr.), 2, pp. 151-162, Plenum, New York

Mosbach, K.; Mandenius, C.F.; Danielsson, B. (1983) New biosensor devices, proceedings: Bio-Tech '83, First World Conference and Exhibition on the Commercial Applications and Implications of Biotechnology, pp.: 665-678

Mou, D.G.; Cooney, C.L. (1976) Application of dynamic calorimetry for monitoring fermentation processes, Biotechnol. Bioeng., 18, pp.: 1371-1392

Mou, D.G.; Cooney, C.L. (1983) Growth Monitoring and Control Through Computer-Aided On-line Mass Balancing in a fed-batch Penicillin Fermentation, Biotechnol. Bioeng., 25, pp.:

225-255

Möller, J. (1983) FIA - neue Techniken und Anwendungen, LaborPraxis, 7(3), pp.:78-93

Möller, J. (1987) Penicillin-Produktion mit einem Hochleistungsstamm von *Penicillium chryso-genum* - Chromatographische Methoden zur Prozeßkontrolle, Dissertation, Universität Hannover

Munkholm, C.; Walt, D.R.; Milanovich, F.P.; Klainer, S.M. (1986) Polymer modification of fiber optical chemical sensors as a method of enhancing fluorescence signal for pH measurement, Anal. Chem, 58, pp.: 1427-1430

Munkholm, C.; Walt, D.R.; Milanovich, F.P. (1988) A fiber-optic sensor for CO_2 measurement, Talanta 35(2), pp.: 109-112

Munoz, E.F.; Silverman, M.P. (1979) Rapid, single-step most-probable-number method for enumerating fecal coliforms in effluents from sewage treatment plants, Appl. and Env. Microbiol., 37 (3), pp.: 527-530

Muramatsu, H.; Dicks, J.M.; Karube, I. (1987) Integrated-circuit bio-calorimetric sensor for glucose. Anal. Chim. Acta, 197, pp.: 347-352

Muramatsu, H.; Kajiwara, K.; Tamiya, E.; Karube, I. (1986) Piezoelectric immuno sensor for the detection of Candida albicans microbes. Anal. Chim. Acta, 188, pp.: 257-262

Musgrove, E.; Rugg, C.; Hedley, D. (1986) Flow Cytometric Measurement of Cytoplasmic pH: A Critical Evaluation of Available Fluorochromes, Cytometry, 7, pp.: 347-355

Müller, W. (1987) Entwicklung eines Meßsystems zur On-line Messung der NADH-abhängigen Kulturfluoreszenz an immobilisierten Hefezellen, Diplomarbeit, Universität Hannover

Müller, W.; Anders, K.D.; Scheper, T. (1989) Kulturfluoreszenzmessungen an immobilisierten Hefezellen, Chem. Ing. Techn., 61(7), pp.: 564-565

Müller, W.; Wehnert, G.; Scheper, T. (1988) Fluorescence monitoring of immobilized microorganisms in cultures, Anal. Chim. Acta, 213, pp.: 47-53

Nakako, M.; Hanazato, Y.; Maeda, M.; Shiono, S. (1986) Neutral lipid enzyme electrode based on ion-sensitive field effect transistors, Anal. Chim. Acta, 185, pp.: 179-185

Näbauer, A.; Berg, P.; Ruge, I. (1989) Measurement of the accumulation of biomolecules in a solution by means of piezoelectri crystals, in: Biosensors - Applications inmedicine, environmental protection and process control (eds.: R.D. Schmid, F. Scheller) GBF-Monographien, vol. 13, verlag Chemie, Weinheim

Nestaas, E.; Wang, D.I.C. (1981a) A New Sensor, The »Filtration Probe«, for Quantitative Characterization of the Penicillin Fermentation. I. Mycelial Morphology and Culture Activity, Biotechnol. Bioeng., 23, pp.: 2803-2813

Nestaas, E.; Wang, D.I.C., (1983) A New Sensor, The »Filtration Probe«, for Quantitative Characterization of the Penicillin Fermentation. III. An Automatically Operating Probe, Biotechnol. Bioeng., 25, pp.: 1981-1987

Nestaas, E.; Wang, D.I.C.; Suzuki, H.; Evans, L.B. (1981b) A New Sensor, The »Filtration Probe«, for Quantitative Characterization of the Penicillin Fermentation. II. The Monitor of Mycelial Growth, Biotechnol. Bioeng., 23, pp.: 2815-2824

Nicols, S.L.; James, A.M. (1981) A calorimetric determination of maintenance energy requirements during the aerobic growth of *Klebsiella aerogenes*, Biotechnol. Let., 3, pp.: 119-124

Nielsen, J.; Nikolajsen, K.; Villadsen, J. (1989) FIA for on-line monitoring of importatn lactic acid fermentation variables, Biotechnol. Bioeng., 33, pp.: 1127-1134

Nikolajsen, K.; Nielsen, J.; Villadsen, J. (1988) In-line flow injection analysis for monitoring lactic acid fermentations, Anal. Chim. Acta, 214, pp.: 137-145

Nilsson, H.; Mosbach, K.; Enfors, S.-O.; Molin, N. (1978) An enzyme electrode for measurement of penicillin in fermentation broth: a step towar the application of enzyme electrodes in fermentation control, Biotechnol. Bioeng., 20, pp.: 527-539

Nishikawa, S.; Sakai, S.; Karube, I.; Matsunga, T.; Suzuki, S. (1982) Dye-Coupled Electrode System for the Rapid Determination of Cell Populations in Polluted Water, Appl. Env. Microbiol.,

43 (4), pp.: 814-818

Noack, U.; Boenisch, J.; Schneider, T. (1989) Algae toximeter - a biosensor for water monitoring, in: Biosensors - Application in medicine, environmental protection and process control (eds.: R.D. Schmid, F. Scheller) GBF-Monographs, 13, Verlag Chemie, Weinheim, pp.:243-246

Oehme, F. (1988) Chemische und biochemische Sensoren, Chemie-Technik, 17(4), pp.: 27-33

Offenbacher, H.; Wolfbeis, O.S.; Fürlinger, E. (1986) Fluorescence optical sensors for continuous determination of near-neutral pH-values, Sens. Actuators, 9, pp.: 73-84

Okashi, M.; Watabe, T.; Ishikawa, T.; Watanabe, Y.; Miwa, K.; Shode, M.; Ishikawa, Y.; Ando, T.; Shibata, T.; Kitsunai, T.; Kamiyama, N.; Oikawa, Y. (1979) Sensors and Instrumentation: Steam-Sterilizable Dissolved Oxygen sensors and Cell Mass Sensor for On-line Fermentation System Control, Biotechnol. Bioeng. Symp., 9, pp.: 103-116

Olivera, J.R.; Silver, S.P. (1980) Immunoassays for antigens. US Patent No. 4,242,096, Dec. 30

Olsson, B.; Ögren, L.; Johansson, G. (1983) An enzymatic flow injection method for the determination of oxygen. Anal. Chim. Acta, 145, pp.: 101-105

Olsson, B.; Lundbäck, H.; Johansson, G. (1985) Galactose determination in an automated flow-injection system containing enzyme reactors and an on-line dialyzer, Anal. Chim. Acta, 167, pp. 123-127

Opitz, N. (1984) Optische Messung von Verfahrensgrößen mit Hilfe fluoreszenzoptischer Verfahren, Chem. Ind. 36, pp.: 742-744

Oriol, E.; Contreras, R.; Raimbault, M. (1987) Use of Microcalorimetry for Monitoring the Solid State Culture of *Aspergillus niger*, Biotechnol. Techniques, 1 (2), pp.: 79-84

Orr, T. (1988) Prospects are bright for expansion of biosensors in bioprocessing arena, Genetic Engineering News, 10/88, pp.: 27, 40

Ostle, A.G.; Holt, J.G. (1982) Nile Blue A as a fluorescent stain for poly-hydoxybutyrate, Appl. Environ. Microbiol., 44(1), pp.: 238-241

Owen, V. M. (1987) Commercial aspects of the use of immobilized compounds in: Analytical uses of immobilized biological compounds for detection, medical and industrial uses (eds.: G.G. Guilbault, M. Mascini), NATO ASI Series, Vol. 226, Reidel Publishing Company, Dordrecht, pp.: 329-339

Park, S.H.; Hong, K.T.; Lee, J.H.; Bae, J. C. (1983) On-line Estimation of Cell Growth for Glutamic Acid Fermentation System, Eur. J. Appl. Microbiol. Biotechnol., 17, pp.: 168-172

Parker, C.P.; Gardell, M.G.; Di Biasio, D. (1986) A complete system for fermentation monitoring, Internat. Biotechnol. Lab., June, pp.: 33

Pennington, S.N. (1976) A small volume microcalorimeter for analytical determinations, Anal. Biochem., 72, pp.: 230-237

Perley, C.R.; Swartz, J.R.; Cooney, C.L. (1979) Measurement of Cell Mass Concentration with a Continuous-Flow Viscosimeter, Biotechnol. Bioeng., 21, pp.: 519-523

Peterson, J.I.; Fitzgerald, R.V.; Buckhold, D.K. (1984) Fiber-optic probe for *in vivo* measurement of oxygen partial pressure, Anal. Chem. 56, pp.: 62-67

Peterson, J.I.; Goldstein, S.R.; Fitzgerald, R.V.; Buckhold, D.K. (1980) Fiber optic pH probe for physiological use, Anal. Chem. 52, pp.: 864-869

Petitdemage, H.; Cherrier, C.; Raval, G.; Gay, R. (1976) Regulation of the NADH and NADPH-Ferredoxin Oxidoreductases in *Clostridia* of the butyric group, Biochim. Biophys. Acta, 421, pp.: 334-347

Place, J.F.; Sutherland, R.M.; Dähne, C. (1985) Opto-electronic immunosensors: A review of optical immunoassay at continuous surfaces, Biosensors, 1, pp.: 321-353

Plötz, F. (1989) Laufende Doktorarbeit, Universität Hannover

Posch, H.E.; Leiner, M.J.P.; Wolfbeis, O.S.; Towards a gastric pH sensor: an optrode for the 0-7 range, Fresenius Z. Anal. Chem., 334, pp.: 162-165

Preikschat, E. (1987) New Inline Method to Measure Cell Count and Cell Size in Fermentors

Using a Focussed Laser Beam, Proc. 4th Eur. Cong. Biotechnol., 3, pp.: 122-125

Pschyrembel, W. (1986) Klinisches Wörterbuch, Walter de Gruyter, Berlin

Quack, R. (1989) Untersuchungen zum Ansprechverhalten von Enzymmembranen, Diplomarbeit, Universität Hannover

Raether, H. (1977) Surface plasmon Oscillations and their applcation. in: Physics of thin films, advances in research and development (eds.: G. Haas; M.H. Francombe) Academic Pres, New York, 9, pp.: 145-261

Raether, H. (1980) Excitation of plasmons and interband transitions by electrons, Springer, tracts in modern physics, Springer Verlag, Berlin, Vol. 88

Ramsay, G.; Turner, A.P.F. (1988) Development of an Electrochemical Method for the Rapid Determination of Microbial Concentration and Evidence for the Reaction Mechanism, Anal. Chim. Acta, 215, pp.: 61-69

Ramsey, G.; Turner, A.P.F.; Franklin, A.; Higgins, I.J. (1985) Rapid Bioelectrochemical Methods for the Detection of Living Microorganisms, Proceedings, Modelling and Control of Biotechnological Processes, Pergamon Press, 1st IFAC Symposium, Noordwijkerhout, 11-13 December

Ranzi, B.M.; Compagno, C.; Martegani, E. (1986) Analysis of protein and cell volume distribution in glucose-limited continuous cultures by budding yeast, Biotechnol. Bioeng., 28, pp.: 185-190

Rao, G.; Mutharasan, R. (1987) Directed Metabolic flow and reduction state regulation in acetone-butanol-ethanol fermentation with *Clostridium acetobutylicum*, Proceedings: 194th ACS National Meeting, New Orleans, MBTD 37

Rao, G.; Mutharasan, R. (1989) NADH Levels and Solventogenesis in *Clostridium acetobutylicum*: New Insights through Culture Fluorescence, Appl. Microbiol. Biotechnol., 30, pp.: 59-66

Reardon, K. (1987) Deactivation and Regeneration kinetics during bioconversions by immobilized *Clostridium acetobutylicum*, Dissertation, California Institute of technology, Pasadena, California

Reardon, K.F.; Scheper, T. (1991) Determination of cell concentration and characterization of cells, Biotechnology - A multi-volume comprehensive treatise, Vol.3, im Druck

Reardon, K.F.; Scheper, T.; Bailey, J.E. (1986) *In situ* fluorescence monitoring of immobilized *Clostridium acetobutylicum*, Biotechnol. Lett., 8 (11), pp. 817-822

Reardon, K.F.; Scheper, T.; Bailey, J.E. (1987) Metabolic pathway rates and culture fluorescence in batch fermentations of *Clostridium acetobutylicum*, Biotechnology Progress, 3(3), pp.: 153-167

Rechnitz, G.A. (1988) Biosensors, C&EN, September 5, pp.: 24-36

Rehak, N.N.; Young, D.S. (1978) Prospective applications of calormetry in the clinical laboratory, Clin. Chem. 24, pp.: 1414-1419

Reinhardt, B. (1987) Weiterentwicklung eines Fließinjektionssystems zur Analyse biotechnologischer Medien, Diplomarbeit, Universität Hannover

Reinhardt, B. (1989) Laufende Dissertation, Universität Hannover

Renneberg, R. (1988) Oxygen diffusity of synthetic gels derived from prepolymers, Appl. Microbiol. Biotechnol., 28, pp.: 1-7

Reuß, M. (1987b) Process Computer Coupled Substrate Feeding for Fermentation Processes, Biochemical Engineering (eds.: Chmiel, Hammes, Bailey), Gustav Fischer Verlag, Stuttgart, New York, pp. 149-168

Reuß, M.; Boelcke, C.; Lenz, R.; Peckmann, U. (1987a) A New Automatic Sampling Device for Determination of Filtration Characteristics of Biosuspensions and Coupling of Analyzers with Industrial Fermentation Processes, BTF-Biotech-Forum 4, pp. 2-12

Rice, T.K. (1980) Methood for the assay of classes of antigen-specific antibodies, US Patent No. 4,314,893, 2. Dec

Rice, T.K. (1982) Sanwich immunoassay using piezoelectric oscillator, US Patent No. 4,314,821, 9. Feb.

Rich, S.; Ianiello, R.M.; Jespersen, N.D. (1979) Development and application of a thermistor enzyme probe in the urea-urease system, Anal. Chem. 51, pp.: 204-206

Ridder, C.; Hansen, E.H.; Ruzicka, J. (1982) Flow-injection analysis of glucose in human serum by albumin, Anal. Lett., 15, pp.: 1751-1766

Rieger, M. (1983) Untersuchung zur Regulation von Glycolyse und Atmung in *Saccharomyces cerevisiae*, Dissertation, ETH Zürich, Diss. ETH 7264

Rinas,U. (1984) Kultivierung genetisch modifizierter *Escherichia coli* Stämme zur Produktion von Penicillin-G-Acylase, Diplomarbeit, Universität Hannover

Ristroph, D.L.; Watteeuw, C.M.; Armiger, W.B.; Humphrey, A.E. (1977) Experiences in the use of culture fluorescence for monitoring fermentations, J. Ferment. Technol., 55, pp.: 599-608

Roberts, J.K.M.; Jardetzky, O. (1981) Monitoring of Cellular Metabolism by NMR, Biochim. Biophys. Acta 639, pp.: 53-76

Roederer, J.E.; Baastians, G.J. (1983) Microgravimetric immunoassay with piezoelectric crystals. Anal.Chem. 55, pp.: 2333-2336

Roels, J.A. (1980) Application of Macroscopic Principles to Microbial Metabolism, Biotechnol. Bioeng., 22, pp.: 2457-2514

Romette, J.L. (1987) Mammalian cell culture process control: Sampling and sensing, in: Biosensors International Workshop 1987 (ed.: R.D. Schmid), GBF-Monograpus, Vol. 10, Verlag Chemie, Weinheim, pp.: 81-86

Romette, J.L.; Yang, J.S.; Kushabe, H.; Thomas, D. (1983) Enzyme electrode for specific determination of L-Lysine, Biotechnol. Bioeng., 25, pp.: 2557-2566

Roos, J.W.; McLaughlin, J.K.M.; Papoutsakis, E.T. (1985) The effect of pH on nitrogen supply, cell lysis, and solvent production in fermentations of *Clostridium acetobutylicum*, Biotechnol. Bioeng., 27, pp.: 681-694

Roy, D.; Samson, R. (1988) Investigation of Growth and Metabolism of *Saccharomyces Cerevisiae* (Baker's Yeast) Using Microcalorimetry and Bioluminometry, J. of Biotechnol., 8, pp. 193-206

Ruzicka, J.; Hansen, E.H. (1979) Flow injection analysis, Chem. Techn., 9, 756-764

Ruzicka, J.; Hansen, E.H. (1980) Flow injection analysis. Principles, applciations and trends, Anal. Chim. Acta, 114, pp.165-178

Ruzicka, J.; Hansen, E.H. (1986) The first decade of low injection analysis: from serial assay to diagnostic tool, Chim. Acta, 179, pp.: 1-58

Ruzicka, J.; Hansen, E.H. (1988) Flow Injection Analysis (2nd edition), Wiley & Sons, New York

Ruzicka, J.; Hansen, E.H. (1988) Homogenous and Heterogeneous Systems, Flow Injection Analysis Today and Tomorrow, Anal. Chim. Acta 214, pp.: 1-27

Ruzicka, J.E.; Hansen, E.H. (1981) Flow injection analysis, J. Wiley & Sons, New York

Rüther, F. (1988) Untersuchungen zur Immobilisierung von Enzymen auf Metalloxidschichten, Diplomarbeit, Universität Hannover

Rüther, F. (1989) Laufende Dissertation, Universität Hannover

Saari, L.A.; Seitz, W.R. (1982) pH sensor based on immobilized fluoresceinamine, Anal. Chem. 54, pp.: 821-823

Sakato, K.; Tanaka, H.; Samejima, H. (1981) Electrochemical Measurement of Cell Populations, Ann. New York Acad. Sci., 369, pp.321-334

Samson, R.; Beaumier, D.; Beaulieu, C. (1987) Simultaneous evaluation of on-line microcalorimetry and fluorometry during batch culture of *Pseudomonas putida* ATCC 11172 and *Saccharomyces cerevisiae* ATCC 18824, J. Biotechnol., 6, pp.: 175-190

Santos, H.; Turner, D.L. (1986) Characterization of the improved sensitivity obtained using a flow method for oxygenating and mixing cell suspensions in NMR, J. Mag. Res. 68, pp. 345-349

Satoh, I.; Danielsson, B.; Mosbach, K. (1981) triglyceride determination with use of an enzyme thermistor, Anal. Chim. Acta, 131, pp.: 255-262

Sauerbrei (1983) Einsatz eines Enzymthermistors zur Bestimmung gelöster und intrazellulärer Penicillin G-Acylase-Aktivität, Diplomarbeit, Universität Hannover

Sauerbrei, A. (1987) Entwicklung und Anwendung eines Enzymthermistors, Dissertation, Universität Hannover

Sauerbrey, G,Z, (1959) The sue of oscillators for weighing thin layers and for microweighing. Z. Phys., 155, pp.: 206-211

Schasfoort, R.B.M.; Bergveld, P.; Bomer, J.; Kooyman, R.P.H.; Greve, J. (1989) Modulation of the ISFET response by an immunological reaction; Sensors and Actuators, 17, pp.: 531-535

Schatzmann, H. (1975) Anaerobes Wachstum von *Saccharomyces cerevisiae*, Dissertation, ETH Zürich, Diss. EYTH 5504

Scheller, F.; Schubert, F.; Pfeiffer, D. (1985) Biosensoren - Ein Ergebnis der Biotechnologie, Wissenschaft und Fortschritt 35(9), pp.: 249-252

Scheller, F.; Schubert, F.; Pfeiffer, D.; Hintsche, R.; Dransfeld, I.; Renneberg, R.; Wollenberger, U.; Riedel, K.; Pavlova, M.; Kühn, M.; Müller, H.-G.; Tan, P.M.; Hoffmann, W.; Moritz, W. (1989) Research and development of biosensors: A review, Analyst, 114, pp.: 653-662

Scheller, F.W., Schubert, F., Renneberg, R., Müller, H.-G. (1985) Biosensors: Trends and Commercialization, Biosensors 1, pp.: 135-160

Schelp, C. (1989) Entwicklung eines optischen Biosensors, Diplomarbeit, Universität Hannover

Schelp, C.; Scheper, T.; Bückmann A.F. (1989) The use of fluorescence sesnors as optical biosensors, GBF-Monographien (eds. R.D. Schmid, F. Scheller), Vol. 13, 263-266

Scheper, T. (1985) Messung zellinterner und zellexterner Parameter zur Fermentationskontrolle, Disseration, Universität Hannover

Scheper, T. (1988) Biosensoren - Preiswert, sensibel und selektiv, Achema Magazin, pp.: 78-81

Scheper, T.; Anders, K.D.; Freitag, R.; Hundeck, H.G.; Müller, W.; Schelp, C.; Bückmann, A.F.; Reardon K.F. (1989) Biosensor systems for process control in biotechnology, GBF-Monographien (eds. R.D. Schmid, F. Scheller), Vol. 13, 253-262

Scheper, T.; Barenschee, E.R.; Barenschee, T.; Hasler, A.; Schügerl, K. (1989a) A combination of selective mass transport and enzymatic reaction: Enzyme immobilization in liquid surfactant membranes, Ber. Bunsenges. Phys. Chem. 93, pp.: 1034-1038

Scheper, T.; Bückmann, F.A. (1990) A fiber optic biosensor based on fluorometric detection using confined macromolecular nictotinamide adenine dinucleotide derivatives, Biosensors and Bioelectronics, 5, in press

Scheper, T.; Dullau, T.; Hundeck, H.-G.; Reinhardt, B.; Schügerl, K. (1989b) Immobilisierung von Enzymen auf Oxiran-Polymerträgern für analytische Zwecke, GIT Fachz. Lab. 9, pp.: 799-808

Scheper, T.; Gebauer, A.; Sauerbrei, A.; Niehoff, A.; Schügerl, K. (1984) Measurement of biological parameters during fermentation processes, Anal. Chim. Acta, 163, pp.: 111-118

Scheper, T.; Gebauer, A.; Schügerl, K. (1987c) Monitoring of NADH-dependent culture fluorescence during cultivation of *Escherichia coli*, The Chem. Eng. Journal, 34, pp. B7-B12

Scheper, T.; Halwachs, W.; Schügerl (1984) Production of L-amino acid by continuous enzymatic hydrolysis of D,L-amino acid methyl ester by the liquid surfactant membrane technique, Chem. Eng. J., 29, pp.: B31-B37

Scheper, T.; Hitzmann, B.; Rinas, U.; Schügerl, K. (1987d) Flow cytometry of *Escherichia coli* for process monitoring, J. Biotechnol, 5, pp.: 139-148

Scheper, T.; Hoffmann, H.; Schügerl, K. (1987e) Flow Cytometric Studies During Culture of *Saccharomyces cerevisiae*, Enzyme Microb. Technol.9, pp. 399-405

Scheper, T.; Likidis, Z.; Makryaleas, K.; Nowottny, C.; Schügerl, K. (1987a) Three different examples of enzymatic bioconversion in liquid surfactant membrane reactors, Enzyme Microb. Technol., 9(10), pp.: 625-631

Scheper, T.; Lorenz, T.; Schmidt, W.; Schügerl, K. (1986) Measurement of culture fluorescence during the cultivation *P. chrysogenum* and *Z. mobilis*, J. of Biotechnol., 3, pp.: 231-238

Scheper, T.; Lorenz, T.; Schmidt, W.; Schügerl, K. (1987a) On-line measurement of culture fluorescence for process control of biotechnological processes, Annals of the New York Acad. Sci., 506, pp.: 431-445

Scheper, T.; Makryaleas, K.; Nowottny, C.; Likidis, Z., Tsikas, D.; Schügerl, K. (1987b) Annal. N.Y. Acad. Sci., 501

Scheper, T.; Schügerl, K. (1986a) Characterization of bioreactors by in-situ fluorometry, J. Biotechnol., 3, pp.: 221-229

Scheper, T.; Schügerl, K. (1986b) Culture fluorescence studies on aerobic continuous cultures of *S. cerevisiae*, Appl. Microbiol. Biotechnol., 23, pp.: 440-444

Scheper, T.; Weiss, M.; Schügerl, K. (1986c) Two new fluorogenic substrates for the detection of penicillin-G-acylase activity, Anal. Chim. Acta, 182, pp.: 203-206

Scheper,T (1989) Enzyme immobilization in liquid surfactant membrane emulsions, Adv. Drug. Del. Rev., 2, in press

Schindler, J.G.; Schindler, M.M. (1983) Bioelektrochemische Membranelektroden, de Gruyter, Berlin

Schlegel, H.G. (1981) Allgemeine Mikrobiologie, 5. Auflage, Georg Thieme Verlag, Stuttgart

Schlegel, H.G.; Gottschalk, G.; Bartha, R. (1961) Formation and utilization of poly-ß-hydroxybutyric acid by knallgasbacteria (Hydrogenomonas), Nature, 191, pp.: 463-465

Schmid R.D. (1987/1988) International workshop at the Gesellschaft für Biotechnologische Forschung (GBF), Brunswick, FRG, 23-26 June, 1987, Biosensors, 3, pp.: 239-249

Schmid, R.D. (1988) Biosensoren, Nachr. Chem. Tech. Lab., 35(9), pp.: 910-914

Schmid, R.D. (1989) Biosensoren, Nachr. Chem. Tech. Lab., 37(7/8), pp.: 730-733

Schmid, R.D.; Guilbault, G.G.; Karube, I.; Schmidt, H.-L.; Wingard, L.B. (eds.) (1987) Biosensors International Workshop 1987, GBF-Monographs, Vol. 10, VCH, Weinheim

Schmid, R.D.; Scheller, F. (eds.) (1989) Biosensors Applications in Medicine, environmental protection and process control, GBF-Monographs, Vol. 13, VCH, Weinheim

Schmidt, H.-L.; Krisam, G.; Grenner, G. (1976) Microcalorimetric methods for substrate determinations in flow streams with immobilized enzymes, Biochim. Biophys. Acta, 429, pp. 283-290

Schmidt, H.L.; Kittstein-Eberle, R. (1986) Biosensors, Naturwissenschaften, 73(6), pp.: 314-321

Schmidt, W. (1985) Untersuchungen zur on-line Prozeßanalyse bei der satzweisen und kontinuierlichen Ethanolproduktion mit *Zymomonas mobilis*, Dissertation, Universität Hannover

Schneider, K.H. (1989) Laufende Disseration, Universität Göttingen

Schultz, J.S. (1987) Design of fibre-optic biosensors based on bioreceptors, in: Biosensors - Fundamentals and Applications (eds.: A.P.F. Turner, I. Karube, G.S. Wilson, Oxford Science Publication, Oxford, pp.: 638-654

Schultz, J.S.; Sims, G. (1987) Affinity sensors for individual metabolites, Biotech. Bioeng. Symp. 9, pp.: 65-71

Schügerl, K.; Lübbert, A.; Scheper, T. (1987) Online-Prozeßanalyse in Bioreaktoren, Chem.-Ing.-Tech. 59(9), pp.: 701-714

Schwerthöffer, (1988) Trickreiche Sonden, in: Die Zeit, Nr.2, 8.Januar

Seitz, W.R. (1984) Chemical Sensors based on fiber optics, Anal. Chem., 56(1), pp.: 16A-34A

Seitz, W.R. (1987) Optical sensors based on immobilized reagents, in: Biosensors - Fundamentals and Applications (eds.: A.P.F. Turner, I. Karube, G.S. Wilson, Oxford Science Publication, Oxford, pp.: 599-616

Senior, P.J.; Dawes, E.A. (1973) The regulation of PHB metabolism in *Azetobacter beijerickii*, Biochem. J., 128, pp.: 1193-1201

Seo, J.-H.; Bailey, J.E. (1987) Cell cycle analysis of plasmid-containing *Escherichia coli* HB 101 populations with flow cytometry, Biotechnol. Bioeng., 30, pp.: 297-305

Shanks, J.V.; Bailey, J.E. (1988) Estimation of intracellular sugar phosphate concentrations in *Saccharomyces cerevisiae* using ^{31}P nuclear magnetic resonance spectroscopy, Biotechnol. Bioeng. 32, pp. 1138-1152

Shanks, J.V.; Bailey, J.E. (1989) Comparison of wild type and *reg1* mutant *Saccharomyces cerevisiae* metabolic levels during glucose and galactose metabolism using ^{31}P NMR, submitted

Shapiro, H.M. (1981) Flow cytometric estimation of DNA and RNA content in intact cells stained with Hoechst 33342 and pyronin Y, Cytometry, 2 (3), pp.: 143-150

Shapiro, H.M. (1988) Practical Flow Cytometry, Alan R. Liss, Inc., New York, USA

Sharama, A.; Wolfbeis, O.S. (1988) Unusually efficient quenching of the fluorescence of an energy transfer-based optical sensor for oxygen, Anal. Chim. Acta 212, pp.: 261-265

Shimmons, B.W.; Svrcek, W.Y.; Zajic, J.E. (1976) Cell Concentration by Viscosity, Biotechnol. Bioeng. 18, pp. 1793-1805

Shino, S.; Hanazato, Y; Nakako, M.; Maeda, M. (1987) A flow-through cell for use with an enzyme-modified field effect transistor without polymeric encapsulation and wire bonding, Anal. Chim. Acta, 202, pp.: 131-140

Sibbald, A. (1986) Recent advances in field-effect chemical microsensors, J. Mol. Electroncs., 2, pp.: 51-83

Sidwell, J.S.; Rechnitz, G. A. (1985) Bananatrode - an electrochemical biosensor for dopamine, Biotkchn. Ltt., 7, pp.: 419-422

Siguta, V.A.; Shilnikova,V.K. (1978) Selective solubility of dyes in lipids of nodule bacteria, Chem. Abstracts, Vol. 89, 176243h

Silvennoinen, E.; Koivo, H.N. (1982) Estimation of the Biomass Concentration in the Pekilo-Process from the Filtrate Flow Rate of the Concentrator, in: Halme, A. (Ed.), Modelling and Control of Biotechnical Processes, IFAC-Publications , pp. 219-224

Slepecky, R.A.; Law, J.H. (1960) A rapid spectrophotometric assay of a, ß - unsaturated acids and ß hydroxy acids, Analyt. Chem., 32, pp.: 1697-1699

Smith, J.L. (1908) On the simultaneous staining of neutral fat and fatty acid by oxazine dyes, J. Path. Bacteriol., 12, pp.: 1-4

Solomon, B.O.; Erickson, L.E.; Yang, S.S. (1983) Estimation of Biomass Concentration in the Presence of solids for the Purpose of Parameter Estimation, Biotechnol. Bioeng., 25, pp.: 2469-2477

Sonnleitner, B. (1976) Untersuchungen zur Produktion von Poly-ß-hydroxybutyrat durch *Alcaligenes eutrophus* H 16 in kontinuierlicher Kultur, Diplomarbeit, Technische Universität Graz

Spohn, U.; Voß, H. (1989) Probenahmesysteme in der On-line-Bioprozeßanalytik, BTF-Biotech-Forum 6(4), pp.: 274-288

Spreinat, A. (1989) Laufende Dissertation, Universität Göttingen

Srienc, F. (1980) Möglichkeiten der genetischen Optimierung der Produktion von PHB mit *Alcaligenes eutrophus* H16, Dissertation, Technische Universität Graz

Srinivas, S.P.; Mutharasan, R. (1987a) Culture fluorescence characteristics and its metabolic significance in batch cultures of *Clostridium acetobutylicum*, Biotechnol. Lett., 9(2), pp.: 139-142

Srinivas, S.P.; Mutharasan, R. (1987b) Inner filter effects and their interferences in the interpretation of culture fluorescence, Biotechnol. Bioeng. 30(6), pp. 769-774

Steen, H.B.; Boye, E.; Skarstad, K.; Bloom, B.; Godal, T.; Mustafa, S. (1982) Applications of flow cytometry on bacteria: cell cycle kinetics, drug effects, and quantition of antibody binding, Cytometry, 2 (4), pp.: 249-257

Steinkamp, J.A. (1984) Flow cytometry, Rev. Sci. Instrum. 55(9), pp. 1375-1400

Stöcklein, W.; Krämer, P.; Schmid, R.D. (1989) Fließinjektionsanalyse zum Nachweis von Pestiziden in Wasser, in: GBF-Monographs 13 (eds.: R.D. Schmid; F. Scheller), VCH, Weinheim

Stöhr, M.; Eipel, H.; Goerttler, K.; Vogt-Schaden, M. (1977) Extended Application of Flow Microfluorometry by Means of a Dual Laser Excitation, Histochem. 51, pp.: 305-313

Strässle, C.; Sonnleitner, B.; Fiechter, A. (1989) A predictive model for the spontaneous synchronization of *Saccharomyces cerevisiae* grown in continuous culture. II Experimental verification, J. Biotechnol., 9, pp.: 191-208

Sutherland, R.M.; Dähne, C. (1987) IRS devices for optical immunoassays, in: Biosensors - Fundamentals and Applications (eds.: A.P.F. Turner, I. Karube, G.S. Wilson, Oxford Science Publication, Oxford, pp.: 655-678

Sutherland, R.M.; Dähne, C.; Place, J.F.; Ringrose, A.R. (1984b) Immunoassay at a quartz-liquid interface: theory, instrumentation and preliminary application to the fluorescent immunoassay of human immunoglobulin G

Sutherland, R.M.; Dähne, C.; Place, J.F.; Ringrose, A.S. (1984a) Optical detection of antibody-antigen reactions at a glass-liquid interface, Clin. Chem. 30(9), pp.: 1533-1538

Tamiya, E.; Seki, A.; Karube, I.; Gotoh, M.; Shimizu, I. (1988) Hypoxanthine sensor based on an amorphous silicon field-effect transistor; Anal. Chim. Acta, 215, pp.: 301-305

Taya, M.; Aoki, N.; Kobayashi, T. (1986) Estimation of Microbial Mass Concentration Based on Fluorometric Measurement of Cell Protein, J. Ferment. Technol. 64(5), pp.: 411-417

Taya, M.; Hegglin, M.; Prensoil, J.E.; Bourne, J.R. (1989) On-line monitoring of cell growth in plant tissue cultures by conductometry, Enzyme Microb. Technol., 11, pp.: 170-176

Terracciano, J.S.; Kashket,E.R. (1986) Intracellular conditions required for initiation of solvent production by *Clostridium acetobutylicum*, Appl. Environ. Microbiol., 52, pp.: 81-91

Thakur, M.S.; Prapulla, S.G.; Karanth, N.G. (1989) Estimation of Intracellular Lipids by the Measurement of Absorbance of Yeast Cells Stained With Sudan Black B, Enzyme Microb. Technol. 11, pp.: 252-254

Thomas, D.C.; Chittur, V.K.; Cagney, J.W.; Lim, H.C. (1985) On-line estimation of mycelial cell mass concentrations with a computer-interfaced filtration probe, Biotechnol. Bioeng., 27, pp. 729-742

Titus, J.A.; Haugland,R.; Sharrow, S.O.; Segal, D.M. (1982) Texas Red, a hydrophilic, red-emitting fluorphore for use with fluorescein in dual parameter flow microfluorometric and fluorescence microscopic studies, J. Immuno. Meth. 50, pp.: 193-204

Tran-Minh, C.; Vallin, D. (1978) Enzyme-bound thermistor as an enthalpimetric sensor. Anal. Chem., 50, 1874-1878

Trettnak, W.; Leiner, M.J.P.; Wolfbeis, O.S. (1988a) Fiber-optic glucose sensor with a pH optrode as a transducer, Biosensors 4,pp.: 15-26

Trettnak, W.; Leiner, M.J.P.; Wolfbeis, O.S. (1988b) Optical Sensors: Parrt 34 Fibre optic glucose biosensor with an oxygen optrode as the transducer, Analyst 113, pp.: 1519-1523

Turner, A.P.F. (1988) Current trends in biosensor research and development, Sensors and actuators, 17, pp.: 433-450

Turner, A.P.F.; Karube, I.; Wilson, G.S. (eds.) (1987) Biosensors - Fundamentals and Applications, Oxford Science Publication, Oxford

Turner, A.P.F.; Ramsay, G.; Higgins, I.J. (1982) Applications of electron transfer between biological systems and electrodes, Biochem. Soc. Trans., 11, pp.: 445-448

Ugurbil, K; Shulman, R.G.; Zeidler, R.B.; Ghanta, V.K.; Brockmann, R.W.; Schiefer, L.M:; Braunschweiger, P.G. (1979) Biological applications of magnetic resonance, Academic Press, New York

Valet, G.; Raffael, A.; Moroder, L.; Wünsch, E.; Ruhenstroth-Bauer, G. (1981) Fast Intracellular pH Determination in Single Cells by Flow-Cytometry, Naturwissenschaften, 68, pp.: 265-266

van Brunt, J. (1987) Biosensors for Bioprocesses, BioTechnology, 5(5), pp.: 437-440 van der Schoot, B.H.; Bergveld, P. (1988) ISFET based enzyme sensors; Sensors and Actuators, 3, 161-86

van Ginkel, C.G.; Habets-Crützen, A.Q.H.; van der Last, A.R.M.; de Bont, J.A.M. (1987) A Description of Microbial Growth on Gaseous Alkenes in a Chemostat Culture, Biotechnol. Bioeng., 30, pp.: 799-804

Vanous, R.D. (1978) Understanding Nephelometric Instrumentation, American Laboratory, 6, pp.:

Vaughan, W.M.; Weber, G. (1970) Oxygen quenching of pyrenebutyric acid fluorescence in water. A dynamic probe for the microenvironment, Biochem. 9, pp.: 464

Verduyn, C.; Zomerdijk, T.P.L.; van Dijken, J.P.; Scheffers, W.A. (1984) Continuous measurement of ethanol production by aerobic yeast suspensions with an enzyme electrode, Appl. Microbiol. Biotechnol., 19, pp.: 181-185

Viopor, J.W.M.; Jongeling, A.A.M.; Tanke, H.I. (1979) Intracellular pH-Determination by Fluorescence Measurements, J. Histochem. Cytochem., 27 (1), pp.: 32-35

Visser, J.W.M.; Jongeling, A.A.M.; Tanke, H.J. (1979) Intracellular pH-Determination by Fluorescence Measurements, J. Histochem. Cytochem., 27(1), pp.: 32-35

Vogel, H.J.; Brodelius, P. (1984) An In Vivo ^{31}P NMR Comparison of Freely Suspended and Immobilized *Catharanthus roseus* Plant Cells, J. Biotechnol., 1, pp.: 159-170

von Meyenburg, K. (1969) Katabolitrepression und Sprossungszyklus bei *S. cerevisiae*, Dissertation, ETH-Zürich

Vorlop, K.D.; Klein, J. (1981) New developments in the field of cell immobilization in formation of biocatalysts by ionotrophic gelation, Biotechnol. Lett., 3, pp.: 219-235

Walker, C.C.; Dhurjati, P. (1989) Use of culture fluorescence as a sensor for on-line discrimination of host and overproducing recombinant *Escherichia coli*, Biotechnol. Bioeng. 33, pp.: 500-505

Walters B.S.; Nielsen, T.J.; Arnold, M.A. (1988) Fiber-optic biosensor for ethanol, based on an internal enzyme concept, Talanta 35(2), pp.: 151-156

Wang, H.; Wang, D.I.C.; Cooney, C.L. (1978) The application of dynamic calorimetry for monitoring growth of *Saccharomyces cerevisiae*, Eur. J. Appl. Microbiol. Biotechnol., 5, pp.: 207-214

Wang, N.S.; Stephanopoulos, G.N. (1984) Computer Applications to Fermentation Processes, CRC Critical Reviews in Biotechnology, Vol. 2, Issue 1, pp.: 1-103

Wangsa, J.; Arnold, M.A. (1988) Fiber-optic biosensors based on the fluorometric detection of reduced nicotinamide adenine dinucleotide, Anal. Chem. 60, pp.: 1080-1082

Watanabe, E.; Ogura, T., Toyama, K.; Karube, I.; Matsuoka, H.; Suzuki, S. (1984) Determination of adenosine 5'-monophosphate in fish and shellfish using an enzyme sensor, Enzyme Microb. Technol., 6, pp.: 207-211

Watteeuw,C.; Armiger, W.B.; Ristroph, D.; Humphrey, A.E. (1979) Production of single cell protein from ethanol by fed-batch process, Biotechnol. Bioeng., 21, pp.1221-1237

Weaver, J.C.; Cooney, C.L.; Fulton, S.P.; Schuler, D.; Tannenbaum, S.R. (1976) Experiments and Calculation concerning a thermal enzyme probe, Biochim. Biophys. Acta, 452, pp.: 285-291

Wehnert, G. (1986) Einsatz eines Enzymthermistors zur on-line Glucosebestimmung in Fermentationsmedien, Diplomarbeit, Universität Hannover

Wehnert, G. (1989) Entwicklung einer kombinierten Fluoreszenz-/Streulichtsonde zur on-line und in situ Biomasseabschätzung bei Fermentationsprozessen, Dissertation, Universität Hannover

Wehnert, G.; Sauerbrei, A.; Bayer, T.; Scheper, T.; Schügerl, K.; Herold, T. (1987) Application of an enzyme thermistor for the determination of glucose in complex fermentation media, Anal. Chim. Acta, 200, pp.: 73-78

Wehnert, G.; Sauerbrei, A.; Schügerl, K. (1985) Glucose oxidase immobilized on Eupergit C and CPG-10 - A comparison, biotechnol. Lett, 7(11), pp.: 827-830

Wentz, D. (1989) On-line-Prozeßüberwachung im Bioreaktor und Einfluß von Mediumsparametern auf das Wachstum tierischer Zellen, Dissertation, Universität Hannover

Wichmann, R.; Wandrey, C.; Bückmann, A.F.; Kula, M.R. (1981) Continuous enzymatic transformation in an enzyme membrane reactro with simultaneous NAD(H) regeneration, Biotechnol. Bioeng.23, pp.: 2789-2802

Wilhelm, D. (1989) Laufende Dissertation, Universität Hannover

Wilkins, J.R. (1978) Use of Platinum Electrodes for the Electrochemical Detection of Bacteria, Appl. Env. Microbiol., 36(5), pp.: 683-687

Wilkins, J.R.; Stoner, G.E.; Boykin, E.H. (1974) Microbial detection method based on sensing molecular hydrogen, Appl. Nicrobiol. 27, pp.: 949-952

Wilkins, J.R.; Young, R.N.; Boykin, E.H. (1978) Multichannel electrochemical microbial detection unit, Appl. Env. Microbiol., 35(1), pp. 214-215

Wilson, P.D.G. (1987) *On-line Estimation of Biomass Using Dynamic Oxygen Balancing*, Biotechnol. Techniques, 1(3), pp. 151-156

Wingard, L.B.; Castner, J. (1987) Potentiometric biosensors based on redox electrodes, in: Biosensors - Fundamentals and Applications (eds.: A.P.F. Turner, I. Karube, G.S. Wilson, Oxford Science Publication, Oxford, pp.: 153-162

Winquist, F.; Danielsson, B.; Malpote, J.-Y.; Persson, L.; Larsson, M.-B. (1985) Enzyme thermistor determination of oxalate with immobilized oxalate oxidase, Anal. Lett. 18, pp.: 573-588

Wittrup, K.D.; Bailey, J.E. (1988) A single-cell assay of ß-galactosidase activity in *Saccharomyces cerevisiae*, Cytometry, 9, pp.: 394-404

Wittrup, K.D.; Mann, M.B.; Fenton, D.M.; Tsai, L.B.; Bailey, J.E. (1988) Single-Cell Light Scatter as a Probe of Refractile Body Formation in Recombinant *Escherichia coli*, Bio/Technology, 6,pp.: 423-426

Wolfbeis, O.S. (1985) Acid-base titrations using fluorescent indicators and fiber optical light guides, Fresenius Z. Anal. Chem. 320, pp.: 271-273

Wolfbeis, O.S. (1987) Fibre-optic sensors for chemical parameters of interest in biotechnology, GBF-Monographs, Vol. 10 (eds. R.D. Schmid), pp.: 197-206

Wolfbeis, O.S. (1988a) The development of fibre-optic sensors by immobilization of fluorescent probes, in: Analytical uses of immobilized biological compounds for detection, medical and industrial uses, NATO ASI Series, Vol. 226, Reidel Publishing Company, Dordrecht, pp.: 219-226

Wolfbeis, O.S. (1988b) Fiber optical fluorosensors in analytical and clinical chemistry, Chem. Anal., 77(Mol. Lumin. Spectrosc., Pt.2), pp.: 129-281

Wolfbeis, O.S.; Marhold, H. (1987) A new group of fluorescent pH-indicators for an extended pH-range, Fresenius Z. Anal. Chem. 327, pp.: 347-350

Wolfbeis, O.S.; Offenbacher, H. (1986) Fluorescence sensor for monitoring ionic strength and physiological pH values, Sens. Actuators 9(1), pp.: 85

Wolfbeis, O.S.; Posch, W.R. (1986) Fibre-optic fluorescing sensor for ammonia, Anal. Chim. Acta, 185, pp.: 321-327

Wolfbeis, O.S.; Trettnak, W. (1989) A new method for determination of enzyme substrates by monitoring the intrinsic fluorescence of immobilized enzymes, in: Biosensors - Applications in medicine, environmental protection and process control (eds. R.D. Schmid, F. Scheller), GBF-Monographs, Vol. 13, pp.: 213-220

Wolfbeis, O.S.; Weis, L.J.; Leiner, M.J.L.; Ziegler, W.E. (1988) Fibre-optic fluorosensors for oxygen and carbon dioxide, Anal. Chem. 60, pp.: 2028-2030

Wolfbeis,O.S. (1989) Optochemical Sensors (Optrodes) and their applications, Kontakte (Darmstadt), 2, pp.: 30-34

Wong, C.-H.; Whiteside, G.M. (1981) Enzyme-catalyzed organic synthesis, NAD(P)H cofactor regeneration using glucose-6-phosphate and the glucose-6-phosphate dehydrogenase from *Leuconostoc mesenteroides*, J. Am. Chem. Soc., 103, pp.:4890

Wudtke, M. (1987) Untersuchungen zur Schädigung von tierischen Zellen durch mechanische Beanspruchung, Dissertation, Universität Hannover

Wyatt, W.A.; Bright, F.V.; Hieftje, G.M. (1987) Characterization and comparison of three fiber-optic sensors for iodide determination based on dynamic fluorescence, Anal. Chem 59, pp.: 2272-2276

Yuan, P.; Walt, D.R. (1987) Calculation for fluorescence modulation by absorbing species and its application to measurements using optical, ,fibers, Anal. Chem. 59, pp.: 2391-2394

Zabriskie, D.W. (1979) Use of culture fluorescence for monitoring of fermentation systems, Biotechnol. Bioeng. Symp. 9, pp.: 117-123

Zabriskie, D.W.; Armiger, W.B.; Humphrey, A.E. (1975) Estimation of cell biomass and growth rate by measurement of culture fluorescence, Proceedings: ASM Meeting, New York, pp. 195

Zabriskie, D.W.; Armiger, W.B.; Humphrey, A.E. (1977) Applications of Computers to the Indirect Measurement of Biomass Concentration and Growth Rate by Component Balancing, in: Workshop Computer Applications in Fermentation Technology, (Ed.: Jefferis, R.P.) GBF Monographien, Verlag Chemie, Weinheim, pp.: 59-72

Zabriskie, D.W.; Humphrey, A.E. (1978) Continuous dialysis for the on-line analysis of diffusible components in fermentation broth, Biotechnol. Bioeng., 20, pp.: 1295-1301

Zabriskie, D.W.; Humphrey, A.E. (1978) Estimation of fermentation biomass concentration by measuring culture fluorescence, Appl. Eur. Microbiol., 35(2), pp.: 337-343

Zell, R.A. (1986) Biosensoren revolutionieren die Meßtechnik: Ein Stück Leben auf dem Chip, Bild der Wissenschaft, 4, pp.: 100-110

Zhujun, Z.; Seitz, W.R. (1984) A fluorescence sensor for quantifiying pH in the range from 6.5 to 8.5, Anal. Chim. Acta, 160, pp.: 47-55

Zhujun, Z.; Zhang, Y.; Wangbai, M.; Russel, R.; Shakhsher, Z.M. (1989) Poly(vinylalcohol) as a substrate for indicator immobilization for fiber-optic chemical sensors, Anal. Chem., 61, pp.: 202-205

Zouh, W. (1989) Cephalosporin-C-Produktion mit einem Hochleistungsstamm von *Cephalosporium acremonium*, Dissertation, Universität Hannover

Chemische Sensoren

Funktion, Bauformen, Anwendungen

von Friedrich Oehme

1991. X, 152 Seiten mit 91 Abbildungen und 34 Tabellen. Gebunden.
ISBN 3-528-06373-4

Inhalt: Historische Entwicklung chemischer Sensoren – Definition und Kennzeichnung chemischer Sensoren – Konzentrationsangaben – Technologien zur Fertigung chemischer Sensoren – Elektrochemische Sensoren – Festkörper-Gassensoren – Faseroptische Sensoren – Ionisations-Sensoren – Piezoelektrische Sensoren – Sonstige chemische Sensoren.

Chemische Sensoren gewinnen in der chemischen Verfahrenstechnik, im Umweltschutz, im Personenschutz und in der Betriebsmeßtechnik immer stärker an Bedeutung. In dieser Monographie werden in kompakter Form methodische Grundlagen, Bauformen, Funktionsweisen sowie wichtige Einsatzmöglichkeiten chemischer Sensoren im Überblick dargestellt. Einbezogen sind alle elektrochemischen Sensoren, Festkörper-Gassensoren, faseroptische Sensoren, Ionisations-Sensoren und piezoelektrische Sensoren.

Auch Analysengeräte, die wie komplexe Sensorsysteme aus den einzelnen Sensoren abgeleitet werden können, werden behandelt.

Der Autor – selbst über 30 Jahre in der Entwicklung von Sensoren und Meßeinrichtungen für die Betriebsmeßtechnik und Prozeßkontrolle tätig – wendet sich mit diesem Buch gleichermaßen an Anwender in Hochschulen, Industrie und amtlichen Kontrollstellen wie auch an Entwickler von Sensoren.

Verlag Vieweg · Postfach 58 29 · D-6200 Wiesbaden 1

Analytische Methoden in der Biotechnologie

Mit einer Literaturübersicht und einem Bezugsquellenverzeichnis herausgegeben von Karl Schügerl

1991. VIII, 275 Seiten. Kartoniert.
ISBN 3-528-06377-7

Die Analytik spielt bei der industriellen Nutzung des biologischen Potentials der in der Biotechnologie eingesetzten Mikroorganismen und Zellen eine wichtige Rolle. Sie ermöglicht, die Physiologie der Zellen genau zu erforschen und die Regulation des Stoffwechsels quantitativ zu erfassen. Weiterhin lassen sich durch die Prozeßanalytik die für das Wachstum und für die Produktbildung optimalen Prozeßbedingungen einstellen und aufrechterhalten.

Will man diese Informationen zur Prozeßregelung nutzen, so ist eine On-line-Prozeßanalytik notwendig. Neben der On-line-Probeentnahme werden Verfahren mit kurzen Analysenzeiten, geringer Störanfälligkeit und großer Zuverlässigkeit benötigt.

Dieses Kompendium gibt einen anwendungsbezogenen Überblick über moderne analytische Verfahren, die in der Biotechnologie eingesetzt werden. Methoden zur Ermittlung der Zahl der Zellen und zur Ermittlung des Zustandes der Organismen werden ebenso vorgestellt wie analytisch-chemische Verfahren sowie Analysengeräte und Laborroboter. Jede Methode wird zunächst in Kurzform beschrieben und anschließend in ihren biotechnologisch relevanten Applikationen vorgestellt.

Ein Schwerpunkt des Buches ist das Erschließen der Literatur und möglicher Bezugsquellen für Geräte. Hierzu haben Autoren und Herausgeber ein umfangreiches kommentiertes Literaturverzeichnis sowie ein Bezugsquellenverzeichnis zusammengestellt.

Verlag Vieweg · Postfach 58 29 · D-6200 Wiesbaden 1

Industrielle Analytik
von Eppendorf

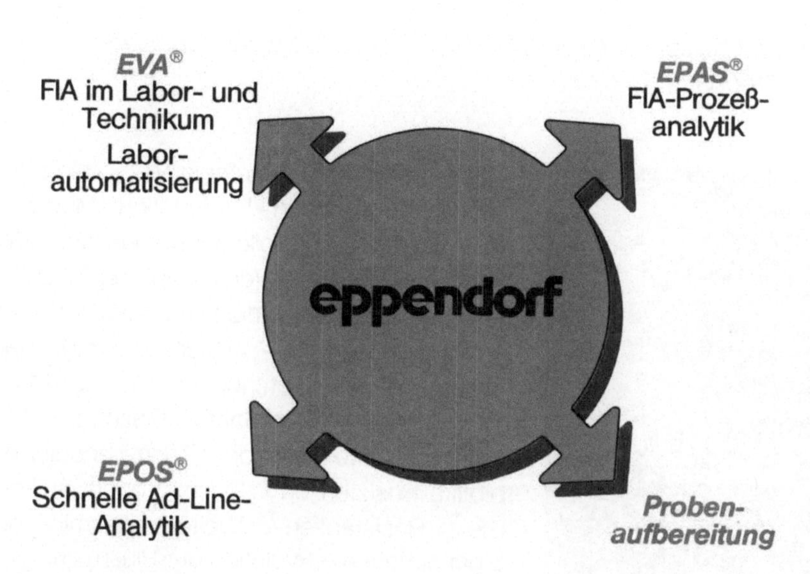

Analytische Methoden für die Biotechnologie

Eppendorf, Ihr Partner bei der Lösung Ihrer Probleme beim Liquid Handling, der Automatisierung von Labor-routinen und der Analytik im Labor, Technikum und Prozeß.

Probenaufbereitung

- Pipettieren
- Dispensieren
- Separieren
- Temperieren/Mischen

Analyse z. B. von:

- Zucker
- Alkohole
- Organische Säuren
- Vitamine
- Ammonium

Eppendorf –
Netheler – Hinz GmbH
Postfach 65 06 70
2000 Hamburg 65
Tel. (0 40) 5 38 01 -0

eppendorf® ist ein eingetragenes Warenzeichen

Biologie bakterieller Plasmide

von Wolfgang Schumann

1990. X, 222 Seiten mit 63 Abbildungen und 16 Tabellen. Kartoniert.
ISBN 3-528-06322-X

<u>Inhalt:</u> Einführung – Wichtige Methoden beim Arbeiten von Plasmiden – Konjugation – Mobilisierung – Replikation – Kontrolle der Kopienzahl – Mechanismen der stabilen Vererbung von Plasmiden – Inkompatibilität – Plasmide mit weitem Wirtsbereich – Lineare Plasmide – Weitere Plasmid-inhärente Eigenschaften – Bacteriocin-codierende Plasmide – Ti-Plasmide – Degradative Plasmide – Medizinisch relevante Plasmide – Plasmid-codierte Antibiotika-Resistenzen – Plasmid-codierte Schwermetall-Resistenzen – Weitere Plasmid-codierte Eigenschaften – Evolution der Plasmide.

Mit Entdeckung des F-Faktors, der R-Faktoren und der colicinogenen Faktoren als extrachromosomale DNA-Moleküle – sog. Plasmide – in den 50er Jahren begann eine neue Epoche bei der Erforschung der Physiologie und Genetik der Bakterien. Auch heute wird die Bedeutung der Plasmide für das Überleben der Bakterien unter besonderen Umweltbedingungen und für den Austausch von genetischer Information erst ansatzweise verstanden. Plasmide werden gegenwärtig in jedem molekulargenetischen Labor als Vektoren zur Vermehrung und Analyse von pro- und eukaryontischen Genen und zum Studium ihrer Regulation eingesetzt.

Dieses Lehrbuch führt in die Biologie der Plasmide ein; gleichzeitig gibt es einen Abriß des aktuellen Forschungsstandes über wichtige Plasmide und Plasmidgruppen. Als Anhang folgen ein Glossar, in dem wichtige Grundbegriffe erläutert werden, und ein Sachwortverzeichnis.

Verlag Vieweg · Postfach 58 29 · D-6200 Wiesbaden 1